小型编译器设计实践

苏孟晋　编著

电子工业出版社·
Publishing House of Electronics Industry
北京•BEIJING

内 容 简 介

作为计算机技术核心软件之一的编译器是业内人士关心的课题和日常工作中的重要工具，编译器的设计及其理论是大专院校相关专业的必修内容。本书以 Microchip 公司设计生产的 PIC16F 系列处理器为目标对象，使用实战的形式叙述编译器设计的步骤和细节，并提供了全部设计源代码。

本书内容着眼于编译器设计的具体实现过程而非理论，以计算机行业中对编译器设计感兴趣的爱好者为主要阅读对象，也可作为大专院校相关专业师生的参考资料。

图书在版编目（CIP）数据

小型编译器设计实践 / 苏孟晋编著. —北京：电子工业出版社，2024.3

ISBN 978-7-121-47196-4

Ⅰ．①小… Ⅱ．①苏… Ⅲ．①编译程序－程序设计 Ⅳ．①TP314

中国国家版本馆 CIP 数据核字（2024）第 031810 号

责任编辑：张　楠　　　文字编辑：白雪纯
印　　刷：涿州市般润文化传播有限公司
装　　订：涿州市般润文化传播有限公司
出版发行：电子工业出版社
　　　　　北京市海淀区万寿路 173 信箱　　　　邮编：100036
开　　本：787×1092　　1/16　　印张：22.25　　字数：569.6 千字
版　　次：2024 年 3 月第 1 版
印　　次：2024 年 11 月第 2 次印刷
定　　价：99.80 元

凡所购买电子工业出版社图书有缺损问题，请向购买书店调换。若书店售缺，请与本社发行部联系，联系及邮购电话：（010）88254888，88258888。

质量投诉请发邮件至 zlts@phei.com.cn，盗版侵权举报请发邮件至 dbqq@phei.com.cn。

本书咨询联系方式：（010）88254590。

前言

大多数书籍都会有前言部分，作为一本书的铺垫或介绍。读者往往会忽略这部分文字，或者一掠而过，并不细细阅读。本书的前言虽有点啰唆，却希望读者在阅读正文之前费点工夫读一读。其原因和目的是希望读者了解本书的特点，更重要的是让读者明白本书的某种局限性和讨论的范畴。

在信息技术行业，编译器（compiler）是编程人员在工作中不可或缺的一种软件工具。这种软件工具的出现，使得编程人员能使用更适合阅读、理解的高级语言进行程序设计。它的存在，极大地提高了编程效率，降低了操作和设计的门槛，使软件维护和修改调试变得更容易。这一切，或许将成为计算机应用得到迅猛发展的原因。

也正是如此，很多人对编译器的设计感到好奇：编译器究竟是如何将编程人员编写的高级语言（源程序）"翻译"成计算机能直接运行的机器语言（目标程序）的。自然，各类计算机编程语言的制定、语法规范等细节设计都需要考虑编译器的设计因素，避免在编译过程中因为出现诸如语法的多义性而无法正确应对的情况。编译器的设计过程是复杂和艰难的。其中的困难不仅是语言的"翻译"不得"走样"（不遗失指定的操作细节，不增添额外的运算），而且要保证源程序指定的运算顺序。此外，这种"翻译"其实是将源程序中二维（甚至更多维）的数据结构、算法概念等转换成一维的二进制形式的计算机指令编码，供目标处理器直接运行。

编译器是一种基本软件工具，也是设计、制作应用软件时所使用的工具。编译器本身的设计也属于软件设计，同样需要使用编译器。本书论述的小型 C 语言编译器的设计过程，使用的是流行的 GNU C/C++ 工具链（GNU C/C++ tool chain）。这个设计过程就像是使用一把成品的榔头来打造一把更小巧的榔头。

编译器的设计不容易，困难之处在于涉及复杂的数据结构，以及函数之间可能存在递归和交叉递归的调用关系，从而给调试带来难度。此外，编译器设计的庞大工作量或缺乏经济效益都容易使人难以坚持。另一方面，编译器的设计或许并不如想象得那么神秘或难以企及：首先，编译器的处理对象和本身的运行都属于静态处理过程，作为处理对象的源程序不会在运行中发生变化，没有实时概念；然后，开发环境（如 Windows、Linux 和 macOS）日臻完美，使用的工具不仅免费，而且功能完善。以作者的体会来说，编译器的设计过程既充满挑战，也富有乐趣：眼见自己亲手打造的编译器在运行后输出了盼望的结果（有时甚至优于预期），并在目标机上顺利运行，不免让人产生成就感！

本书着力叙述具体的设计、编程细节，不侧重探究编译器的设计理论。需要说明的是，作者虽然是计算机专业出身，并长期在企业从事应用软件设计工作，但是对编译器的设计却纯属业余爱好。书中论述的算法、数据结构等大都为个人闭门造车的结果，很可能与业界的主流有别。

本书以目前较为流行的加强型 PIC16Fxxxx 为目标处理器（RISC 系统结构，小端式体系），论述开发、设计相应的 C 语言编译器工具包（如解析器、汇编器和连接器）的详细过程。由于受篇幅限制，本书未能将同样流行的 STM8 微处理器的设计内容包括在内，实属遗憾。

为了便于理解和叙述，本书对 C 语言编译器的功能进行了适度的削减和弱化，具体如下。

✧ 基本变量只限于整数类型，即 char、int、short、long。

✧ 不支持 struct/union 结构中位域（bit-field）的定义和使用。

✧ 针对函数指针的语法识别进行某些简化。

✧ 只支持有限的预处理（语句）功能。

✧ 采用较为简单的优化算法和流程。

✧ 有限且简单的报错、警示功能。

相信读者能在理解的基础上，逐步添加功能，完善上述不足。希望本书能起到抛砖引玉的功效。

本书所设计的 C 语言编译器包含 4 个可执行文件或命令，具体如下。

✧ 预处理器（pre-processor）：C 语言源程序预处理操作。

✧ 编译解析器（parser）：将 C 语言源程序转换成目标处理器的汇编语言（文件）。

✧ 汇编器（assembler）：将目标处理器的汇编语言转换成可浮动目标代码（文件）。

✧ 连接器（linker）：将整个目标应用程序的目标代码和编译系统库函数链接并定位，生成最终可运行的二进制代码（文件）。

此外，一个完整的编译系统还包括系统（基本）函数库和相应的头文件（header file）。所有这一切，本书均将一一阐述。

本书叙述的设计过程是在 Windows 环境下完成的，采用了 C/C++语言混合编程，力求所使用的语句简单、易懂。其中，C++语言部分仅使用了类（class）的最基本功能（函数重载），相信具备一般 C 语言编程基础的读者都能理解。由于所使用的 C/C++工具由 Linux 操作系统移植而来，因此所有代码均可不进行任何修改即可在 Linux 环境中顺利编译、运行。至于 MAX OS 环境，也只需极微小的修改便可。

本书设计的编译器是以控制台命令方式运行的，与目前业界流行的图形化集成开发环境（IDE）相比显得原始、落伍。这是因为在集成化开发环境下嵌入的各类插件、工具，会使编译工具的功能、效率，以及用户体验度得到最大的改善和提升。所有这些，都期待有心者逐步实践、完善。

读者可通过扫描下方的二维码查看或下载本书中的程序源代码。读者如有批评、建议及疑问，可通过邮件与作者联系。

苏孟晋

联系方式：diycompiler@gmail.com

程序源代码

第二篇　PIC16Fxxxx 汇编器（as16e.exe）的设计

第三篇　PIC16Fxxxx 连接器（lk16e.exe）的设计

第一篇

PIC16Fxxxx 编译器（cc16e.exe）的设计

　　有必要说明，本篇所使用的"编译器"一词是狭义的概念，只涵盖将源程序解析并转换至目标处理器汇编语言格式文件的过程和工具。而行业中所谓的"编译器"通常是广义的，是指将源程序转换成最终目标处理器能运行的二进制格式文件。因此，前者在概念上只是后者的一个子集。尽管如此，将 C 语言源程序解析并转换至目标处理器的过程是最关键、也是最艰难的操作。因为它不仅可以进行高、低级语言之间的转译，还可以从语言结构上将二维概念的源程序转换成单纯的目标处理器指令流。

　　本书选择加强型 PIC16Fxxxx（Enhanced PIC16 core）作为实战对象，主要基于以下几个原因。

　　（1）PIC16F 系列的 8 位微处理器在全球市场中拥有广大的用户。其加强型 PIC16Fxxxx 约于 2009 年问世，与基本型 PIC16F 系列相比，不仅系统结构上有很高的兼容度，性能也有相应的提高，并逐渐成为越来越多用户的选择。

　　（2）PIC16Fxxxx 不仅在性能上，而且在结构上均介于 PIC16F 系列和 PIC18F 系列之间。选择 PIC16Fxxxx 作为实战例子有一定的承前启后的意义。

　　（3）与基本型 PIC16F/PIC18F 系列相比，PIC16Fxxxx 结构更显得"规范"，这对于理解编译器的设计会容易一点。

　　PIC16F/PIC16Fxxxx 系列微处理器的结构较为特殊，对于 C 语言的支持显得很不友好，这无疑对 C 语言编译器的设计带来难度和障碍。这大概也是 GNU C/C++ 编译器至今未能被移植到这些产品系列编译器上的主要原因。

　　本篇将详细叙述编译器具体设计过程。

第1章 工具准备和系统设置

"工欲善其事，必先利其器"。进行软件编程设计之前，选择合适的软件工具是要首先考虑的事。软件工具的选择应该围绕设计的环境和目的进行。

1.1 GNU C/C++编译工具的选择

GNU C/C++编译器起源于 Linux 平台，属于 Linux 系统的基本支持核心工具。其相关的函数库性能和功能都十分完美、强大。此编译器已经被移植到各个平台，并且是免费的。在 Windows 环境下，GNU C/C++编译器工具组有多个版本。

1.1.1 MinGW

MinGW（Minimalist GNU for Windows）工具包是目前业界普遍使用的 C/C++编译器，也是本书所使用的基本工具。它的优点如下。

（1）更新频繁，功能上不断增强。

（2）它本身能在 32 位或 64 位的 Windows 环境中运行，并且其生成的代码程序也能在 32 位或 64 位的 Windows 环境中运行。

1.1.2 DJGPP

DJGPP（DJ's GNU Programming Platform）是早期移植到 Windows 环境下的 C/C++编译器。由于其只能在 32 位的 Windows 环境中运行，因此被逐渐淘汰。它的优点是使用方式较简单、易上手。

1.1.3 Cygwin

Cygwin 是一整套从 Linux 环境移植至 Windows 环境的编译工具。它最大程度上在 Windows 环境中模拟了 Linux 环境。但是，由于其通用性和适用程度较低，在使用上增加了难度，本书并不推荐。

1.2 解析工具构造器

flex 和 bison 是 GNU C/C++工具包中的两个可执行（命令）文件，用于设计、生成解析器。前者起源于 UNIX 环境中的 lex，用于词一级的解析器的设计；而后者由 UNIX 环境下的 yacc 发展而来，用于语法解析器的设计。在通常情况下，两者互相配合使用，是编译器之类的工具必不可少的工具。

在 Windows 环境中，flex 和 bison 这两个命令文件已经存在于 MinGW 工具包中，无须重新下载或安装。但在 Linux 环境中，它们通常不属于系统基本核心工具，需要进行安装（在 Ubuntu Linux 中，C++编译器也需要进行安装）。

1.3 工具的安装

1. Linux 环境下安装解析工具

```
$sudo apt-get install flex
$sudo apt-get install bison
```

同样地，增加 C++编译器的安装。

```
$sudo apt-get install g++
```

注：上述操作必须在联网的状态下进行。

2. 在 Windows 环境下安装 MinGW

将 MinGW 在 Windows 环境下（如安装在"C:\"硬盘的根目录下）完成安装后，结果如图 1-1 所示。

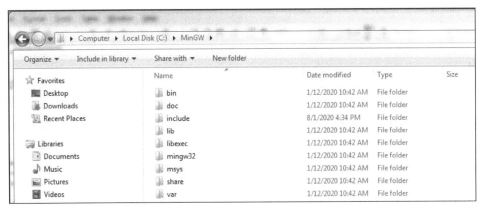

图 1-1　编译工具安装和路径

其中：

"C:\MinGW\bin"目录包含了 GNU C/C++编译器的 gcc.exe 和 g++.exe 命令文件。

"C:\MinGW\msys\1.0\bin"目录包含了 flex.exe 和 bison.exe 命令文件。

这两个目录的路径必须添加到系统的路径设置中，使其成为"待命"状态，如图 1-2 所示。

有必要说明一下，目标编译器的使用也将借助下述 MinGW 工具包中的命令（文件）。

```
- make.exe
- rm.exe
- msys-1.0.dll                    (间接使用)
- msys-iconv-2.dll                (间接使用)
- msys-intl-8.dll                 (间接使用)
- msys-regexe-1.dll               (间接使用)
- msys-termcap-0.dll              (间接使用)
```

图 1-2　为编译工具设定全局运行路径

注：如果将这些执行文件复制至目标编译器的"/bin"目录中，则目标编译器即可脱离 MinGW 工具包而独立运行。

1.4　目标编译器运行前的系统设置

当本书介绍的编译器（也被称为目标编译器）安装完成后，运行前也应为之进行系统设置。

（1）在 Windows 环境下，必须将目标编译器的目录的路径名（见下一章）添加到系统环境中（与上述手法雷同）。

（2）在 Linux 环境中，其设置方式较特殊。以 Ubuntu Linux 为例，假设 PIC16Fxxxx 处理器的编译系统的文件路径为"/home/p16ecc"，具体操作方法是：打开终端（Terminal）应用，进入系统基本目录"/home"中，以文本编辑器（如 vi）打开其中的".bashrc"文件，在文件末尾添加如下代码。

```
export PATH=$PATH:$HOME/p16ecc/bin
```

第 2 章 预处理器的设计

为了不失一般性，对于一个软件项目来说，需要创建一个（项目）目录，这里命名为"p16ecc"，并在此目录内，创建若干（子）目录，用于存放项目中不同类别的文件，如图 2-1 所示。

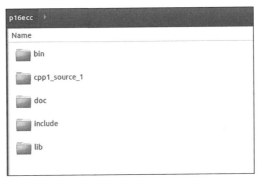

图 2-1 项目目录的创建

其中，下述的目录（以及路径）的命名对于以后的项目运行十分重要。

/include：用于存放项目的系统头文件。

/lib：用于存放项目的系统库文件。

/bin：用于存放项目的系统可执行文件。

这些目录名及路径名必须固定，并将其添加到系统环境的设置中，作为以后编译器运行时搜索特定文件时的关键字。

项目中各执行文件/工具的设计，实际上属于项目分支管理。因此，有必要为其各自设置目录。比如，对于预处理器（cpp1.exe）的设计，可以设置专属目录"cpp1_source_1"。

编译器作为系统工具，其各个可执行命令文件应该可在任何文件路径/环境下启动运行。因此，比较常用的方法是将本项目的目录的路径名添加到 Windows 系统环境的设置中（方法参见第 1 章）。

此外，还有一种方法，即编制一个批处理文件（比如，p16.bat），并将其存放在某个已经处于系统路径的固定目录（比如，C:/tool）中。假设目标编译器设计的文件存放在"F:\"硬盘的"F:\p16ecc"目录中，那么 p16.bat 批处理文件的内容如下。

```
PATH=C:\MinGW\bin;C:\MinGW\msys\1.0\bin;F:\p16ecc;%PATH%
```

此后每次开启 Windows 的控制台（Command Prompt）时，只需输入 p16 命令，即可使（目标）编译器处于可运行状态。

注：本章（乃至本书的各章节）将使用各自的目录不断地扩展、深化设计细节。

2.1 预处理器（C/C++版）

C 语言源程序在进入正式编译之前，需要进行预处理。进行这种预处理的工具或软件被称为"C 语言预处理器（C Pre-Processor）"，是一个独立运行的程序。预处理器可以是一个非常复杂的软件，旨在处理源程序中各种前缀字母为"#"的语句（比如，#include、#define、#if、#else 等）。此外，预处理器可以被拆分成多个模块，分别担任不同语句的处理。本章介绍的预处理器（cpp1.exe）功能上单一，只处理源程序中的#include（引用）语句。

#include 语句可以分为以下两种形式。

（1）#include "filename"：引用用户定义的文件。

（2）#include <filename>：引用（编译）系统的文件。

之所以要对源程序进行预处理，是因为编译/解析过程中需要包含上述文件的具体内容（源代码）。因此，预处理实际就是对源程序文件的合并/扩展，并作为编译/解析处理的实际输入。

2.1.1 项目文件及其设置

工程项目路径：/cpp_source_1。

源程序文件：main.cpp、cpp1.cpp、cpp1.h、makefile。

目标结果：cpp1.exe。

作为一个独立完整的 C/C++应用程序的开发设计，业内普遍的做法是为之建立对应的编译脚本文件（或工程文件）makefile。本节所使用工程文件如下。使用工程文件不但方便操作，而且可以避免一些不必要的失误。理论上它同属于软件设计中的源程序。

```
/p16ecc/cpp1_source_1/makefile
1   CC  = g++
2   RM  = rm
3   CP  = cp
4
5   EXE = cpp1.exe
6   OBJ = main.o cpp1.o
7
8   OPTIONS= -c -Wall -Os
9
10  $(EXE): $(OBJ) makefile
11      $(CC) -static $(OBJ) -o $(EXE)
12      $(CP) $(EXE) ../bin
13
14  %.o: %.cpp makefile
15      $(CC) $(OPTIONS) $<
16
17  clean:
18      $(RM) *.o
19      $(RM) $(EXE)
```

2.1.2 任务和算法

cpp1.exe 文件旨在对目标源程序的#include 语句进行源代码替代/扩展，即清除#include 语句并将其指定的文件本身导入、替换，最终输出一个扩展后的新文件。这个过程有两个关键需要关注：（1）#include 语句的嵌套；（2）#include 语句的交叉互调。为此，我们必须建立一个文件索引栈，追踪当前正在处理的文件，以避免交叉、嵌套而陷入死循环。本节程序设计的简单预处理程序的算法流程，如图 2-2 所示。

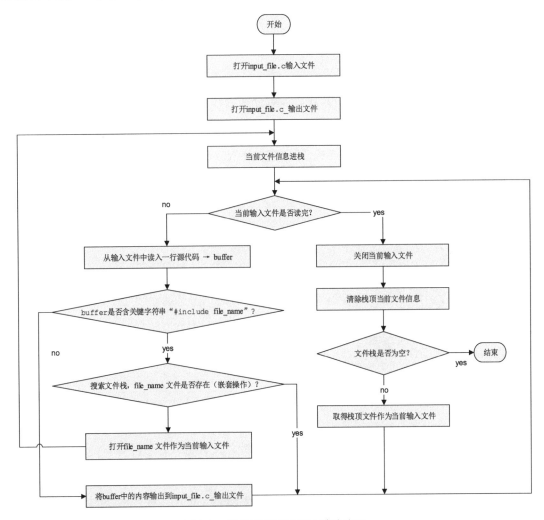

图 2-2　简单预处理程序的算法流程

由于 input_file.c 输出文件可能是多个源程序文件拼接而成的，因此诸文件在拼接处需要添加如下语句。

```
#line n filename
```

该语句可以提示下一行语句对应的源程序文件（filename），以及所处的行号（n），这对以后的编译出错或对照查询具有重要意义。

本设计的 main.cpp 源程序文件如下。

/p16ecc/cpp1_source_1/main.cpp

```
1   #include <stdio.h>
2   #include <string>
3   #include "cpp1.h"
4
5   int main(int argc, char *argv[], char *env[])
6   {
7       if ( argc <= 1 )
8       {
9           printf("missing input file!\n");
10          return -1;
11      }
12
13      std::string output = argv[1];
14      output += "_";
15
16      return cpp1(env, argv[1], (char*)output.c_str());
17  }
```

- 第 5 行：标准 C/C++启动函数。参数 char *env[]是系统环境参数表（指针），可以用来获得 Windows 环境的各种参数。
- 第 13~14 行：创建输出文件名。
- 第 16 行：调用 cpp1()函数，其入口参数分别为环境参数、输入文件名、输出文件名。

main()函数中调用的 cpp1()函数位于 cpp1.cpp 源程序文件中，其起始部分如下。

/p16ecc/cpp1_source_1/cpp1.cpp

```
1   #include <stdio.h>
2   #include <string.h>
3   #include <string>
4   #include "cpp1.h"
5
6   typedef struct File_t_ {
7       std::string    name;
8       FILE           *file_in;
9       int            line_no;
10      bool           sys_file;
11      struct File_t_ *next;
12  } File_t;
13
14  static File_t *fileStack = NULL;
15  static FILE   *output = NULL;
16  static char   includeType = 0;
17  static char   lineBuffer[4096];
18  static std::string sysPath = "";
19
20  static int  parse(File_t *file);
21  static int  readLine(FILE *fin, char *buffer);
22  static char *skipSP(char *line);
23
24  #define IS_SLASH(c)    ((c) == '/' || (c) == '\\')
25  #define IS_SEPERATOR(c) ((c) == '=' || (c) == ';' || (c) == ':')
```

- 第 6~12 行：文件栈数据结构定义（文件名、文件指针、文件源，以及链接）。
- 第 14~18 行：各局部变量，包括文件栈指针、文件输入行缓冲等。

cpp1()函数前半部分如下。

/p16ecc/cpp1_source_1/cpp1.cpp

```
28  int cpp1(char *env[], char *file_in, char *file_out, bool sys_file)
29  {
30      if ( file_out )
31          output = fopen(file_out, "w");
32
33      if ( env )
34      {
35          sysPath = "../include/";
36          for (; env && *env; env++)  // search for "PATH" setting
37              if ( strncasecmp(*env, "Path=", 5) == 0 )
38              {
39                  char *p = strstr(*env, "\\p16ecc");
40                  if ( p == NULL ) p = strstr(*env, "/p16ecc");
41                  if ( p && IS_SLASH(p[7]) && memcmp(p+8, "bin", 3) == 0 )
42                  {
43                      int i = 0;
44                      while ( !IS_SEPERATOR(p[i-1]) ) i--;
```

```
45                        sysPath = &p[i];
46                        sysPath = sysPath.substr(0, 7-i) + "/include/";
47                    }
48                }
49        }
50
51        for (File_t *fp = fileStack; fp; fp = fp->next)
52            if ( fp->name == file_in && fp->sys_file == sys_file )
53                return 0;
```

- 第 30～31 行：建立/打开输出文件，供以后的输出。
- 第 33～49 行：对环境路径表进行搜索，寻找编译器的系统头文件的存放路径 "/p16ecc/include/"。
- 第 51～53 行：检测/避免同一文件的重复引入。

cpp1()函数后半部分如下。

/p16ecc/cpp1_source_1/cpp1.cpp
```
55        File_t *file    = new File_t;
56        File->name      = file_in;
57        file->file_in   = fopen(file_in, "r");
58        file->line_no   = 0;
59        file->sys_file  = sys_file;
60
61        if ( file->file_in == NULL )
62        {
63            printf("can't open file '%s'!\n", file_in);
64            return -1;
65        }
66
67        file->next = fileStack;
68        fileStack  = file;
69
70        int rtcode = parse(file);
71        fclose(file->file_in);
72
73        delete file;
74        file = fileStack = fileStack->next;
75
76        if ( fileStack == NULL )
77            fclose(output);
78
79        return rtcode;
80    }
```

- 第 55～59 行：为新源程序文件创建栈节点。
- 第 67～68 行：保存当前文件的处理状态。新源程序文件成为当前的输入（暂停对先前输入文件的扫描）。
- 第 70 行：启动对本（新）文件的扫描分析，即调用 parse()函数。
- 第 71～74 行：扫描结束后关闭文件，同时将该文件的信息从栈顶清除，将先前输入文件恢复为当前输入文件。
- 第 76～77 行：如果栈内已经清空，则说明操作结束，关闭输出文件。

parse()函数将对输入文件进行扫描分析，其前半部分如下。

/p16ecc/cpp1_source_1/cpp1.cpp
```
82    static int parse(File_t *file)
83    {
84        bool line_mark = true;
85        for (;;)
86        {
87            int length = readLine(file->file_in, lineBuffer);
88            if ( length <= 0 ) return 0;
89            file->line_no++;
90
91            char *p = skipSP(lineBuffer), *p1;
92            if ( memcmp(p, "#include", 8) == 0 )
93            {
94                int rtcode;
95                std::string file_path = sysPath;
96
97                p = skipSP(p + 8);
98                switch ( includeType = *p++ )
99                {
```

```
100         case '"':   // user source file
101             if ( (p1 = strchr(p, '"')) != NULL )
102             {
103                 *p1 = '\0';
104                 rtcode = cpp1(NULL, p, NULL, 0);
105                 if ( rtcode < 0 ) return rtcode;
106                 break;
107             }
108             return -1;
109         case '<':   // system source file
110             if ( (p1 = strchr(p, '>')) != NULL )
111             {
112                 *p1 = '\0';
113                 file_path += p;
114                 p = (char*)file_path.c_str();
115                 rtcode = cpp1(NULL, p, NULL, 1);
116                 if ( rtcode < 0 ) return rtcode;
117                 break;
118             }
119             return -1;
120         }
121         line_mark = true;
122
```

- 第 84 行：line_mark 标识，需要插入文件行标识。
- 第 87～88 行：从当前文件中读入一行内容，并送入行缓冲 lineBuffer 中。如果读至文件尾，则结束返回。
- 第 100～108 行：当前行为包容语句#include "filename"（用户头文件），用来（递归）调用 cpp1()函数，即中断当前文件的扫描处理，开始对新文件进行扫描。
- 第 109～119 行：当前行为包容语句#include <filename>（系统头文件），用来（递归）调用 cpp1()函数，即中断当前文件的扫描处理，开始对新文件进行扫描。

parse()函数的最后部分将生成输出文件，具体如下。

/p16ecc/cpp1_source_1/cpp1.cpp

```
123         else
124         {
125             if ( line_mark )
126             {
127                 if ( includeType == '<' )
128                     fprintf(output, "#LINE %d %s\n", file->line_no, file->name.c_str());
129                 else
130                     fprintf(output, "#line %d %s\n", file->line_no, file->name.c_str());
131             }
132
133             line_mark = false;
134             fprintf(output, "%s", lineBuffer);
135         }
136     }
137 }
```

- 第 124～135 行：对于其他类型的语句，写入输出文件（第 134 行）。必要时，嵌入文件的拼接标识（第 125～131 行）。

实验（通过控制台命令方式进行编译和运行）：

编译命令，即生成 cpp1.exe 执行文件。

```
F:\p16ecc\cpp1_source_1>make
g++ -c -Wall -Os  main.cpp
g++ -c -Wall -Os  cpp1.cpp
g++ -static main.o cpp1.o -o cpp1.exe
cp cpp1.exe ../bin
```

运行命令，即运行 cpp1.exe 执行文件。

```
F:\p16ecc\cpp1_source_1>cpp1 e1.c
```

实验运行后，预处理运行结果，如表 2-1 所示。

表 2-1　预处理运行结果

e1.c 输入文件	被引入的 e1.h 头文件	最终的 e1.c_输出文件

#include "e1.h"
 	
foo(int n)
 	
{
 	
}
	#ifndef E1_H
	
	#define E1_H
	
	#define ONE　　　1
	
	endif
		`#line 1 e1.h`
		`#ifndef E1_H`
		`#define E1_H`
		`#define ONE 1`
		`endif`
		`#line 2 e1.c`
		`foo(int n)`
		`{`
		`}`

2.2　源程序预处理器（flex 版）

2.1 节所介绍的预处理器虽然简洁明了、效率高，但是其操作机制是基于字符行级别的，而不是基于语法的，因而存在一些缺陷，甚至严重的问题。例如，输入文件中出现如下内容。

```
#include "f1.h"
/*
#include "f2.h"
*/
...
```

其中，#include "f2.h"语句已经被注释记号屏蔽，不应该再对 f2.h 文件进行引入、扫描。同样，源程序中随处可见注释，例如：

```
/* Here is the C style single line comment */
// Here is the C++ style single line comment
```

这些注释对后期编译是没有意义的，可以去除。

再有，多行宏定义语句，例如：

```
#define DECISION(x,y)  ((x)? (y)+1: \
                        (y)+2)
```

上述语句可以合并为单行语句，以便降低以后解析/编译处理的难度，具体如下。

```
#define DECISION(x,y)  ((x)? (y)+1:(y)+2)
```

鉴于上述理由，本节将介绍另一种方法——词法解析器构造器 flex 生成/设计预处理器。flex 的前身是 UNIX 系统下的 lex。它作为一个系统命令或可执行文件，可用于设计、生成词法解析应用工具，通常和语法解析工具 bison（其前身是 UNIX 系统下的 yacc）相互配合，成为设计编译工具的专用命令/工具。flex 可以单独使用（如本节所述）。

flex 是一个奇特的工具，有助于高效地设计、生成对输入文件字符流进行词（或关键字）一级的扫描/解析器。它的功效是对用户定义的词法解析器（lexer）文本进行重构转译，从而生成相应的词法解析（器）C 语言代码。

flex 的功能、特点及使用，可以归纳为如下内容。

（1）lexer 文本以"常规表达式（regular expression）"为描述手法，设立词法识别规则，由用户使用编辑器（editor）编辑、生成。lexer 文本通常以".1"或".lex"为后缀，以有别于 C/C++源程序文件。

（2）lexer 文本不仅包含词法识别规则，通常还包含词法识别后处理的对应操作，如各种 C 语言函数、数据变量等。

（3）flex 是一个可执行命令（文件），也是 GNU 工具包中的一员，用于构造、生成词法解析器的 C 语言文件。所输出的 C 语言文件默认名为 lex.yy.c，与其他 C 语言文件一起，经过 gcc 编译器编译后，生成可运行词法解析程序，图 3-2 给出了示意。

（4）flex 生成的解析器以"自动状态机（auto state machine）"方式运行，一经启动（调用 yylex()函数），将自动重复对输入文件的字符流进行读入、扫描、识别。用户可以在 lexer 文本中定义、改变自动机状态，用于扫描过程中切换不同的识别规则。

（5）flex 生成的解析器 C 语言代码中的函数和变量名将"yy"作为前缀字符，具体如下。

yylex()：启动词法解析函数。

yyerror()：出错处理函数。

yytext：被匹配字符串缓冲区（字符数组）。

yyleng：被匹配字符串长度。

lexer 文本不同于 C/C++的源程序格式，整个文本自始至终以特殊的字符划分为 4 个区域。

```
%{
区域 1：用于容纳 C 语言语句（如宏定义、函数声明、数据定义等）
%}
区域 2：词法解析器的宏定义，状态机的各状态命名定义
%%
区域 3：词法解析器的词法规则描述、定义，以及规则匹配成功后对应的（C 语言）操作
%%
区域 4：各类 C 语言的函数
```

区域 1/区域 4 容纳的完全是 C 语言格式的代码，会被原封不动地复制到 yy.lex.c 输出文件。区域 2/区域 3 可以生成词法解析脚本，经 flex 处理后，生成相应的 C 语言格式的函数和变量等。其中，区域 3 是一系列的匹配规则（表），以及嵌入的相关（C 语言）操作。需要理解的是：（1）状态机将按这些规则的先后顺序依次进行扫描、匹配；（2）规则匹配类似于 C 语言 switch 语句中 case 语句的操作。一旦输入字符（片段）与某规则匹配，就将该字符（片段）复制到特定的 yytext 缓冲区（其长度存放在 yyleng 中）；继而，重新对后继的输入进行扫描，即再次运行 switch 操作。

2.2.1　正规表达式简介

正规表达式是指用于描述字符（串）及其集合的一种表达法则。正规表达式除了直接使用 ASCII 字符（串）描述，还可以借助某些特殊字符作为记号和描述法则，以便完成对较复杂字符（串）集合类型的描述。这些字符记号本身也是 ASCII 字符，会因为它们出现的位置

而具有特殊的含义。正规表达式的常用字符记号如表 2-2 所示。

表 2-2　正规表达式的常用字符记号

特殊字符记号	作用
.	任何单个字符（不包括换行符 "\n"）
*	零次或多次重复（之前的表达式）
[]	用于定义一个字符集合。 若[]内首个字符为 "^"，则表示除[]内所含字符的其他单个字符
^	从行首匹配
$	从行尾匹配
{}	该记号有两种使用方式： （1）{n,m}表示重复（之前的表达式）由 n 至 m 次不等； （2）{id}表示引用（id 的）宏定义
\	转义字符（与 C 语言含义相同）
+	单次或多次重复（之前的表达式）
?	零次或单次（之前的表达式）
|	"或"逻辑关系（与 C 语言含义类似）
"..."	字符串序列（与 C 语言含义类似）
/	"/"前后各有一个表达式，如 a 和 b。当 a 后紧随 b，则表示 a 匹配（b 不纳入匹配输出）
()	它作为括号内表达式的打包、分隔，能使用其他记号组成更复杂的表达式

其中，转义（起始）字符 "\" 是为表达特殊的 ASCII 字符而约定的特定字符，并提示将紧随其后的字符（可称为被转义字符）进行转义，两者结合表示某特殊的 ASCII 字符。如此，即可表示任何 ASCII 字符。例如，\n 为换行符，\t 为 TAB 符，\015 为八进制值表示的字符，即\r。

需要注意的是，能被转义的字符只是 ASCII 字符中一个子集。若被转义字符超出该子集范围，则转义字符 "\" 无效。例如，\L 为无效转义，等同于 L 字符本身。

例如，使用上述的特殊记录可以描述所需匹配的字符串。

[0-9]+　　　　　　　　　匹配任意长度数字字符串

[a-zA-Z]+　　　　　　　匹配任意长度字母字符串

[_a-zA-Z][_a-zA-Z0-9]*　匹配 C 语言中的变量名、函数名标识符

有关正规表达式的详细介绍，可参见书籍《lex 与 yacc》。

本节最后给出如下的一个简单词法解析小程序 test.1 作为终结。

```
%{
#include <stdio.h>
%}
%%
[ \t]                   {/* skip spaces */}
[0-9]+                  { printf("... digit str.: '%s'\n", yytext); }
[a-zA-Z]+               { printf("... alphabet str.: '%s'\n", yytext); }
[\n]|[\r]               { printf("... newline\n");   }
.              { printf("unknown char.: %d\n", yytext[0]); }
```

```
<<EOF>>                      { printf("EOF\n");    return 0; /* end of file */ }
%%
/************************************************************/
int main(int argc, char *argv[])
{
    if ( argc > 1 )
    {
        yyin = fopen(argv[1], "r");
        yylex();
    }
    return 0;
}
/************************************************************/
int yywrap(void)
{
    return -1;
}
```

编译命令如下。

flex test.l：生成 lex.yy.c 文件。

gcc lex.yy.c -o test：生成 test.exe 文件。

运行命令如下。

text test.l：扫描、解析 test.l 本身（也可用其他文件作为输入）。

2.2.2　预处理器设计实战

工程项目路径：/cpp1_source_2。

源程序文件：cpp.l、makefile。

目标结果：cpp1.exe。

本节设计如下 makefile 工程文件，其中全部运行代码均包含在 cpp.l 文件内，先由 flex 生成 lex.yy.c 文件，再由 gcc 编译得到 cpp1.exe 运行文件。

```
/p16ecc/cpp1_source_2/makefile
 1  CC  = gcc
 2  RM  = rm
 3
 4  EXE = cpp1.exe
 5  OBJ = lex.yy.o
 6
 7  OPTIONS= -c -Os
 8
 9  $(EXE): $(OBJ) makefile
10      $(CC) -static $(OBJ) -o $(EXE)
11      cp $(EXE) ../bin
12
13  %.o: %.c makefile
14      $(CC) $(OPTIONS) $<
15
16  lex.yy.c: cpp.l makefile
17      flex cpp.l
18
19  clean:
20      $(RM) *.o
21      $(RM) lex.yy.c
22      $(RM) $(EXE)
```

cpp1.l 文件（lexer 文本）"区域 1"（包括程序中所使用的宏定义和变量等）的内容如下。

/p16ecc/cpp1_source_2/cpp1.l

```
1  /****************************************************************
2  ****************************************************************/
3  %{
4  #include <stdio.h>
5  #include <string.h>
6  #include <stdlib.h>
7  #include <ctype.h>
8
9  #define TOOL_NAME           "p16ecc"
10 #define IS_SPACE(c)         ((c) == ' ' || (c) == '\t')
11 #define IS_SLASH(c)         ((c) == '/' || (c) == '\\')
12 #define WIN_SEPERATOR(c)    ((c) == '=' || (c) == ';' )
13 #define LINUX_SEPERATOR(c)  (WIN_SEPERATOR(c) || (c) == ':')
14
15 typedef struct _File_t {
16     char           *fname;
17     FILE           *yyin;
18     int            yylineno;
19     YY_BUFFER_STATE yy_state;
20     struct _File_t *next;
21 } File_t;
22
23 FILE *fout = NULL;
24 char  includeType = 0;
25 char  currentFile[4096];
26 char  libFile[4096];
27 char *libPath = "../include/";
28 File_t *fileStack = NULL;
29
30 int  lineMark = 1;
31 char lastChar = 0;
32 int  define_state= 0;
33 int  error_count = 0;
34
35 int  cpp1(char *in_file);
36 void outputSrc(char *str);
37 char *skipSP(char *s);
38 int  search(char *file);
```

- 第 9~13 行：（用户）C 语言宏定义，用于描述某类字符。
- 第 15~21 行：（用户）文件栈节点定义，与之前的类似。
- 第 23~28 行：（用户）C 语言级的数据、函数的定义和声明。

注：这些代码/数据将被复制并输入至 lex.yy.c 输出文件。

cpp1.l 文件（lexer 文本）"区域 2"（包括正规表达式宏定义、状态命名）的内容如下。

/p16ecc/cpp1_source_2/cpp1.l

```
40 %}
41
42 escape_code        [ntbrfv\\'"a?]
43 escape_character   (\\{escape_code})
44
45 c_char             ([^"\\\n]|{escape_character})
46 c_char_sequence    ({c_char}+)
47 string_constant    \L?\"{c_char_sequence}?\"
48 lib_inc_file       <{c_char_sequence}>
49
50 SP                 [ \t\v\f\015]
51 newline            [\n]
52
53 %x COMMENT
54 %x INCLUDE
55 %x DEFINE
56 %x DEFINE_COMMENT
```

- 第 42 行：正规表达式宏定义中的转义字符集合。
- 第 43 行：正规表达式宏定义中的转义字符。
- 第 45 行：正规表达式宏定义中的（普通）C 语言字符（不包括 """"\""\n"）。
- 第 46 行：正规表达式宏定义中的（单字符或多字符）字符序列。
- 第 47 行：正规表达式宏定义中的字符串定义（字符序列前后均由 """ 包裹）。注：字符序列部分可默认为空字符串。
- 第 48 行：正规表达式宏定义中的系统库文件名（字符序列前后由 "<>" 包裹）。
- 第 50 行：正规表达式宏定义中的空格符（有 5 个字符均被视为空格）。

- 第 51 行：正规表达式宏定义中的换行符。
- 第 53～56 行：为状态机新增 4 个状态，分别命名为 COMMENT、INCLUDE、DEFINE 和 DEFINE_COMMENT。

默认起始状态 = INITIAL （由 flex 内定）。

cpp1.1 文件（lexer 文本）"区域 3"（包括正规表达式词扫描/匹配规则）的内容如下。

/p16ecc/cpp1_source_2/cpp1.l

```
58  %%
59
60  "//".*                          { /* line-end comments, remove it. */ }
61  "/*"                            { BEGIN(COMMENT); }
62  <COMMENT>"*/"                   { BEGIN(INITIAL); lineMark = 1; }
63  <COMMENT>{newline}              { yylineno++; }
64  <COMMENT>.                      { /* C style comments, remove it. */ }
65
66  ^{SP}*"#include"{SP}+           { BEGIN(INCLUDE); }
67  <INCLUDE>{string_constant}.*{newline}
68  <INCLUDE>{lib_inc_file}.*{newline}      {
69                                      yylineno++;
70                                      BEGIN(INITIAL);
71                                      cpp1(yytext);
72                                  }
73
74  ^{SP}*"#define"{SP}+ |
75  ^{SP}*"#pragma"{SP}+            { BEGIN(DEFINE);  outputSrc(yytext); define_state = -1;}
76
77  <DEFINE>"//".*{newline}         { BEGIN(INITIAL); outputSrc("\n"); yylineno++; }
78  <DEFINE>{string_constant}       { outputSrc(yytext); }
79  <DEFINE>[ \t]+                  { if ( define_state ) outputSrc(yytext); }
80  <DEFINE>"/*"                    { BEGIN(DEFINE_COMMENT); }
81  <DEFINE>.                       { if ( define_state == 0 )
82                                      {
83                                        outputSrc(" ");
84                                        define_state = 1;
85                                      }
86                                      outputSrc(yytext);
87  <DEFINE>{SP}*"\\".*{newline}    { yylineno++; define_state = 0; }
88
89  <DEFINE>{newline}               { BEGIN(INITIAL); outputSrc(yytext); yylineno++;
90                                    if ( define_state >= 0 ) lineMark = 1;
91                                  }
92
93  <DEFINE_COMMENT>"*/"            { BEGIN(DEFINE); }
94  <DEFINE_COMMENT>.              ;
95  <DEFINE_COMMENT>{newline}      { yylineno++; }
96
97  {newline}                       {
98                                      outputSrc(yytext);
99                                      yylineno++;
100                                 }
101 {string_constant}               { outputSrc(yytext); }
102 .                               { outputSrc(yytext); }
103
104 <<EOF>>                         { if ( lastChar != '\n' )
105                                     outputSrc("\n"); // add an extra CR
106
107                                    fclose(yyin);
108
109                                    if ( fileStack == NULL )
110                                      yyterminate();
111                                    else
112                                    { // restore parent status...
113                                      File_t *next = fileStack->next;
114
115                                      yy_delete_buffer(YY_CURRENT_BUFFER);
116                                      yy_switch_to_buffer(fileStack->yy_state);
117                                      yyin = fileStack->yyin;
118                                      yylineno = fileStack->yylineno;
119
120                                      strcpy(currentFile, fileStack->fname);
121                                      if ( next == NULL ) free(fileStack->fname);
122                                      free(fileStack);
123                                      fileStack = next;
124
125                                      lineMark = 1;
126                                      lastChar = 0;
127                                    }
128                                 }
129 %%
```

- 第 60 行：<INITIAL>状态，匹配 C++语言形式的行末注释，将其舍弃。

- 第 61 行：<INITIAL>是默认的初始状态，与 C 语言的注释前缀 "/*" 匹配后，进入定义的 COMMENT 状态。
- 第 62～64 行：在<COMMENT>状态下，具体操作如下。
  - 第 62 行：C 语言注释结尾，退出 COMMENT 状态，回归 INITIAL 状态，并提示随后的输出需加注释。
  - 第 63 行：换行符需要调整行号。
  - 第 64 行：舍弃注释部分。
- 第 66 行：在<INITIAL>状态下，行首匹配#include 语句，进入 INCLUDE 状态。
- 第 67～72 行：在<INCLUDE>状态下，识别#include filename 语句（包括两种类型的语句），调整行号并调用 cpp1()函数，读取并处理 filename 文件。结束后回归 INITIAL 状态。
- 第 74～75 行：在<INITIAL>状态下，识别#define 或#pragma 语句，输出（匹配字符序列）并进入 DEFINE 状态。
- 第 77～95 行：在<DEFINE>状态下，去除文件中的注释部分，对于跨行的语句进行合并（第 88 行）。
- 第 97～100 行：在<INITIAL>状态下，识别换行符，输出并调整行号。
- 第 101～102 行：在<INITIAL>状态下，识别各种字符及字符串，并输出。
- 第 104～128 行：在特殊状态下，输入文件终结，关闭当前输入文件。如果文件栈已空，则结束操作；否则恢复栈顶文件节点内容，继续先前文件的处理。

cpp1.l 文件（lexer 文本）"区域 4" 中含有两个重要的函数：main()和 cpp()。其中，main()函数的主要作用和目的在于打开输入文件，确定系统库文件的目录，并启动词法解析器。

/p16ecc/cpp1_source_2/cpp1.l

```
131  /******************************************************/
132  int main(int argc, char *argv[], char *env[])
133  {
134      if ( argc > 1 )
135      {
136          char output_file[4096];
137          int  windows_env = 0, i;
138          for (i = 0; env[i]; i++)
139              if ( memcmp(env[i], "OS=Windows", 10) == 0 )
140                  windows_env = 1;
141
142          strcpy(currentFile, argv[1]);
143          sprintf(output_file, "%s_", currentFile);
144          fout = fopen(output_file, "w");
145
146          for (i = 0; env[i]; i++)
147              if ( strncasecmp(env[i], "Path=", 5) == 0 )
148              {
149                  char *p = strstr(env[i], TOOL_NAME);// find folder name
150                  int   l = strlen(TOOL_NAME);        // folder name length
151
152                  if ( p && IS_SLASH(*(p-1)) &&
153                       IS_SLASH(p[l]) && !memcmp(p+l+1, "bin", 3) )
154                  {
155                      if ( windows_env )
156                          while ( !WIN_SEPERATOR(*(p-1)) )   { p--; l++; }
157                      else
158                          while ( !LINUX_SEPERATOR(*(p-1)) ) { p--; l++; }
159
160                      libPath = malloc(l + 16);
161                      memcpy(libPath, p, l);
162                      strcpy(&libPath[l], "/include/");
163                      break;
164                  }
165              }
166
167          if ( cpp1(currentFile) == 0 )
168              yylex();
169
170          fclose(fout);
171          if ( libPath[0] != '.' ) free(libPath);
172      }
173      return error_count;
174  }
```

- 第 142～144 行：建立输出文件。
- 第 146～165 行：从系统环境设置（表）中获取编译器系统库目录的路径。
- 第 167～168 行：启动解析自动状态机，即调用 yylex() 函数。
- 第 170 行：关闭输出文件，结束程序。

注：main() 函数是整个执行程序（词法解析器）的起始，与常规 C 语言含义相同。

cpp1.1 文件（lexer 文本）"区域 4"（C 语言部分的 cpp1() 函数）的内容如下。cpp1() 函数在解析器运行过程中调用，用于 #include 语句的嵌套处理。

/p16ecc/cpp1_source_2/cpp1.l

```
177  int cpp1(char *in_file)
178  {
179      int  i;
180      FILE *fin;
181      char file_name[4096];
182      char c = (*in_file == '"')? '"' :
183              (*in_file == '<')? '>' : 0;
184
185      lineMark = 1;
186      switch ( includeType = c )
187      {
188          case '"':   // include a user file...
189              strcpy(file_name, skipSP(in_file+1));
190              *strchr(file_name, c) = '\0';
191              break;
192
193          case '>':   // include a lib file...
194              sprintf(file_name, "%s%s", libPath, skipSP(in_file+1));
195              *strchr(file_name, c) = '\0';
196              break;
197
198          default:    // input file
199              strcpy(file_name, in_file);
200              break;
201      }
202
203      if ( c && search(file_name) )
204          return 0;
205
206      fin = fopen(file_name, "r");
207      if ( fin == NULL )
208      {
209          printf ("can't open file - %s!\n", file_name);
210          error_count++;
211          return -1;
212      }
213
214      if ( c )    // nested include file ...
215      {   // save current status...
216          File_t *fp = malloc(sizeof(File_t));
217          fp->fname  = malloc(strlen(currentFile)+1);
218          strcpy(fp->fname, currentFile);
219          strcpy(currentFile, file_name);
220
221          fp->yyin     = yyin;
222          fp->yylineno = yylineno;
223          fp->yy_state = YY_CURRENT_BUFFER;
224          fp->next     = fileStack;
225          fileStack    = fp;
226
227          yy_switch_to_buffer(yy_create_buffer(fin, YY_BUF_SIZE));
228      }
229
230      yyin = fin;
231      yylineno = 1;
232      lastChar = 0;
233      return 0;
234  }
```

- 第 188～191 行：输入文件形式，即 #include "filename" 用户文件。
- 第 193～196 行：输入文件形式，即 #include <filename> 系统文件。
- 第 199～200 行：输入文件形式，即由命令行指定的输入文件。

- 第 214～228 行：遇到上述两种新的输入文件的引入，需中断当前文件的处理，并将当前处理状态送入文件栈内进行保存。
- 第 230～233 行：将由 yyin 文件指针指定的新文件设置为当前处理文件。

本节设计的预处理器实验结果，如表 2-3 所示。

表 2-3　预处理器实验结果

输入 e1.c 源程序文件	被引入的 e1.h 头文件	被引入的 e2.h 头文件
`#include "e2.h"`	`#ifndef E1_H`	`#ifndef E2_H`
`#include "e1.h"`	`#define E1_H`	`#define E2_H`
`#define clr(a,b)　a = 10, \`	`#include "e2.h"`	`#include "e1.h"`
`　　　　　　　b = 20`	`#define ONE  1`	`#define TWO  2`
`char *s = "/*asdfas*/";`	`#endif`	`#endif`

最终输出 e1.c_文件
`#line 1 e2.h`
`#ifndef E2_H`
`#define E2_H`
`#line 1 e1.h`
`#ifndef E1_H`
`#define E1_H`
`#line 5 e1.h`
`#define ONE 1`
`#endif`
`#line 5 e2.h`
`#define TWO 2`
`#endif`
`#line 1 e1.h`
`#ifndef E1_H`
`#define E1_H`
`#line 1 e2.h`
`#ifndef E2_H`
`#define E2_H`
`#line 5 e2.h`
`#define TWO 2`
`#endif`
`#line 5 e1.h`
`#define ONE 1`
`#endif`
`#line 3 e1.c`
`#define clr(a,b)  a = 10, b = 20`
`#line 5 e1.c`
`char *s = "/*asdfas*/";`

2.3 本章小结

（1）源程序文件中除了注释、#include 语句，其他内容均直接移送至输出文件。

（2）在输出文件中插入必要的源程序文件行号提示语句"#line n filename"。

（3）输出文件中可以多次出现同一个被引入的（头）文件。

（4）本章介绍的预处理器十分简单，基本上只处理源程序中的#include 语句。有兴趣的读者可以以此为基础，增加更多的功能。flex 提供有效的词法解析能力。用户可以使用正规表达式的规则，设计有针对性的词法解析器。

（5）预处理器 cpp1.exe 可执行文件被存放至编译器项目的"/bin"目录中，成为编译器的执行命令之一。

第3章 编译器设计初步实践

3.1 设计简介

本节将通过构造一个简单的编译模型来介绍 flex 和 bison 工具的使用。

编译器的编译过程包括 C 语言词法解析和 C 语言语法解析两个环节,并且前者的输出就是后者的输入。第 2 章中词法解析器的设计借助了专用工具 flex,而语法解析器的设计需要使用相应的专用工具 bison。bison 的前身是 UNIX 系统的 yacc 命令(可执行命令文件)。和 flex 相似,bison 是用于构建语法解析器的工具。它先以语法解析设计文本为输入,生成相应的语法解析器 C 语言文件,再经过 C 语言的编译后,最终生成可运行的语法解析器。语法解析设计文本文件是用户设计提供的源程序文件,一般以".y"为文件名后缀,经过 bison 命令的处理后,生成后缀为".c"和".h"两个 C 语言文件,如图 3-1 所示。

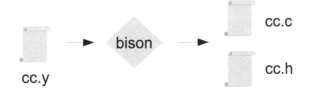

图 3-1　bison 运行基本过程

cc.c 和 cc.h 这两个文件是 cc.y 文件经由 bison 生成的语法解析器的 C 语言程序,其形式同样是一组以"yy"或"YY"为起始字符的函数和变量。例如,yyparse()为语法解析器启动函数。

类似地,flex 的运行和使用过程也是如此,如图 3-2 所示。

图 3-2　flex 运行基本过程

词法解析器的设计文本为 cc.l。它经过 flex 的处理后生成词法解析器 C 语言文件 lex.yy.c，成为编译器中的词法解析，提供语法解析的输入。具体说明如下。

（1）cc.l 和 cc.y 文件均为用户设计的文本（源程序文件），而 cc.c、cc.h 及 lex.yy.c 文件是由 flex 和 bison 生成的 C 语言文件。

（2）flex 可以单独使用，但 bison 对 flex 有依赖关系。当两者同时参与编译器设计时，通常会形成互相依赖的关系。具体来说，cc.c 文件中将调用 lex.yy.c 文件中的 yylex() 函数，获取词一级的输入（token 流）；而 cc.l 文件通常要使用 cc.y 文件中给出的宏定义。

（3）flex 和 bison 均有能生成 C++语言输出的词法解析器和语法解析器版本。为了便于理解，本书未采用。

3.2 一个简单的 C 语言关键字识别器

项目任务：作为首个实验，本程序只是用于识别部分 C 语言关键字（如 void、int 等）、标识符（如变量名、函数名等），以及十进制常量，并输出相应的提示信息，但没有进行语法解析。因此，设计中只使用了词法解析。

工程项目路径：/cc_source_3.1。
源程序文件：main.cpp、cc.l、makefile。
输出文件：cc16e.exe。

3.2.1 工程项目文件

本识别器主要包含 cc.l 和 main.cpp 两个源程序文件，经编译后生成 cc16e.exe 可执行文件。其工程项目文件 makefile 如下。

```
/p16ecc/cc_source_3.1/makefile
1  CC  = gcc
2  CXX = g++
3  RM  = rm
4  MU  = mv
5  CP  = cp
6  EXE = cc16e.exe
7  OBJ = main.o lex.yy.o
8
9  OPTIONS= -c -Os
10
11 $(EXE): $(OBJ) makefile
12     $(CXX) -static $(OBJ) -o $(EXE)
13     $(CP) $(EXE) ../bin
14
15 %.o: %.c makefile
16     $(CC) $(OPTIONS) $<
17
18 %.o: %.cpp makefile
19     $(CXX) $(OPTIONS) $<
20
21 lex.yy.c: cc.l makefile
22     flex cc.l
23
24 clean:
25     $(RM) *.o
26     $(RM) lex.yy.c
27     $(RM) $(EXE)
```

其中，cc.l 文件中含有主要的运行程序。

3.2.2　项目运行主程序

在主程序 main.cpp 文件中，main()函数的操作包含获取输入文件名，并对输入文件进行预处理。经过预处理的文件将成为词法解析的输入，具体如下。

```
/p16ecc/cc_source_3.1/main.cpp
1   #include <stdio.h>
2   #include <stdlib.h>
3   #include <string>
4   extern "C" {
5   int _main(char *filename);
6   }
7
8   int main(int argc, char *argv[])
9   {
10      for (int i = 1; i < argc; i++)
11      {
12          std::string buffer = "cpp1 ";
13          buffer += argv[i];
14
15          if ( system(buffer.c_str()) == 0 )
16          {
17              buffer = argv[i]; buffer += "_";
18
19              _main((char*)buffer.c_str());
20  //          remove(buffer.c_str());
21          }
22      }
23      return 0;
24  }
```

- 第 4～6 行：_main()函数是词法解析的起始，位于 cc.l 文件的 C 语言部分，属于外部函数，使用前需要预先声明。
- 第 10 行：支持对多个源程序文件进行逐个处理。
- 第 15 行：调用第 2 章介绍的预处理器 cpp1.exe 进行预处理（生成相应后缀为 ".c_" 的输出文件）。
- 第 17～19 行：对源程序进行词法解析。
- 第 20 行：运行结束后一般删除刚生成的后缀为 ".c_" 的输出文件（此处暂不做删除处理，仅用于对比源程序文件）。

3.2.3　词法解析自动机部分

本词法解析器使用正规表达式的规则识别输入源程序中 C 语言关键字的一个子集，并输出显示，具体如下。

```
/p16ecc/cc_source_3.1/cc.l
1   /*************************************************************
2   *************************************************************/
3   %{
4   #include <stdio.h>
5   #include <string.h>
6   #include <stdlib.h>
7   #include <ctype.h>
8
9   int fatalError=0;
10  char *currentFile;
11
12  %}
13
14  letter                  [A-Za-z]
15  digit                   [0-9]
16  nonzero_digit           [1-9]
17
18  underscore              "_"
19  following_character     ({letter}|{digit}|{underscore})
```

```
20  identifier               ({letter}|{underscore}){following_character}*
21  dec_constant             ({nonzero_digit}{digit}*)
22
23  SP                       [ \t\v\f\015]
24  newline                  [\n]
25
26  %%
27
28  ^"#line"{SP}+{dec_constant}.*{newline} {
29                               int i = 0;
30                               while ( !isdigit(yytext[i]) ) i++;
31                               yylineno = atoi(yytext+i);
32                           }
33
34  {dec_constant}           { printf("VALUE: %d\n", atoi(yytext)); }
35  "void"                   { printf("KEY_WORD: %s\n", yytext); }
36  "int"                    { printf("KEY_WORD: %s\n", yytext); }
37  {identifier}             { printf("ID: %s\n", yytext); }
38  [;{}=()]                 { printf("%c\n", *yytext); }
39
40  {SP}+                    ;
41
42  {newline}                { yylineno++; }
43  .                        { printf("illegal character! '%c'(0x%02X) in line #%d\n",
44                                   *yytext, *yytext, yylineno);
45                           }
```

- 第 20 行：宏定义中的标识符的识别规则。
- 第 21 行：宏定义中的（非零）十进制常数的识别规则。
- 第 28～32 行：源程序文件行标记的识别。
- 第 34 行：十进制常数识别。识别后的操作为打印显示内容。
- 第 35～36 行：对 void 和 int 这两个关键字的识别。识别后的操作为打印显示内容。
- 第 37 行：识别标识符，并在识别后进行打印显示内容的操作。
- 第 38 行：合法 C 语言字符（集）识别，并在识别后进行打印显示内容的操作。
- 第 40～45 行：空格和换行符的识别。

很显然，增加识别规则和扩展字符识别集可以提升解析器的识别范围。

3.2.4　词法解析 C 语言部分

cc.l 文件中的 _main() 函数可以打开输入文件，并启动词法解析，具体如下。

```
/p16ecc/cc_source_3.1/cc.l
49  /********************************************************/
50  int _main(char *filename)
51  {
52      currentFile = filename;
53      yyin = fopen(filename, "r");
54
55      if ( yyin == NULL )
56      {
57          printf("can't open file - %s!\n", filename);
58          exit(-1);
59      }
60
61      yylineno = 1;
62      yylex();
63      return fatalError;
64  }
```

- 第 52～53 行：打开输入文件（由 yyin 文件指针指定）。
- 第 62 行：启动词法解析自动机。

本节的实验如表 3-1 所示。

表 3-1　简单词法解析实验的运行输出

e1.c 输入（源）文件	e1.c_输出（临时）文件	运行时屏幕输出显示

`void foo()`
`{`
`    int a;`
`    a = 100;`
`}`
	`#line 1 e1.c`
	`void foo()`
	`{`
	`    int a;`
	`    a = 100;`
	`}`
		`F:\p16ecc\cc_source_3.1>cc16e e1.c`
		`KEY_WORD: void`
		`ID: foo`
		`(`
		`)`
		`{`
		`KEY_WORD: int`
		`ID: a`
		`;`
		`ID: a`
		`=`
		`VALUE: 100`
		`;`
		`}`

小结

（1）本节只涉及简单的 C 语言词法解析器（小部分关键字），旨在介绍如何设计、使用词法解析器。

（2）词法解析后只显示输出。

（3）本词法解析器无法识别数值为零（如 "a = 0;" 语句）的常数。

3.3　编译器雏形（flex 和 bison 的使用）

3.3.1　问题的提出和任务

3.2 节在词法解析的部分引入对 C 语言的关键字，以及对固定常数的解析。其中需要理解的是，一旦调用了 yylex() 函数，程序将进入词法解析器的内部循环，并不断地从输入文件（由 yyin 文件指针指定）中读入、匹配和打印词法单元，直到遇到 return 语句或调用 yyterminate() 函数。

由 bison 生成的语法解析器的启动函数为 yyparse()。它将以隐含的方式调用 yylex() 函数，以便启动词法解析器并控制其运行。而调用 yyparse() 函数之前，必须先为 yylex() 函数的运行设定输入文件 yyin。作为语法解析的前端输入，当词法解析在读入源程序文件并匹配成功后，相关的信息将通过 return 语句返回给 yyparse() 调用函数，成为语法解析的基本输入元素——终结符。

项目任务：在 3.2 节介绍的基础上，增加语法解析环节，对输入文件（e1.c）进行语法解析、扫描。

工程项目路径：/cc_source_3.2。

源程序文件：main.cpp、cc.l、cc.y、makefile。

输出文件：cc16e.exe。

3.3.2　工程文件 makefile

同样地，本节项目工程文件内容如下，其中包含 cc.l 和 cc.y 这两个源程序文件。

```
/p16ecc/cc_source_3.2/makefile
1   CC  = gcc
2   CXX = g++
3   RM  = rm
4   CP  = cp
5   EXE = cc16e.exe
6   OBJ = main.o lex.yy.o cc.o
7
8   OPTIONS= -c -Os
9
10  $(EXE): $(OBJ) cc.h makefile
11      $(CXX) -static $(OBJ) -o $(EXE)
12      $(CP) $(EXE) ../bin
13
14  %.o: %.c cc.h makefile
15      $(CC) $(OPTIONS) $<
16
17  %.o: %.cpp makefile
18      $(CXX) $(OPTIONS) $<
19
20  lex.yy.c: cc.l cc.h makefile
21      flex cc.l
22
23  cc.h: cc.y makefile
24      bison -d cc.y -o cc.c
25
26  cc.c: cc.y makefile
27      bison -d cc.y -o cc.c
28
29  clean:
30      $(RM) *.o
31      $(RM) lex.yy.c
32      $(RM) cc.h
33      $(RM) cc.c
34      $(RM) $(EXE)
```

3.3.3　词法解析规则部分

本节基本沿用了 3.2 节设计的词法解析。不同的是，一旦解析匹配完成，将返回识别类型（值），具体如下。

```
/p16ecc/cc_source_3.2/cc.l
14  %}
15
16  letter                [A-Za-z]
17  digit                 [0-9]
18  nonzero_digit         [1-9]
19
20  underscore            "_"
21  following_character   ({letter}|{digit}|{underscore})
22  identifier            ({letter}|{underscore}){following_character}*
23  dec_constant          ({nonzero_digit}{digit}*)
24
25  SP                    [ \t\v\f\015]
26  newline               [\n]
27
28  %%
29
30  ^"#line"{SP}+{dec_constant}.*{newline} {
31                        int i = 0;
32                        while ( !isdigit(yytext[i]) ) i++;
```

```
33                                |   |   yylineno = atoi(yytext+i);
34                                |   }
35
36  {SP}+                         |         ;
37  {newline}                     | { yylineno++; }
38  {dec_constant}                | { return CONSTANT; }
39  "void"                        | { return VOID; }
40  "int"                         | { return INT; }
41  "char"                        | { return CHAR; }
42  {identifier}                  | { return IDENTIFIER; }
43  [;{}=()]                      | { return *yytext; }
44  .                             | { printf("illegal character! '%c'(0x%02X) in line #%d\n",
45                                |     *yytext, *yytext, yylineno);
46                                | }
47
48  %%
```

- 第 38~42 行：（关键字）识别成功，返回其 token 值。注：词法解析返回值{CONSTANT, VOID,INT,CHAR,IDENTIFIER}被定义在 cc.y 文件中，由 bison 将其生成在 cc.h 文件中。它们的值处于 ≥ 256 的范围，以便区别常规 ASCII 字符数值。
- 第 43 行：C 语言保留字符（集）识别，返回字符数值。

3.3.4　词法解析的启动

同样地，cc.l 文件中的_main()函数首先需打开输入文件，供解析输入。与之前 3.2.4 节介绍不同的是，它将调用 yyparse()函数启动语法解析，具体如下。

/p16ecc/cc_source_3.2/cc.l

```
48  %%
49
50  /****************************************************/
51  int _main(char *filename)
52  {
53      currentFile = filename;
54      yyin = fopen(filename, "r");
55
56      if ( yyin == NULL )
57      {
58          printf("can't open file - %s!", filename);
59          exit(-1);
60      }
61
62      yylineno = 1;
63      if ( yyparse() != 0 )
64      {
65          printf("yyparse stopped at #line %d\n", yylineno);
66          return -1;
67      }
68      return fatalError;
69  }
```

- 第 53~54 行：打开输入源程序（filename.c_），由 yyin 文件指针所指示。
- 第 63 行：启动并运行语法解析，即调用 yyparse()函数。注：此时并不会直接启用词法解析器的 yylex()函数。

3.3.5　语法解析器文本及其基本格式

语法解析器文本是纯 ASCII 文本形式的文件。与词法解析器文本格式类似，语法解析器文本格式同样从始至终以特殊的字符划分为以下 3 个区域。

```
%{
区域 1：用于容纳 C 语言语句（如宏定义、函数声明、数据定义等）
%}
```

区域2：终节点/中间节点（也被称为编译树中的树叶和树节点）的命名和枚举，各节点的数据类型定义，以及解析器起始状态设定

%%

区域3：一组基于 BNF(Backus-Naur Form)形式，用于描述/定义各种中间节点的生成规则（归纳/解析规则），以及语法匹配后相应的处理（操作）

%%

几点说明：

（1）终节点（符）：由词法解析器（通过调用 yylex()函数）生成的 token，即（特定）字符或类型值。

（2）中间节点：表示一组终节点/中间节点的归纳。

（3）各节点的生成规则：用来确定/定义识别法则，即解析器的目标语言语法定义。

（4）语法解析可以有两种不同的理解方式：一种是从顶向下，即从树根向树叶的解析；另一种是从下向上，即从树叶向树根的归纳。

（5）当语法解析完成后，对全部输入进行识别、匹配，其过程及结果便构成了"编译树"或"语法树"。其中，"枝干"部分对应识别规则，"树叶"对应各种 token。

3.3.6　语法解析器文本各区域的内容

语法解析器文本的起始部分如下。作为编译器的雏形，"区域1"和"区域2"所含的内容很简短。

```
/p16ecc/cc_source_3.2/cc.y
 6   %{
 7   #include <stdio.h>
 8   #include <stdarg.h>
 9
10   extern int  yyerror(char *);
11   extern int  yylex(), yylineno;
12   extern FILE *yyin;
13
14   int yyparse(void);
15
16   #define YYDEBUG 1
17
18   %}
19
20   %token CHAR INT VOID CONSTANT IDENTIFIER
21
22   %start program
23
24   %%
```

- 第 10～12 行：将引用 lex.yy.c 文件中的函数与变量。
- 第 20 行：非 ASCII 字符终结符（token）的命名和定义，并以 enum{}的形式列入 cc.h()函数。
- 第 22 行：语法解析最终归纳的终节点——编译树根节点标记，也可以理解为语法解析的起始。

语法解析器文本"区域3"定义了语法解析规则，对应了 yyparse()函数的基本内涵，具体如下。作为基础性实验，这里给出一个 C 语言子集语法解析识别/生成规则。bison 使用 BNF 的描述格式定义解析器需识别/定义的语法规则。使用 BNF 格式描述/定义解析器的识别在语法形式上很直接，也容易理解。

BNF 对语法描述的规则/格式也被称为产生式（generation），可以简单地概括为：

归纳后的节点：节点$_1$　　节点$_2$　　...　　节点$_n$。

具体如下。

（1）字符":"和";"用来识别规则中解析序列的起始和终结。

（2）"节点$_1$　　节点$_2$　　...　　节点$_n$"是一组由各类节点组成的序列，包括中间节点和由 yylex()函数读取的终节点 token，以及用户插入的 C 语言处理代码。

（3）"节点$_1$　　节点$_2$　　...　　节点$_n$"以$1、$2、…、$n 为序列标记，而归纳后的节点以 $$ 为标记。这类标记将以变量的形式出现在产生式的 C 语言代码中（本节暂未使用）。

```
/p16ecc/cc_source_3.2/cc.y
24  %%
25
26  program
27    : external_definitions
28    ;
29  external_definitions
30    : function_definition
31    | external_definitions function_definition
32    ;
33  function_definition
34    : type_specifier
35      function_declarator
36      compound_statement        { printf("#%d: function()\n", yylineno);   }
37    ;
38  identifier
39    : IDENTIFIER
40    ;
41  primary_expr
42    : identifier
43    | CONSTANT
44    | '(' primary_expr ')'
45    ;
46  assignment_statement
47    : identifier
48      '=' primary_expr ';'      { printf("#%d: assignment statement\n", yylineno);  }
49    ;
50  func_data_declaration
51    : type_specifier declarator_list ';'
52    ;
53  declarator_list
54    : identifier
55    | declarator_list ',' identifier
56    ;
57  type_specifier
58    : CHAR
59    | INT
60    | VOID
61    ;
62  function_declarator
63    : identifier '(' ')'
64    ;
65  statement
66    : compound_statement
67    | assignment_statement
68    ;
69  compound_statement
70    : '{' '}'
71    | '{' statement_list '}'
72    ;
73  general_statement
74    : statement
75    | func_data_declaration
76    ;
77  statement_list
78    : general_statement
79    | statement_list general_statement
80    ;
81  %%
```

- 第 33～36 行：函数定义的语法识别。识别后的操作为打印输出提示及对应的源程序行号。
- 第 46～48 行：赋值语句的语法识别。识别后的操作为打印输出提示及对应的源程序行号。

本节的实验如表 3-2 所示。通过运行命令：

```
cc16e e1.c
```

得到运行结果。

表 3-2　简单语法解析实验运行输出

C 语言源程序	运行输出
```void foo() { int a; a = 100; }```	```F:\p16ecc\cc_source_3.2>cc16e e1.c #5: assignment statement #6: function()```

其对应的编译树（或语法树），如图 3-3 所示。

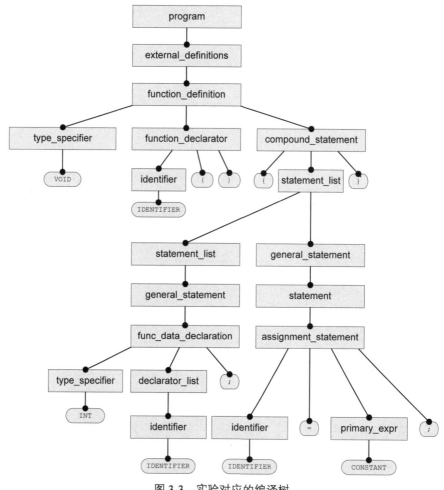

图 3-3　实验对应的编译树

3.4 语法解析和词法解析之间的数值传递

3.3 节介绍了语法解析，以及语法解析器与词法解析器的设计基本手段及两者在运行中的配合。但其中的词法解析对于标识符 IDENTIFIER 和常数 CONSTANT 类的节点只提供给词的类型值（或 token 值）而缺少其具体内涵，因此无法进行具体的编译输出。比如，标识符 IDENTIFIER 的具体字符串，以及常数 CONSTANT 的具体数值。为此，bison/flex 提供了一种手段，词法解析器除了返回类型值，同时通过变量 yylval，提供 token 的具体内涵/数值。

yylval 是 bison/flex 中定义的数据，用于表示和容纳各节点或 token 数据，并采用联合（union）的数据结构以涵盖各种类型的数据。而数据成员类型及命名，则由使用者自行确定。在本节中，将 yylval 的内部成员定义为：

```
%union yylval {
    char *s;   // 字符串表达式
    int  i;    // 整数值表达式
}
```

理论上，最终（根）节点和所有中间节点均属于 yylval 的某成员数据类型。因此，语法解析/归纳的过程也是对这类数据的解析/归纳。而对 yylval 数据的具体使用和操作，则由用户在识别规则中插入的 C 语言代码完成。

工程项目路径：/cc_source_3.3。
源程序文件：　main.cpp、cc.l、cc.y、makefile、common.c/common.h。
输出文件：cc16e.exe。

3.4.1　语法解析器文本的定义部分

在 3.4 节的基础上，对 cc.y 文件进行扩充，具体如下。

```
/p16ecc/cc_source_3.3/cc.y
1  /*-------------------------------------------------------------
2
3     cc.y - parser definition file:
4
5  -------------------------------------------------------------*/
6  %{
7  #include <stdio.h>
8  #include <stdarg.h>
9  #include "common.h"
10
11 extern int  yyerror (char *);
12 extern int  yylex (), yylineno;
13 extern FILE *yyin;
14
15 int yyparse(void);
16
17 #define YYDEBUG 1
18
19 %}
20
21 %union {
22     char  *s; // string value
23     int    i; // integer value
24 }
25
26 %token CHAR INT VOID
27 %token <i> CONSTANT
28 %token <s> IDENTIFIER
29
30 %start program
31
32 %%
```

- 第 9 行：引用 common.h 文件，为解析过程定义并提供所需的各种数据类型和函数。
- 第 21～24 行：对 yylval 的成员进行定义。注：此处语法结构与 C/C++语法有所不同。
  第 26～28 行：终节点 token 类型枚举，所有由"%token"定义的标识符将被列入枚举（enum 语句）列表中，通过 cc.h 文件输出，供 cc.l 文件引用。其中，CONSTANT 用来追加其 yylval 的成员类型为 i（%union 中的整数成员 "int i;"）；IDENTIFIER 用来追加其 yylval 的成员类型为 s（%union 中的字符串成员 "char *s;"）。

3.4.2　语法解析器识别规则部分

识别规则后的操作扩充如下。

```
/p16ecc/cc_source_3.3/cc.y
34  program
35      : external_definitions
36      ;
37  external_definitions
38      : function_definition
39      | external_definitions function_definition
40      ;
41  function_definition
42      : type_specifier
43        function_declarator
44        compound_statement        { printf ("#%d: function()\n", yylineno);   }
45      ;
46  identifier
47      : IDENTIFIER                 { printf ("#%d: id = %s\n", yylineno, $1); }
48      ;
49  primary_expr
50      : identifier
51      | CONSTANT                   { printf ("#%d: value = %d\n", yylineno, $1); }
52      | '(' primary_expr ')'
53      ;
54  assignment_statement
55      : identifier
56        '=' primary_expr ';'       { printf ("#%d: assignment statement\n", yylineno);   }
57      ;
58  func_data_declaration
59      : type_specifier declarator_list ';'
60      ;
61  declarator_list
62      : identifier
63      | declarator_list ',' identifier
64      ;
65  type_specifier
66      : CHAR
67      | INT
68      | VOID
69      ;
70  function_declarator
71      : identifier '(' ')'
72      ;
73  statement
74      : compound_statement
75      | assignment_statement
76      ;
77  compound_statement
78      : '{' '}'
79      | '{' statement_list '}'
80      ;
81  general_statement
82      : statement
83      | func_data_declaration
84      ;
85  statement_list
86      : general_statement
87      | statement_list general_statement
88      ;
89  %%
```

其中：

- 第 47 行：对 IDENTIFIER 进行识别/匹配处理，即显示字符串内容。该节点元素的数据类型为 char*。
- 第 51 行：对 CONSTANT 进行识别/匹配处理，即显示整数值。该节点元素的数据类型为 int。

此处，$1、$2、…、$n 表示语法规则中各节点元素位置序列成员（token）的 yylval 数据。而$$对应语法规则中的归纳结果 yylval 数据。

3.4.3　词法解析器解析规则部分

相应地，词法解析将使用 yylval，具体如下。

/p16ecc/cc_source_3.3/cc.l

```
45  %%
46
47  ^"#line"{SP}+{dec_constant}.*{newline} {
48                          int i = 0;
49                          while ( !isdigit(yytext[i]) ) i++;
50                          yylineno = atoi(yytext+i);
51                          }
52
53  {dec_constant}          { yylval.i = atoi(yytext);   return CONSTANT; }
54  "void"                  { return VOID; }
55  "int"                   { return INT; }
56  "char"                  { return CHAR; }
57  {identifier}            { yylval.s = dupStr(yytext); return IDENTIFIER; }
58  [;{}=()+-]              { return *yytext; }
59
60  {SP}+                   ;
61
62  {newline}               { yylineno++; }
63
64  .                       { printf ("illegal character! ... 0x%02X '%s' in line #%d\n",
65                                 *yytext, yytext, yylineno);
66                          }
67
68  %%
```

- 第 53 行：识别整数，并获取其数值，赋予 yylval.i，而后返回其 token 值 CONSTANT。
- 第 57 行：识别标识符，并获取其字符串，赋予 yylval.s，而后返回其 token 值 IDENTIFIER。

本节的实验如表 3-3 所示。

表 3-3　语法解析实验的运行输出

输入的源程序	编译运行输出打印
void main () {　　int a;　　a = 100; }	F:\p16ecc\cc_source_3.3>cc16e e1.c #2: id = main #4: id = a #5: id = a #5: value = 100 #5: assignment statement #6: function()

小结

（1）本节给出的语法分析只包含 C 语言标准的一个子集。

（2）语法解析生成式只属于实验举例，某些处理并不符合 C 语言语义规范。

（3）本节的实验结果不会生成最终的编译树数据实体。

3.5 编译树的构建

为了构建一棵编译树实体，在 3.4 节的基础上，为所有中间节点赋予某种数据类型。通过数据之间的归纳连接，最终在根节点获得表示输入源程序的全部语义的树状数据结果。

因为解析/归纳过程中节点的数据类型差异，并使用 yylval 作为类型索引，所以需要在 yylval 联合结构中增加相应的数据类型。

```
%union yylval {
    char   *s;
    int     i;
    node   *n;
    attrib *a;
    int    *p;
}
```

其中，node 和 attrib 是新增的数据类型，用来表示节点和特征，其具体描述都在 common.h 中。事实上，node 是所有节点的概括或总称，也被称为抽象节点。节点的具体类型和内涵可以分为以下 5 种。

（1）常数节点：表示一个常数。

（2）字符串节点：表示一个字符串。

（3）标识符节点：表示一个标识符（如变量名、函数名等）。

（4）操作运算节点：表示某一个操作（若干节点的结构关系，长度可变）。

（5）列表节点：表示一个列表（若干 node 的单链，长度可变）。

node 是一个联合结构，可以匹配各种节点，从而使各种节点可以共享同一种表示方式，这也是本设计中常用的类型。

工程项目路径：/cc_source_3.4。

源程序文件：cc.l、cc.y、common.c/common.h。

3.5.1 编译树中的数据类型和结构

所有的数据结构由用户根据编译器设计中的要求而设计，并在 common.h 文件中定义，具体如下。

```
/p16ecc/cc_source_3.4/common.h
 8    // attribution of a node
 9   typedef struct {
10        int     type;          /* type specifier */
11   } attrib;
12
13    // node types
14   enum {
15        NODE_CON=1, NODE_STR, NODE_ID, NODE_OPR, NODE_LIST
16   };
17
18    /* constants */
19   typedef struct {
20        int      type;          /* type: NODE_CON */
```

```
21        long         value;
22    } conNode_t;
23
24    /* string */
25    typedef struct {
26        int          type;      /* type: NODE_STR */
27        char         *str;      /* string value */
28    } strNode_t;
29
30    /* identifiers */
31    typedef struct {
32        int          type;      /* type: NODE_ID */
33        attrib       *attr;
34        char         *name;
35        union node_t *parp;     /* parameter list     */
36    } idNode_t;
37
38    /* operators */
39    typedef struct {
40        int          type;      /* type: NODE_OPR */
41        attrib       *attr;
42        int          oper;      /* operator */
43        int          nops;      /* counts of operands */
44        union node_t *op[1];    /* operands (expandable) */
45    } oprNode_t;
46
47    /* list */
48    typedef struct {
49        int          type;      /* type: NODE_LIST */
50        int          nops;      /* length of list */
51        union node_t *ptr[1];   /* parameters list (expandable) */
52    } listNode_t;
```

- 第 8～11 行：特征 attrib 的数据定义。
- 第 14～16 行：枚举 5 种节点类型名称。
- 第 18～52 行：各种节点的具体数据结构定义。注：每一种节点结构的首端都必须为 "int type;"。

/p16ecc/cc_source_3.4/common.h

```
54    /* /////////////////////////////////////////////////////////////// */
55    typedef union node_t {
56        int          type;      /* type of node */
57        conNode_t    con;
58        idNode_t     id;
59        oprNode_t    opr;
60        listNode_t   list;
61        strNode_t    str;
62    } node;
63
64    extern node *progUnit;
```

- 第 55～62 行：node 联合的结构定义可以对各种节点数据进行归纳或同质化，因此可以用 node 结构表示各种节点。
- 第 64 行：解析结束/归纳后得到最终的编译树数据（指针）。

3.5.2　节点生成和处理函数

common.h 文件给出了各类节点的创建、清除，以及扩展函数，具体如下。

/p16ecc/cc_source_3.4/common.h

```
73    node *idNode  (char *s);
74    node *conNode (int v);
75    node *listNode(int length);
76    node *strNode (char *s);
77    node *oprNode (int type, int cnt, ...);
78
79    node *mergeList (node *l1, node *l2);
80    node *appendList(node *lp, node *np);
81    node *makeList (node *np);
82
83    node *cloneNode(node *np);        // clone a node
84    void delNode   (node *np);
```

3.5.3 扩充语法解析器文本的定义部分

由于引入新的数据结构，语法解析器文本 cc.y 中的各种节点均被赋予相应的类型，具体如下。

```
/p16ecc/cc_source_3.4/cc.y
 1   /*-------------------------------------------------------------
 2
 3       cc.y - parser definition file:
 4
 5   -------------------------------------------------------------*/
 6   %{
 7   #include <stdio.h>
 8   #include <stdarg.h>
 9   #include "common.h"
10
11   extern int  yyerror (char *);
12   extern int  yylex (), yylineno;
13   extern FILE *yyin;
14
15   int yyparse(void);
16
17   #define YYDEBUG 1
18
19   %}
20
21   %union {
22       char   *s;  // string value
23       int     i;  // integer value
24       node   *n;
25       attrib *a;
26       int    *p;
27   }
28
29   %token CHAR INT VOID FUNC_DEF FUNC_DEC FUNC_DATA
30   %token <i> CONSTANT
31   %token <s> IDENTIFIER
32
33   %start program
34
35   %type <n> program external_definitions function_definition identifier
36   %type <a> type_specifier
37   %type <n> function_declarator func_data_declaration
38   %type <n> statement general_statement compound_statement primary_expr
39   %type <n> assignment_statement statement_list declarator_list
```

- 第 21～27 行：增加 yylval 的数据类型成员。
- 第 29～31 行：枚举（列出）所有终节点 token，并确定 CONSTAN 和 IDENTIFIER 的相应数据类型。
- 第 35～39 行：定义中间节点的数据类型。

3.5.4 语法解析器文本的语法解析识别规则部分

与此同时，在产生式中增加了匹配后的处理（C 语言格式的语句代码）。将节点序列标记（$1、$2、…、$$）作为运算变量，具体如下。

```
/p16ecc/cc_source_3.4/cc.y
43   program
44       : external_definitions        { progUnit = $1; }
45       ;
46   external_definitions
47       : function_definition         { $$ = makeList($1); }
48       | external_definitions
49         function_definition         { $$ = appendList($1, $2); }
50       ;
51   function_definition
52       : type_specifier
53         function_declarator
54         compound_statement          { $$ = oprNode(FUNC_DEF, 2, $2, $3);
```

```
55   |     |     |     |         |         $$->opr.attr = $1;
56   |     |     |     |         |     }
57   |     ;
58   identifier
59       : IDENTIFIER              { $$ = idNode($1); free($1); }
60       ;
61   primary_expr
62       : identifier             { $$ = $1; }
63       | CONSTANT               { $$ = conNode($1); }
64       | '(' primary_expr ')'   { $$ = $2; }
65       ;
66   assignment_statement
67       : identifier
68         '=' primary_expr ';'   { $$ = oprNode('=', 2, $1, $3);  }
69       ;
70   func_data_declaration
71       : type_specifier declarator_list ';' { $$ = oprNode(FUNC_DATA, 1, $2);
72                                         $$->opr.attr = $1;
73                                     }
74       ;
75   declarator_list
76       : identifier                   { $$ = makeList($1); }
77       | declarator_list ',' identifier { $$ = appendList($1, $3); }
78       ;
79   type_specifier
80       : CHAR                   { $$ = newAttr(CHAR); }
81       | INT                    { $$ = newAttr(INT);  }
82       | VOID                   { $$ = newAttr(VOID); }
83       ;
84   function_declarator
85       : identifier '(' ')'     { $$ = oprNode(FUNC_DEC, 1, $1); }
86       ;
87   statement
88       : compound_statement     { $$ = $1; }
89       | assignment_statement   { $$ = $1; }
90       ;
91   compound_statement
92       : '{' '}'                { $$ = oprNode('{', 0); }
93       | '{' statement_list '}' { $$ = oprNode('{', 1, $2); }
94       ;
95   general_statement
96       : statement              { $$ = $1; }
97       | func_data_declaration  { $$ = $1; }
98       ;
99   statement_list
100      : general_statement            { $$ = makeList($1); }
101      | statement_list general_statement { $$ = appendList($1, $2); }
102      ;
103  %%
```

在上述各解析规则（产生式）的 C 语言代码操作中大量使用中间节点的数据表示$$、$1、$2、$3 等。例如，第 58～60 行：

```
identifier
    : IDENTIFIER                          { $$ = idNode($1); free($1); }
    ;
```

其中$1 是 IDENTIFIER 本身的 yylval（类型为"char *s;"），由 idNode()函数生成类型为 idNode_t 的数据节点，最终传递（赋予）归纳后的节点为 identifier，并释放 IDENTIFIER 在（flex 中）生成时占用的内存。

当解析成功结束后，输入源程序的全部信息被转换、归纳为编译树，并且由节点 program（progUnit 指针）指示、输出。

小结

（1）本节展示了在语法解析过程中生成编译树的具体手段，以及相应的语法。

（2）在最终结果中，编译树蕴含全部输入源程序的内容及其对应的语义关联信息。

（3）cc.y 文件中的产生式序列（列表）和 common.h 文件中定义的数据结构是简化后的

模型，尚不覆盖 C 语言的语义范畴。

（4）作为练习，读者可以在 main.cpp 文件中添加有关程序，以梯形图方式打印显示 progUnit 所提供的编译树输出内容。

3.6 源程序语句代码的截取和嵌入

作为一个应用程序/工具，编译器可以对用户源程序语言进行转换和输出、对用户源程序的语法和语义进行检测，也可以提供源程序中出错的准确位置，还可以将源程序中按语句嵌入到对应的输出文件中，甚至可以作为对比参照，此举具有重要意义。而完成这一嵌入操作的前提是在词法/语法的解析过程中将输入的源程序按解析内容进行截取，并随着编译器的运行逐步将这些源程序代码传递至最后的输出。由于语法本身的复杂性，加上用户源程序的代码排列格式经常带有某种随意性，使得对源程序语句片段的提取及输出嵌入的过程有一定的难度。

源程序语句片段的截取是从词法解析器（flex）中进行的，截取的片段被存入专用的缓冲区中（flex/bison 并不提供此服务，需用户自行解决）。在语法解析过程中可以获取缓冲区中的内容，拼凑并嵌入到恰当的输出（编译树）位置。

需要理解的是，在大多数情况下，只需将部分（有意义的）源代码截取并嵌入编译树即可。

工程项目路径：/cc_source_3.5。
源程序文件：main.cpp、cc.l、cc.y、common.c/common.h。
输出文件：cc16e.exe。

3.6.1 缓冲区与相关函数

对于源代码的截取将在词法解析的过程中进行。为此，将在词法解析器文本中设置用于源程序截取的缓冲区及标识，具体如下。

```
/p16ecc/cc_source_3.5/cc.l
11  extern int yyparse ();
12
13  int fatalError=0;
14  char *currentFile = NULL;
15
16  #define SRC_BUF_SIZE     4096
17  char srcBuf[SRC_BUF_SIZE], emptySrc = 1;
18
19  void addSrcCode(void);
20  void updateSourceInfo(char *file);
```

• 第 16~17 行：定义缓冲区及其指示（emptySrc = 1 表示缓冲为空）。

3.6.2 截取源程序代码并送入缓冲区中

源代码截取发生在对词法解析成功后，即一旦某输入字符（串）满足识别规则后，该输入字符（串）的内容便被送入上述的缓冲区中，具体如下。

```
/p16ecc/cc_source_3.5/cc.l
49  %%
50
51  ^"#line"{SP}+{dec_constant}.*{newline} {
52                          | yytext[yyleng-1] = '\0';
53                          | updateSourceInfo(yytext);
54                          | }
55
56  {dec_constant}          { addSrcCode(); yylval.i = atoi(yytext);   return CONSTANT; }
57  "void"                  { addSrcCode(); return VOID; }
58  "int"                   { addSrcCode(); return INT; }
59  "char"                  { addSrcCode(); return CHAR; }
60  {identifier}            { addSrcCode(); yylval.s = dupStr(yytext); return IDENTIFIER; }
61  [;{}=()+-]              { addSrcCode(); return *yytext; }
62
63  {SP}+                   { addSrcCode(); }
64
65  {newline}               { yylineno++; }
66
67  .                       { printf("illegal character! ... 0x%02X '%s' in line #%d\n",
68                          |        *yytext, yytext, yylineno);
69                          | }
70
71  %%
```

- 第 52 行：清除缓冲区结尾的换行符。
- 第 56～63 行：识别/匹配成功后，在返回 token 值之前将对应的源代码送入缓冲区中。

3.6.3　读取源代码缓冲内容

源代码缓冲的内容将由语法解析通过调用下述的函数读取，具体如下。

```
/p16ecc/cc_source_3.5/cc.l
108  char *getSrcCode(void)
109  {
110      if ( emptySrc )
111          return NULL;
112
113      emptySrc = 1;
114      return skipSP(srcBuf);
115  }
116
117  void updateSourceInfo(char *file)
118  {
119      int i = 0;
120
121      while ( !isdigit(file[i]) ) i++;
122      yylineno = atoi(&file[i]);
123      while (  isdigit(file[i]) ) i++;
124
125      free(currentFile);
126      currentFile = dupStr(skipSP(&file[i]));
127      emptySrc = 1;
128  }
```

- 第 108～115 行：getSrcCode()函数在语法解析的 cc.y 文件中调用，用来获取当前缓冲区内源代码片段；结束时设置 emptySrc，用来清空缓冲区。
- 第 117～128 行：通过 updateSourceInfo()函数来设置/更新源代码的文件信息（如文件名、行号等）。

3.6.4　增加新定义并扩充 node 数据结构

相应地，为了在语法解析过程中将获得的源程序片段存入编译树中，需要在 common.h 文件中对各类 node 的数据结构进行扩充，具体如下。

/p16ecc/cc_source_3.5/common.h

```
1    #ifndef _COMMON_H
2    #define _COMMON_H
3
4    #ifdef __cplusplus
5    extern "C" {
6    #endif
7
8    typedef struct {
9        char *fileName;
10       int  lineNum;
11       char *srcCode;
12   } src_t;
```

- 第 8～12 行：用于容纳源代码片段的数据结构并定义 src_t。

/p16ecc/cc_source_3.5/common.h

```
24   typedef struct {      /* constants */
25       int        type;        /* type: NODE_CON */
26       src_t      *src;
27       long       value;
28   } conNode_t;
29
30   typedef struct {      /* string */
31       int        type;        /* type: NODE_STR */
32       src_t      *src;
33       char       *str;        /* string value */
34   } strNode_t;
35
36   typedef struct {      /* identifiers */
37       int        type;        /* type: NODE_ID */
38       src_t      *src;
39       attrib     *attr;
40       char       *name;
41       union node_t *parp;      /* parameter list      */
42   } idNode_t;
43
44   typedef struct {      /* operators */
45       int        type;        /* type: NODE_OPR */
46       src_t      *src;
47       attrib     *attr;
48       int        oper;        /* operator */
49       int        nops;        /* counts of operands */
50       union node_t *op[1];    /* operands (expandable) */
51   } oprNode_t;
52
53   typedef struct {      /* list */
54       int        type;        /* type: NODE_LIST */
55       src_t      *src;
56       int        nops;        /* length of list */
57       union node_t *ptr[1];   /* parameters list (expandable) */
58   } listNode_t;
```

- 第 24～58 行：在各类 node 数据结构的同一位置中增加 src_t 的*src 指针。

3.6.5 支持函数和程序

相应地，在 common.c 文件中增加支持源程序片段截取后嵌入节点的函数，具体如下。

/p16ecc/cc_source_3.5/common.c

```
194  src_t *srcNode(char *s)
195  {
196      if ( s != NULL )
197      {
198          src_t *sp = (src_t*)MALLOC(sizeof(src_t));
199          sp->fileName = dupStr(currentFile);
200          sp->lineNum  = yylineno;
201          sp->srcCode  = dupStr(skipSP(s));
202          return sp;
203      }
204      return NULL;
205  }
206
207  void addSrc(node *np, char *s)
208  {
209      np->id.src = srcNode(s);
210  }
```

- 第 194～205 行：通过 srcNode()函数创建 src_t 结构，并填入当前输入文件信息，以及源代码缓冲区内容。
- 第 202～206 行：通过 addSrc()函数将创建的 src_t 结构链入 node。

3.6.6　在源程序片段中嵌入节点

与词法解析的情景对应，在语法解析中，一旦解析匹配成功，缓冲区中的源代码片段将被读取，并嵌入语法归纳后生成的节点中，具体如下。

```
/p16ecc/cc_source_3.5/cc.y
7   #include <stdio.h>
8   #include <stdarg.h>
9   #include "common.h"
10
11  extern int  yyerror (char *);
12  extern int  yylex (), yylineno;
13  extern FILE *yyin;
14
15  int yyparse(void);
16
17  #define ADD_SRC(n)  addSrc(n, getSrcCode())
18  #define CLR_SRC()   getSrcCode()
```

- 第 17 行：宏定义，截取并嵌入某节点。
- 第 18 行：宏定义，清空缓冲区。

```
/p16ecc/cc_source_3.5/cc.y
70    : identifier
71    '=' primary_expr ';'        { $$ = oprNode('=', 2, $1, $3); ADD_SRC($$); }
72    ;
```

- 第 70～72 行：赋值表达式识别规则，将缓冲区内的源代码嵌入归纳后的节点（随后自动清除缓冲区）。

```
/p16ecc/cc_source_3.5/cc.y
98   general_statement
99    : statement                 { $$ = $1; CLR_SRC(); }
100   | func_data_declaration      { $$ = $1; CLR_SRC(); }
101   ;
```

- 第 99～100 行：当完成一条语句或某个函数的解析时，清空缓冲区。

3.7　编译树的显示

在前文的基础上，增加一个对结果数据打印显示的模块——display。对编译后生成的编译树进行检验和打印显示，以此作为本章的最后一个小节。这种输出、打印不仅有助于对编译器运行的理解，还是一种调试检错的重要手段。可以预见，随着本书章节的逐步拓展、扩充，这个打印显示模块的覆盖范畴也将相应增加。

提示：这种打印显示模块是设计中的一种调试手段/工具，而在常规的编译运行中并不需要。

工程项目路径：/cc_source_3.6。
源程序文件：main.cpp、display.cpp/display.h。
输出文件：cc16e.exe。

3.7.1 用于显示编译树的函数

display.h 和 display.cpp 文件给出了用于打印输出的各种函数，其声明如下。

```
/p16ecc/cc_source_3.6/display.h
1  #ifndef _DISPLAY_H
2  #define _DISPLAY_H
3
4  void display(node *np, int level, FILE *file = NULL);
5  void display(char const *str, node *np, int level, FILE *file = NULL);
6  void dispSrc(node *np, int level, FILE *file = NULL);
7
8  void display(attrib *ap, int level, char endln, FILE *file = NULL);
9  void display(attrib *ap, FILE *file = NULL);
10 void display(attrib *ap, char ln, FILE *file = NULL);
11
12 #endif
```

使用函数重载及参数默认的功能，会给编程设计提供便利。

3.7.2 编译树的显示操作

编译树的打印输出将被安排在编译树生成之后，具体如下。

```
/p16ecc/cc_source_3.6/main.cpp
1  #include <stdio.h>
2  #include <stdlib.h>
3  #include <string>
4  #include "common.h"
5  #include "display.h"
6
7  int main(int argc, char *argv[])
8  {
9      for (int i = 1; i < argc; i++)
10     {
11         std::string buffer = "cpp1 ";
12         buffer += argv[i];
13
14         if ( system(buffer.c_str()) == 0 )
15         {
16             buffer = argv[i]; buffer += "_";
17
18             _main((char*)buffer.c_str());
19             remove(buffer.c_str());
20
21             display(progUnit, 0);
22         }
23     }
24     return 0;
25 }
```

● 第 21 行：调用显示函数 display()，打印显示整棵编译树。

本节的实验如表 3-4 所示（其中包括源程序的截取片段）。

表 3-4 语法解析实验的打印输出

输入的 C 语言源程序	编译运行后的打印显示

`void main ()`
`{`
`    int a;`
`    a = 100;`
`}`
	`F:\p16ecc\cc_source_3.6>cc16e e1.c`
	`list node {1}:`
	` opr node {2}: FUNC_DEF {void}`
	`  opr node {1}: FUNC_DEC`
	`   id node: main`
	`  opr node {1}: {`
	`   list node {2}:`
	`    opr node {1}: FUNC_DATA {int}`

续表

输入的 C 语言源程序	编译运行后的打印显示
|  | ```
list node {1}:
 id node: a
SOURCE - e1.c #4: a = 100;
opr node {2}: =
 id node: a
 constant node: 100
``` |
```

第 4 章 编译器设计实战

第 3 章给出了编译器设计中基本的技术步骤和手段。必须指出的是，作为基础性的介绍，所给出的程序在设计和数据结构上进行了大幅度的简化和缩减。本章将介绍按 C 语言的语法进行完整定义，逐步构建编译器的过程。

在目前流行的编译性语言中，C 语言的语法规则属于较为简单的。即便如此，C 语言编译器的设计所涉及的数据结构、运行流程仍然非常复杂，和普通应用程序的设计在理念、方法上存在很大差异。由此可见，这对相当多的编程人员（尤其是非计算机专业的人员）在理解和设计上造成一定的困难。

编译过程设计涉及语法分析和语义分析两个方面。前者在语法解析过程中完成，相对比较直接和确定；而后者在语言转换过程中完成，经常在某种程度上存在某种可商榷性或不确定因素。

为了方便理解编译器的设计，本章各小节对支持的 C 语言语法范畴进行了逐步增扩。

4.1　对 C 语言的词法解析

工程项目路径：/cc_source_4.1。

4.1.1　词法解析宏定义部分

词法解析器文本 cc.l 在开始部分给出了 C 语言各种常数类型的宏定义，具体如下。

```
/p16ecc/cc_source_4.1/cc.l
19   /* --- constant convertion types --- */
20   enum {C_OCT, C_HEX, C_CHAR, C_BIN};
21   int   aConstant(char *s, int type);
22   int   constantType(char *s);
23   void  addSrcCode(void);
24   void  updateSourceInfo(char *);
25
26   %}
27
28   letter                  [A-Za-z]
29   digit                   [0-9]
30   underscore              "_"
31   following_character     ({letter}|{digit}|{underscore})
```

```
32  identifier                   (({letter}|{underscore})){following_character}*
33
34  nonzero_digit                [1-9]
35  oct_digit                    [0-7]
36  hex_digit                    [0-9a-fA-F]
37  integer_suffix               [uU]|[lL]|([uU][lL])|([lL][uU])
38  dec_constant                 ({nonzero_digit}{digit}*)
39  oct_constant                 (0{oct_digit}*)
40  hex_constant                 (0[xX]{hex_digit}+)
41  bin_constant                 (0[bB][01]+)
42
43  char_escape_code             [ntbrfv\\'"a?]
44  oct_escape_code              ({oct_digit}{1,3})
45  hex_escape_code              (x{hex_digit}+)
46  escape_code                  ({char_escape_code}|{oct_escape_code}|{hex_escape_code})
47  escape_character             (\\{escape_code})
48
49  c_char                       ([^'\\\n]|{escape_character})
50  c_char_sequence              ({c_char}+)
51  character_constant           (\L?\'{c_char_sequence}\')
52
53  s_char                       ([^"\\\n]|{escape_character})
54  s_char_sequence              ({s_char}+)
55  string_constant              \L?\"{s_char_sequence}?\"
56
57  SP                           [ \t\v\f\015]
58  newline                      [\n]
59
60  %%
```

- 第 20～22 行：常数类型的枚举及转换函数。
- 第 38～41 行：十进制、八进制、十六进制及二进制常数（正规表达式宏定义），涵盖数值为零的整数。
- 第 43～47 行：转义字符集合（正规表达式宏定义）。
- 第 49～51 行：字符常数（正规表达式宏定义）。
- 第 53～55 行：字符串常数（正规表达式宏定义）。

4.1.2 各种常数解析识别

词法解析器文本 cc.l 的规则部分列出了对各类常数的识别规则（常规表达式 + 识别后的处理），其中包括不同进制常数的识别，以及单字符和字符串的识别，具体如下。

/p16ecc/cc_source_4.1/cc.l

```
60  %%
61
62  ^"#line"{SP}+{dec_constant}.*{newline}  {
63                               yytext[yyleng-1] = '\0';
64                               updateSourceInfo(yytext);
65                               }
66  {dec_constant}{integer_suffix}?  {
67                               addSrcCode(); yylval.i = atoi(yytext);
68                               return constantType(yytext);
69                               }
70  {hex_constant}{integer_suffix}?  {
71                               addSrcCode(); yylval.i = aConstant(yytext, C_HEX);
72                               return constantType(yytext);
73                               }
74  {oct_constant}{integer_suffix}?  {
75                               addSrcCode(); yylval.i = aConstant(yytext, C_OCT);
76                               return constantType(yytext);
77                               }
78  {bin_constant}{integer_suffix}?  {
79                               addSrcCode(); yylval.i = aConstant(yytext, C_BIN);
80                               return constantType(yytext);
81                               }
82  {character_constant}       { addSrcCode(); yylval.i = aConstant(yytext, C_CHAR);
83                               return C_CONSTANT;
84                               }
85  {string_constant}          { addSrcCode();
86                               yytext[yyleng - 1] = 0;
87                               yylval.s = parseRawStr(yytext);
88                               return STRING;
89
```

4.1.3　C 语言关键字和标识符解析

词法解析器文本 cc.l 的规则部分列出了 C 语言关键字识别规则，以及识别后的操作，具体如下。

```
/p16ecc/cc_source_4.1/cc.l
 90  "unsigned"{SP}+"char"      { addSrcCode(); return UCHAR; }
 91  "unsigned"{SP}+"int"       { addSrcCode(); return UINT; }
 92  "unsigned"{SP}+"short"     { addSrcCode(); return USHORT; }
 93  "unsigned"{SP}+"long"      { addSrcCode(); return ULONG; }
 94  ("signed"{SP}+)?"char"     { addSrcCode(); return CHAR; }
 95  ("signed"{SP}+)?"short"    { addSrcCode(); return SHORT; }
 96  ("signed"{SP}+)?"int"      { addSrcCode(); return INT; }
 97  ("signed"{SP}+)?"long"     { addSrcCode(); return LONG; }
 98  "void"                     { addSrcCode(); return VOID; }
 99  "sbit"                     { addSrcCode(); return SBIT; }
100  "break"                    { addSrcCode(); return BREAK; }
101  "case"                     { addSrcCode(); return CASE; }
102  "const"                    { addSrcCode(); return CONST; }
103  "continue"                 { addSrcCode(); return CONTINUE; }
104  "default"                  { addSrcCode(); return DEFAULT; }
105  "do"                       { addSrcCode(); return DO; }
106  "else"                     { addSrcCode(); return ELSE; }
107  "enum"                     { addSrcCode(); return ENUM; }
108  "extern"                   { addSrcCode(); return EXTERN; }
109  "for"                      { addSrcCode(); return FOR; }
110  "goto"                     { addSrcCode(); return GOTO; }
111  "if"                       { addSrcCode(); return IF; }
112  "eeprom"                   { addSrcCode(); return EEPROM; }
113  "register"                 { addSrcCode(); return REGISTER; }
114  "return"                   { addSrcCode(); return RETURN; }
115  "sizeof"                   { addSrcCode(); return SIZEOF; }
116  "static"                   { addSrcCode(); return STATIC; }
117  "switch"                   { addSrcCode(); return SWITCH; }
118  "volatile"                 { addSrcCode(); return VOLATILE; }
119  "while"                    { addSrcCode(); return WHILE; }
120  "interrupt"                { addSrcCode(); return INTERRUPT; }
121  "union"                    { addSrcCode(); return UNION; }
122  "struct"                   { addSrcCode(); return STRUCT; }
123  "typedef"                  { addSrcCode(); return TYPEDEF; }
124  "..."                      { addSrcCode(); return ELIPSIS; }
125  "_linear_"                 { addSrcCode(); yylval.i = LINEAR;  return MEM_BANK; }
126
127  {identifier}               { addSrcCode(); yylval.s = dupStr(yytext); return IDENTIFIER; }
```

- 第 90～123 行：C 语言中保留的关键字识别。
- 第 125 行：为支持 PIC16Fxxxx 系列 CPU 所增设的_linear_关键字，表示内存的线性空间。
- 第 127 行：对于标识符的识别必须排列在所有关键字之后（因为关键字都符合标识符的识别规则）。

4.1.4　C 语言各种操作运算符识别

词法解析器文本 cc.l 的规则部分最后列出了 C 语言各类操作运算符识别规则，以及识别后的操作，具体如下。

```
/p16ecc/cc_source_4.1/cc.l
129  "+="   { addSrcCode(); yylval.i = ADD_ASSIGN; return ASSIGN_OP; }
130  "-="   { addSrcCode(); yylval.i = SUB_ASSIGN; return ASSIGN_OP; }
131  "*="   { addSrcCode(); yylval.i = MUL_ASSIGN; return ASSIGN_OP; }
132  "/="   { addSrcCode(); yylval.i = DIV_ASSIGN; return ASSIGN_OP; }
133  "%="   { addSrcCode(); yylval.i = MOD_ASSIGN; return ASSIGN_OP; }
134  "<<="  { addSrcCode(); yylval.i = LEFT_ASSIGN; return ASSIGN_OP; }
135  ">>="  { addSrcCode(); yylval.i = RIGHT_ASSIGN; return ASSIGN_OP; }
136  "&="   { addSrcCode(); yylval.i = AND_ASSIGN; return ASSIGN_OP; }
137  "^="   { addSrcCode(); yylval.i = XOR_ASSIGN; return ASSIGN_OP; }
138  "|="   { addSrcCode(); yylval.i = OR_ASSIGN;  return ASSIGN_OP; }
139  "=="   { addSrcCode(); yylval.i = EQ_OP; return EQUALITY_OP; }
140  "!="   { addSrcCode(); yylval.i = NE_OP; return EQUALITY_OP; }
```

```
141  "<="                    { addSrcCode(); yylval.i = LE_OP; return RELATIONAL_OP; }
142  ">="                    { addSrcCode(); yylval.i = GE_OP; return RELATIONAL_OP; }
143  [<>]                    { addSrcCode(); yylval.i = *yytext; return RELATIONAL_OP; }
144  "<<"                    { addSrcCode(); yylval.i = LEFT_OP; return SHIFT_OP; }
145  ">>"                    { addSrcCode(); yylval.i = RIGHT_OP; return SHIFT_OP; }
146  "++"                    { addSrcCode(); return INC_OP; }
147  "--"                    { addSrcCode(); return DEC_OP; }
148  "||"                    { addSrcCode(); return OR_OP; }
149  "&&"                    { addSrcCode(); return AND_OP; }
150  "->"                    { addSrcCode(); return PTR_OP; }
151
152  [;{}=(),:&|!~*/%^@+-]    { if ( *yytext != '{' && *yytext != '}' ) addSrcCode();
153                            return *yytext; }
154  "."                     { addSrcCode(); return '.'; }
155  "?"                     { addSrcCode(); return '?'; }
156  "["                     { addSrcCode(); return '['; }
157  "]"                     { addSrcCode(); return ']'; }
```

- 第 129～150 行：C 语言中各类运算操作符的识别。
- 第 152～157 行：对单字符关键字的识别，必须排列在其他运算符关键字序列之后；大括号（{}）作为特殊字符不存入缓冲区中。

4.1.5　关于字符和字符串常数的处理

C 语言源程序以纯文本形式输入并表示。除语句中的变量名、操作符之外，其描述的常数部分中所有字符也都在 ASCII 码的可显示字符集（十六进制数 0x20～0x7E）范畴。对于使用非显示字符（0x00～0x1F），以及特殊场合，源代码中通常使用转换符方式进行描述。

编译处理过程中，转换符所表示的数据值必须被转译成实际的内容（值），以供随后的运算、处理和存储。ASCII 字符数值举例如表 4-1 所示。

表 4-1　ASCII 字符数值举例

被表示对象	源程序表示示例	编译器内部存储表示
字符常数	'\n'	1 字节：0x0A（十进制数 10）
字符串常数	"x\t"	3 字节：0x78、0x08、0x00（十进制数 120、8、0）

下面两个函数（ascii.c/ascii.h 源程序文件中），将负责进行上述的转译：

char *parseRawStr(char *str)表示对字符串常数进行扫描处理。

int parseRawChr(char *str)表示对字符常数进行扫描处理。

小结

（1）词法解析扫描是按解析规则的排列顺序从始至终逐一扫描比较的。因此，在同一种解析状态下，各解析识别规则不能随意排列。

（2）词法识别后返回的各种 token 及其内涵宏定义在语法文本 cc.y 中定义，最终以枚举的方式导入 cc.h 中。

4.2　对 C 语言的语法解析

第 3 章中所列举的各种数据结构只是简化后的形式，便于理解。本章将给出完整的结构形式。

4.2.1　描述特征的 attrib 完整结构

attrib 用于描述变量、函数的本身特性及附加特征，包括与目标处理器有关的信息。为了能涵盖所有类型的数据特征，attrib 定义需要扩充，其完整的结构如下。

```
/p16ecc/cc_source_4.1/common.h
14    // attribution of a node
15  □typedef struct {
16        int      type;         /* 特征基本类型，如 char、int ... */
17        int      isExtern:  1; /* 提示 extern */
18        int      isTypedef: 1; /* 提示 typedef */
19        int      isStatic:  1; /* 提示 static */
20        int      isUnsigned:1; /* 提示 unsigned */
21        int      isVolatile:1; /* 提示 volatile */
22        int      isFptr:    1; /* 提示 函数指针 */
23        int      isNeg:     1; /* 提示 负值常数 */
24        int      dataBank;     /* 提示 存储页区域，如 CONST */
25        int      *ptrVect;     /* 指针向量，维度及类型 */
26        int      *dimVect;     /* 数组向量，维度及长度 */
27        void     *atAddr;      /* 绝对地址提示（node指针）*/
28        void     *newData;     /* 新定义数据类型内涵（node指针）*/
29        char     *typeName;    /* 新定义数据类型标识符 */
30        void     *parList;     /* 函数的参数列表指针（node指针）*/
31  } attrib;
```

（1）第 25 行和第 26 行定义的变量（ptrVect、dimVect）均为 int 数组指针，并各自对应一个动态生成的一维数组。其中，前者描述指针维度，而后者描述数组的维度。数组中的首个元素值为内涵长度（维度）。

例如：dimVect 的内容为[2, 10, 5]，表示描述一个二维数组"[10][5]"。

例如：ptrVect 的内容为[1, 0]，表示描述一个简单指针"*"。

例如：ptrVect 的内容为[2, CONST, 0]，表示描述一个二重指针"*const *"。

（2）atAddr、newData、parList 本该是 node 类型的指针，但因为定义先后关系而无法引用，只能使用通用形式"void *"。

4.2.2　各类 node 数据结构的完善

在 4.2.1 节的基础上对各类 node 进行扩充，并给出它们完整的数据结构，具体如下。

```
/p16ecc/cc_source_4.1/common.h
38    /* constants */
39  □typedef struct {
40        int         type;        /* type: NODE_CON */
41        src_t       *src;
42        attrib      *attr;
43        long        value;
44  } conNode_t;
45
46    /* string */
47  □typedef struct {
48        int         type;        /* type: NODE_STR */
49        src_t       *src;
50        attrib      *attr;
51        char        *str;        /* string value */
52  } strNode_t;
53
54    /* identifiers */
55  □typedef struct {
56        int         type;        /* type: NODE_ID */
57        src_t       *src;
58        attrib      *attr;
59        union node_t *dim;
60        union node_t *init;
61        char        *name;
62        char        fp_decl:1;   /* function pointer */
63        union node_t *parp;      /* parameter list     */
64  } idNode_t;
```

```
65
66     /* operators */
67   □typedef struct {
68       int        type;       /* type: NODE_OPR */
69       src_t      *src;
70       attrib     *attr;
71       int        oper;       /* operator */
72       int        nops;       /* counts of operands */
73       union node_t *op[1];   /* operands (expandable) */
74   } oprNode_t;
75
76     /* list */
77   □typedef struct {
78       int        type;       /* type: NODE_LIST */
79       src_t      *src;
80       int        elipsis;    /* elipsis option */
81       int        nops;       /* length of list */
82       union node_t *ptr[1];  /* parameters list (expandable) */
83   } listNode_t;
```

（1）各类 node 中，除 oprNode_t 之外，含义都很单纯。而 oprNode_t 并非只表示通常意义上的运算操作，还可以借助 oper 成员变量的描述，应用于其他场景。

（2）oprNode_t 的 op 和 listNode_t 的 ptr 成员均为 node 的指针数组，必须排列在结构的末尾。原因是这两类 node 在生成时，数组实际长度按需求而定，其中 nops 成员将指示其长度（参见 common.c 文件中的 listNode()和 oprNode()函数）。

4.2.3　语法解析定义部分的完善

语法解析器文本 cc.y 中宏定义部分的完善如下。

/p16ecc/cc_source_4.1/cc.y

```
1  /*--------------------------------------------------------------------
2
3     cc.y - parser definition file:
4
5   --------------------------------------------------------------------*/
6  %{
7  #include <stdio.h>
8  #include <stdarg.h>
9  #include <string.h>
10 #include "common.h"
11
12 extern int  yyerror (char *);
13 extern int  yylex (), yylineno;
14 extern FILE *yyin;
15
16 int yyparse(void);
17
18 #define ADD_SRC(n)  addSrc(n, getSrcCode())
19 #define CLR_SRC()   getSrcCode()
20 static int parListCheck(node *np);
21
22 #define YYDEBUG 1
23 %}
24
25 %expect 1
26
27 %union {
28     char  *s;  // string value
29     int   i;   // integer value
30     node  *n;
31     attrib *a;
32     int   *p;
33 }
34
35 %token CHAR INT SHORT LONG UCHAR UINT USHORT ULONG VOID
36 %token FUNC_HEAD FUNC_DECL DATA_DECL
37 %token _IF _ELSE _ENDIF _IFDEF _IFNDEF DEFINE UNDEF PRAGMA
38 %token SBIT BREAK CASE CONST CONTINUE DEFAULT DO ELSE ENUM EXTERN
39 %token FOR GOTO IF EEPROM REGISTER RETURN SIZEOF STATIC SWITCH
40 %token VOLATILE WHILE INTERRUPT UNION STRUCT TYPEDEF ELIPSIS
41 %token LINEAR
42 %token ADD_ASSIGN SUB_ASSIGN MUL_ASSIGN DIV_ASSIGN MOD_ASSIGN
43 %token LEFT_ASSIGN RIGHT_ASSIGN AND_ASSIGN XOR_ASSIGN OR_ASSIGN
44 %token EQ_OP NE_OP LE_OP GE_OP LEFT_OP RIGHT_OP INC_OP DEC_OP
```

```
45  %token OR_OP AND_OP PTR_OP FPTR CAST CALL
46  %token POST_INC POST_DEC PRE_INC PRE_DEC POS_OF ADDR_OF NEG_OF
47  %token EOL LABEL
48
49  %token <i> CONSTANT L_CONSTANT U_CONSTANT UL_CONSTANT C_CONSTANT MEM_BANK
50  %token <i> RELATIONAL_OP EQUALITY_OP SHIFT_OP ASSIGN_OP
51  %token <s> IDENTIFIER IDENTIFIER_ STRING AASM
52  %token <a> TYPEDEF_NAME
```

此部分列出（枚举）所有终节点 token，并对部分 token 赋予数值类型（第 49～52 行）。此外：

- 第 20 行：声明 parListCheck()函数。它将检测函数参数列表中的格式正确与否，并返回正确的列表长度。

例如：

```
int foo1(void);
int foo2();
int foo3(void*);
```

在 3 个函数声明中，foo1()和 foo2()函数均没有入口参数，而 foo3()函数有 1 个入口参数。

- 第 25 行：表明语法解析自动机存在 1 处语法多义性（grammar ambiguity）。语法多义性给解析过程带来某种不确定性，理论上计算机语言的设计应该避免这一情况。这处语法多义是 C 语言 if...else 语法本身的一个缺陷，又因为 bison/yacc 属于 LALR(1) - Look Ahead Left-to-Right 类型的解析工具，所以无法应付这类的语法多义解析。解决的方案为，当解析遇到这种多义性时，解析将按最邻近匹配原则处理。这也从另外的角度提醒编程人员在实践中应该警惕此类情形。

例如：

```
if ( x > 0 )                    // 第一处 if
if ( x >= 1 ) return 1;         // 第二处 if
else return 2;                  // else
return 3;
```

按 C 语言语法，此处 else 既可以被理解为与第一处 if 组成 if...else...语句，也可以解析为第 2 处 if 的分支（邻近匹配）。在编译器的实际语法解析中，else 将与第二处（最邻近）的 if 匹配。

语法解析器文本 cc.y 中的节点（非终节点）数据类型定义如下。

```
/p16ecc/cc_source_4.1/cc.y
54  %start program
55
56  %type <n> program external_definitions external_definition
57  %type <n> identifier
58  %type <n> declaration init_declarator_list init_declarator
59  %type <n> declarator direct_declarator
60  %type <a> type_specifier type_specifier2 declaration_specifiers
61  %type <i> storage_class_specifier type_qualifier pointer_acce
62  %type <p> pointer
63  %type <n> expr constant_expr conditional_expr logical_or_expr
64  %type <n> logical_and_expr inclusive_or_expr exclusive_or_expr and_expr
65  %type <n> equality_expr relational_expr shift_expr additive_expr
66  %type <n> multiplicative_expr cast_expr unary_expr primary_expr postfix_expr
67  %type <i> unary_operator assignment_operator
68  %type <n> argument_expr_list assignment_expr
69  %type <n> parameter_list parameter_type_list parameter_declaration
70  %type <n> initializer initializer_list
71  %type <n> func_definition func_declarator func_declarator2 func_body
72  %type <n> compound_statement statement_list general_statement statement
73  %type <n> expression_statement labeled_statement selection_statement
74  %type <n> else_statement case_statement_list case_statement case_action
75  %type <n> jump_statement iteration_statement opt_expr
76  %type <n> case_op_action while_expr
```

中间（归纳）节点及其类型必须具备某种数据类型，是构建编译树的纽带和基础，表示中间节点的数据属性。其中：

%type <n>表示节点数据 yylval 属性为 node 指针（它涵盖 node 中各类成员）。

%type <i>表示节点数据 yylval 属性为 int。

%type <a>表示节点数据 yylval 属性为 attribute 指针。

%type <p>表示节点数据 yylval 属性为 int 指针。

4.2.4　函数声明/定义的完善

语法解析器文本 cc.y 中对于函数声明及定义的识别如下。

```
/p16ecc/cc_source_4.1/cc.y
418  func_definition
419      : func_declarator
420        func_body                      { $$ = oprNode(FUNC_DECL, 2, $1, $2);
421                                          $$->opr.attr = newAttr(INT);
422                                        }
423      | declaration_specifiers
424        func_declarator2               { if ( $1->type == 0 )
425                                          {
426                                            if ( $2->id.attr && $2->id.attr->ptrVect )
427                                              yyerror("function pointer type not defined!");
428                                            else
429                                              $1->type = INT;
430                                          }
431                                        }
432        func_body                      { $$ = oprNode(FUNC_DECL, 2, $2, $4);
433                                          $$->opr.attr = $1;
434
435                                          if ( $2->id.attr )
436                                          {
437                                            $$->opr.attr->ptrVect = $2->id.attr->ptrVect;
438                                            $2->id.attr->ptrVect = NULL;
439                                            delAttr($2->id.attr);
440                                            $2->id.attr = NULL;
441                                          }
442                                        }
443      | INTERRUPT
444        identifier '(' ')'
445        compound_statement             { node *np = oprNode(FUNC_HEAD, 1, $2);
446                                          $$ = oprNode(FUNC_DECL, 2, np, $5);
447                                          $$->opr.attr = newAttr(INTERRUPT);
448                                        }
449      ;
```

- 第 419～422 行：函数返回值类型为默认时的函数定义/声明情景，自动填补为 int。

例如，foo() { ... }。

func_declarator 为函数声明（包括函数名本身），其中数据类型为 idNode_t*，由$1 表示。

func_body 为函数体，其中数据类型为 idNode_t*，由$2 表示。它有以下两种类型。

（1）空语句';'为函数声明。

（2）复合语句为函数定义。

归纳结果由$$表示，数据类型为 oprNode_t*，函数的返回值类型将添加到 opr.attr 中。

- 第 423～442 行：完整的函数定义/声明情景。

declaration_specifiers 为返回值类型及各种修饰，数据类型为 attrib*。

func_declarator2 为函数声明（包括函数名本身及指针修饰，涵盖 func_declarator 定义）。

- 第 443～448 行：中断服务函数的定义（PIC16Fxxxx 处理器只有一个中断入口，因此不需要定义入口地址）。

4.2.5　运算语法和运算符优先确定

在语法解析器文本 cc.y 中，运算符的设计是通过产生式来确定的，从而确定了运算符的优先规则，具体如下。

```
/p16ecc/cc_source_4.1/cc.y
289  additive_expr
290    : multiplicative_expr          { $$ = $1; }
291    | additive_expr '+'
292      multiplicative_expr          { $$ = oprNode('+', 2, $1, $3); }
293    | additive_expr '-'
294      multiplicative_expr          { $$ = oprNode('-', 2, $1, $3); }
295    ;
296  multiplicative_expr
297    : cast_expr                     { $$ = $1; }
298    | multiplicative_expr '*'
299      cast_expr                     { $$ = oprNode('*', 2, $1, $3); }
300    | multiplicative_expr '/'
301      cast_expr                     { $$ = oprNode('/', 2, $1, $3); }
302    | multiplicative_expr '%'
303      cast_expr                     { $$ = oprNode('%', 2, $1, $3); }
304    ;
```

例如，源程序的运算语句如下。

```
a + b * c
```

将其归纳为生成的编译树结构，如图 4-1 所示。

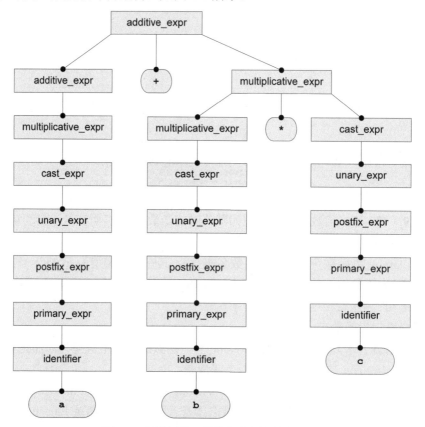

图 4-1　编译树的运算符优先解析结构举例

图 4-1 中不仅显示了各类运算符处理的优先关系，还展示了语法解析过程。

4.2.6 变量定义语法规则的完善

C 语言中变量定义的语法涉及很多因素，因而语法解析比较复杂。通常变量定义的语法形式如下。

变量类型及其修饰：declaration_specifiers。

变量名序列：init_declarator_list。

其中"变量名序列"部分是可省略项（并不产生歧义）。

```
/p16ecc/cc_source_4.1/cc.y
92  declaration
93    : declaration_specifiers ';' {if ( $1->type == ENUM ) {
94                                      $$ = $1->newData;
95                                      $1->newData = NULL;
96                                      delAttr($1);
97                                      ADD_SRC($$);
98                                  }
99                                  else
100                                 {
101                                     $$ = oprNode(DATA_DECL, 0);
102                                     $$->opr.attr = $1;
103                                     ADD_SRC($$);
104                                 }
105                                 }
106   | declaration_specifiers
107     init_declarator_list ';'   { $$ = oprNode(DATA_DECL, 1, $2);
108                                   $$->opr.attr = $1;
109                                   ADD_SRC($$);
110                                 }
111   ;
112 declaration_specifiers
113   : storage_class_specifier    { $$ = newAttr(0);
114                                   if ( assignAcce($$, $1) )
115                                     yyerror("storage type redefined!");
116                                 }
117   | storage_class_specifier
118     declaration_specifiers     { $$ = $2;
119                                   if ( assignAcce($$, $1) )
120                                     yyerror("storage type redefined!");
121                                 }
122   | type_specifier
123     declaration_specifiers     { $$ = $1; mergeAttr($$, $2); delAttr($2); }
124   | type_specifier             { $$ = $1; }
125   | type_qualifier
126     declaration_specifiers     { $$ = $2; assignAcce($$, $1); }
127   ;
```

- 第 93~105 行："变量名"部分省略，以支持 enum 语句。
- 第 106~111 行：其中 init_declarator_list 表示变量名序列（表）。

init_declarator_list 表序列中各元素可含有各自的初始化赋值表达式，具体如下。

```
/p16ecc/cc_source_4.1/cc.y
159 init_declarator_list
160   : init_declarator              { $$ = makeList($1); }
161   | init_declarator_list ','
162     init_declarator              { $$ = appendList($1, $3); }
163   ;
164 init_declarator
165   : declarator                   { $$ = $1; }
166   | declarator '='
167     initializer                  { $$ = $1; $$->id.init = $3; }
168   ;
169 declarator
170   : direct_declarator            { $$ = $1; }
171   | pointer direct_declarator    { $$ = $2;
172                                    if ( $2->id.attr == NULL )
173                                      $2->id.attr = newAttr(0);
174                                    $2->id.attr->ptrVect = $1;
175                                  }
176   ;
```

所谓的 direct_declarator，是变量名连同所属的某些修饰（数组）的语法识别范畴，其解析过程如下。

```
/p16ecc/cc_source_4.1/cc.y
177  direct_declarator
178      : identifier                  { $$ = $1; }
179      | direct_declarator '[' ']'   { $$ = $1;
180                                      $$->id.dim = appendList($$->id.dim, conNode(0, INT));
181                                    }
182      | direct_declarator
183        '[' constant_expr ']'       { $$ = $1;
184                                      $$->id.dim = appendList($$->id.dim, $3);
185                                    }
186      | '(' '*' identifier ')' '('
187        parameter_type_list ')'     { int n = parListCheck($6);
188                                      $$ = $3;
189                                      $$->id.fp_decl = 1;
190                                      if ( n > 0 )
191                                        $$->id.parp = $6;
192                                      else
193                                      {
194                                        delNode($6);
195                                        if ( n < 0 )
196                                          yyerror("parameter list error!");
197                                      }
198                                    }
199      | '(' '*' identifier
200        '[' constant_expr ']' ')' '('
201        parameter_type_list ')'     { int n = parListCheck($9);
202                                      $$ = $3;
203                                      $$->id.dim = makeList($5);
204                                      $$->id.fp_decl = 1;
205                                      if ( n > 0 )
206                                        $$->id.parp = $9;
207                                      else
208                                      {
209                                        delNode($9);
210                                        if ( n < 0 )
211                                          yyerror("parameter list error!");
212                                      }
213                                    }
214      | '(' '*' ')' '('
215        parameter_type_list ')'     { int n = parListCheck($5);
216                                      $$ = idNode("");
217                                      $$->id.fp_decl = 1;
218                                      if ( n > 0 )
219                                        $$->id.parp = $5;
220                                      else
221                                      {
222                                        delNode($5);
223                                        if ( n < 0 )
224                                          yyerror("parameter list error!");
225                                      }
226                                    }
227      ;
```

- 第 179~185 行：非函数指针类变量，通过递归形成对多维数组的识别。
- 第 186~226 行：函数指针类变量，只支持一维数组。

例如，对于变量定义语句：

```
int x, y[10];
```

其对应的完整解析、归纳后的编译树结构如图 4-2 所示。

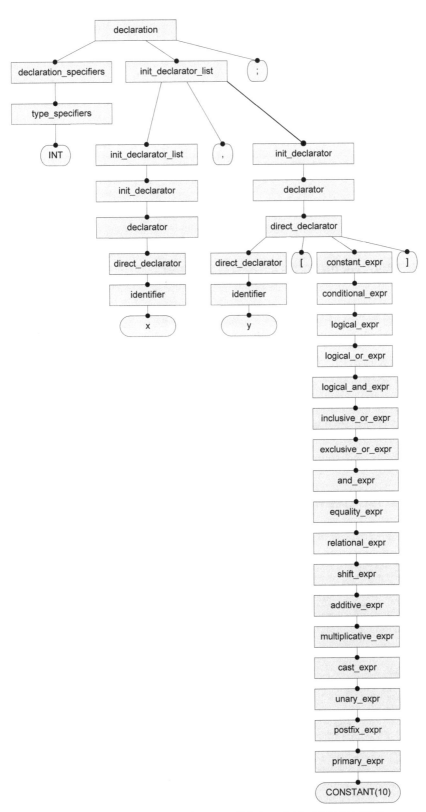

图 4-2 对于变量定义语句实例的完整解析、归纳后的编译树结构

 **小结**

（1）通过上述语法解析实例，可以发现语法解析十分复杂，其中可能包括很深的递归过程。

（2）bison 工具的功能非常强大和微妙。

（3）作为实验，读者可以试着编译下面的源程序作为本节的结束。

```
void foo(int a, int b, int c)
{

    a = a | b && c | a;

}
```

4.3 支持预处理等语句的语法解析

4.2 节给出的语法/词法解析已经形成基本的解析模型，能应付 C 语言最基本的功能。本节在此基础上进行充实：

（1）支持预处理语句，如#define、#ifdef、#if、#else 等预处理语句种类。

（2）支持汇编语言行插入。

上述两类语句不同于常规语句，并且有一定的上下文牵连关系，即上下语句间相互关联，因此在词法解析自动机中设置了不同的扫描状态。

工程项目路径：/cc_source_4.2。

4.3.1 用于预处理语句的新增变量

词法解析中新增的变量将用于对预处理语句（由"#"开头的语句）的识别，具体如下。

/p16ecc/cc_source_4.2/cc.l

```
1   /************************************************************
2   ************************************************************/
3   %{
4   #include <stdio.h>
5   #include <string.h>
6   #include <stdlib.h>
7   #include <ctype.h>
8   #include "common.h"
9   #include "ascii.h"
10  #include "cc.h"
11
12  extern int yyparse();
13  int fatalError=0;
14  char *currentFile = NULL;
15  int  preProcFlag = 0;
16  int  preProcType;
17
18  #define SRC_BUF_SIZE    4096
19  char srcBuf[SRC_BUF_SIZE], emptySrc = 1;
20
21  /* --- constant convertion types --- */
22  enum {C_OCT, C_HEX, C_CHAR, C_BIN};
23  int  aConstant(char *s, int type);
24  int  constantType(char *s);
25  void addSrcCode(void);
26  void updateSourceInfo(char *);
27
28  %}
```

- 第 15～16 行：新增变量，作为支持预处理语句的标志及类型。

4.3.2　用于预处理语句的新增解析状态

同时，词法解析将新增预处理语句的识别状态，具体如下。

```
/p16ecc/cc_source_4.2/cc.l
59  SP                    [ \t\v\f\015]
60  newline               [\n]
61
62  %x ASMCODE
63  %x PREPROC
64  %%
```

- 第 62～63 行：为词法解析自动机新增状态（ASMCODE 和 PREPROC），分别对应增加的插入汇编语言及预处理语句功能。

4.3.3　用于预处理语句的解析

当在解析中识别预处理语句时，解析自动机将进入新增的状态，直至预处理语句结束。此状态下，对于行终结字符的处理会有差异，解析识别如下。

```
/p16ecc/cc_source_4.2/cc.l
70  ^{SP}*"#"{SP}*"define"     { preProcFlag = 1; BEGIN(PREPROC);
71                              addSrcCode(); return preProcType = DEFINE; }
72  ^{SP}*"#"{SP}*"undef"      { preProcFlag = 1; BEGIN(PREPROC);
73                              addSrcCode(); return preProcType = UNDEF; }
74  ^{SP}*"#"{SP}*"pragma"     { preProcFlag = 1; BEGIN(PREPROC);
75                              addSrcCode(); return preProcType = PRAGMA; }
76  ^{SP}*"#"{SP}*"ifdef"      { preProcFlag = 1; BEGIN(PREPROC);
77                              addSrcCode(); return preProcType = _IFDEF; }
78  ^{SP}*"#"{SP}*"ifndef"     { preProcFlag = 1; BEGIN(PREPROC);
79                              addSrcCode(); return preProcType = _IFNDEF; }
80  ^{SP}*"#"{SP}*"else".*     { addSrcCode(); return _ELSE; }
81  ^{SP}*"#"{SP}*"endif".*    { addSrcCode(); return _ENDIF; }
82  ^{SP}*"#"{SP}*"if"{SP}+    { preProcFlag = 1;
83                              addSrcCode(); return preProcType = _IF; }
84  <PREPROC>{SP}+             { addSrcCode(); }
85  <PREPROC>{identifier}"("   { yylval.s = dupStr(yytext);
86                              yylval.s[yyleng - 1] = '\0';
87                              addSrcCode();
88                              BEGIN(INITIAL); return IDENTIFIER_;
89                              }
90  <PREPROC>{identifier}      { yylval.s = dupStr(yytext);
91                              addSrcCode();
92                              BEGIN(INITIAL); return IDENTIFIER;
93                              }
94  ^{SP}*"#asm".*             { preProcFlag = 1; preProcType = AASM;
95                              BEGIN(ASMCODE);
96                              }
97  <ASMCODE>{newline}         { yylineno++; }
98  <ASMCODE>^{SP}*"#endasm".* { emptySrc = 1; preProcType = 0;
99                              BEGIN(INITIAL); }
100 <ASMCODE>.*               { yylval.s = dupStr(yytext); return AASM; }
```

- 第 70～78 行：对于#define、#undef、#pragma、#ifdef、#ifndef 预处理（特殊）语句，将跟随相应的标识符，因此进入 PREPROC 状态。
- 第 94 行：对于#asm 语句，将跟随一段汇编语言代码，因此进入 ASMCODE 状态。
- 第 98 行：在 ASMCODE 状态下，识别#endasm 语句，表示汇编语言代码段结束，返回常规状态 INITIAL。
- 第 100 行：在 ASMCODE 状态下，所有源程序文件字符行将作为字符串数据，供语法解析处理。

```
/p16ecc/cc_source_4.2/cc.l
196  {newline}                      { yylineno++;
197                                  if ( preProcFlag )
198                                  {
199                                      preProcFlag = 0;
200                                      switch ( preProcType )
201                                      {
202                                          case DEFINE:
203                                          case UNDEF:
204                                          case PRAGMA:
205                                          case _IF:
206                                              return EOL;
207                                      }
208                                  }
209                                }
```

- 第 196～209 行：换行符的处理，每条预处理语句只能是单行语句。对于部分类型预处理语句，行结尾需返回特殊 token，供语法解析 yyparse()函数使用。

汇编语言的插入方式主要有以下两种。

（1）片段式插入：使用#asm...#endasm 语句作为始终。

（2）单句式插入：使用类似 C 语言函数形式的 asm("...");语句，其中 asm()函数作为内部函数，可以在以后语法分析时进行识别并处理。

4.3.4　用于预处理语句的节点和数据类型

相应地，在语法解析器文本 cc.y 中，增加有关对预处理语句的识别节点类型及规则，具体如下。

```
/p16ecc/cc_source_4.2/cc.y
55   %type <n> program external_definitions external_definition
56   %type <n> identifier
57   %type <n> declaration init_declarator_list init_declarator
58   %type <n> declarator direct_declarator
59   %type <a> type_specifier type_specifier2 declaration_specifiers
60   %type <i> storage_class_specifier type_qualifier pointer_acce
61   %type <p> pointer
62   %type <n> expr constant_expr conditional_expr logical_or_expr
63   %type <n> logical_and_expr inclusive_or_expr exclusive_or_expr and_expr
64   %type <n> equality_expr relational_expr shift_expr additive_expr
65   %type <n> multiplicative_expr cast_expr unary_expr primary_expr postfix_expr
66   %type <i> unary_operator assignment_operator
67   %type <n> argument_expr_list assignment_expr
68   %type <n> parameter_list parameter_type_list parameter_declaration
69   %type <n> initializer initializer_list
70   %type <n> func_definition func_declarator func_declarator2 func_body
71   %type <n> compound_statement statement_list general_statement statement
72   %type <n> expression_statement labeled_statement selection_statement
73   %type <n> else_statement case_statement_list case_statement case_action
74   %type <n> jump_statement iteration_statement opt_expr
75   %type <n> case_op_action while_expr
76   %type <n> if_condition opt_external_definitions op_else id_list
77
78   %start program
79
80   %%
```

- 第 76 行：增加对应预处理语句的产生式归纳节点（符号）。

```
/p16ecc/cc_source_4.2/cc.y
90   external_definition
91      : declaration                      { $$ = $1; CLR_SRC(); }
92      | func_definition                  { $$ = $1; CLR_SRC(); }
93      | declaration_specifiers
94        init_declarator_list
95        '@' conditional_expr ';'  { $$ = oprNode(DATA_DECL, 1, $2);
96                                     $$->opr.attr = $1;
97                                     $1->atAddr = $4;
98                                     ADD_SRC($$);
99                                   }
100     | SBIT identifier
101       '@' conditional_expr ';'  { $$ = oprNode(SBIT, 2, $2, $4);
102                                    ADD_SRC($$);
```

```
103  |                              )
104  | UNDEF identifier EOL      { $$ = oprNode(UNDEF, 1, $2);
105  |                            ADD_SRC($$);}
106  | DEFINE identifier EOL     { $$ = oprNode(DEFINE, 1, $2);
107  |                            ADD_SRC($$); }
108  | DEFINE identifier
109    expr EOL                 { $$ = oprNode(DEFINE, 2, $2, $3);
110  |                            ADD_SRC($$); }
111  | _IFDEF identifier
112    opt_external_definitions
113    op_else
114    _ENDIF                   { $$ = oprNode(_IFDEF, 3, $2, $3, $4);
115  |                            ADD_SRC($$); }
116  | _IFNDEF identifier
117    opt_external_definitions
118    op_else
119    _ENDIF                   { $$ = oprNode(_IFNDEF, 3, $2, $3, $4);
120  |                            ADD_SRC($$); }
121  | if_condition
122    opt_external_definitions
123    op_else
124    _ENDIF                   { $$ = oprNode(_IF, 3, $1, $2, $3);
125  |                            ADD_SRC($$); }
126  | DEFINE IDENTIFIER_
127    id_list ')' expr EOL     { $$ = oprNode(DEFINE, 3, idNode($2), $3, $5);
128  |                            ADD_SRC($$); free($2);
129  |                            }
130  | DEFINE IDENTIFIER_
131    id_list ')' EOL          { $$ = oprNode(DEFINE, 2, idNode($2), $3);
132  |                            ADD_SRC($$); free($2);
133  |                            }
134  | PRAGMA identifier EOL     { $$ = oprNode(PRAGMA, 1, $2);
135  |                            ADD_SRC($$);  }
136  | PRAGMA identifier
137    conditional_expr EOL     { $$ = oprNode(PRAGMA, 2, $2, $3);
138  |                            ADD_SRC($$); }
139  ;
```

- 第 93~99 行：识别/支持变量定义并设定绝对地址的语法。
- 第 100~103 行：识别/支持 CPU 寄存器中"位"的定义语法。
- 第 104~105 行：识别/支持"#undef 宏名"语句。
- 第 106~107 行：识别/支持"#define 宏名"语句（隐匿定义值）。
- 第 108~110 行：识别/支持"#define 宏名 表达式"语句（带定义值）。
- 第 111~115 行：识别/支持"#ifdef 宏名"语句。
- 第 116~120 行：识别/支持"#ifndef 宏名"语句。
- 第 121~125 行：识别/支持"#if...#else...#endif"预处理语句。其中，#else...部分可保持默认设置。
- 第 126~129 行：识别/支持"#define 宏名(参数序列) 表达式"语句。
- 第 130~133 行：识别/支持"#define 宏名(参数序列)"语句。
- 第 134~135 行：识别/支持"#pragma 标识符"语句。
- 第 136~138 行：识别/支持"#pragma 标识符 表达式"语句。

/p16ecc/cc_source_4.2/cc.y

```
140  declaration
141    : declaration_specifiers ';' {if ( $1->type == ENUM ) {
142  |                                  $$ = $1->newData;
143  |                                  $1->newData = NULL;
144  |                                  delAttr($1);
145  |                                  ADD_SRC($$);
146  |                              }
147  |                              else
148  |                              {
149  |                                  $$ = oprNode(DATA_DECL, 0);
150  |                                  $$->opr.attr = $1;
151  |                                  ADD_SRC($$);
152  |                              }
153  |                              }
154    | declaration_specifiers
155      init_declarator_list ';' { $$ = oprNode(DATA_DECL, 1, $2);
```

```
156  |        |      |       |       |       |  $$->opr.attr = $1;
157  |        |      |       |       |       |  ADD_SRC($$);
158  |        |      |       |       |       |  }
159  |  AASM  |      |       |       |       |  { $$ = oprNode(AASM, 1, strNode($1));
160  |        |      |       |       |       |  ADD_SRC($$); }
161  ;
```

- 第 159～160 行：识别/支持"#asm…#endasm"语句，即汇编语言片段的插入。

/p16ecc/cc_source_4.2/cc.y

```
162  opt_external_definitions
163    : external_definitions      { $$ = $1; }
164    |                           { $$ = NULL; }
165    ;
166  if_condition
167    : _IF conditional_expr EOL  { $$ = $2; ADD_SRC($$); }
168    ;
169  op_else
170    : _ELSE
171    | opt_external_definitions  { $$ = $2; }
172    |                           { $$ = NULL; }
173    ;
```

- 第 162～173 行：对于"#if…"及"#else…"语句具有识别规则。其中，#else…语句可以包含递归嵌套。

例如，对于预处理语句：

```
#if x
#define SEED 10
#endif
```

其对应的解析、归纳后的编译树结构如图 4-3 所示。

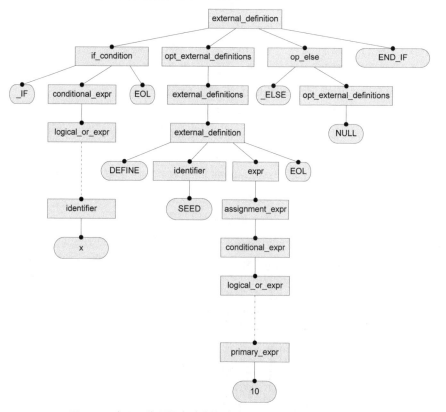

图 4-3　对于预处理语句实例的解析、归纳后的编译树结构

4.4 支持结构化数据的语法解析

在 4.3 节的基础上，增加以下功能。

（1）枚举语句（enum）。

（2）结构和联合（struct/union）数据定义功能。在 C 语言中，struct/union 用于创建、设计新类型的数据，其用途广泛，也是高级语言的重要特征之一。

工程项目路径：/cc_source_4.3。

增加相应的节点及其类型

在语法解析器文本 cc.y 中，增加对 enum 和 struct/union 语句结构的解析功能，具体如下。

/p16ecc/cc_source_4.3/cc.y

```
77   %type <a> enum_specifier
78   %type <n> enumerator_list opt_enumerator_expr enumerator
79   %type <a> struct_or_union_specifier
80   %type <n> struct_declaration_list
81   %type <n> struct_declaration struct_declarator_list
82   %type <i> struct_or_union
83   %type <s> opt_identifier
84
85   %start program
86
87   %%
```

- 第 77～78 行：新增有关 enum 语法归纳节点。
- 第 79～83 行：新增有关 struct/union 语法归纳节点。

/p16ecc/cc_source_4.3/cc.y

```
210  type_specifier
211    : VOID                      { $$ = newAttr(VOID); }
212    | CHAR                      { $$ = newAttr(CHAR); }
213    | SHORT                     { $$ = newAttr(SHORT); }
214    | INT                       { $$ = newAttr(INT); }
215    | LONG                      { $$ = newAttr(LONG); }
216    | UCHAR                     { $$ = newAttr(CHAR);  $$->isUnsigned = 1; }
217    | USHORT                    { $$ = newAttr(SHORT); $$->isUnsigned = 1; }
218    | UINT                      { $$ = newAttr(INT);   $$->isUnsigned = 1; }
219    | ULONG                     { $$ = newAttr(LONG);  $$->isUnsigned = 1; }
220    | enum_specifier            { $$ = $1; }
221    | struct_or_union_specifier { $$ = $1; }
222    ;
```

- 第 220～221 行：在数据类型说明符的 type_specifier 列表中，增加新类型 enum 和 struct/union 语句。注：它们均以数据类型 attrib 表示。

/p16ecc/cc_source_4.3/cc.y

```
646  enum_specifier
647    : ENUM
648      '{' enumerator_list '}'   { $$ = newAttr(ENUM);
649                                  $$->newData = oprNode(ENUM, 1, $3);
650                                }
651    | ENUM
652      '{'
653      enumerator_list ',' '}'   { $$ = newAttr(ENUM);
654                                  $$->newData = oprNode(ENUM, 1, $3);
655                                }
656    ;
657  enumerator_list
658    : enumerator                { $$ = makeList($1); }
659    | enumerator_list ','
660      enumerator                { $$ = appendList($1, $3); }
```

```
661       ;
662  enumerator
663     : identifier
664       opt_enumerator_expr       { $$ = $1;
665                                 | $$->id.init = $2;
666                                 | }
667       ;
668  opt_enumerator_expr
669     : '=' constant_expr         { $$ = $2; }
670     |                           { $$ = NULL; }
671     ;
```

- 第 647～671 行：enum_specifier 的语法解析。

例如，enum 语句实例解析后生成语法树结构，如图 4-4 所示。

```
enum {ONE=1, TWO, THREE};
```

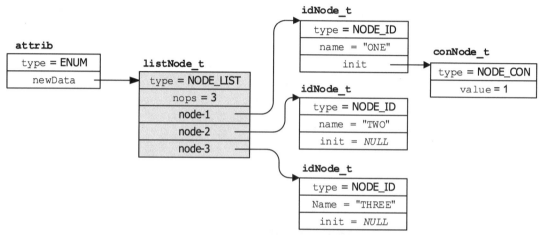

图 4-4　enum 语句实例解析后生成语法树结构

```
/p16ecc/cc_source_4.3/cc.y
672  struct_or_union_specifier
673     : struct_or_union
674       opt_identifier
675       '{'
676       struct_declaration_list
677       '}'                       { $$ = newAttr($1);
678                                   $$->typeName  = $2;
679                                   $$->newData   = $4;
680                                 }
681     | struct_or_union
682       IDENTIFIER                { $$ = newAttr($1);
683                                   $$->typeName = $2;
684                                 }
685     ;
686  struct_or_union
687     : STRUCT                    { $$ = STRUCT; }
688     | UNION                     { $$ = UNION; }
689     ;
690  opt_identifier
691     :                           { $$ = NULL; }
692     | IDENTIFIER                { $$ = $1; }
693     ;
694  struct_declaration_list
695     : struct_declaration        { $$ = makeList($1); }
696     | struct_declaration_list
697       struct_declaration        { $$ = appendList($1, $2); }
698     ;
699  struct_declaration
700     : type_specifier
701       struct_declarator_list ';' { $$ = oprNode(DATA_DECL, 1, $2);
702                                     $$->opr.attr = $1;
703                                   }
704     ;
705  struct_declarator_list
```

062

```
706    : declarator                    { $$ = makeList($1); }
707    | struct_declarator_list ','
708      declarator                    { $$ = appendList($1, $3); }
709    ;
710  %%
```

- 第 672～709 行：支持 struct/union 语句语法的产生式。注：本设计中不支持位域（bit-field）的使用。

在 C/C++语言的编程实践中（尤其是嵌入式应用场合），struct/union 结构中位域（bit-field）的使用很常见，因为能减少内存的消耗。但在实际应用中，使用位域可能会降低运行效率（视 CPU 结构而定），而且支持位域会使编译器设计难度明显增加。因此，为了便于理解，本设计不支持这一功能。

4.5 支持对 typedef 的语法解析

作为本章知识讲解的最后一节，此节增加 C 语言中 typedef 语句的支持。

C 语言中 typedef 的语法及使用是为（已有的）变量类型（重新）命名。它为程序设计带来了某种便捷，并增加了可读性。此外，它给程序的移植也经常提供便利。也就是说，typedef 实质上是为已经确定的数据类型增加新的名称。

typedef 的语法在本质上是源程序在编译过程中动态地生成（新）关键字，即新数据类型名。关键字在词法解析/扫描规则上等同于常规的标识符，但它与标识符的概念和作用完全不同。

C 语言本身已经定义了众多关键字（如 if、else、char、int 等），理论上这些关键字不得他用。若以此为据，则其他标识符均只能作为变量名、函数名等。而使用 typedef 语句增加新变量类型名后，将语言的关键字（集）进行了动态扩充。因此，它势必影响（此后）关键字识别规则。

有必要指出的是，编译器设计在支持 typedef 的语法/功能上存在较大的难度，将在词法解析与语法解析的交互作用下完成。本节提出的手段未必是最佳方案。

工程项目路径：/cc_source_4.4。

4.5.1 支持 typedef 的新变量

在词法解析器文本 cc.l 中，新增相关的变量和支持函数，具体如下。

/p16ecc/cc_source_4.4/cc.l

```
1   /********************************************************************/
2
3   %{
4   #include <stdio.h>
5   #include <string.h>
6   #include <stdlib.h>
7   #include <ctype.h>
8   #include "common.h"
9   #include "ascii.h"
10  #include "cc.h"
11
12  extern int yyparse();
13  int fatalError=0;
14  char *currentFile = NULL;
15  int   preProcFlag = 0;
16  int   preProcType;
```

```
17  int ignoreTypedef = 0;
18  NameList *newNameList = NULL;
19  NameList *sysIncludeList = NULL;
20
21  #define SRC_BUF_SIZE    4096
22  char srcBuf[SRC_BUF_SIZE], emptySrc = 1;
23
24  /* --- constant converction types --- */
25  enum {C_OCT, C_HEX, C_CHAR, C_BIN};
26  int  aConstant(char *s, int type);
27  int  constantType(char *s);
28  void addSrcCode(void);
29  void updateSourceInfo(char *);
30
31  %}
```

- 第 17 行：增加新变量 ignoreTypedef，整数型变量最低位的 bit0 = 0 表示需要检测标识符是否为由 typedef 定义的变量类型名；bit0 = 1 表示不需要检测（禁止检测）。
- 第 18 行：增加新变量 newNameList，用来存放由 typedef 定义的变量类型名链表（也被称为新类型名表）。

相应地，在 common.h/common.c 文件中，为 newNameList 提供添加、查找及删除链表的函数，具体如下。

/p16ecc/cc_source_4.4/common.h

```
172  extern NameList *sysIncludeList;
173
174  int  addName(NameList **list, char *name);
175  void delName(NameList **list);
176  NameList *searchName(NameList *list, char *name);
```

4.5.2 判断标识符的性质

根据 ignoreTypedef 变量最低位 bit0 的状态来判断标识符的性质（常规标识符名或新变量类型名），具体如下。

/p16ecc/cc_source_4.4/cc.l

```
171  {identifier}          { NameList *dp = searchName(newNameList, yytext);
172                          addSrcCode();
173                          if ( dp == NULL || (ignoreTypedef & 1) )
174                          {
175                            yylval.s = dupStr(yytext);
176                            return IDENTIFIER;
177                          }
178                          yylval.a = newAttr(TYPEDEF_NAME);
179                          yylval.a->typeName = dupStr(dp->name);
180                          return TYPEDEF_NAME;
181                        }
```

- 第 171~181 行：对于符合标识符识别规则的字符（串），若该字符（串）没有在新类型名表中出现或禁止检测，则判断其为 IDENTIFIER；否则，认定为由 typedef 定义过的变量类型名。

4.5.3 typedef 语法解析

在语法解析器文本 cc.y 中，变量的声明和定义语句识别规则将对 ignoreTypedef 变量进行及时的修改，从而引导词法解析，具体如下。

/p16ecc/cc_source_4.4/cc.y

```
145  declaration
146    : declaration_specifiers ';' {if ( $1->type == ENUM ) {
147                                    $$ = $1->newData;
148                                    $1->newData = NULL;
```

```
149                              delAttr($1);
150                              ADD_SRC($$);
151                            }
152                            else
153                            {
154                              $$ = oprNode(DATA_DECL, 0);
155                              $$->opr.attr = $1;
156                              ADD_SRC($$);
157                            }
158                            ignoreTypedef &= ~1;
159                          }
160       | declaration_specifiers
161         init_declarator_list ';'  { $$ = oprNode(DATA_DECL, 1, $2);
162                            $$->opr.attr = $1;
163                            ADD_SRC($$);
164                            ignoreTypedef &= ~1;
165                          }
166       | AASM             { $$ = oprNode(AASM, 1, strNode($1));
167                            ADD_SRC($$); }
168       | TYPEDEF          { ignoreTypedef &= ~1; }
169         type_specifier   { ignoreTypedef |=  1; }
170         init_declarator_list ';'  { $3->isTypedef = 1;
171                            if ( $5 && $5->list.nops == 1 )
172                            {
173                              char *id = $5->list.ptr[0]->id.name;
174                              $$ = oprNode(TYPEDEF, 1, idNode(id));
175                              $$->opr.attr = $3;
176                              addName(&newNameList, id);
177                              ADD_SRC($$);
178                            }
179                            else
180                            {
181                              $$ = NULL;
182                              delAttr($3);
183                              yyerror("incorrect 'typedef' format!");
184                              CLR_SRC();
185                            }
186                            ignoreTypedef &= ~1;
187                            delNode($5);
188                          }
189       ;
```

- 第 158~164 行：数据变量声明结束前，开启（允许）新类型名识别。
- 第 168~188 行：完整的 typedef 定义语法解析。具体如下。
  - ➢ 第 168 行：一旦识别 typedef 关键字本身，就开启（允许）新类型名识别。
  - ➢ 第 169 行：类型确定后，关闭（禁止）新类型名识别。
  - ➢ 第 170 行：init_declarator_list 中只允许一个标识符出现。
  - ➢ 第 186 行：整个 typedef 定义语法解析结束，再次开启（允许）新类型名识别。

4.5.4　识别结构化数据定义中出现的新类型名

struct/union 语句中可以出现定义嵌套，因此需对 ignoreTypedef 变量进行移位（保存/复位），具体如下。

/p16ecc/cc_source_4.4/cc.y

```
720   struct_or_union_specifier
721       : struct_or_union
722         opt_identifier             { ignoreTypedef <<= 1; }
723         '{'
724         struct_declaration_list
725         '}'                        { $$ = newAttr($1);
726                            $$->typeName = $2;
727                            $$->newData = $5;
728                            ignoreTypedef >>= 1;
729                          }
730       | struct_or_union
731         IDENTIFIER                 { $$ = newAttr($1);
732                            $$->typeName = $2;
733                          }
734       ;
```

- 第 722 行：开启（允许）新类型名识别，并保留先前的识别/禁止状态。
- 第 728 行：恢复先前的识别/禁止状态。

4.5.5 使用新类型名

在变量类型的识别序列中，增加新类型的识别，具体如下。需要注意的是，所有变量类型均使用 attrib 数据结构来描述，但其中的表示方式有所不同。

```
/p16ecc/cc_source_4.4/cc.y
234  type_specifier
235      : VOID                        { $$ = newAttr(VOID); }
236      | CHAR                        { $$ = newAttr(CHAR); }
237      | SHORT                       { $$ = newAttr(SHORT); }
238      | INT                         { $$ = newAttr(INT); }
239      | LONG                        { $$ = newAttr(LONG); }
240      | UCHAR                       { $$ = newAttr(CHAR);  $$->isUnsigned = 1; }
241      | USHORT                      { $$ = newAttr(SHORT); $$->isUnsigned = 1; }
242      | UINT                        { $$ = newAttr(INT);   $$->isUnsigned = 1; }
243      | ULONG                       { $$ = newAttr(LONG);  $$->isUnsigned = 1; }
244      | enum_specifier              { $$ = $1; }
245      | struct_or_union_specifier   { $$ = $1; }
246      | TYPEDEF_NAME                { $$ = $1; }
247      ;
```

- 第 234～247 行：增加新的数据类型说明。其中 TYPEDEF_NAME 的特征 attrib 在词法解析 cc.l 文件中构成并给出类型名（参见 cc.l 文件第 171～181 行）。

4.6 本章小结

本章给出的语法解析器将作为编译器的前端词法/语法处理机构。

（1）由 cc.l 和 cc.y 文件组成的语法解析器在完成 C 语言源程序的处理后，将生成符合原意的数据构造——编译树，由 progUnit 指针指示，作为后续处理的物质基础。

（2）整棵编译树由 5 种节点结构通过有机链接构成。而这 5 种节点结构又全部可以通过综合手段归纳为一种通用节点，给表达和理解带来便利。此外，各种节点均可包含其他种类的节点。

（3）本章所介绍的语法解析处理需要在 C 语言标准内进行某些取舍，主要包括以下几点。

- 不支持浮点数的表示和处理。
- 只支持一维函数指针数组。
- 不支持 struct/union 中位域的定义和使用。

第5章　编译树的预扫描

第 4 章提供的语法解析生成的结果其实可以理解为先将输入的 C 语言源程序代码转换成二维的数据结构；再将代码中的各个信息细节进行准确切割和提取，并合理地建构成容易分析、存取的数据结构——编译树。但实质上，这还只是一种（组织）形式上的转换，仍然属于高级语言的表述。此外，它不但没有语义的检查分析（没有上下文的关联解析），更重要的是，这棵编译树中可能带有无用（冗余）的信息或不确定的信息。

例 1：

```
#define SEED      1
#if SEED == 1
#define RESULT 100
#else
#define RESULT 200
#endif
```

此例中存在两处对 RESULT 不同的宏定义，必须根据上下文的分析，舍弃其中之一。

例 2：

```
int foo(int n)
{
    #define SEED 10
    if ( n ) {
        enum{V1=1,V2,V3};
        n = V3 + SEED; /* V3 的值是 3  */
    }
    else  {
        enum{V1=101,V2,V3};
        n = V3 + SEED; /* V3 的值是 103 */
    }
    return n;
}
```

此例中显示不同的枚举定义域和作用域。

编译树的预扫描可以完成以下几个任务。

（1）扫描并去除各预处理语句，保留复合语义的代码（如#if … #else … #endif、#define、#undef 等）。

（2）将枚举符号以其实际定义代替源代码中出现的宏名，去除 enum 语句。

（3）去除由 typedef 定义的类型名称，并用实际变量类型来替换。

（4）对自定义的数据类型进行语义检验（如定义域/使用域、重复定义、定义冲突等）。

总而言之，预处理将对编译树进行重新梳理、更新、精简和裁减，使得树中的各类信息实现确定化。此外，预处理还将涉及某些语义上的分析检查。以上述例 2 中的代码为例，预处理前、后的结果如表 5-1 所示。

表 5-1　预处理前、后的结果示例

处理前	处理后

int foo(int n)
{
#define SEED 10
　　if (n) {
　　　　enum{V1=1,V2,V3};
　　　　n = V3 + SEED;
　　}
　　else　{
　　　　enum{V1=101,V2,V3};
　　　　n = V3 + SEED;
　　}
　　return n;
}
	int foo(int n)
	{
	　　if (n) {
	　　　　n = 13;
	　　}
	　　else　{
	　　　　n = 113;
	　　}
	　　return n;
	}

预扫描处理中还涉及有关（标识）符号的定义/作用域的概念，即被定义的符号的有效作用范围。表 5-2 所示为符号定义的有效范围。

表 5-2　符号定义的有效范围

语句类型	说明
#define id 表达式	"id" 定义后即有效（与定义位置前后有关，而与层次无关）
typedef … id;	"id" 在当前层次（或复合语句）内有效（包括内层复合语句）
enum { id1,id2,… };	"idn" 在当前层次（或复合语句）内有效（包括内层复合语句）

上述例 2 中，V1、V2、V3 在两个并行结构中（同一层但在不同的复合语句内）各自定义，互不相关。内层复合语句可以使用外层定义，但不可以使用更内层的 typedef 和 enum 定义。

5.1　符号表的基本数据结构和应用

无疑，预扫描将是十分关键和复杂的一个环节。为此有必要设计一种数据结构——符号表，按层级记录和保存各类符号的定义，以便在扫描中使用被定义的内容替换被定义的符号。

工程项目路径：/cc_source_5.1。

5.1.1　符号表基本数据结构 Nnode

Nnode 的结构在 nlist.h 文件中的定义，具体如下。

```
/p16ecc/cc_source_5.1/nlist.h
1   #ifndef _NLIST_H
2   #define _NLIST_H
3   #include "common.h"
4
5   class Nnode {
6       public:
7           Nnode(int _type, char *_name=NULL, node *np1=NULL, node *np2=NULL);
8           ~Nnode();
9
10          int     type;          // Nnode 类别 (DEFINE/ENUM)
11          char    *name;         // Nnode 符号名
12          node    *np[2];        // 符号名定义的参数
13          attrib  *attr;         // 特征/类型
14          Nnode   *next;         // 同层级Nnode链接
15          Nnode   *parent;       // 更外一层Nnode链接
16          int     nops(void);    // 有效np[]个数(0~2)
17  };
```

Nnode 除了容纳有关信息（如 DEFINE、ENUM 等的定义值），其关键在于两个自身类型的指针，如图 5-1 所示。

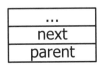

```
...
next
parent
```

图 5-1　关于 Nnode 的简化结构

- 第 12 行：0~2 个涉及标识符的定义（表达），可由 nops()函数读取其具体个数。关于 #define 的结构形态种类如表 5-3 所示。

表 5-3　关于#define 的结构形态种类

宏定义例子	解释
#define VOID	涉及标识符 VOID 的有 0 个表达
#define ONE　1	涉及标识符 ONE 的有 1 个表达，即 conNode_t
#define SUM(a,b) (a+b)	涉及标识符 SUM 的有 2 个表达，即 listNode_t 和 oprNode_t

5.1.2　符号表链数据结构 Nlist

Nlist 是以 Nnode 为基本类型和运算的一个类（class），作为预扫描整体运算时层次结构的记录/处理。其中的数据部分便是 Nnode 类型的指针（链），具体如下。

```
/p16ecc/cc_source_5.1/nlist.h
19  class Nlist {
20      private:
21          Nnode *list;
22          Nnode *find(char *name, int type);
23
24      public:
25          Nlist ();
26          ~Nlist();
```

```
27      void    addLayer(void);
28      void    delLayer(void);
29      Nnode   *add(char *name, int type, node *np1=NULL, node *np2=NULL);
30      Nnode   *add(Nnode *p);
31      void    del(char *name);
32      Nnode   *search(char *name, int type=0);
33      attrib  *search(attrib *attr);
34  };
```

- 第 21 行：list 为整个扫描节点链表的当前层指针。
- 第 27 行：addLayer()函数用来增加一个链表层。
- 第 28 行：delLayer()函数用来删除链表中当前（最内）的链表层。
- 第 29 行：add()函数用来在链表中增加一个节点。
- 第 30 行：add()函数用来在链表中增加一个节点（从外部复制）。
- 第 31 行：del()函数用来在链表中删除一个节点。
- 第 32~33 行：search()函数用来在链表中查找节点。

扫描过程中一旦遇到#define 语句对应的节点，就将其定义内容加入链表的最外层。这样做是为了一旦链表内层被删除后，这类节点仍被保留。而其他的节点总是添加到当前（最内）层链表中。

随着扫描进入嵌套的复合语句内，扫描链表的层次逐渐（向上）增加；而当扫描逐步退出复合语句时，扫描链表的层次（向下）递减。

Nnode/Nlist 结构构成的二维链式结构如图 5-2 所示。

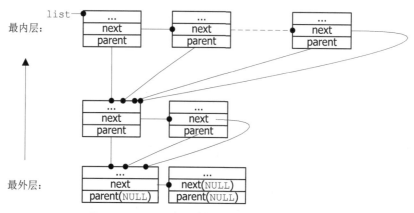

图 5-2　Nnode/Nlist 结构构成的二维链式结构

其中：

（1）list 始终指向最内层定义（当前扫描区域）的表链首。

（2）每层链表尾端节点（层终节点）的特征是：其 next 与 parent 内容相同，并且不存储其他数据信息。

（3）最外（顶）层链表的 parent 值=NULL。

（4）从 list 起，有两种搜索途径：一种是沿着节点的 next 指针的链接水平搜索，另一种是沿着节点的 parent 指针的链接垂直搜索。它们用来进行不同目的的搜索。

5.2 符号的链表操作

链表的具体操作由 Nlist 类的成员函数完成，这些函数将围绕 Nnode 和 Nlist 进行初始化、添加、删除及搜索操作。

5.2.1 符号表节点和表链的初始化

符号表基本节点 Nnode 的初始化由本身的构建函数完成，具体如下。

/p16ecc/cc_source_5.1/nlist.cpp

```
11  Nnode :: Nnode(int _type, char *_name, node *np1, node *np2)
12  {
13      memset(this, 0, sizeof(Nnode));
14      type  = _type;
15      name  = dupStr(_name);
16      np[0] = np1;
17      np[1] = np2;
18  }
19
20  Nnode :: ~Nnode()
21  {
22      if ( name ) free(name);
23      delAttr(attr);
24      delNode(np[0]);
25      delNode(np[1]);
26  }
27
28  int Nnode :: nops(void)
29  {
30      if ( np[0] == NULL ) return 0;
31      if ( np[1] == NULL ) return 1;
32      return 2;
33  }
```

- 第 11～18 行：Nnode 的构建函数和解构函数。
- 第 28～33 行：报告被定义的表达参数个数。

Nlist 的初始化实际上是创建一个空 Nnode 节点的链，具体如下。

/p16ecc/cc_source_5.1/nlist.cpp

```
36  Nlist :: Nlist()
37  {
38      list = NULL;
39      addLayer();
40  }
41
42  Nlist :: ~Nlist()
43  {
44      while ( list ) {
45          Nnode *next = list->next;
46          delete list;
47          list = next;
48      }
49  }
50
51  void Nlist :: addLayer(void)
52  {
53      Nnode *p  = new Nnode(0);
54      p->next   = list;
55      p->parent = list;
56      list      = p;
57  }
```

- 第 36～40 行：Nlist 的构建函数。生成一个最外层的（根）节点 Nnode，并且它不含任何数据。每个链表层的建立均以如此手段生成此种特殊节点，其特征是 next 与 parent

指针值相同。

- 第 42～49 行：Nlist 的解构函数。（按层）删除链表的全部节点。
- 第 51～57 行：新增一层链表，创建一个层尾空节点，其 next 和 parent 指针共同指向上一层父节点；当前链表指针 list 改成新一层的链接。

5.2.2　对符号表链的搜索

一般的搜索方式是使用符号名（标识符）和搜索类型在符号表链中进行搜索，该方式将沿着 next 指针从内至外周游整个链表，具体如下。

```
/p16ecc/cc_source_5.1/nlist.cpp
75  Nnode *Nlist :: search(char *name, int type)
76  {
77      for(Nnode *p = list; p; p = p->next)
78      {
79          if ( p->name && strcmp(p->name, name) == 0 )
80          {
81              if ( type <= 0 ) return p;
82              if ( type == p->type ) return p;
83          }
84      }
85      return NULL;
86  }
```

- 第 81 行：调用参数 type <= 0，表示不需要检查类型，只需符号名相同即可。

另一种搜索方式是使用特征（如 attrib）进行，可以对 typedef 定义的新变量类型进行搜索，具体如下。

```
/p16ecc/cc_source_5.1/nlist.cpp
155  attrib *Nlist :: search(attrib *ap)
156  {
157      if ( ap->type == TYPEDEF_NAME )
158      {
159          Nnode *nnp = search(ap->typeName, TYPEDEF);
160          return nnp? search(nnp->attr): NULL;
161      }
162
163      return ap;
164  }
```

- 第 157 行：搜索变量被重新命名的节点。
- 第 160 行：再次的递归搜索，这是因为 typedef 可以重复使用、命名新名。

例如：

```
typedef unsigned char uint8_t;
typedef uint8_t u8;
```

- 第 163 行：若未搜索到，则仍然使用原数据特征。

5.2.3　为符号表链添加符号定义

在符号表中添加新的符号，以及所定义的内容，具体如下。

```
/p16ecc/cc_source_5.1/nlist.cpp
88  Nnode *Nlist :: add(char *name, int type, node *np1, node *np2)
89  {
90      if ( find(name, type) ) return NULL;
91
92      Nnode *p = new Nnode(type, name, np1, np2);
```

```
93          if ( np1 ) delSrc(np1), np1->id.src = NULL;
94          if ( np2 ) delSrc(np2), np2->id.src = NULL;
95
96          if ( type == DEFINE )
97          {
98              Nnode *p1 = list;
99              while ( p1->parent ) p1 = p1->next;
100
101             p->next = p1;              // p1 -> the most outside layer
102
103             for (Nnode *p2 = list; p2->parent; p2 = p2->next)
104             {
105                 if ( p2->parent == p1 ) p2->parent = p;
106                 if ( p2->next   == p1 ) p2->next   = p;
107             }
108
109             if ( list == p1 ) list = p; // don't forget this
110         }
111         else
112         {
113             p->next   = list;
114             p->parent = list->parent;
115             list = p;
116         }
117         return p;
118 }
```

- 第 90 行：若该符号已经被定义，则终止操作。注：find()函数将根据 type 类型确定搜索范围。
- 第 92～94 行：创建新节点 p，并获取源程序注释信息。
- 第 96～110 行：对于 type 类型为 DEFINE 的符号，可以将其插入链表最外层（最外层节点的 parent=NULL）的首端。具体如下。
  - 第 101 行：新节点成为最外层首端节点，原先首端节点 p1 链入其后。
  - 第 103～109 行：原先指向 p1 的指针改为指向新建节点 p。

5.2.4　对符号表链删除一个节点

符号删除如果发生在 "#undef   id" 场景中，则需要做以下检测。

/p16ecc/cc_source_5.1/nlist.cpp

```
136 void Nlist :: del(char *name)   // only for #define statement...
137 {
138     for (Nnode *p1 = list; p1; p1 = p1->next)
139     {
140         if ( p1->type == DEFINE && strcmp(p1->name, name) == 0 )
141         {
142             for (Nnode *p2 = list; p2 != p1; p2 = p2->next)
143             {
144                 if ( p2->next   == p1 ) p2->next   = p1->next;
145                 if ( p2->parent == p1 ) p2->parent = p1->next;
146             }
147
148             if ( list == p1 ) list = p1->next;
149             delete p1;
150             return;
151         }
152     }
153 }
```

- 第 140 行：该函数只用于删除类型为 DEFINE 的节点。
- 第 142～146 行：在删除节点 p1 之前，其他指向 p1 的指针都指向下一节点（p1->next）。

5.2.5　介绍一组辅助函数

下面给出一组辅助性的函数，用于实现分析、确定变量的实际长度，以及计算 struct/union 成员数量和偏移量等目的。这组工具性函数均由 sizer.h/sizer.cpp 文件定义，具体如下。

```
/p16ecc/cc_source_5.1/sizer.h
1   #ifndef _SIZER_H
2   #define _SIZER_H
3   #include "common.h"
4
5   typedef enum {
6       TOTAL_SIZE = 1, ATTR_SIZE, INDIR_SIZE, SUBDIM_SIZE
7   } SIZER_OPTION;
8
9   int     sizer(attrib *ap, SIZER_OPTION opt);
10  int     sizer(bool neg_val, int val);
11  int     memberCount(attrib *ap);
12  attrib *memberAttr(attrib *ap, int index);
13  attrib *memberAttr(attrib *ap, char *id_name);
14  attrib *memberAttrClone(attrib *ap, int index);
15  attrib *memberAttrClone(attrib *ap, char *id_name);
16  int     memberOffset(attrib *ap, char *id_name);
17
18  #endif
```

5.2.6　关于 enum 枚举成员的取值和等价长度

例如：

```
typedef enum {ONE=-1, TWO, THREE=128} Etype;
...
int foo(Etype n)
{
    switch (n)
    {
        case ONE:   return 10;
    case TWO:    return 20;
        case THREE: return 30;
    }
}
```

上述代码使用 enum 定义了一个符号集合，并以 typedef 的方式，将此集合类型命名为 Etype。在随后的函数中使用了 Etype 数据类型作为参数并进行计算操作。问题是，Etype（集合的类型）究竟等价于什么类型的整数？由于例中 Etype 的范围为-1～128，超出了单字节的表示范围，因此 switch 语句的比较判断将使用双字节类型进行操作。

在 enum 枚举定义的符号集中，符号可以被赋予任意（整数）常数，并且这些符号的常数值和计算长度需要在编译中得到确定。但整个集合的类型将随集合中所有符号定义的值的分布范围而定。如果统一使用 long（32 位整数）类型的变量，则在小型处理器中的运算、操作会非常低效，并且仍可能不符合语义。

为了提高编译设计的质量和效益，设计中应该为每个 enum 定义集确定合适的整数类型。

在计算机体系结构中，整数可以分为无符号整数和带符号整数两类。对于带符号整数，业界无一例外地采用补码（2's complement）的方式进行表示。例如，对于长度为 N 位的整数，其数值范围如下。

无符号整数：$[\,0, 2^{N} - 1\,]$。

带符号整数：$[\,-2^{N-1}, 2^{N-1} - 1\,]$。

enum 类型应按集合范畴合理（最小化）设定，既要覆盖数值范围，也要注重效率。表 5-4 所示为关于 enum 定义的符号数值确定及存储长度。

表 5-4　关于 enum 定义的符号数值确定及存储长度

enum 使用范例	实际数值集合	最小整数覆盖类型
enum{ONE, TWO, THREE};	{0, 1, 2}	unsigned char（8 位无符号整数）
enum{ONE=-1, TWO,THREE=127};	{-1, 0, 127}	char（8 位带符号整数）
enum{ONE, TWO, THREE=256};	{0, 1, 256}	unsigned int（16 位无符号整数）
enum{ONE=-1, TWO, THREE=128};	{-1, 0, 128}	int（16 位带符号整数）

5.3　对编译树的预扫描

工程项目路径：/cc_source_5.2。

源程序文件：prescan.h/prescan.cpp、main.cpp。

5.3.1　预扫描操作的类

整个预扫描过程由一个 PreScan 类概括和完成，具体如下。

```
/p16ecc/cc_source_5.2/prescan.h
1   #ifndef _PRESCAN_H
2   #define _PRESCAN_H
3   #include "common.h"
4
5   class PreScan
6   {
7       public:
8           PreScan(Nlist *_nlist);
9           node *scan(node *np);
10
11      private:
12          Nlist *nlist;
13          int   errCount;
14          int   tagSeed;
15          src_t *src;
16          int   enumNeg;  // min item size in an enum set
17          int   enumPos;  // max item size in an enum set
18
19          node *scan(idNode_t *ip);
20          node *scan(oprNode_t *op);
21          int   mergeCon(int n1, int n2, int oper);
22          node *replacePar (node *np, node *name_par, node *real_par);
23          void  errPrint(const char *msg, char *extra=NULL);
24          char *tagLabel(void);
25          void  attrRestore(attrib **ap, bool update_flags=false);
26          bool  StUnNameCheck(node *np, char *name);
27      };
28
29  #endif
```

- 第 8 行：建构函数，将链表指针（Nlist * _nlist）作为输入参数（链表在 main()函数内生成并初始化）。其原因如下。
- （1）链表可以包含由控制台命令定义的符号。
- （2）运行结束后，链表的内容可以作为后续操作的参量。
- 第 9 行：scan()函数用来运行扫描（输入的 node *np 参数是编译树的指针），并返回。
- 第 19~20 行：scan()函数用来运行扫描（同名内部函数），针对 idNode_t、oprNode_t 等节点扫描。

5.3.2 预扫描的启动运行

预扫描的启动在预处理之后进行，具体如下。

```
/p16ecc/cc_source_5.2/main.cpp
1   #include <stdio.h>
2   #include <stdlib.h>
3   #include <string>
4   #include "common.h"
5   #include "display.h"
6   #include "nlist.h"
7   #include "prescan.h"
8
9   int main(int argc, char *argv[])
10  {
11      for (int i = 1; i < argc; i++)
12      {
13          std::string buffer = "cpp1 ";
14          buffer += argv[i];
15
16          if ( system(buffer.c_str()) == 0 )
17          {
18              buffer = argv[i]; buffer += "_";
19
20              int rtcode = _main((char*)buffer.c_str());
21              remove(buffer.c_str());
22
23              display(progUnit, 0);
24              if ( rtcode == 0 )
25              {
26                  Nlist nlist;
27                  PreScan preScan(&nlist);
28                  progUnit = preScan.scan(progUnit);
29              }
30
31              display(progUnit, 0);
32          }
33      }
34      return 0;
35  }
```

- 第 26 行：符号表实例化，包括该表的初始化（表内只含最外层链尾的空节点）。
- 第 27 行：预扫描类实例化。
- 第 28 行：预扫描运行，对编译树进行扫描，并返回结果。注：结果仍然是编译树，仍由 progUnit 表示。

5.3.3 编译树的基本构造和周游扫描

如前文所述，整体上编译树由 5 种类型的节点构成，其详细结构在 common.h 文件中定义。

idNode_t：标识符节点。

conNode_t：常数节点。

strNode_t：字符串节点。

oprNode_t：操作/运算节点。

listNode_t：列表节点。

它们均可以采用通用的类型结构（node）予以表示。利用 node 指针传递各类节点的数据信息，从而带来很大的便利。所谓的预扫描，其过程是按自然顺序遍历整棵编译树，具体如下。

（1）按语义去除冗余的枝节。

（2）按符号定义还原实际的语句信息和数据类型。

（3）合并常数的运算（逻辑/算术），即去除冗余的运算。

（4）明确（直接化）各类运算数据的类型。

（5）进行有关语义检查。

经过预扫描处理后，整棵编译树的内容将变得直接、确定和简练，便于后续处理。

预扫描主要是针对 idNode_t 和 oprNode_t 这两类节点，以及 attrib 中所包含的各个 node 的扫描。借助 5.2 节介绍的符号链表 Nlist 和各种函数，还原源程序中符号本来的语义和内涵。扫描中包含大量的递归操作，即在 scan()函数运行过程中（直接或间接）调用自身。

预扫描的启动及基本过程如下。

```
/p16ecc/cc_source_5.2/prescan.cpp
13    #define GET_COMMENT(p)        if(((node*)(p))->id.src) src = ((node*)(p))->id.src
14    #define CLR_COMMENT(p)        if(((node*)(p))->id.src == src) src = NULL
15
16
17    PreScan :: PreScan(Nlist *list) // constructor
18    {
19        nlist = list;
20        errCount = 0;
21        tagSeed  = 0;
22        src  = NULL;
23    }
24
25    node *PreScan :: scan(node *np)
26    {
27        if ( np != NULL )
28        {
29            GET_COMMENT(np);
30
31            switch ( np->type )
32            {
33                case NODE_ID:   // scan an Id node
34                    return scan((idNode_t*)np);
35
36                case NODE_STR:  // scan a String node
37                case NODE_CON:  // scan a Constant node
38                    break;
39
40                case NODE_OPR:  // scan an Operation node
41                    return scan((oprNode_t *)np);
42
43                case NODE_LIST: // scan a List node
44                    for (int i = 0; i < np->list.nops; i++)
45                        np->list.ptr[i] = scan(np->list.ptr[i]);
46                    break;
47            }
48        }
49        return np;
50    }
```

- 第 13 行：宏定义，用来获取节点中的源语句代码（片段）指针。
- 第 14 行：宏定义，用来释放指针。
- 第 17~23 行：PreScan()构建函数。
- 第 25~50 行：启动对通用 node 的扫描，并根据其类型分别处理。具体如下。
  - conNode_t 和 strNode_t：无须处理，返回原型。
  - idNode_t 和 oprNode_t 类型节点：分别由相应的函数进行扫描并返回（见 5.3.4 节）。
  - listNode_t：对列表中的各节点依次进行扫描，返回列表节点。

注：node 可以为空指针，直接返回。

5.3.4　对 idNode_t 节点的扫描

对由 ip 所指示的 idNode_t 节点进行扫描，判断是否需要被（标识名有 enum、#define，以及类型为 SBIT 的变量）替换；对（变量或函数）标识符可能附带的数组内涵、参数，以及初始化部分等进行扫描。其过程如下。

```
/p16ecc/cc_source_5.2/prescan.cpp
52  node *PreScan :: scan(idNode_t *ip)
53  {
54      Nnode *dp = nlist->search(ip->name);
55      if ( dp && (dp->type == ENUM || dp->type == DEFINE) && dp->nops() == 1 )
56      {
57          node *new_np = cloneNode(dp->np[0]);
58          new_np->con.src = ip->src, ip->src = NULL;
59
60          if ( new_np->type == NODE_ID )
61          {
62              if ( ip->init ) moveNode(&new_np->id.init, &ip->init);
63              if ( ip->dim  ) moveNode(&new_np->id.dim , &ip->dim);
64              if ( ip->parp ) moveNode(&new_np->id.parp, &ip->parp);
65          }
66          else if ( ip->init || ip->dim || ip->parp )
67              errPrint("error in #define replacement");
68
69          CLR_COMMENT((node*)ip), delNode((node*)ip);
70          ip = (idNode_t*)new_np;
71      }
72      else if ( dp && dp->type == SBIT && dp->nops() == 1 )
73      {
74          node *np = oprNode(SBIT, 1);
75          np->opr.op[0] = cloneNode(dp->np[0]);
76          CLR_COMMENT(np), delNode(np);
77          return np;
78      }
```

- 第 54 行：从符号名链表中搜索由 ip 指示的标识符，确定标识符是否被定义。
- 第 55～71 行：若符号名已被 DEFINE 或 ENUM 方式定义，则需替换为如下内容。
  - 第 57 行：生成新节点 new_np，并复制被定义的内容。
  - 第 58 行：转移由 ip 所携带的源代码。
  - 第 62～64 行：转移 ip 的其他附加信息。
  - 第 69 行：去除 ip 所指示的节点。
  - 第 70 行：ip 指向新生成的节点。
- 第 72～78 行：若符号名已被 SBIT 方式定义（见 cc.y 文件），则使用已被定义的 SBIT 类型变量，具体如下。
  - 第 75 行：生成新节点 oprNode_t，并复制被定义的内容。
  - 第 76 行：去除 ip 所指示的节点。
  - 第 77 行：返回新节点。

```
/p16ecc/cc_source_5.2/prescan.cpp
80      if ( ip->type == NODE_ID )
81      {
82          ip->init = scan(ip->init);
83          ip->parp = scan(ip->parp);
84          ip->dim  = scan(ip->dim);
85          if ( ip->dim )  // check if dimensions are defined...
86          {
87              node *lp = ip->dim; // get dimension list
88              for (int i = 0; i < lp->list.nops; i++)
89                  if ( lp->list.ptr[i]->type != NODE_CON )
90                  {
91                      errPrint("id dimension undefined!", ip->name);
92                      break;
93                  }
94          }
95      }
96      return (node*)ip;
97  }
```

- 第 80～95 行：对 idNode_t 节点的其他附加信息进行扫描。
- 第 96 行：返回被扫描后的节点。

5.3.5　对复合语句操作的扫描处理

oprNode_t 节点的含义颇广且特殊，需要针对不同种类分别处理。进行节点类型为复合语句的扫描操作，具体如下。

```
/p16ecc/cc_source_5.2/prescan.cpp
99    node *PreScan :: scan(oprNode_t *op)
100  {
101      Nnode *ndp = NULL;
102      attrib *ap = NULL;
103      node  *np = NULL, *p1 = NULL, *p2 = NULL;
104
105      switch ( op->oper )
106      {
107          case '{':
108              if ( op->nops > 0 )
109              {
110                  nlist->addLayer();
111                  op->op[0] = scan(op->op[0]);
112                  nlist->delLayer();
113              }
114              return (node*)op;
```

- 第 108 行：若为空语句，则无须扫描。
- 第 110 行：在符号链表中增加一层（向内），成为当前层。
- 第 111 行：扫描复合语句中的内容。
- 第 112 行：结束时，从符号链表中删除当前层。

5.3.6　对宏定义语句#define 和#undef 的扫描处理

事实上，#define 和#undef 就是对符号表 Nlist 的增加和删除操作，具体如下。

```
/p16ecc/cc_source_5.2/prescan.cpp
116          case DEFINE:   // add a macro definition
117              if ( op->nops > 1 ) p1 = scan(op->op[1]), op->op[1] = NULL;
118              if ( op->nops > 2 ) p2 = scan(op->op[2]), op->op[2] = NULL;
119              ndp = nlist->add(op->op[0]->id.name, DEFINE, p1, p2);
120              if ( ndp == NULL )
121              {
122                  errPrint("redefined name", op->op[0]->id.name);
123                  delNode(p1), delNode(p2);
124              }
125
126              CLR_COMMENT(op); delNode((node*)op);
127              return NULL;
128
129          case UNDEF:    // remove a macro definition
130              nlist->del(op->op[0]->id.name);
131              CLR_COMMENT(op); delNode((node*)op);
132              return NULL;
```

对宏定义语句（#define）的扫描处理如下。
- 第 117~118 行：对宏定义的内容进行扫描。
- 第 119 行：将宏名及定义内容添加到符号链表中。
- 第 126~127 行：删除本语句，返回 NULL 指针值。

对宏定义去除语句（#undef）的扫描处理如下。
- 第 130 行：将宏名及定义内容从符号链表中删除。
- 第 131~132 行：删除本语句，返回 NULL 指针值。

5.3.7 对#ifdef 和#ifndef 语句的扫描处理

对 #ifdef … #else … #endif 操作的扫描处理，具体如下。

```
/p16ecc/cc_source_5.2/prescan.cpp
134        case _IFDEF:
135            if ( nlist->search(op->op[0]->id.name, DEFINE) )
136                np = scan(op->op[1]), op->op[1] = NULL;
137            else if ( op->nops > 2 )
138                np = scan(op->op[2]), op->op[2] = NULL;
139
140            CLR_COMMENT(op); delNode((node*)op);
141            return np;
```

- 第 135~136 行：若标识符已被定义（判断为"真"），则截取"op->op[1]"并扫描。
- 第 137~138 行：若存在#else 后的选项，则截取"op->op[2]"并扫描。
- 第 140~141 行：删除本语句，返回 np 指针值。

注：若判断为"伪"且不存在#else 后的选项，则整条语句被舍去，返回 NULL。

对 #ifndef … #else … #endif 语句的扫描处理如下。

```
/p16ecc/cc_source_5.2/prescan.cpp
143        case _IFNDEF:
144            if ( !nlist->search(op->op[0]->id.name, DEFINE) )
145                np = scan(op->op[1]), op->op[1] = NULL;
146            else if ( op->nops > 2 )
147                np = scan(op->op[2]), op->op[2] = NULL;
148
149            CLR_COMMENT(op); delNode((node*)op);
150            return np;
```

- 第 144~145 行：若标识符已被定义（判断为"伪"），则截取"op->op[1]"并扫描。
- 第 146~147 行：若存在#else 后的选项，则截取"op->op[2]"并扫描。
- 第 149~150 行：删除本语句，返回 np 指针值。

注：若判断为"真"且不存在#else 后的选项，则保留 np 指针的初始值 NULL。

5.3.8 对#if … #else … #endif 语句的扫描处理

扫描过程中可以根据条件对源语句进行选择和简化，而#if … #else … #endif 语句本身将被删除，具体如下。其情形与 5.3.7 节的类似。

```
/p16ecc/cc_source_5.2/prescan.cpp
152        case _IF:
153            op->op[0] = scan(op->op[0]);
154            if ( op->op[0] && op->op[0]->type == NODE_CON )
155            {
156                if ( op->op[0]->con.value )
157                {
158                    np = scan(op->op[1]);
159                    op->op[1] = NULL;
160                }
161                else
162                {
163                    np = scan(op->op[2]);
164                    op->op[2] = NULL;
165                }
166            }
167            else
168                errPrint("unsolved expr in '#if' ");
169
170            CLR_COMMENT(op); delNode((node*)op);
171            return np;
```

该 oprNode_t 节点中含有 3 个操作项节点，其中后两个可为 NULL，具体如下。

- 第 153 行：必须对语句中的判断项（第 1 项）先进行扫描（其结果必须是一个常数节点，以供决断）。
- 第 158～159 行：若判断为"真"（非零数值），则截取语句中第 2 项操作项进行扫描并返回。
- 第 163～164 行：否则，截取语句中第 3 项操作项进行扫描并返回。

5.3.9　对函数调用 CALL 操作的扫描处理

处理函数调用操作时，不仅需要对函数名的标识符进行扫描，还需要对参数部分进行扫描，具体如下。

```
/p16ecc/cc_source_5.2/prescan.cpp
173         case CALL:
174             ndp = nlist->search(op->op[0]->id.name, DEFINE);
175             op->op[1] = scan(op->op[1]);    // parameters...
176             if ( ndp && ndp->np[1] && equListLength(op->op[1], ndp->np[0]) )
177             {
178                 node *new_np = cloneNode(ndp->np[1]);
179                 for (int i = 0; op->op[1] && i < op->op[1]->list.nops; i++)
180                 {
181                     node *name_par = ndp->np[0]->list.ptr[i];
182                     node *real_par =  op->op[1]->list.ptr[i];
183                     new_np = replacePar(new_np, name_par, real_par);
184                 }
185
186                 new_np = scan(new_np);
187                 new_np->id.src = op->src;
188                 op->src = NULL; delNode((node*)op);
189                 GET_COMMENT(new_np);
190                 return new_np;
191             }
192             if ( ndp )
193             {
194                 CLR_COMMENT(op); delNode((node*)op);
195                 return NULL;
196             }
197             break;
```

函数调用操作含有两个操作项，其中第 2 项，即参数序列，可为 NULL。

- 第 174 行：查询符号表，是否为宏定义函数。
- 第 175 行：对调用参数项（列表）进行扫描。
- 第 176 行：通过查询得到宏定义，并且参数长度一致，说明此处的函数调用需要进行宏替换。
- 第 178 行：生成新节点，即复制被定义的实际内容。
- 第 179～184 行：（宏定义中）形式参数被实际参数替换（复制实际参数）。

5.3.10　对函数定义 FUNC_DECL 操作的扫描处理

FUNC_DECL 表示函数的定义，包括函数头部和函数体。对两者分别进行扫描，具体如下。

```
/p16ecc/cc_source_5.2/prescan.cpp
199         case FUNC_DECL:
200             // scan function returning value type
201             attrRestore(&op->attr);
202
203             np = op->op[0]; // FUNC_HEAD
```

```
204         if ( np && np->type == NODE_OPR && np->opr.nops > 1 )
205         {
206             np = OPR_NODE(np, 1);           // parameter list
207             for (int i = 0; i < np->list.nops; i++)
208             {   // scan function parameter list
209                 node *parp = np->list.ptr[i];
210                 attrRestore(&parp->id.attr);
211             }
212         }
213
214         op->op[1] = scan(op->op[1]);        // scan func body
215         return (node*)op;
```

函数定义包括函数头部和函数体两部分，前者涉及函数返回值数据类型。

- 第 201 行：扫描函数返回类型，恢复由 typedef 新命名的实际类型。
- 第 206 行：获取参数列表（包含在函数头部）。
- 第 207～211 行：扫描整个参数列表各项的类型，恢复由 typedef 命名的原数据类型。
- 第 214 行：扫描函数体部分。

5.3.11　对 enum 语句操作的扫描处理

enum 语句用来对一个符号序列进行枚举赋值，其作用类似于#define 语句，可以将整个符号序列添加到符号表中。赋值的方式有两种：一种是默认赋值，即以自然递增的方式依次为符号序列赋值（以'0'起始）；另一种是人为（强制）赋值。人为赋值可能改变了整个序列的跨度（表示符号序列数值的最短字节数）。对 enum 语句的扫描处理如下。

/p16ecc/cc_source_5.2/prescan.cpp

```
217         case ENUM:
218             enumNeg = 0;
219             enumPos = 0;
220             np = op->op[0]; // a list of exprs
221             if ( np && np->type == NODE_LIST )
222             {
223                 int  enum_v = 0;     // start default value
224                 char enum_s = 0;     // sign of enum value
225                 for (int i = 0; i < np->list.nops; i++, enum_v++)
226                 {
227                     node *p  = np->list.ptr[i];
228                     node *ep = p->id.init = scan(p->id.init);
229                     if ( ep )
230                     {   // enum item with init. value
231                         if ( ep->type == NODE_CON )
232                         {
233                             enum_v = ep->con.value; // item value
234                             enum_s = ep->con.attr->isNeg;
235                         }
236                         else
237                             errPrint("unsolved value in enum");
238                     }
239
240                     if ( enum_v >= 0 ) enum_s = 0;
241
242                     if ( enum_s ) enumNeg = MIN(enumNeg, enum_v);
243                     else          enumPos = MAX((unsigned int)enumPos,
244                                                 (unsigned int)enum_v);
245
246                     int type = sizer(enum_s != 0, enum_v);
247                     node *cp = conNode(enum_v, type);
248                     if ( nlist->add(p->id.name, ENUM, cp, NULL) == NULL )
249                     {
250                         errPrint("id redefined in enum", p->id.name);
251                         delNode(cp);
252                     }
253                 }
254             }
255             CLR_COMMENT(op), delNode((node*)op);
256             return NULL;
```

- 第 218～219 行：记录/统计整个符号序列最大值、最小值（正、负两个指向）的初始值。
- 第 220 行：获取符号序列表指针。

- 第 223 行：符号序列默认值起始值（enum_v = 0）。
- 第 225 行：遍历整个符号序列，并逐次递增 enum_v。
- 第 227～228 行：取得符号项，并检测是否有人为赋值（强制赋值）的操作。
- 第 229～238 行：若有人为赋值（强制赋值）操作，则取得数值，更新 enum_v。
- 第 242～243 行：调整 enum 符号序列最大值、最小值的统计。
- 第 246～247 行：确定数值的最小表达长度。
- 第 248 行：将符号及其数值添加到符号链表中。
- 第 255 行：删除本操作节点，返回 NULL。

注：整个操作完成后，enumNeg 和 enumPos 将保留此符号序列的算术值上、下限（数值范围）。

5.3.12　对变量定义操作的扫描处理

由于自定义数据类型（struct/union）和变量类型重命名（typedef）等操作在 C 语言中的变量定义、声明语句可以非常繁复，因此扫描操作变得复杂。

所谓变量定义语句，在语法解析（见 cc.y）中表现为：

```
    type_specifier struct_declarator_list;
```

其中：

type_specifier 为类型特征（如 int、char，以及 struct {}等）。

struct_declarator_list 为标识符序列（可包含各自的初始赋值操作）。

变量定义扫描分为以下两个部分。

（1）变量类型说明（变量特征）的扫描如下。

```
/p16ecc/cc_source_5.2/prescan.cpp
258        case DATA_DECL:
259            ap = op->attr;
260            ap->atAddr = scan((node*)ap->atAddr);
261            if ( ap->type == STRUCT || ap->type == UNION )
262            {
263                if ( ap->newData )  // defined a struct/union here
264                {
265                    if ( ap->typeName == NULL )
266                        ap->typeName = dupStr(tagLabel());
267
268                    ndp = nlist->add(ap->typeName, ap->type);
269
270                    if ( ndp == NULL )
271                        errPrint("struc/union redefined!", ap->typeName);
272                    else
273                    {   // scan the format of struct/union
274                        ap->newData = scan((node*)ap->newData);
275
276                        // check struct/union member names
277                        if ( StUnNameCheck((node*)ap->newData, NULL) == false )
278                            errPrint("struct/union member id duplicated!");
279
280                        ndp->attr = cloneAttr(ap);
281                    }
282                }
283                else                // use a struct/union here
284                {
285                    attrRestore(&op->attr, true);
286                    ap = op->attr;
287                }
288            }
289            else if ( ap->type == TYPEDEF_NAME )
290            {
291                attrRestore(&op->attr, true);
292                ap = op->attr;
293            }
```

- 第 259 行：取得变量定义的基本特征（指针）。
- 第 260 行：绝对地址说明的扫描。
- 第 261～288 行：对基本特征为 struct/union 的结构进行扫描。
- 第 263～282 行：用 struct/union 新定义一个数据类型，如 struct name { ... }。
- 第 265～266 行：若 name 缺失，则生成一个假名（tag），并用假名代替。
- 第 268 行：添加符号链表，供以后使用查询。
- 第 274 行：对 struct/union 的成员进行扫描（成员可以使用该 struct/union）。
- 第 277 行：对成员名进行重名检测。
- 第 284～287 行：获取 struct/union 的原本定义内涵。
- 第 289～293 行：还原用户自定义的类型名。

（2）变量名部分的扫描如下。

从语法上来说，变量说明和定义都是针对一个变量名序列（列表）的。例如：

```
int a, b[10], *c, *d[10];
```

示例中的 a、b、c、d 变量都具备相同的基本类型特征（int），并且它们会因为其他的特征修饰记号而使得变量性质各不相同。此外，从 4.2.6 节的语法解析中可以看到，各个变量的特征修饰记号分别依附在各自的 idNode_t 节点中。

为了便于后续操作，整个变量定义扫描将变量名序列拆分成数个单独定义，上述实例的预处理扫描结果如下。

```
int a; int b[10]; int *c; int *d[10];
```

/p16ecc/cc_source_5.2/prescan.cpp

```
295        if ( op->nops > 0 )
296        {
297            int mem_addr = -1;
298            if ( ap->atAddr && ((node*)ap->atAddr)->type == NODE_CON )
299                mem_addr = ((node*)ap->atAddr)->con.value;
300
301            np = op->op[0]; // list of variables
302            for (int i = 0; i < np->list.nops; i++)
303            {
304                node *inp = scan(np->list.ptr[i]);
305                node *dnp = oprNode(DATA_DECL, 1);  // create a data node
306
307                dnp->opr.attr = cloneAttr(ap);
308
309                if ( inp->id.attr )
310                {
311                    dnp->opr.attr->ptrVect = inp->id.attr->ptrVect;
312                    inp->id.attr->ptrVect  = NULL;
313                    delAttr(inp->id.attr); inp->id.attr = NULL;
314                }
315                inp->id.parp = scan(inp->id.parp);
316                inp->id.dim  = scan(inp->id.dim);
317
318                dnp->opr.attr->dimVect= makeDim(inp->id.dim);
319                dnp->opr.attr->isFptr = inp->id.fp_decl;
320                dnp->opr.attr->parList = inp->id.parp;
321                inp->id.parp = NULL;
322
323                dnp->opr.op[0] = inp;
324                np->list.ptr[i] = dnp;
325
326                if ( mem_addr >= 0 )
327                {
328                    delNode((node*)dnp->opr.attr->atAddr);
329                    dnp->opr.attr->atAddr = conNode(mem_addr, INT);
330                    mem_addr += sizer(dnp->opr.attr, TOTAL_SIZE);
331                }
332
333                /* for data error: 'void a;' */
```

```
334  ⊟              if ( !(dnp->opr.attr->isFptr || dnp->opr.attr->ptrVect) &&
335                     dnp->opr.attr->type == VOID                         )
336                  errPrint("invalid data type: ", inp->id.name);
337                }
338
339                op->op[0] = NULL;
340                delNode((node*)op);
341                return np;
342              }
```

- 第 295 行：判断变量名列表是否存在。
- 第 297~299 行：检测是否对变量的绝对地址进行定位（必须是确定的常数）。
- 第 301 行：获取变量名序列的列表节点 np（listNode_t 类型）。
- 第 302 行：按顺序对其中各个变量节点（idNode_t 类型）进行扫描/处理。
- 第 304 行：获取变量节点，由 inp 指示。
- 第 305 行：创建 oprNode_t 节点，由 dnp 指示。
- 第 307 行：复制基本类型特征，即 dnp->opr.attr。
- 第 309~314 行：获取变量的指针特征。
- 第 315 行：扫描函数参数特征。
- 第 316 行：扫描变量的数组特征。
- 第 318 行：生成变量数组最终表示方式（由节点方式转换成数组方式并数值化，见 common.c/common.h 文件）。
- 第 319~320 行：转移其他特征类型信息。
- 第 323 行：将 inp 填入 dnp（dnp 为 oprNode_t 类型，type=DATA_DECL，仅含一个变量定义）。
- 第 324 行：将 dnp 填入 np（列表节点的表中）。
- 第 326~331 行：如果有绝对地址定位，则分配此变量的地址。
- 第 341 行：返回含有若干单变量定义的列表节点。

本节的实验如表 5-5 所示。
C 语言源程序如下。

```
int a, b[10], *c, *d[10];
```

表 5-5 预处理对变量定义链的拆分重组示例

未经预处理扫描	经预处理扫描后

F:\p16ecc\cc_source_5.2>cc16e decl.c
list node {1}:
 decl.c #1: int a, *b, c[10], *d[10];
 opr node {1}: DATA_DECL {int}
  list node {4}:
  id node: a
  id node: b { *}
  id node: c
   list node {1}:
    constant node: 10 {int}
  id node: d { *}
   list node {1}:
    constant node: 10 {int}
	F:\p16ecc\cc_source_5.2>cc16e decl.c
	list node {1}:
	 list node {4}:
	  opr node {1}: DATA_DECL {int}
	   id node: a
	  opr node {1}: DATA_DECL {int *}
	   id node: b
	  opr node {1}: DATA_DECL {int[10]}
	   id node: c
	    list node {1}:
	     constant node: 10 {int}
	  opr node {1}: DATA_DECL {int *[10]}
	   id node: d

未经预处理扫描	经预处理扫描后
	list node {1}:
	constant node: 10 {int}

5.3.13 对 typedef 语句的扫描处理

typedef 语句的作用是为已有的数据类型赋予新的名称。个性化编程为改善可读性提供了一种手段，也经常为程序代码的移植带来某种便利。从理论上来说，这类语句并非不可或缺，但实际上却得到了广泛使用。预处理的目的之一便是，恢复被重新命名的数据类型本身，从而降低编译器设计后续处理上的难度。

typedef 的使用形式可以有以下几类。

（1）为结构/联合（struct/union）命名，代码如下。

```
typedef struct {...} my_struct_name;
```

（2）为已有的变量类型名再命名，代码如下。

```
typedef old_type_name  new_ type_name;
```

（3）为 enum 枚举集合类型命名，代码如下。

```
typedef enum {...} my_enum_name;
```

例如：

```
typedef struct {
    int val;
    char array[10];
    long *lp;
} My_data;
typedef unsigned char uint8;
typedef enum {VOLTAGE, CURRENT, TEMPERTURE} Unit;
```

4.5.3 节的语法解析中介绍的解析规则结构如下。

```
TYPEDEF type_specifier id_list;
```

其中，type_specifier 可以对应上述不同的变量类型进行说明，因而 id_list 列表只允许有长度为 1 的列表。

例如：

```
typedef struct {char x; int y; } My_data;
```

其结构图解大致可以由图 5-3 表示。

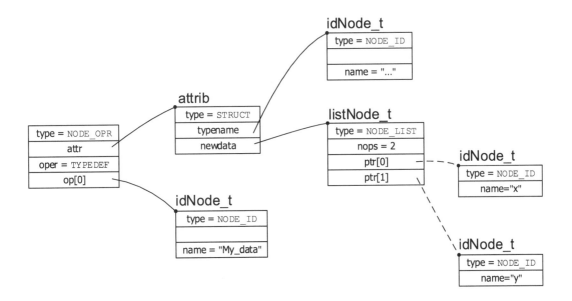

图 5-3　由 typedef 定义的变量结构图解

简单来说，对 typedef 的预扫描处理是将新定义的类型符号（连同定义内容）添加到符号表中，具体如下。

```
/p16ecc/cc_source_5.2/prescan.cpp
346        case TYPEDEF:
347            ap = op->attr;
348            ap->newData = scan((node*)ap->newData);
349
350            if ( ap->type == STRUCT || ap->type == UNION )
351            {
352                if ( !StUnNameCheck((node*)ap->newData, NULL) )
353                    errPrint("struct/union member id duplicated!");
354            }
355
356            np  = op->op[0];
357            ndp = nlist->add(np->id.name, TYPEDEF);
358
359            if ( ndp )
360            {
361                if ( ap->type == ENUM )
362                {
363                    int neg_size = sizer(enumNeg < 0, enumNeg);
364                    int pos_size = sizer(enumNeg < 0, enumPos);
365                    ndp->attr = newAttr(MAX(neg_size, pos_size));
366                    ndp->attr->isUnsigned = enumNeg? 0: 1;
367                }
368                else
369                {
370                    attrib *aap = nlist->search(ap);
371                    if ( aap )
372                        ndp->attr = cloneAttr(aap);
373                    else
374                        errPrint("typedef name not defined!", ap->typeName);
375                }
376            }
377            else
378                errPrint("redefined type_name!", np->id.name);
379
380            delNode((node*)op);
381            return NULL;
```

- 第 350～354 行：对于 struct/union 类型，需要检查结构中是否有重名。
- 第 356～357 行：添加符号链表。
- 第 361～367 行：通过 enum 语句，对符号集合的数值上、下限进行分析，确定最小覆盖整数类型。

- 第 369～375 行：通过其他类型的扫描，获取最终（最基本）的数据类型。

5.3.14　对 sizeof()函数记号的扫描处理

sizeof()是一个编译函数或内部函数（built-in function），与一般意义上的函数概念不同。在语义上，它是一个整数常数概念，表达（计算）某一数据变量或数据类型的（字节）长度。

sizeof()函数的语法形式有两种，语法解析的结构也因此不同，如表 5-6 所示。

例如，对于变量的定义：

```
int a;
```

表 5-6　sizeof()函数的不同语法形式及解析

语法形式	cc.y 文件中对应的解析规则
sizeof(a)	SIZEOF '(' unary_expr')' { $$ = oprNode(SIZEOF, 1, $3); }
sizeof(int)	SIZEOF '(' type_specifier2 ')' { $$ = oprNode(SIZEOF, 0); $$->opr.attr = $3;}

上例中两者均由操作类型为 SIZEOF 的 oprNode_t 节点表示，但两者在语法解析 cc.y 文件中所包含的操作数个数不同。对于后者，其作用对象是已知数据变量类型，因此表达的长度可以在预处理扫描中确定，从而转换成一个常数节点（conNode_t）；但对于前者，其作用对象是数据变量实体，在某些情形下变量的长度数值在编译前期无法确定，从而转换成某种记号，留至连接（linker）阶段并以整数的形态填入，而预处理扫描时不进行处理。但是，有一个例外，即对字符串的处理。对 SIZEOF 节点的扫描处理如下。

```
/p16ecc/cc_source_5.2/prescan.cpp
383        case SIZEOF:
384            op->op[0] = scan(op->op[0]);
385            if ( op->nops == 0 )
386            {
387                int n = 0;
388                ap = op->attr;
389                switch ( ap->type )
390                {
391                    case TYPEDEF_NAME:
392                        ndp = nlist->search(ap->typeName, TYPEDEF);
393                        if ( ndp ) ap = ndp->attr;
394                        else errPrint("sizeof type error!", ap->typeName);
395                        break;
396
397                    case STRUCT:
398                    case UNION:
399                        if ( ap->newData == NULL )
400                        {
401                            ndp = nlist->search(ap->typeName, ap->type);
402                            if ( ndp ) ap = ndp->attr;
403                            else errPrint("sizeof type error!", ap->typeName);
404                        }
405                        break;
406                }
407
408                if ( ap == NULL )
409                    errPrint("data type not defined!");
410                else {
411                    n = sizer(ap, ATTR_SIZE);
412                    if ( n < 0 )
413                        errPrint("sizeof type error!");
414                }
415
416                CLR_COMMENT(op), delNode((node*)op);
417                return conNode(n, INT);
418            }
```

```
419        else if ( op->op[0]->type == NODE_STR )
420        {
421            int n = strlen(op->op[0]->str.str);
422            CLR_COMMENT(op), delNode((node*)op);
423            return conNode(n+1, INT);
424        }
425        break;
```

- 第 385～418 行：作用于变量类型，返回常数节点（第 417 行）。
- 第 419～424 行：作用于字符串，使用 strlen()函数得到字符串长度（以及串尾终结字节）。

注：在预处理过程中，sizeof()函数只对变量类型和字符串常数进行处理并给出实际常数值，对变量的 sizeof()函数处理将在下一章中讨论。

小结

（1）sizeof()函数虽具有函数的形态，但实质却等同于整数常数。

（2）本节对 sizeof()函数的处理进行了某种限制，如不支持 sizeof(*p)及 sizeof(123)的语法。

5.3.15　对类型强制转换操作的扫描处理

cc.y 文件中类型强制转换（cast）的语法和解析处理如表 5-7 所示。

表 5-7　类型强制转换的语法和解析处理

语法识别解析规则	编译树生成时的处理语句
'(' type_specifier2 ')' cast_expr	$$ = oprNode(CAST, 1, $4); $$->opr.attr = $2;

其中，type_specifier2 是数据类型表达式（$2），而 cast_expr 是被转换的数据实体表达（$4）。生成 CAST 操作节点，对两者进行绑定，即可实现类型转换。由于 type_specifier2 可能使用 typedef 定义的新类型名，因此需要先对其进行复原，具体如下。

/p16ecc/cc_source_5.2/prescan.cpp

```
427        case CAST:
428            attrRestore(&op->attr);
429            break;
```

- 第 427～429 行：调用 attrRestore()函数，对节点的 attr 进行扫描，恢复其原本的基本类型。此处使用 break 语句，意味此后还将对 op->op[0]（表达式部分）进行扫描。

注：经过此处的预处理后，CAST 操作节点仍然保留。

5.3.16　对寄存器位定义操作的扫描处理

本设计中的位定义 SBIT 并不属于 C 语言标准的关键字，而是为了定义寄存器标志位的专用语法及用途补充的。SBIT 关键字的语法和解析处理如表 5-8 所示。其特殊之处是必须使用常数方式定义寄存器标志位（其中，低 3 位指示字节中的位地址）。此外，扫描识别后，SBIT 所定义的寄存器标志位名（连同定义的地址）将被添加到符号表中，本节点被清除。

表 5-8　SBIT 关键字的语法和解析处理

语法识别解析规则	编译树生成时的处理语句
`SBIT identifier '@' conditional_expr ';'`	`$$ = oprNode(SBIT, 2, $2, $4);`

其中：

（1）conditional_expr 最终是一个整数常数，即内存地址（其中，低 3 位指示字节中的位地址）。

（2）SBIT 标识（节点）类型在预处理过程中有定义和使用两种方式出现，区别在于，前者在 oprNode_t 节点中的操作数个数为 2，而后者为 1。

对于 SBIT 节点的扫描处理如下。

/p16ecc/cc_source_5.2/prescan.cpp

```
431        case SBIT:
432            if ( op->nops == 1 )
433                return (node*)op;
434
435            np        = op->op[0];
436            ndp       = nlist->add(np->id.name, SBIT);
437            op->op[1] = scan(op->op[1]);
438
439            if ( ndp == NULL )
440                errPrint("sbit name redefined!", np->id.name);
441            else
442            {
443                ndp->np[0] = op->op[1];
444                op->op[1]  = NULL;
445            }
446            CLR_COMMENT(op), delNode((node*)op);
447            return NULL;
```

- 第 432～433 行：使用 SBIT 的情景，不必处理。
- 第 435～436 行：获取位标志名并添加到变量名表中。
- 第 437 行：扫描 SBIT 的地址节点，确定地址部分为常数表达式。
- 第 439～440 行：语义检查并报错（如重复定义）。
- 第 443～444 行：将地址部分添加到变量名表中，并取消本节点中的地址节点（不能遗漏）。
- 第 446 行：删除本节点。

5.3.17　对#pragma 操作的扫描处理

#pragma 语句在解析规则上类似于#define 语句，基本上是为用户提供设定运行编译时的条件和指示。它的定义和使用并无一定之规，视编译器设计而定。在本编译器设计中，#pragma 关键字后可以跟随 1～2 个参数，其中首个参数必须是标识符（请参见 cc.y 文件），并且此标识符本身的名称具有某种特殊定义。

正因如此，预处理不扫描首个参数，具体如下。

/p16ecc/cc_source_5.2/prescan.cpp

```
449        case PRAGMA:
450            if ( op->nops > 1 )
451                op->op[1] = scan(op->op[1]);
452            return (node*)op;
```

- 第 450～451 行：仅对第二个参数进行扫描。

5.3.18　对其他操作类型的处理和对常数运算的归并

上述对部分特殊操作类型的 oprNode_t 节点进行针对性的特殊处理（注：大多数处理完成后将直接结束返回）。剩余的其他操作类型对指针数组 op[]指示的节点分别按常规方式进行处理。

由于使用了诸如#define 和 enum 等语句，因此经过上述扫描后，源程序中会出现常数之间的运算。显然这些运算应该被结果常数直接代替，具体如下。

```
/p16ecc/cc_source_5.2/prescan.cpp
455    for (int i = 0; i < op->nops; i++)
456        op->op[i] = scan(op->op[i]);
457
458    switch ( op->oper )
459    {
460        case '+': case '-': case '*': case '/': case '%':
461        case '&': case '|': case '^':
462        case LEFT_OP: case RIGHT_OP:
463        case EQ_OP: case NE_OP: case AND_OP: case OR_OP:
464        case '>': case '<': case LE_OP: case GE_OP:
465            if ( op->op[0]->type == NODE_CON &&
466                 op->op[1]->type == NODE_CON )
467            {
468                int n = mergeCon(op->op[0]->con.value,
469                                 op->op[1]->con.value, op->oper);
470                CLR_COMMENT(op); delNode((node*)op);
471                return conNode(n, INT);
472            }
473            break;
474
475        case '~':
476        case '!':
477        case NEG_OF:
478            if ( op->op[0]->type == NODE_CON )
479            {
480                int n = op->op[0]->con.value;
481                n = (op->oper == '~')? ~n:
482                    (op->oper == '!')? (n? 0:1):
483                                       -n;
484
485                np = op->op[0]; op->op[0] = NULL;
486                np->con.value = n;
487                if ( op->oper == NEG_OF ) np->con.attr->isNeg ^= 1;
488                CLR_COMMENT(op); delNode((node*)op);
489                return np;
490            }
491            break;
492    }
493    return (node*)op;
```

- 第 455~456 行：对数组 op[]中的各个节点进行预处理。
- 第 460~471 行：对常数的双目运算（如算术、逻辑、比较及移位运算）进行归并。
- 第 475~491 行：对常数的单目运算进行转换。

5.4　本章小结

综上所述，预处理过程是从编译树的根节点开始的，顺序地对树中的节点进行逐个扫描，其中包括递归调用扫描函数 scan()。扫描操作的基本目的是去除无用的编译树节点，替换变量类型和标识名，以新的节点代替原来的节点，而编译树的结构保持不变。

第 6 章　P-代码与虚拟机

　　C 语言源程序代码在存储、读写的过程中是一维的字符流，但它表示的是二维甚至更多维的组织、设计概念。一维形式的源代码经过前几章所述步骤的处理后，将构成编译内部数据结构——编译树（它仍属于二维空间的组织概念）。因此，所谓的编译树其实质仍属于高级语言的范畴。编译器的目的是生成最终能被计算机识别并能直接运行的一维（目标机）指令流。

　　本章将阐述如何将编译树转换成一种抽象的中间语言代码——P-代码（P-code）。它也被称为中间代码（Intermediate Code）。所谓的 P-代码是一种近似乎汇编语言格式的抽象机器语言，以行为单位，每一句（行）描述一个简单的操作（微操作）。也就是说，整棵编译树将被分解成 P-代码形式的一维序列。之所以要生成 P-代码，主要原因除了上述维度上的转换，还包括以下两点。

　　（1）高级语言向目标机器指令的过渡，可以清除上下文的依赖（P-代码本身也是一种通用形式的语言）。

　　（2）P-代码便于优化操作（更外层的优化）。

　　毕竟，高级语言与低级语言之间差别巨大，由编译树按语法结构和运行过程转换成 P-代码是一个烦琐的过程。事实上，此中间代码（P-代码）并不具备一般意义上的语言格式或输出文件，因此将其称为记号代码或许更为贴切。

　　表 6-1 所示为编译树至中间代码（P-代码）的生成/转换示例。

表 6-1　编译树至中间代码的生成/转换示例

源程序代码/编译树内容	P-代码表示	P-代码运算
x = a + b * c;　（编译树图）	{'*', [t1, b, c]} {'+', [t2, a, t1]} {'=', [x, t2]}	t1 = b * c t2 = a + t1 x = t2

注：此表中的图只是一种抽象的图解，其中省略了很多必要的信息解释。

6.1　基本数据结构

在表 6-1 中，P-代码的结构是一个除操作符之外的三元组（3-tuple）或三地址码（3-address code）的操作项序列。合理设计 P-代码和操作项数据结构，以便处理本节的内容。

工程项目路径：/cc_source_6.1。

6.1.1　操作项 Item 数据结构

P-代码最重要的组成部分无疑是表示各类信息的操作项，并以 Item 类表示其结构，具体如下。

```
/p16ecc/cc_source_6.1/item.h
7   typedef enum {
8       STR_ITEM = 1,    // string Item
9       CON_ITEM,        // constant Item
10      ID_ITEM,         // id Item
11      TEMP_ITEM,       // temp Item
12      ACC_ITEM,        // ACC Item
13      LBL_ITEM,        // label Item
14      IMMD_ITEM,       // immediate Item
15      INDIR_ITEM,      // indirect address Item
16      DIR_ITEM,        // direct address Item
17      PTR_ITEM,        // pointer Item
18      PID_ITEM,        // pointer indirect Item
19  } ITEM_TYPE;
20
21  typedef union {
22      int      i;
23      char    *s;
24      void    *p;
25  } value;
26
27  ////////////////////////////////////////////////////////////////
28  class Item {
29
30      public:
31          ITEM_TYPE   type;
32          value       val;
33          int         bias;
34          attrib      *attr;  // attributes
35          void        *home;  // owner of id (ID_ITEM only)
36          Item        *next;  // linking chain
37
38      public:
39          Item (ITEM_TYPE t);
40          ~Item ();
41
42          Item *clone (void);
43          void updateAttr (attrib *ap, int data_bank = -1);
44          void updatePtr  (int *p);
45          void updateName (char *new_name);
46          bool isWritable (void);
47          bool isOperable (void);
48          bool isMonoVal  (void);
49          bool isAccePtr  (void);
50          bool isBitVal   (void);
51          attrib *acceAttr(void);
52          int stepSize    (void);
53          int acceSize    (void);
54          int acceSign    (void);
55          int storSize    (void);
56  };
```

- 第 7～19 行：枚举全部 11 种操作项类型。
- 第 21～25 行：数据项的数值结构。
- 第 28～56 行：操作项结构。其中，*next 是它自身类型的链接指针。

操作项不仅是 P-代码中三元组的数据项，还是 P-代码处理过程中的基本数据单位。它表示不同类型的数据和数值，并包含数据的特征（第 34 行）。

各种类型的操作项数值表示如表 6-2 所示。

表 6-2　各种类型的操作项数值表示

操作项类型	用途	表示方式
STR_ITEM	字符串	数据值由 val.s 表示
CON_ITEM	常数	数据值由 val.i 表示
ID_ITEM	标识符	数据值由 val.s 表示
TEMP_ITEM	临时变量	数据值由 val.i 表示
ACC_ITEM	累加器变量	数据值由 val.i 表示
LBL_ITEM	标号	数据值由 val.s 表示
IMMD_ITEM	变量地址	数据值由 val.s 表示
INDIR_ITEM	通过临时变量间接寻址	数据值由 val.i 表示
DIR_ITEM	（常数地址）直接寻址	数据值由 val.i 表示
PTR_ITEM	指针变量	数据值由 val.p 表示
PID_ITEM	通过指针变量寻址	数据值由 val.s 表示

注：各操作项内除了其数据值，还经常借助 attrib 来描述其他特征或信息。

关于临时变量的概念和应用如下。

（1）临时变量常用来存储运算的中间结果。

（2）临时变量的生命周期对应 C 语言的一条语句。

（3）理论上临时变量应该被定位在 CPU 的寄存器（最理想）或堆栈（如果有硬件堆栈支持）中。

（4）临时变量对用户透明，即编程人员无法感知。

本设计受 CPU 的结构限制，编译器将临时变量与函数的内部变量安排在同一片内存区域中。这样的方案无疑增加了内存消耗，并且使得程序无法实现递归/多线程运行。

item.h/item.cpp 文件中包含以下针对操作项进行处理的函数。

```
/p16ecc/cc_source_6.1/item.h
58   Item *intItem(int val, attrib *ap=NULL);
59   Item *strItem(char *str);
60   Item *lblItem(int lbl);
61   Item *lblItem(char *str);
62   Item *idItem (char *name, attrib *ap=NULL);
63   Item *ptrItem(void *p);
64   Item *immdItem(char *str, attrib *ap);
65   Item *tmpItem(int index, attrib *ap=NULL);
66   Item *accItem(attrib *attr);
67
68   bool moveMatch(Item *ip0, Item *ip1);
69   attrib *maxMonoAttr(Item *ip0, Item *ip1, int op);
70   attrib *maxSizeAttr(Item *ip0, Item *ip1);
71   bool comparable(int code, Item *ip0, Item *ip1);
72   bool same(Item *ip0, Item *ip1, bool fsr_check = false);
73   bool sameTemp(Item *ip0, Item *ip1);
74   bool overlap(Item *ip0, Item *ip1);
75   bool related(Item *ip0, Item *ip1);
```

- 第 58～66 行：创建不同种类的操作项。
- 第 68～75 行：操作项的运算/处理函数。

6.1.2　代码片段 Pnode 数据结构

P-代码的 Pnode 数据结构在 pnode.h/pnode.cpp 文件中的描述如下。

```
/p16ecc/cc_source_6.1/pnode.h
6  ┌enum {
7  │    P_FUNC_BEG = 1024, P_FUNC_END, P_SRC_CODE,
8  │    P_JZ, P_JNZ, P_JEQ, P_JNE, P_JGT, P_JGE, P_JLT, P_JLE,
9  │    P_CAST, P_ARG_PASS, P_ARG_CLEAR, P_CALL, P_JBZ, P_JBNZ,
10 │    P_JZ_INC, P_JZ_DEC, P_JNZ_INC, P_JNZ_DEC,
11 │    P_MOV, P_DJNZ, P_IJNZ,
12 │    P_MOV_INC, P_MOV_DEC, P_BRANCH,
13 │    P_SEGMENT, P_FILL, P_COPY, P_ASMFUNC,
14 └};
15
16 ////////////////////////////////////////////////////////////
17 ┌class Pnode {
18 │
19 │    public:
20 │        int      type;
21 │        Item     *items[3];
22 │        Pnode    *last;
23 │        Pnode    *next;
24 │
25 │    public:
26 │        Pnode(int type);
27 │        Pnode(int type, Item *ip0);
28 │        ~Pnode();
29 │
30 │        void updateItem(int index, Item *ip);
31 │        void updateName(int index, char *str);
32 │        void insert(Pnode **pp);
33 │        Pnode *end(void);
34 └};
35
36 void addPnode(Pnode **list, Pnode *pnp);
37 void delPnodes(Pnode **list);
```

- 第 6～14 行：枚举添加的 P-代码的类型。P-代码的类型除了来自 cc.h 文件中列举的运算符 token，还可以根据需要在此添加。
- 第 20～23 行：P-代码的数据结构部分。除了类型（type）和三元组（*items[3]），还有两个同类的指针（*last 和*next），以构成双向链接。这种方式为 P-代码片段的插入、删除操作提供便利。通过这两个指针，全部 P-代码连接成串，形成最终的 P-代码输出序列。

6.1.3　编译栈和操作项的移入与归约

编译树中的节点（包括树叶节点）可分为以下两类。

（1）数据类节点（如 NODE_CON、NODE_STR、NODE_ID 等）。

（2）操作类节点（如 NODE_OPR、NODE_LIST 等）。

简单来说，P-代码的生成过程将以后序周游（post-order traversal）方式扫描编译树。周游过程中将根据数据类节点（如 NODE_CON、NODE_STR、NODE_ID 等）的内容生成相应的数据项（item），并移入编译栈 shift 内；而对操作类节点（NODE_OPR、NODE_LIST）的处理，可以从堆栈内获取操作项 reduce，并根据操作类型生成 P-代码，即所谓的"移入/归约"（shift/reduce）。具体来说，操作项的进栈和出栈过程是在对操作类节点周游的引导下完成。作者认为将 shift/reduce 译成"迁移/回归"可能更妥。

所谓编译栈，就是操作项为单位的单链，以先进后出（或后进先出）的方式进行存储/读取，可以使用 Item 本身带有的*next 指针实现栈的操作。由于栈的应用，使得编译的递归扫描变得十分直接便捷。例如，对"x = a + b * c;"源程序语句对应的编译树的周游，以及 P-代码生成过程如表 6-3 所示。

表 6-3　P-代码生成过程实例（移入/归约操作）

编译栈状态	编译树周游过程	操作状态	P-代码输出序列
$（空）			
$（空）		进入对"="操作的 P-代码生成过程	
$ x		移入 x	
$ x		进入对"+"操作的 P-代码生成过程	
$ x, a		移入 a	

续表

编译栈状态	编译树周游过程	操作状态	P-代码输出序列
$ x, a		进入对"*"操作的 P-代码生成过程	
$ x, a, b		移入 b	
$ x, a, b, c		移入 c	
$ x, a, t1		从栈顶获取操作项（b 和 c），归约（reduce）后生成"*"操作 P-代码；随后复制操作项 t1，再次移入进栈	{'*', [t1, b, c]}
$ x, t2		从栈顶获取操作项（a 和 t1），归约后生成"+"操作 P-代码；随后复制操作项 t2，再次移入进栈	{'*', [t1, b, c]} {'+', [t2, a, t1]}

续表

编译栈状态	编译树周游过程	操作状态	P-代码输出序列
$ x		从栈顶获取操作项（x 和 t2），归约后生成 "=" 操作 P-代码；随后复制操作项 x，再次移入进栈	{'*', [t1, b, c]} {'+', [t2, a, t1]} {'=', [x, t2]}
$（空）		整条语句结束（';'），清栈	{'*', [t1, b, c]} {'+', [t2, a, t1]} {'=', [x, t2]}

6.2 变量表和函数表

在 C 语言中，无论是变量还是函数，它们都以标识符的形式表示。除此之外，它们在语法中都必须遵守先定义、后使用的规则。P-代码生成过程的另一个操作是管理各种标识符（登录、查找的手段），以便在生成操作项时提供所需的信息。

C 语言中的变量是数据实体。它在归属上可以分为外部变量和内部变量两类，前者由（整个项目或文件内）各个函数享用，而后者只供某个函数单独使用。此外，变量的作用域（访问权限）只限制在它所定义的层次或复合语句内（全局变量的定义空间可视为一个无形的复合语句）；在 C 语言中，语句可以访问本身层次和更外层定义的变量，但不可以访问更内层定义的变量，也不可以访问并列的同层次（并列的复合语句）中定义的变量。从命名规则来说，不同层次和并列层次的变量可以具有相同的变量名。由此可见，变量的管理是比较复杂的。

至于函数，它们之间相互并行，处于同一层次。在命名规则方面，同一个源程序文件中不得出现同名函数；不同源程序文件中的函数除非使用 static 修饰符标记，否则也不允许同名。总之，函数的管理是比较简单的。

在 P-代码生成过程中，不仅会生成、扩充变量表和函数表，还会搜索这两个表，并检测语义。

工程项目路径：/cc_source_6.2。

6.2.1　变量表数据节点 Dnode 和链表 Dlink 的结构

Dnode 由 Dlink.h 文件定义,其结构用于记录变量的全部信息,具体如下。

```
/p16ecc/cc_source_6.2/dlink.h
1   #ifndef _DLINK_H
2   #define _DLINK_H
3
4   class Dnode {
5       public:
6           char    *name;      // data name
7           attrib  *attr;      // data attributes
8           int     index;      // id sequence index
9           char    *func;      // owner(funtion) pointer
10          int     atAddr;
11
12          int     elipsis:1;
13          node    *parp;      // function pointer's parameters
14          Dnode   *next;
15
16      public:
17          Dnode (char *_name, attrib *_attr, int _index);
18          ~Dnode();
19
20          char *nameStr(void);
21          void  nameUpdate(char *_name);
22          int   size(void);
23
24          void dimUpdate(node *np);    // dim demension update
25          bool dimCheck(node *np);     // dim dimension check
26          bool fptrCheck(node *np);    // function pointer check
27  };
```

- 第 6～13 行:变量的各类信息,并保持其各种原始格式。其中,第 8 行的 index 用于变量的编号。处于不同层次的变量可以同名,它们的编号有助于对其进行辨别。
- 第 14 行:本类指针,以此为链接构建单向链表。

Dlink 以 Dnode 为基本要素,利用多重指针构建多重链表,具体如下。

```
/p16ecc/cc_source_6.2/dlink.h
29  enum {LOCAL_SEARCH, WHOLE_SEARCH};  // how to search Dlink
30  enum {PAR_DLINK, VAR_DLINK};        // type of Dlink
31
32  class Dlink {
33      public:
34          int     dtype;
35          Dnode *dlist;
36          Dlink *parent, *next, *child;
37          Dnode *search(char *name);
38
39      public:
40          Dlink(int type);
41          ~Dlink();
42
43          void   add(Dlink *lk);       // add a sibling link
44          void   addChild(Dlink *lk);  // add a child link
45
46          int    dataCount(void);
47          void   add(Dnode *dp);
48          Dnode *add(node *np, attrib *attr, int index);
49          Dnode *search(char *name, int search_mode);
50          Dnode *get(int index);
51          bool   nameCheck(char *name, int end_index);
52  };
```

- 第 29 行:定义 LOCAL_SEARCH(局部搜索)和 WHOLE_SEARCH(全局搜索)两种搜索方式。
- 第 30 行:定义 PAR_DLINK(函数的参数变量)和 VAR_DLINK(普通变量)两种类型的 Dlink。
- 第 34 行:dtype 用来指示 Dlink 的类型。

- 第 35 行：*dlist 为 Dnode 指针，用来记录和存放本层内定义的（全部）变量链接。
  注：不包含更内层定义的变量。
- 第 36 行：*parent 为 Dlink 指针，用来指向更外一层的变量链接。
  *next 为 Dlink 指针，用来指向与之并行（同一层次）的变量链接。
  *child 为 Dlink 指针，用来指向更内一层的变量链接。

6.2.2　Dlink 的应用操作和表示

由 6.2.1 节所述，Dlink 中 dlist 成员用于对复合语句内所定义的变量进行管理（不包含其更内层复合语句内定义的变量）。Dlink 本身以 next 指针构成同层级的链表，对应同一层次复合语句内定义的变量的管理；此外，Dlink 还以 parent 和 child 指针的链接，构成不同层次复合语句内定义的变量的管理关系。通过这些指针的索引和指示，可以方便地访问、检索各个层次定义的变量。

在对整棵编译树进行（初始化）处理前，编译器会生成一个 Dlink 节点，对应外部变量层的管理，由 curDlink 指针指示（也被称为当前 Dlink）。

在对每条复合语句进行处理前，编译处理会为之生成一个 Dlink 节点，即 Xd。该节点成为之前 Dlink 的子链表的成员，添加由 curDlink 的 child 指针所指引的链表（curDlink 被填入 Xd 的 parent 指针中）。该节点随之成为当前 Dlink。而当复合语句处理完成时，恢复 curDlink 的原先内容。

在对函数进行处理的伊始（函数头部），编译处理将为函数的参数变量生成一个 Dlink 作为起始。

图 6-1 所示为 Dlink 应用示例，即使用 Dlink 组织、存放各层级的变量。

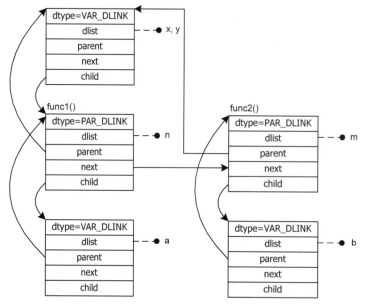

图 6-1　Dlink 应用示例

Dlink 常用的操作有添加变量操作和搜索操作，分别如下所示。

```
/p16ecc/cc_source_6.2/dlink.cpp
116    void Dlink :: add(Dnode *dp)
117    {
118        if ( dp )
119        {
120            Dnode *dnp = dlist;
121            if ( dnp == NULL )
122                dlist = dp;
123            else
124            {
125                while ( dnp->next ) dnp = dnp->next;
126                dnp->next = dp;
127            }
128        }
129    }
130
131    Dnode *Dlink :: add(node *np, attrib *attr, int index)
132    {
133        Dnode *dp    = new Dnode(np->id.name, attr, index);
134        dp->parp     = cloneNode(np->id.parp);
135        dp->elipsis = np->id.parp? np->id.parp->list.elipsis: 0;
136        add(dp);
137        return dp;
138    }
139
140    void Dlink :: addChild(Dlink *lk)
141    {
142        lk->parent = this;
143
144        if ( child == NULL )
145            child = lk;
146        else
147        {
148            Dlink *dlk = child;
149            while ( dlk->next ) dlk = dlk->next;
150            dlk->next = lk;
151        }
152    }
```

- 第 131～138 行：在 Dlink 的 dlist（当前层）链表中加入一个变量节点。
- 第 140～151 行：在 Dlink 的 child（内层）链表中加入一个 Dlink 节点。

```
/p16ecc/cc_source_6.2/dlink.cpp
154    Dnode *Dlink :: search(char *name, int search_mode)
155    {
156        Dnode *dp = search(name);    // search in local list
157
158        if ( dp != NULL )        return dp;
159        if ( parent == NULL )    return NULL;
160
161        if ( search_mode == LOCAL_SEARCH )
162        {
163            if ( dtype == PAR_DLINK || parent->dtype != PAR_DLINK )
164                return NULL;
165        }
166
167        return parent->search(name, search_mode);
168    }
169
170    Dnode *Dlink :: search(char *name)
171    {
172        for (Dnode *list = dlist; list; list = list->next)
173        {
174            if ( strcmp(name, list->name) == 0 )
175                return list;
176        }
177        return NULL;
178    }
```

- 第 156 行：在 dlist 中以标识名进行搜索。
- 第 158 行：搜索成功，dp 作为返回搜索结果。
- 第 159 行：已搜索到最外层，返回 NULL（搜索失败）。
- 第 161～165 行：进行局部搜索，如果已经搜索到函数参数层，则返回 NULL（搜索失败）。
- 第 167 行：向外层搜索（进行全局搜索）。

6.2.3　函数表数据节点 Fnode 和链表 Flink 的结构

函数表用于存放被定义/声明的函数。相比之下，函数表的节点和链表显得很简单。比较特殊的是，函数在声明与定义的形态上有以下不同。

（1）声明时的形态只有函数的头部，即外部特征，而没有内部的具体内容（比如，内部定义的各种变量）。

（2）声明阶段所列举的参数列表被称为形式参数，其中各个参数的特征（如类型等）需要被登记到函数表中，参数名因没有意义而被忽略。如果出现同一函数的声明名和定义的形式，则需要对两者的头部（包括返回值类型、参数特征）进行比对、验证。正因如此，Flink 中始终有一个变量链表 Dlink，以便用于登录函数头部的参数，并合并到上述的变量表中。

Fnode 的结构简单直接，具体如下。

```
/p16ecc/cc_source_6.2/flink.h
 7    typedef enum {STATIC_DATA, GENERIC_DATA} FDATA_t;
 8
 9    class Fnode {
10        public:
11            char    *name;
12            int      ftype;
13            attrib  *attr;
14            Dlink   *dlink;
15            bool     elipsis;
16            int      dIndex;
17            int      endLbl;
18            NameList *fcall;    // collect func calls
19            Fnode   *next;
20
21        public:
22            Fnode (char *_name, int type);
23            ~Fnode();
24
25            int     parCount(void) { return dlink->dataCount(); }
26            int     parSize(void);      // parameter total size
27            attrib *parAttr(int index); // parameter attrib
28
29            Dnode   *getData(FDATA_t type, int *index, int *offset);
30            Dnode   *getData(Dnode *dnp, FDATA_t type, int *index, int *offset);
31            Dnode   *getData(Dlink *dlp, FDATA_t type, int *index, int *offset);
32    };
```

- 第 11 行：name 为函数名。
- 第 12 行：ftype 为函数类型。
- 第 13 行：attr 为函数返回值类型。
- 第 14 行：dlink 为函数参数链表。
- 第 15 行：elipsis 为不定长参数指示标记。
- 第 16 行：dIndex 为局部变量编号值（函数内所有局部变量按简单递增方式编号，避免混淆）。
- 第 17 行：endLbl 为函数结尾（返回出口）的标号（值）。
- 第 18 行：fcall 为被调用函数的列表。
- 第 19 行：next 为本类链接指针。

Flink 的结构以 Fnode（链指针）为基础，具体如下。

```
/p16ecc/cc_source_6.2/flink.h
34   class Flink {
35       public:
36           Fnode *flist;
37
38       public:
39           Flink() { flist = NULL; }
40           ~Flink();
41
42           Fnode *search(char *name);
43           void  add(Fnode *fp);
44   };
```

- 第 34～44 行：Flink 结构，以及供搜索、增加操作的成员函数。

6.2.4　函数内部的标号（label）和临时变量的命名

编译器在生成代码的过程中，会根据不同的语句和场合生成数量不等的标号，用于转移跳转（指令）。这类标号形式单一，本身并无额外的意义。重要的是，所有标号必须相互不同，并与源程序中出现（由用户定义）的标号有区别。这类标号的共同形式为"_$Ln"，此处的 n 为一个整数。因此，这类标号的管理生成显得十分简单，只需使用一个整数逐次递增即可。有关标号管理生成的细节将在下一节叙述。

与此相似，临时变量的命名也使用逐次递增的方式生成和命名。不同的是，临时变量只需覆盖一条 C 语言语句的作用域即可；并且，临时变量启用后会出现释放及重复使用的现象，以减少内存占用空间。因此，临时变量的管理机制略显复杂。

6.3　P-代码生成基础

本节回顾并总结了以下几点。

（1）P-代码环节的输入是前期生成的编译树，即由不同类型的 node 构成的树状数据结构。

（2）P-代码环节的输出是单纯链式的 P-代码序列，即三元组的操作项的 Pnode 结构序列。

（3）P-代码生成过程采用后序周游方式扫描编译树，并通过编译栈的传递生成 P-代码，同时包含语义检查。

编译器将生成以下 3 组（段）P-代码序列。

（1）程序运行代码：描述源程序运行过程的操作。

（2）初始化代码：描述变量初始化赋值操作。

（3）固化常数定义代码：描述固化在 ROM 中的常数定义。

例如：

```
const char array[3] = {'1', '2', '3'};          // 固化常数
int seed = 100;                                 // 变量初始化
void delay(int n)                               // 程序运行代码
{   while ( n-- ); }
```

工程项目路径：/cc_source_6.3。

P-代码生成器的启动运行将在预扫描之后进行，具体如下。

```
/p16ecc/cc_source_6.3/main.cpp
10   int main(int argc, char *argv[])
11  ={
12       for (int i = 1; i < argc; i++)
13      ={
14           std::string buffer = "cpp1 ";
15           buffer += argv[i];
16
17           if ( system(buffer.c_str()) == 0 )
18          ={
19               buffer = argv[i]; buffer += "_";
20
21               int rtcode = _main((char*)buffer.c_str());
22               remove(buffer.c_str());
23
24               display(progUnit, 0);
25               if ( rtcode == 0 )
26              ={
27                   Nlist nlist;
28                   PreScan preScan(&nlist);
29                   progUnit = preScan.scan(progUnit);
30
31                   Pcoder pcoder;            // P-code generation
32                   pcoder.run(progUnit);     // run it now
33               }
34
35               //display(progUnit, 0);
36           }
37       }
38       return 0;
39  }
```

- 第 31～32 行：启动 P-代码生成的语句。

6.3.1 生成器类

P-代码生成操作由一个 Pcoder 类完成，其公共成员变量和函数如下。

```
/p16ecc/cc_source_6.3/pcoder.h
14   extern Dlink *dataLink; // data link
15   extern Flink *funcLink; // func link
16
17  =class Pcoder {
18       public:
19           Pcoder();
20           ~Pcoder();
21           void run(node *np);
22
23           void  takeSrc(node *np);
24           Pnode *mainPcode;
25           Pnode *initPcode;
26           Pnode *constPcode;
27           src_t *src;
28           int   errorCount;
29           int   warningCount;
30
31           Dlink *curDlink;    // current data link
32           Fnode *curFnode;    // current func node
33
34           int   labelSeed;
35           int   getLbl(void) { return ++labelSeed; }
36           Item  *iStack;
37           Const *constGroup;
38
39           #define MAX_TEMP_INDEX  (16*32)
40           unsigned int tempIndexMask[16];
```

- 第 14 行：dataLink 为变量表链表（全局指针变量）。
- 第 15 行：funcLink 为函数表链表（全局指针变量）。
- 第 21 行：run()为启动运行函数，其参数便是编译树（指针）。
- 第 24 行：mainPcode 为运行代码（P-代码）输出的序列指针。
- 第 25 行：initPcode 为变量初始化代码（P-代码）输出的序列指针。
- 第 26 行：constPcode 为常数代码（P-代码）输出的序列指针。

- 第 34 行：labelSeed 为标号基量。
- 第 35 行：标号的生成函数（及操作）。
- 第 36 行：iStack 为编译栈指针（操作项堆栈）。
- 第 37 行：constGroup 为常数群（指针）。
- 第 39～40 行：临时变量的管理变量。

Pcoder 内部函数如下。

```
/p16ecc/cc_source_6.3/pcoder.h
42      private:
43          Item *makeTemp(void);
44          Item *makeTemp(attrib *ap);
45          Item *makeTemp(int size);
46          void releaseTemp(Item *ip);
47
48          void warningPrint(const char *msg, char *opt_msg);
49          void errPrint(const char *msg, char *opt_msg);
50          void errPrint(const char *msg) { errPrint(msg, NULL); }
51          void setLbl(int lbl) {
52              addPnode(&mainPcode, new Pnode(LABEL, lblItem(lbl)));
53          }
54          void PUSH(Item *ip) {     // push in an Item
55              ip->next = iStack;
56              iStack = ip;
57          }
58          void CLEAR(void) {        // clear the stack
59              while ( iStack ) {
60                  Item *inext = iStack->next;
61                  delete iStack;
62                  iStack = inext;
63              }
64          }
65          Item *POP(void) {         // pop out an Item
66              Item *ip = iStack;
67              if ( ip ) iStack = ip->next;
68              return ip;
69          }
70          Item *TOP(void) {         // get the top Item
71              return iStack;
72          }
73          int DEPTH(void) {         // get the depth
74              int n = 0;
75              for(Item *ip = iStack; ip; ip = ip->next)
76                  n++;
77              return n;
78          }
79          void DEL(void) {          // delete top Item
80              if ( iStack ) delete POP();
81          }
82          void DEL(int n) {
83              while ( n-- ) DEL();
84          }
```

- 第 43～46 行：用于临时变量生成及释放的函数。
- 第 54～84 行：编译栈操作函数。其中，PUSH()函数用来将操作项压入栈内；CLEAR()
  函数用来清除（清空）编译栈；POP()函数用来将栈顶操作项取出；TOP()函数用来取
  得栈顶操作项（栈顶仍保留该操作项）；DEPTH()函数用来计算栈内存有的操作项数
  目；DEL()函数用来清除编译栈内的操作项。

6.3.2　生成器类的构建和运行启动

P-代码生成器 Pcoder 的构建将先对其局部变量进行初始操作，包括变量表和函数表的
初始化，具体如下。

/p16ecc/cc_source_6.3/pcoder.cpp

```
16    Dlink *dataLink = NULL; // data link
17    Flink *funcLink = NULL; // func link;
18
19    #define SET_COMMENT(p)  if(((node*)(p))->id.src) src = ((node*)(p))->id.src
20    #define CLR_COMMENT(p)  if(((node*)(p))->id.src == src) src = NULL
21
22
23    Pcoder :: Pcoder()
24    {
25        memset(this, 0, sizeof(Pcoder));
26
27        funcLink = new Flink();
28        dataLink = new Dlink(VAR_DLINK);        // global variable list
29
30        curDlink = dataLink;                    // current variable list
31        curFnode = NULL;
32
33        constGroup = new Const();
34    }
35
36    Pcoder :: ~Pcoder() {
37        CLEAR();
38        delete constGroup;
39        delPnodes(&mainPcode);
40        delPnodes(&initPcode);
41        delPnodes(&constPcode);
42    }
```

P-代码生成器 Pcoder 的运行由其外部函数 run()启动，具体如下。需要指出的是，run()
函数在运行过程中将发生不断地递归。

/p16ecc/cc_source_6.3/pcoder.cpp

```
76    void Pcoder :: run(node *np)
77    {
78        if ( np == NULL ) return;
79        Dnode *dp;
80        Fnode *fp;
81        Item *iptr;
82
83        takeSrc(np);
84        switch ( np->type )
85        {
86            case NODE_CON:  // const Node
87                PUSH(intItem(np->con.value, cloneAttr(np->con.attr)));
88                break;
89
90            case NODE_STR:  // string Node
91                iptr = idItem(constGroup->add(np->str.str));
92                iptr->attr = newAttr(CHAR);
93                iptr->type = IMMD_ITEM;
94                iptr->attr->dataBank = CONST;
95                PUSH(iptr);
96                break;
97
98            case NODE_ID:   // ID node
99                dp = curDlink->search(np->id.name, WHOLE_SEARCH);
100               fp = funcLink->search(np->id.name);
101               if ( dp )       // found in data link
102               {
103                   Item *ip = (dp->attr->dimVect)? immdItem(dp->nameStr(), dp->attr):
104                                                   idItem  (dp->nameStr(), dp->attr);
105                   ip->home = (void*)dp;
106                   PUSH(ip);
107               }
108               else if ( fp )  // found in function link
109               {
110                   Item *ip = lblItem(np->id.name);
111                   ip->home = (void*)fp;
112                   PUSH(ip);
113               }
114               else
115                   errPrint("name not found!", np->id.name);
116               break;
117
118           case NODE_LIST: // list Node
119               for (int i = 0; i < np->list.nops; i++)
120                   run(np->list.ptr[i]);
121               break;
122
123           case NODE_OPR:  // operator Node
124   //            run1((oprNode_t *)np);
125               break;
126       }
127   }
```

- 第 83 行：获取 node 节点中含有的源程序（片段），供出错时报告。
- 第 86～88 行：对 NODE_CON 类型 node 的处理。生成相应的 Item 操作项，送入编译栈内。
- 第 90～96 行：对 NODE_STR 类型 node 的处理。生成相应的 Item 操作项，送入编译栈内。
- 第 98～116 行：对 NODE_ID 类型 node 的处理。具体如下。
  - 第 99 行：从变量表（全程）搜索变量。
  - 第 100 行：从函数表搜索该函数是否存在。
  - 第 101 行：如果在变量表中出现，则表示此 ID 为变量名。
  - 第 103 行：如果该变量为数组，则生成 IMMD_ITEM（变量地址）类型的 Item 操作项，并将其送入编译栈内。
  - 第 104 行：否则，生成 ID_ITEM 类型的 Item 操作项并将其送入编译栈内。
  - 第 108～113 行：如果在函数表中出现，则生成 LBL_ITEM（标号）类型的 Item 操作项，并将其送入编译栈内。
- 第 118～121 行：对 NODE_LIST 类型 node 的处理。依次对列表中各个 node 进行处理（递归调用 run()函数）。
- 第 123～125 行：对 NODE_OPR 类型 node 的处理（将在下一节起逐一叙述）。

小结

除了 NODE_OPR 类型的 node，其余类型的 node 的处理非常简单，只需生成对应的操作项，并将其送入编译栈内即可。对于 NODE_OPR 类型的 node，需要视具体操作类型分别进行处理，因此所对应的策略和算法会十分复杂、烦琐。

6.4　P-代码生成过程

P-代码主要是在对 NODE_OPR 类型 node 进行扫描的过程中生成的。由于 NODE_OPR 的操作类型繁多，且功能和操作要求各不相同，因此必须逐个处理。这意味着，对 Pcoder 的设计叙述将不断地扩展。

工程项目路径：/cc_source_6.4。

6.4.1　语句行终结和复合语句

对 Pcoder 类进行扩充，增加内部函数 run1()，具体如下。

```
/p16ecc/cc_source_6.4/pcoder.h
88      void romDataInit(char *dname, attrib *attr, node *init, Dnode *dp, int mem_addr);
89      void ramDataInit(char *dname, attrib *attr, node *init, Dnode *dp, int mem_addr);
90
91      void run1(oprNode_t *np);
```

- 第 91 行：增加 run1()函数，专门用来处理 oprNode_t 节点。

新增加的 run1()函数对 NODE_OPR 节点操作类型的识别与处理如下。

/p16ecc/cc_source_6.4/pcoder.cpp

```
129  void Pcoder :: run1(oprNode_t *op)
130  {
131      attrib *ap = op->attr;
132      char *fname;
133      node *np;
134
135      switch ( op->oper )
136      {
137          case ';':
138              addPnode(&mainPcode, new Pnode(';'));
139              CLEAR();
140              // clear Temp Index mask
141              memset(&tempIndexMask, 0, sizeof(tempIndexMask));
142              break;
143
144          case '{':
145              {
146                  Dlink *lk = new Dlink(VAR_DLINK);
147
148                  curDlink->addChild(lk);
149                  curDlink = lk;
150                  run(op->op[0]) ;
151                  curDlink = lk->parent;
152              }
153              break;
```

- 第 135～142 行：对 C 语言语句结束标记的处理，具体如下。
  - 第 138 行：生成一条 P-代码，类型为';'，表示一条 C 语言语句的终结。
  - 第 139 行：清除编译栈。
  - 第 141 行：释放（清除）全部临时变量（标记）。
- 第 144～153 行：对 C 语言复合语句的处理，具体如下。
  - 第 146 行：生成新的变量表链（层），具体参见 6.2.2 节。
  - 第 148 行：将新表链添加到当前表链的 child 链中。
  - 第 149 行：将新表链设置为当前表链。
  - 第 150 行：对复合语句中的内容进行扫描。
  - 第 151 行：恢复原先的表链。

6.4.2 变量声明和定义

变量声明和变量定义的区别在于：前者变量类型部分中的 attr 由 isExtern 标志位指示。

注：前文所介绍的预处理，每一个 DATA_DECL 节点都只含一个变量。此外，还必须进行变量的重复定义或冲突检测。下面给出整个过程。

/p16ecc/cc_source_6.4/pcoder.cpp

```
155          case DATA_DECL:
156              if ( op->nops > 0 && op->op[0] )
157              {
158                  node *np = op->op[0];    // variables id node
159                  attrib *ap = op->attr;
160                  bool data_def = ap->isExtern? false: true;
161                  int  mem_addr = -1;
162
163                  if ( ap->atAddr )
164                  {
165                      run((node*)ap->atAddr);
166                      Item *ip = POP();
167                      if ( ip && ip->type == CON_ITEM ) mem_addr = ip->val.i;
168                  }
```

```
169        char *dname = np->id.name;  // data name
170        Dnode *dp = curDlink->search(dname, LOCAL_SEARCH);
171
172        if ( dp ) // id has been declaired/defined.
173        {
174            if ( cmpAttr(dp->attr, op->attr) )
175            {
176                errPrint("data type conflict!", dname);
177                break;
178            }
179
180            if ( !dp->dimCheck(np->id.dim) )
181            {
182                errPrint("data dimension error!", dname);
183                break;
184            }
185
186            if ( !dp->fptrCheck(np) )
187            {
188                errPrint("func pointer conflicts!", dname);
189                break;
190            }
191
192            if ( data_def ) // data definition
193            {
194                if ( dp->attr->isExtern )
195                    dp->attr->isExtern = 0;
196                else
197                {
198                    errPrint("data redefined!", dname);
199                    break;
200                }
201            }
202        }
203        else if ( funcLink && funcLink->search(dname) )
204        {
205            errPrint("name redefined!", dname);
206            break;
207        }
208
```

- 第 158 行：获取变量名节点，并赋予 np（节点类型为 NODE_ID）。
- 第 159 行：获取节点中的特征 attr，并赋予 ap。
- 第 160 行：确定是否为定义操作。
- 第 161～168 行：确定是否有绝对地址的定位说明（绝对地址是一个常数）。
- 第 170 行：取得变量名。
- 第 171 行：搜索变量表（局部搜索），以便判断该变量是否被不当定义。
- 第 173～203 行：如果搜索成功（变量已被声明或定义），则进行下述对比、检查，并按出错输出提示信息。
（1）变量类型对比。
（2）函数指针类型对比。
（3）变量数组对比。
（4）重复定义检查。如果是首次定义，则清除变量表中的 isExtern 标志。
- 第 204～208 行：检查是否有同名函数出现（外部变量不得与函数同名）。

/p16ecc/cc_source_6.4/pcoder.cpp

```
210        if ( dp == NULL )
211        {
212            if ( curFnode )
213                dp = curDlink->add(np, ap, ++curFnode->dIndex);
214            else
215                dp = curDlink->add(np, ap, 0);
216
217            dp->atAddr = mem_addr;
218        }
219        else if ( data_def )
220            dp->dimUpdate((node*)np->id.dim);
221
```

```
222             dp->func = curFnode? curFnode->name: NULL;  // owner is a function?
223
224         if ( data_def )
225         {
226             if ( np->id.init )  // data initialization ...
227             {
228                 if ( dp->func && !ap->isStatic && ap->dataBank != CONST )
229                 {
230                     int depth = DEPTH();
231                     run(np->id.init);
232                     if ( DEPTH() == (depth+1) )
233                     {
234                         Item *ip = idItem(dp->nameStr(), dp->attr);
235                         ip->home = dp;
236                         Pnode *pnp = new Pnode('=', ip);
237                         pnp->items[1] = POP();
238                         addPnode(&mainPcode, pnp);
239                     }
240                 }
241                 else if ( ap->dataBank == CONST )
242                     romDataInit(dname, dp->attr, np->id.init, dp, mem_addr);
243                 else
244                     ramDataInit(dname, dp->attr, np->id.init, dp, mem_addr);
245             }
246             else if ( ap->dataBank == CONST )
247             {
248                 errPrint("uninitialized constant item!");
249             }
250             else if ( dp->attr->dimVect )   // array defined
251             {
252                 int *v = dp->attr->dimVect;
253                 for (int i = 0; i < v[0]; i++) {
254                     if ( v[i+1] <= 0 ) {
255                         errPrint("unknown array dimension!");
256                         break;
257                     }
258                 }
259             }
260         }
261     }
262     break;
```

- 第 210~218 行：如果是首次声明或定义的情况，则添加到变量表中。如果是函数内部变量，则添加序列号（第 213 行），并添加绝对地址的定位信息。

- 第 219~220 行：如果是先前已经声明且在此定义的变量，则更新数组信息。

- 第 222 行：添加变量归属特性（局部变量添加函数名作为拥有者信息）。

- 第 224~260 行：对于变量的定义语句进行实质性的处理。

  ➢ 第 226~245 行：如果变量具有初始化赋值，则根据不同性质的变量分别对待。

  对于函数内部普通变量的初始化赋值，与一般赋值语句没有区别（第 234~238 行）。

  （1）对赋值表达式进行扫描（第 231 行），其结果是在编译栈顶部得到对应的操作项。

  （2）检测上述操作是否成功（第 232 行）。

  （3）以变量名及其特征类型生成（目的）操作项（第 234 行）。

  （4）生成 "=" 操作的 P-代码（第 236~237 行）。

  （5）将 P-代码添加到运行程序代码序列流 mainPcode 中（第 238 行）。

  对于存放于 ROM 内的常数变量的赋值，则需要将此赋值内容登记到 constPcode 中（第 241~242 行）。

  对于全局变量或静态变量的赋值，则需要将此赋值内容登记到 initPcode 中（第 243~244 行）。

  有关 constPcode 和 initPcode 变量初始化 P-代码的生成与操作，请参见 pcoder1.cpp 文件。

  ➢ 第 246~249 行：如果常数（存放在 ROM 中）变量缺少初始化赋值操作，则按出错输出提示信息。

> 第 250～259 行：对于 RAM 中的数组变量，检测各维的长度是否合理。

6.4.3　普通函数的声明和定义

函数也具有声明和定义之分，两者之间的差别是前者的函数体（function body）为空。函数的处理分为函数头部的处理和函数体的处理两个环节。对函数头部的处理如下。

```
/p16ecc/cc_source_6.4/pcoder.cpp
264          case FUNC_DECL:
265              np = op->op[0]; // get function head
266              fname = np->opr.op[0]->id.name;
267
268              if ( curDlink->search(fname, LOCAL_SEARCH) )
269                  errPrint("name redefined!", fname);       // name used as data
270              else
271              {
272                  bool func_def = (op->op[1] != NULL);    // func body exitst
273                  bool err = false;
274
275                  Fnode *fp = funcLink->search(fname);     // function existed already
276                  if ( fp == NULL )   // No, it's first time ...
277                  {
278                      fp = new Fnode(fname, 0);             // create Fnode
279                      fp->attr = cloneAttr(ap);            // copy it's (return) type
280
281                      funcLink->add(fp);                   // add Fnode to Flink
282                      curDlink->addChild(fp->dlink);       // add par dlink to parent
283
284                      if ( np->opr.nops > 1 ) {            // with parameter
285                          node *pp = np->opr.op[1];        // parameter list
286                          fp->elipsis = pp->list.elipsis;
287                          for (int i = 0; i < pp->list.nops; i++)
288                          {
289                              node *parp = pp->list.ptr[i];
290
291                              if ( func_def && fp->dlink->search(parp->id.name, LOCAL_SEARCH) )
292                                  errPrint("parameter name duplicatated!", NULL), err = true;
293
294                              Dnode *dp = fp->dlink->add(parp, parp->id.attr, 0);
295                              dp->func = fp->name;
296                          }
297                      }
298                  }
299                  else if ( fp->endLbl > 0 && func_def )
300                  {
301                      errPrint("function redefined!", fname), err = true;
302                  }
303                  else    // Function has been declaired/defined - need confirming
304                  {
305                      if ( (np->opr.nops <= 1 && fp->dlink->dataCount() != 0) ||
306                           (np->opr.nops >  1 && fp->dlink->dataCount() == 0) ||
307                           (np->opr.nops >  1 && np->opr.op[1]->list.nops != fp->dlink->dataCount()) )
308                      {
309                          errPrint("function parameter count conflict!", fname), err = true;
310                      }
311                      else if ( np->opr.nops > 1 )
312                      {
313                          np = np->opr.op[1]; // get parameter list
314                          for (int i = 0; !err && i < np->list.nops; i++)
315                          {
316                              Dnode *dp = fp->dlink->get(i);
317                              node  *pp = np->list.ptr[i];
318
319                              if ( cmpAttr(dp->attr, pp->id.attr) )
320                                  errPrint("parameter type conflict!", fname), err = true;
321                              else if ( dp->fptrCheck(pp) != true )
322                                  errPrint("parameter type conflict!", fname), err = true;
323                              else if ( func_def )
324                              {
325                                  if ( !fp->dlink->nameCheck(pp->id.name, i) )
326                                      errPrint("par name duplicated!", fname), err = true;
327                                  else
328                                      dp->nameUpdate(pp->id.name);
329                              }
330                          }
331                      }
332                  }
```

- 第 268~269 行：检查是否有同名的变量定义。
- 第 276~298 行：函数首次声明或定义。
  - 第 278 行：生成函数表节点，其中包括函数参数的变量表链，具体参见 flink.cpp 文件。
  - 第 279 行：复制生成函数的返回类型。
  - 第 281 行：将本函数登记到函数表链中。
  - 第 282 行：将本函数的参数链添加到变量表链中。
  - 第 284~297 行：将函数的各个参数添加到参数链表中。
- 第 299~302 行：检查函数是否有重复定义。
- 第 303~332 行：函数已被声明或定义，需要确认一致性（与之前有无冲突）。

最后，如果是对函数定义进行处理（且无错误发生），则进入对函数体的处理中，具体如下。

```
/p16ecc/cc_source_6.4/pcoder.cpp
334            if ( func_def && !err )
335            {
336                curDlink = fp->dlink;        // update current Dlink
337                curFnode = fp;
338                addPnode(&mainPcode, new Pnode(P_FUNC_BEG, ptrItem(fp)));;
339                fp->endLbl = getLbl();       // set end label for function
340                run (op->op[1]);             // scan function body
341
342                addPnode(&mainPcode, new Pnode(LABEL, lblItem(fp->endLbl)));;
343                addPnode(&mainPcode, new Pnode(P_FUNC_END, ptrItem(fp)));;
344                curFnode = NULL;
345                curDlink = fp->dlink->parent;// recover current Dlink
346            }
347        }
348        break;
```

- 第 334~346 行：函数定义的处理，具体如下。
  - 第 336 行：将函数的参数层设定为当前变量链（层）。
  - 第 337 行：设定当前函数指针。
  - 第 338 行：输出 P-代码（P_FUNC_BEG），提示函数的开始。
  - 第 339 行：生成函数终结位置的标号，供 return 语句使用。
  - 第 340 行：对函数体（递归）进行扫描。
  - 第 342 行：输出 P-代码（LABEL），标注函数尾的位置。
  - 第 343 行：输出 P-代码（P_FUNC_END），提示函数结束。
  - 第 344 行：清除函数当前指针。
  - 第 345 行：变量表链恢复之前的层级。

对于更多类型的 NODE_OPR 节点的处理，见 6.4.4 节（由于 NODE_OPR 节点所含的类型众多，处理也各不相同，因此关于 Pcoder 类的程序被拆分成多个源程序文件）。

在先前设计的基础上进行扩充，具体如下。

工程项目路径：/cc_source_6.5。

增加源程序文件：pcoder2.cpp。

再次对 pcoder.h 文件进行相应的扩充，具体如下。

```
/p16ecc/cc_source_6.5/pcoder.h
91        Item *makeOffset(Item *ip, int scale);
92        void ptrBiasing(int code, Item *ip0, Item *ip1);
93
94        void run1(oprNode_t *np);
95        void run2(oprNode_t *np);
96 };
```

6.4.4　赋值操作语句

赋值语句的形式为：

```
    x = y;
```

根据 C 语言的语义，应该先扫描 x，再扫描 y。注：此处的 x 和 y 均可能是复杂的表达式。

根据语法解析，赋值语句的（NODE_OPR）节点应包含两个对应 x 和 y 的节点，并由节点中指针数组 op[]所指示（这在其他场合也是如此）。x 和 y 先经过 P-代码生成环节的处理（经过 run()函数的处理），生成相应的操作项；再将其送入编译栈内，最终生成赋值语句的 P-代码。整个过程如下。

```
/p16ecc/cc_source_6.5/pcoder2.cpp
25    case '=':  // x := y
26        run(OPR_NODE(op, 0));   // scan 'x'
27        run(OPR_NODE(op, 1));   // scan 'y'
28
29        if ( DEPTH() == (depth+2) )
30        {
31            ip1 = POP();        // get 'y'
32            ip0 = POP();        // get 'x'
33
34            if ( ip0->isWritable() && moveMatch(ip0, ip1) )
35            {
36                pnp = new Pnode('=');
37                pnp->items[0] = ip0;
38                pnp->items[1] = ip1;
39                addPnode(&mainPcode, pnp);
40
41                PUSH((ip1->type == CON_ITEM)? ip1->clone():
42                                              ip0->clone());
43            }
44            else
45            {
46                delete ip0, delete ip1;
47                errPrint("assignment error!");
48            }
49        }
50        else
51            DEL(DEPTH() - depth);
52        break;
```

- 第 26 行：对被赋值项（等号左侧）进行扫描，生成操作项（进编译栈）。
- 第 27 行：对赋值项（等号右侧）进行扫描，生成操作项（进编译栈）。
- 第 29 行：检查上述操作是否成功。
- 第 31～32 行：从编译栈内获得操作项，由 ip0 和 ip1 分别指示（注意退栈顺序）。
- 第 34 行：语义检查，包括 x 是否被允许赋值写入，x 与 y 是否可以匹配。
- 第 36～39 行：生成的 P-代码（归纳），即{'=',[x,y]}，并送入运行代码 mainPcode 序列中。
- 第 41～42 行：复制 x 操作项，压入编译栈内。之所以如此，是因为本赋值操作本身可能作为更外层操作的表达式，如 a = b = c + d;或 if ((x = y) != 0) { ... }。

6.4.5 变量地址 ADDR_OF

在 C 语言中，"**&**"操作符有两种描述功能，其中之一是表示（获取）变量的地址。C 语言表示形式：**&X**。

语法解析规则：'&' cast_expr{ $$ = oprNode(ADDR_OF, 1, $2); }。

确切地讲，"**&**"用来获取其随后的变量（表达式）的地址。此操作功能似乎很简单，但事实上，在一些多重数组及对 struct 成员的存取过程中会显得比较复杂。例如：

```
int list[10];
int * getListValueAddress(int index) {
  return &list[index];
}
```

另一方面，"**&**"操作符与"*****"操作符形成相反的操作。如果两者连续交互使用，则会形成相互"抵消"的操作，这可以用于验证编译的正确性。

变量地址 ADDR_OF 的 P-代码生成过程如下。

```
/p16ecc/cc_source_6.5/pcoder2.cpp
54          case ADDR_OF:
55              run(OPR_NODE(op, 0));
56              if ( DEPTH() == (depth+1) )
57              {
58                  ip0 = TOP();
59                  attrib *attr = ip0->attr;
60                  switch ( ip0->type )
61                  {
62                      case ID_ITEM:   ip0->type = IMMD_ITEM;  return;
63                      case INDIR_ITEM:ip0->type = TEMP_ITEM;  return;
64                      case PID_ITEM:  ip0->type = ID_ITEM;    return;
65                      case DIR_ITEM:  ip0->type = CON_ITEM;   return;
66
67                      case IMMD_ITEM:
68                          if ( attr && attr->dimVect )
69                          {
70  //                          warningPrint("improper address specifying!", NULL);
71                              free(attr->dimVect),
72                              attr->dimVect = NULL;
73                              return;
74                          }
75                          break;
76
77                      case TEMP_ITEM:
78                      case ACC_ITEM:
79                          if ( ptrWeight(attr) > 0 )
80                          {
81                              if ( attr->dimVect )
82                                  decDim(attr);
83                              else
84                                  reducePtr(attr);
85                              return;
86                          }
87                      default:
88                          break;
89                  }
90                  DEL();
91                  errPrint("can't locate address!");
92              }
93              break;
```

- 第 55 行：对变量（表达式）主体进行扫描，将生成的操作项送入编译栈顶。
- 第 56 行：验证上述操作。
- 第 58 行：获取栈顶操作项的地址（该操作项仍在栈内，并未移出）并赋予 ip0。
- 第 62～65 行：根据 ip0 提示操作项类型进行简单的类型转换（如果这些操作项都具有某种地址属性，则可以进行取址操作），具体如下。

ID_ITEM 被转换为 IMMD_ITEM。

INDIR_ITEM 被转换为 TEMP_ITEM。

PID_ITEM 被转换为 ID_ITEM。

DIR_ITEM 被转换为 CON_ITEM。

第 67～75 行：ip0 提示操作项类型为 IMMD_ITEM（按理来说，对这类操作项的取址操作是多余的），需检查其是否为一个数组变量，不改变操作项的类型（只允许数组变量实行一次这样的取址操作），不改变操作项的类型。

- 第 77～86 行：ip0 提示为临时变量 TEMP_ITEM 或 ACC_ITEM。若能对临时变量取址，则该临时变量必须具备指针属性。若临时变量具有数组属性（第 81 行），则对数组属性进行减维（减少一个维度），否则减少指针维度（第 84 行）。

6.4.6　变量地址 POS_OF

所谓的 POS_OF，就是通过某种地址的引导进行（间接）寻址，与 ADDR_OF（"&"操作符）互为相反的操作，因此它的处理方式与 ADDR_OF 类似。

C 语言表示形式：*X。

语法解析规则："*" cast_expr{ $$ = oprNode(POS_OF, 1, $2); }。

由于间接寻址"*"运算操作将牵涉更多的语义检查，因此它的处理将比"&"操作显得复杂，其过程如下。

```
/p16ecc/cc_source_6.5/pcoder2.cpp
95          case POS_OF:     // indirect access using pointer - *p
96              run(OPR_NODE(op, 0));
97              if ( DEPTH() == (depth+1) )
98              {
99                  ip0 = TOP();
100                 attrib *attr = ip0->attr;
101                 switch ( ip0->type )
102                 {
103                     case CON_ITEM:
104                     case TEMP_ITEM:
105                     case ID_ITEM:
106                     case ACC_ITEM:
107                         if ( ptrWeight(attr) > 0 )
108                         {
109                             switch ( ip0->type )
110                             {
111                                 case CON_ITEM:  ip0->type = DIR_ITEM;   break;
112                                 case TEMP_ITEM: ip0->type = INDIR_ITEM; break;
113                                 case ID_ITEM:   ip0->type = PID_ITEM;   break;
114                                 default:        pnp = new Pnode('=');
115                                                 addPnode(&mainPcode, pnp);
116                                                 pnp->items[1] = POP();
117                                                 pnp->items[0] = makeTemp(attr);
118                                                 PUSH(pnp->items[0]->clone());
119                                                 TOP()->type = INDIR_ITEM;
120                             }
121                             return;
122                         }
123                         break;
124                     case IMMD_ITEM:
125                         if ( dimDepth(attr) == 0 )
126                         {
127                             ip0->type = ID_ITEM;
128                             return;
129                         }
130                         break;
131                     case INDIR_ITEM:
132                     case PID_ITEM:
133                     case DIR_ITEM:
134                         if ( ptrWeight(attr) > 1 )
135                         {
```

```
136                    pnp = new Pnode('=');
137                    addPnode(&mainPcode, pnp);
138                    pnp->items[1] = POP();
139                    ip0 = makeTemp(attr);
140                    reducePtr(ip0->attr);
141                    pnp->items[0] = ip0;
142
143                    PUSH(ip0->clone());
144                    TOP()->type = INDIR_ITEM;
145                    return;
146                }
147            default:
148                break;
149        }
150        DEL();
151        errPrint("illegal indirect addressing!");
152    }
153    break;
```

- 第 111 行: ip0 提示为 CON_ITEM, 其类型将被转换为 DIR_ITEM。
- 第 112 行: ip0 提示为 TEMP_ITEM, 其类型将被转换为 INDIR_ITEM。
- 第 113 行: ip0 提示为 ID_ITEM, 其类型将被转换为 PID_ITEM。

上述 3 种操作项的转换条件为操作项必须具备 ip0 指针属性 (指针维度≥1)。例如, 下述语句中依次出现这 3 种转换:

```
char foo(char *p) { return *(char*)100 + *p++ - *p; }
```

(char*)100 被转换为*(char*)100, 即 {CON_ITEM 被转换为 DIR_ITEM}。

p++被转换为*p++, 即 {TEMP_ITEM 被转换为 INDIR_ITEM}。

p 被转换为*p, 即 {ID_ITEM 被转换为 PID_ITEM}。

- 第 114~119 行: ip0 提示为 ACC_ITEM, 表明是调用某函数后的返回值。ACC_ITEM 与临时变量性质相同, 但由于没有定义相应的类似 INDIR_ITEM 类型操作项, 因此先将其值赋予一个临时变量 (第 114~117 行), 再将其类型设定为 INDIR_ITEM (第 119 行)。
- 第 124~130 行: ip0 提示为 IMMD_ITEM, 理论上极少会出现这一状况。IMMD_ITEM 被转换为 ID_ITEM 的条件是操作项没有数组属性 (数组维度为 0)。

例如:

```
char foo() {
    static char n = 0;
    return *&n;
}
```

- 第 131~146 行: 对于 3 种本身就意味着间接寻址的操作项类型 (INDIR_ITEM、PID_ITEM、DIR_ITEM), POS_OF 操作意味着增加一重间接寻址操作。因此, 操作项的指针维度必须≥2 (第 134 行), 并且本次寻址得到结果的指针维度必须递减。
  - ➤ 第 136 行: 生成赋值 P-代码{'=',[t,ip0]}。
  - ➤ 第 138 行: 取得操作项 (退栈) 作为赋值源操作项 ip0。
  - ➤ 第 139~141 行: 生成一个临时变量项 t 作为 P-代码中赋值结果, 并递减其指针维度。
  - ➤ 第 143~144 行: 复制此临时变量项进栈 (代替原先的操作项), 并设定其操作项类型为 INDIR_ITEM (因为它仍处于间接寻址方式)。

6.4.7　表达式中数组偏址计算

在语法解析中，表达式数组偏移的语法树表示如下。

C 语言表示形式：X[Y]。

语法解析规则：postfix_expr '[' expr ']'{ $$ = oprNode('[', 2, $1, $3); }。

其中，postfix_expr 可以发生重复递归，以实现多维数组的偏移寻址。简单来说，postfix_expr（$1）表示起始变量（如数组变量、指针变量等），而 expr（$3）表达式为偏移量。具体的偏移量值将视变量类型而定，考虑到多维数组因素，操作分析会比较复杂。

实际偏移量将以数组 X 基本单位的"权重"（weight）为基准单位。比如，char 的权重为 1，int 的权重为 2，short 的权重为 3，long 的权重为 4。对于如 struct 等的权重分析会更复杂。其次，对于多重数组的偏移量计算将由外至里，分层次进行，此时的权重是基准权重乘以（所有）更内层数组所包含的元素个数，即基准权重与内层各维长度的乘积。

就简单情形来说，数组元素的权重分析由专门的 sizer() 函数完成（权重值在编译阶段能确定）。而在复杂情形下，计算偏移运算操作还需借助 makeOffset() 函数生成 P-代码（偏移量可能是不确定的，由运行时形成）。

表 6-4 所示为数组偏移寻址操作举例。

表 6-4　数组偏移寻址操作举例

C 语言源程序	操作解释

char a[10];
char foo(int n)
{
　　return a[n];
}
	在 char 数据类型的数组 a 中，每个元素为 1 字节，因此偏移量为 n，即地址 a+n 便为实际数据地址值

long a[10];
long foo(int n)
{
　　return a[n];
}
	在 long 数据类型的数组 a 中，每个元素为 4 字节，因此实际偏移量为 4*n，即地址 a+4*n 便为实际数据地址值

long a[10][20];
long　foo(int　n,
int m)
{
　　return
a[n][m];
}
	在 long 数据类型的数组 a 中，每个元素为 4 字节，实际偏移量为 4*20*n+4*m。
	注：根据语法解析法则，偏移量的计算和形成由左至右逐次进行

在 P-代码生成阶段，上述$1、$3 所关联的 node 先被依次扫描、生成操作项，并送入编译栈内。前者（也被称为地址项）必须具备某种地址属性，而后者（也被称为偏移量项）是

一个单纯数值，因此其 P-代码生成过程如下。

```
/p16ecc/cc_source_6.5/pcoder2.cpp
155            case '[':
156                run(OPR_NODE(op, 0));
157                run(OPR_NODE(op, 1));
158                if ( DEPTH() == (depth+2) )
159                {
160                    ip1 = POP();
161                    ip0 = POP();
162                    attrib *attr = ip0->attr;
163                    if ( !ip1->isMonoVal() || !attr )
164                    {
165                        delete ip0; delete ip1;
166                        errPrint("illegal index value!");
167                        return;
168                    }
169
170                    switch ( ip0->type )
171                    {
172                        case ID_ITEM:
173                        case TEMP_ITEM:
174                        case CON_ITEM:
175                        case ACC_ITEM:
176                            if ( ptrWeight(attr) > 0 )
177                            {
178                                attrib *ap = cloneAttr(attr);
179                                int mem_type = -1;
180                                if ( dimDepth(ap) > 0 )
181                                {
182                                    if ( ip0->type == TEMP_ITEM && ptrWeight(ap) )
183                                        mem_type = reducePtr(ap);
184
185                                    ip1 = makeOffset(ip1, sizer(ap, SUBDIM_SIZE));
186                                    decDim(ap);
187                                }
188                                else // input_dim <= 0
189                                {
190                                    mem_type = reducePtr(ap);
191                                    ip1 = makeOffset(ip1, sizer(ap, ATTR_SIZE));
192                                }
193
194                                if ( mem_type != -1 )
195                                    insertPtr(ap, mem_type);
196
197                                pnp = new Pnode('+');
198                                addPnode(&mainPcode, pnp);
199                                pnp->items[2] = ip1;
200                                pnp->items[1] = ip0;
201                                pnp->items[0] = makeTemp();
202                                pnp->items[0]->attr = ap;
203                                PUSH(pnp->items[0]->clone());
204
205                                if ( !ap->dimVect ) TOP()->type = INDIR_ITEM;
206                                return;
207                            }
208                            break;
209                        case IMMD_ITEM:
210                            if ( dimDepth(attr) > 0 )
211                            {
212                                attrib *ap = cloneAttr(attr);
213                                ip1 = makeOffset(ip1, sizer(ap, SUBDIM_SIZE));
214                                decDim(ap);
215                                insertPtr(ap, attr->dataBank);
216
217                                pnp = new Pnode('+');
218                                addPnode(&mainPcode, pnp);
219                                pnp->items[2] = ip1;
220                                pnp->items[1] = ip0;
221                                pnp->items[0] = makeTemp();
222                                pnp->items[0]->attr = ap;
223                                PUSH(pnp->items[0]->clone());
224
225                                if ( !ap->dimVect ) TOP()->type = INDIR_ITEM;
226                                return;
227                            }
228                            break;
```

/p16ecc/cc_source_6.5/pcoder2.cpp

```
229          case INDIR_ITEM:
230          case PID_ITEM:
231          case DIR_ITEM:
232              if ( dimDepth(attr) > 0 )
233              {
234                  attrib *ap = cloneAttr(attr);
235                  int mem_type = reducePtr(ap);
236                  ip1 = makeOffset(ip1, sizer(ap, SUBDIM_SIZE));
237                  decDim(ap);
238                  insertPtr(ap, mem_type);
239
240                  pnp = new Pnode('+');
241                  addPnode(&mainPcode, pnp);
242                  if ( ip0->type == INDIR_ITEM ) ip0->type = TEMP_ITEM;
243                  if ( ip0->type == PID_ITEM )   ip0->type = ID_ITEM;
244                  if ( ip0->type == DIR_ITEM )   ip0->type = CON_ITEM;
245                  pnp->items[2] = ip1;
246                  pnp->items[1] = ip0;
247                  pnp->items[0] = makeTemp();
248                  pnp->items[0]->attr = ap;
249                  PUSH(pnp->items[0]->clone());
250
251                  TOP()->type = INDIR_ITEM;
252                  return;
253              }
254              if ( ptrWeight(ip0->attr) > 1 )
255              {
256                  attrib *ap = cloneAttr(attr);
257                  reducePtr(ap);
258                  ip1 = makeOffset(ip1, sizer(ap, INDIR_SIZE));
259
260                  pnp = new Pnode('+');
261                  addPnode(&mainPcode, pnp);
262                  pnp->items[2] = ip1;
263                  pnp->items[1] = ip0;
264                  pnp->items[0] = makeTemp();
265                  pnp->items[0]->attr = ap;
266                  PUSH(pnp->items[0]->clone());
267
268                  TOP()->type = INDIR_ITEM;
269                  return;
270              }
```

- 第 156～157 行：生成地址操作项和偏移量项（存入编译栈内）。
- 第 160～161 行：获取这两个操作项（注意出栈顺序），由 ip0、ip1 指示。
- 第 163～168 行：验证 ip1 是否为"单纯"量（比如，常数或单纯 char/int/short/long 类型）。
- 第 172～208 行：当 ip0 为 ID_ITEM、TEMP_ITEM、CON_ITEM、ACC_ITEM 时，必须具备指针属性（指针维度 > 0）。
  - 第 180～187 行：若 ip0 指示具有数组属性，则根据内层数组权重计算偏移（第 185 行），并随之递减数组维度（第 186 行）。对于 TEMP_ITEM，还需要递减其指针维度（第 182～183 行），获取被递减的指针属性，并赋予 mem_type。
  - 第 188～192 行：否则，递减其指针维度（第 190 行），并获取被递减的指针属性赋予 mem_type，以及根据 ip0 类型计算偏移量（第 191 行）。
  - 第 194～195 行：被递减的指针属性将作为存取特征添加到 P-代码输出项指针特征中。
  - 第 197～203 行：生成 P-代码 {'+',[t, ip0, ip1]}。
- 第 209～228 行：ip0 提示为 IMMD_ITEM，这意味着对数组实体的（最外层）偏移，处理较为简单。
- 第 229～231 行：ip0 提示为 INDIR_ITEM/PID_ITEM/DIR_ITEM。这 3 种类型的操作项属性雷同，均具有指针属性（指针维度 > 0），因此它们的处理相同。

- 第 232～253 行：若 ip0 具有数组属性（数组维度 > 0），则对数组最外维进行偏移计算，即递减数组维度（第 237 行）。生成 P-代码{'+',[t,&ip0,ip1]}，并将结果推入编译栈 PUSH([t])中。

  注：原则上，这一情形只发生于提示为 INDIR_ITEM 时，即对多维数组的逐次偏移。

- 第 254～270 行：指针维度必须 > 1(#254)，这是因为其中一维是 ip0 类型本身所必需的。递减指针维度（第 257 行），依指针方式偏移。例如：

```
int **p;
int foo(int i) {
    return (*p)[i];
}
```

6.4.8 调试显示工具的扩充

下面将对 display.h/display.cpp 文件进行扩充和完善，以支持 P-代码的显示。这种简单的输出显示对设计开发的调试和实际使用都非常有用。

在 display.h/display.cpp 文件中新增函数，具体如下。

```
/p16ecc/cc_source_6.5/display.h
1  #ifndef _DEBUG_H
2  #define _DEBUG_H
3
4  #include "pnode.h"
5
6  void display (node *np, int level, FILE *file = NULL);
7  void display (char const *str, node *np, int level, FILE *file = NULL);
8  void dispSrc (node *np, int level, FILE *file = NULL);
9
10 void display (attrib *ap, int level, char endln, FILE *file = NULL);
11 void display (attrib *ap, FILE *file = NULL);
12 void display (attrib *ap, char ln, FILE *file = NULL);
13
14 void display (Pnode *pcode, FILE *file = NULL);
15 void display1(Pnode *pcode, FILE *file = NULL);
16 void display (Item *ip, FILE *file = NULL);
17
18 #endif
```

在 main.cpp 文件中启用显示 P-代码，具体如下。

```
/p16ecc/cc_source_6.5/main.cpp
13 int main(int argc, char *argv[])
14 {
15     for (int i = 1; i < argc; i++)
16     {
17         std::string buffer = "cpp1 ";
18         buffer += argv[i];
19
20         if ( system(buffer.c_str()) == 0 )
21         {
22             buffer = argv[i]; buffer += "_";
23
24             int rtcode = _main((char*)buffer.c_str());
25             remove(buffer.c_str()); // remove 'xx.c_' file
26
27 //          display(progUnit, 0);
28             if ( rtcode == 0 )
29             {
30                 Nlist nlist;
31                 PreScan preScan(&nlist);
32                 progUnit = preScan.scan(progUnit);
33
34                 Pcoder pcoder;          // P-code generation
35                 pcoder.run(progUnit);   // run it now
36
37                 display(pcoder.mainPcode);
38             }
39         }
40     }
41     return 0;
42 }
```

- 第 37 行：显示 P-代码序列。

本节的实验如表 6-5 所示。

表 6-5　一组间接寻址的实验

举例	C 语言源程序	生成的 P-代码

例1	char a[10];
	char foo(int i)
	{
	　char n;
	　n = a[i];
	}
		P-CODE: P_FUNC_BEG: foo : {char}
		P-CODE: ';'
		P-CODE: SRC ... e4.c #5: n = a[i];
		P-CODE: '+' %1{char *}, #a{char[10]}, foo_$_i{int}
		P-CODE: '=' foo_$1_n{char}, [%1]{char *}
		P-CODE: ';'
		P-CODE: LABEL_$L1
		P-CODE: P_FUNC_END: foo

例2	int foo(int *p)
	{
	　int n;
	　n = *p;
	　n = p[0];
	}
		P-CODE: P_FUNC_BEG: foo : {int}
		P-CODE: ';'
		P-CODE: SRC ... e5.c #4: n = *p;
		P-CODE: '=' foo_$1_n{int}, [foo_$_p:0]{int *}
		P-CODE: ';'
		P-CODE: SRC ... e5.c #5: n = p[0];
		P-CODE: '+' %1{int *}, foo_$_p{int *}, 0{int}
		P-CODE: '=' foo_$1_n{int}, [%1]{int *}
		P-CODE: ';'
		P-CODE: LABEL_$L1
		P-CODE: P_FUNC_END: foo

例3	int *p;
	int foo(int i)
	{
	　int n;
	　n = *p;
	　n = p[i];
	}
		P-CODE: P_FUNC_BEG: foo : {int}
		P-CODE: ';'
		P-CODE: SRC ... e1.c #6: n = *p;
		P-CODE: '=' foo_$1_n{int}, [p:0]{int *}
		P-CODE: ';'
		P-CODE: SRC ... e1.c #7: n = p[i];
		P-CODE: '*' %1{unsigned int}, foo_$_i{int}, 2{int}
		P-CODE: '+' %2{int *}, p{int *}, %1{unsigned int}
		P-CODE: '=' foo_$1_n{int}, [%2]{int *}
		P-CODE: ';'
		P-CODE: LABEL_$L1
		P-CODE: P_FUNC_END: foo

例4	int a[10][20];
	int f(int i, int j)
	{
	　int n;
	　n = a[i][j];
	}
		P-CODE: P_FUNC_BEG: foo : {int}
		P-CODE: ';'
		P-CODE: SRC ... e2.c #6: n = a[i][j];
		P-CODE: '*' %1{unsigned int}, foo_$_i{int}, 40{int}
		P-CODE: '+' %2{int *[20]}, #a{int[10][20]}, %1{unsigned int}
		P-CODE: '*' %3{unsigned int}, foo_$_j{int}, 2{int}
		P-CODE: '+' %4{int *}, %2{int *[20]}, %3{unsigned int}
		P-CODE: '=' foo_$1_n{int}, [%4]{int *}
		P-CODE: ';'
		P-CODE: LABEL_$L1
		P-CODE: P_FUNC_END: foo

续表

举例	C 语言源程序	生成的 P-代码

例 5	`void foo(int *p)`
	`{`
	`    int n;`
	`    p = &n;`
	`}`
		P-CODE: P_FUNC_BEG: foo : {void}
		P-CODE: ';'
		P-CODE: SRC ... e3.c #4: p = &n;
		P-CODE: '=' foo_$_p{int *}, #foo_$1_n{int}
		P-CODE: ';'
		P-CODE: LABEL_$L1
		P-CODE: P_FUNC_END: foo

例 6	`int foo(int *p)`
	`{`
	`    int n;`
	`    n = *&*&*p;`
	`}`
		P-CODE: P_FUNC_BEG: foo : {int}
		P-CODE: ';'
		P-CODE: SRC ... e6.c #4: n = *&*&*p;
		P-CODE: '=' foo_$1_n{int}, [foo_$_p:0]{int *}
		P-CODE: ';'
		P-CODE: LABEL_$L1
		P-CODE: P_FUNC_END: foo

注：由于此刻正处于尚未实现类型转换（cast）的 P-代码处理环节，因此无法进行对 DIR_ITEM 的测试。

在先前设计的基础上进行如下扩充。

工程项目路径：/cc_source_6.6。

增加源程序文件：pcoder3.cpp。

6.4.9 结构实体变量的成员偏移寻址

C 语言中的 struct/union 关键字，以及相关的语义和运用是高级语言有别于低级语言的重要特征之一。程序设计中利用 struct/union 的语法定义，可以设计更为复杂、庞大的变量类型和数据结构。

C 语言中有 "." 和 "->" 两种操作符可以对 struct/union 变量中的某成员进行寻址或存取。前者用于对 struct/union 实体中某成员变量进行直接寻址；而后者是通过指针方式进行间接寻址的。本节讨论前者的 P-代码生成。

C 语言表示形式：X.Y。

语法解析规则：postfix_expr '.' identifier { $$ = oprNode('.', 2, $1, $3); }。

显然，"." 操作符的 P-代码生成过程应该是以 struct 定义的变量主体的起始地址加上被寻址的成员在结构中的偏移，形成最终的（成员）变量地址。对于 union 定义的变量，其所有成员的偏移量均为 0。此外：

（1）struct/union 的定义、应用可以发生嵌套，即某 struct/union 变量中的成员也可以是通过 struct/union 方式定义的。

（2）所有成员变量的存储域特征（指存储在何种存储体中）都随主体而定。

输入的操作节点（OPR_NODE_t 类型 node）具有两个操作节点（$1、$3）。其中，前者对应 struct/union 变量主体，而后者对应其成员。

对 struct/union 实体变量成员进行偏移寻址操作的 P-代码生成过程如下。

```
/p16ecc/cc_source_6.6/pcoder3.cpp
24    case '.':   // struct/union direct addressing
25        run(OPR_NODE(op, 0));
26        if ( DEPTH() == (depth+1) )
27        {
28            node *np = OPR_NODE(op, 1);
29            if ( np->type != NODE_ID )
30            {
31                DEL();
32                errPrint("illegal member name!");
33                return;
34            }
35            ip0 = POP();
36            attrib *ap, *attr = cloneAttr(ip0->attr);
37            int data_bank = 0, offset, i0_type;
38            const char *error_msg = NULL;
39            switch ( i0_type = ip0->type )
40            {
41                case ID_ITEM:   case DIR_ITEM:  case INDIR_ITEM:    case PID_ITEM:
42                    if ( !(attr->type == STRUCT || attr->type == UNION) )
43                        error_msg = "not a struct/union data1!";
44                    else if ( attr->dimVect )
45                        error_msg = "no array allowed struct/union!";
46                    else if ( i0_type != ID_ITEM )
47                    {
48                        if ( ptrWeight(attr) != 1 )
49                            error_msg = "improper multi-pointer!";
50                    }
51                    else if ( ptrWeight(attr) != 0 )
52                        error_msg = "improper pointer!";
53
54                    if ( error_msg )
55                    {
56                        errPrint(error_msg);
57                        delAttr(attr);  delete ip0;
58                        return;
59                    }
60
61                    data_bank = (i0_type == ID_ITEM)? attr->dataBank:
62                                                      reducePtr(attr);
63
64                    ap = memberAttrClone(attr, np->id.name);    // member's attr
65                    if ( ap == NULL )
66                    {
67                        errPrint("struct/union member not found!", np->id.name);
68                        delAttr(attr);  delete ip0;
69                        return;
70                    }
71                    offset = memberOffset(attr, np->id.name);
72                    delAttr(attr);
73                    insertPtr(ap, data_bank);
74
75                    pnp = new Pnode('+');
76                    addPnode(&mainPcode, pnp);
77                    if ( i0_type == DIR_ITEM   ) ip0->type = CON_ITEM;
78                    if ( i0_type == ID_ITEM    ) ip0->type = IMMD_ITEM;
79                    if ( i0_type == INDIR_ITEM ) ip0->type = TEMP_ITEM;
80                    if ( i0_type == PID_ITEM   ) ip0->type = ID_ITEM;
81                    pnp->items[2] = intItem(offset);
82                    pnp->items[1] = ip0;
83                    pnp->items[0] = makeTemp();
84                    pnp->items[0]->attr = ap;
85
86                    PUSH(pnp->items[0]->clone());
87                    if ( !ap->dimVect ) TOP()->type = INDIR_ITEM;
88                    break;
```

- 第 25 行：对 struct/union 的变量主体项进行扫描，生成操作项置于编译栈顶。
- 第 28 行：获取成员的 node，不需要 P-代码扫描，只需获得成员的名称即可。
- 第 29～34 行：检测成员是否为单纯 NODE_ID 类型。
- 第 35 行：获取变量主体的操作项，赋予 ip0。
- 第 36 行：通过复制取得变量主体的特征（准备获取存储域特征）。
- 第 41 行：struct/union 的变量主体只能是 4 种类型之一的操作项。
- 第 42～59 行：语义检查并报错，具体如下。
  - 第 44～45 行：不支持数组寻址。
  - 第 47～50 行：对于 DIR_ITEM、INDIR_ITEM、PID_ITEM 类型的变量主体，不支持多维指针寻址。

> ➤ 51～52 行：对于 ID_ITEM 变量主体，不允许是指针类型（它与第 24 行中定义的操作相违）。

- 第 61～62 行：获取变量主体中的存储域属性。
- 第 64 行：获取成员的变量特征。
- 第 71 行：计算成员的偏移量（得到常数）。
- 第 73 行：设定最终对成员存取的存储域指针特征。偏移后，成员的存取方式呈间接寻址方式（数组除外）。
- 第 75～84 行：生成 P-代码{'+', [t, ip0,偏移量常数]}。
- 第 86 行：将成员存取项送入编译栈内。
- 第 87 行：成员的存取方式呈间接寻址方式（数组除外）。

本节的实验如表 6-6 所示。

表 6-6　结构成员直接寻址的实验

C 语言源程序	生成的 P-代码

``
struct Data {
   int x, y;
   char a[10];
} data;
void foo()
{
   int n;
   n = data.y;
   n = data.a[n];
}
``
	P-CODE: P_FUNC_BEG: foo : {int}
	P-CODE: ';'
	P-CODE: SRC ... st1.c #9: n = data.y;
	P-CODE: '+' %1{int *}, #data{(Data) STRUCT}, 2{int}
	P-CODE: '=' foo_$1_n{int}, [%1]{int *}
	P-CODE: ';'
	P-CODE: SRC ... st1.c #10: n = data.a[n];
	P-CODE: '+' %1{char *[10]}, #data{(Data) STRUCT}, 4{int}
	P-CODE: '+' %2{char *}, %1{char *[10]}, foo_$1_n{int}
	P-CODE: '=' foo_$1_n{int}, [%2]{char *}
	P-CODE: ';'
	P-CODE: LABEL_$L1
	P-CODE: P_FUNC_END: foo

6.4.10　变量的成员间接偏移寻址

与 6.4.9 节的概念相似，区别是：变量的成员间接偏移寻址是通过 struct/union 的指针进行偏址后的间接寻址，这意味着相应的操作项必须具备指针或地址特征。

C 语言表示形式：X–>Y。

语法解析规则：postfix_expr PTR_OP identifier { $$ = oprNode(PTR_OP, 2, $1, $3); }。

P-代码生成过程与 6.4.9 节的类似，差别在于操作项 ip0 是 struct/union 的指针，具体如下。

/p16ecc/cc_source_6.6/pcoder3.cpp

```
98              case PTR_OP:     // struct/union indirect addressing
99                  run(OPR_NODE(op, 0));
100                 if ( DEPTH() == (depth+1) )
101                 {
102                     node *np = OPR_NODE(op, 1);
103                     if ( np->type != NODE_ID )
104                     {
105                         DEL();
106                         errPrint("illegal member name!");
107                         return;
108                     }
109                     ip0 = POP();
110                     attrib *ap, *attr = cloneAttr(ip0->attr);
111                     int data_bank = 0, offset, i0_type;
112                     const char *error_msg = NULL;
113                     switch ( i0_type = ip0->type )
114                     {
115                         case IMMD_ITEM:  case ID_ITEM:  case TEMP_ITEM: case ACC_ITEM:  case CON_ITEM:
116                         case INDIR_ITEM: case PID_ITEM: case DIR_ITEM:
117                             if ( !(attr->type == STRUCT || attr->type == UNION) )
118                             {
119                                 error_msg = "not a struct/union data2!";
120                             }
121                             else if ( i0_type == INDIR_ITEM || i0_type == PID_ITEM || i0_type == DIR_ITEM )
122                             {
123                                 if ( ptrWeight(attr) != 2 ) error_msg = "improper multi-pointer!";
124                                 reducePtr(attr);
125                             }
126                             else if ( i0_type == IMMD_ITEM )
127                             {
128                                 if ( ptrWeight(attr) != 0 ) error_msg = "improper address!";
129                             }
130                             else
131                             {
132                                 if ( ptrWeight(attr) != 1 ) error_msg = "improper pointer!";
133                             }
134
135                             if ( !error_msg && attr->dimVect )
136                                 error_msg = "no array allowed struct/union!";
```

本节在 ip0 的语义检查部分（第 117～136 行）的处理上与 6.4.9 节的略有不同，主要体现在指针维度的验证。

/p16ecc/cc_source_6.6/pcoder3.cpp

```
145                             data_bank = attr->dataBank;
146                             if ( i0_type != IMMD_ITEM )
147                                 data_bank = reducePtr(attr);
148
149                             ap = memberAttrClone(attr, np->id.name);     // member's attr
150                             offset = memberOffset(attr, np->id.name);
151                             delAttr(attr);
152
153                             if ( ap == NULL )
154                             {
155                                 errPrint("struct/union member not found!", np->id.name);
156                                 delete ip0;
157                                 return;
158                             }
159
160                             insertPtr(ap, data_bank);
161                             pnp = new Pnode('+');
162                             addPnode(&mainPcode, pnp);
163                             pnp->items[2] = intItem(offset);
164                             pnp->items[1] = ip0;
165                             pnp->items[0] = makeTemp();
166                             pnp->items[0]->attr = ap;
167
168                             PUSH(pnp->items[0]->clone());
169                             if ( !ap->dimVect ) TOP()->type = INDIR_ITEM;
170                             break;
```

本节的实验如表 6-7 所示。

表 6-7　结构成员间接寻址的实验

C 语言源程序	生成的 P-代码
	F:\p16ecc\cc_source_6.6>cc16e st2.c
	P-CODE: P_FUNC_BEG: foo : {int}
	P-CODE: ';'
	P-CODE: SRC ... st2.c #9: n = data.y;
	P-CODE: '+' %1{int *}, #data{(Data) STRUCT}, 2{int}
	P-CODE: '=' foo_$1_n{int}, [%1]{int *}
	P-CODE: ';'
	P-CODE: SRC ... st2.c #10: n = data.a[n];
	P-CODE: '+' %1{char *[10]}, #data{(Data) STRUCT}, 4{int}
struct Data {	P-CODE: '+' %2{char *}, %1{char *[10]}, foo_$1_n{int}
int x, y;	P-CODE: '=' foo_$1_n{int}, [%2]{char *}
char a[10];	P-CODE: ';'
} data;	P-CODE: SRC ... st2.c #11: n = (&data)->y;
int foo(struct Data	P-CODE: '+' %1{int *}, #data{(Data) STRUCT}, 2{int}
*p)	P-CODE: '=' foo_$1_n{int}, [%1]{int *}
{	P-CODE: ';'
int n;	P-CODE: SRC ... st2.c #12: n = p->x;
n = data.y;	P-CODE: '+' %1{int *}, foo_$_p{(Data) STRUCT *}, 0{int}
n = data.a[n];	P-CODE: '=' foo_$1_n{int}, [%1]{int *}
n = (&data)->y;	P-CODE: ';'
n = p->x;	P-CODE: SRC ... st2.c #13: n = (*p).x;
n = (*p).x;	P-CODE: '+' %1{int *}, foo_$_p{(Data) STRUCT *}, 0{int}
n = p[n].y;	P-CODE: '=' foo_$1_n{int}, [%1]{int *}
}	P-CODE: ';'
	P-CODE: SRC ... st2.c #14: n = p[n].y;
	P-CODE: '*' %1{unsigned int}, foo_$1_n{int}, 14{int}
	P-CODE: '+' %2{(Data) STRUCT *}, foo_$_p{(Data) STRUCT *}, %1{unsigned int}
	P-CODE: '+' %3{int *}, %2{(Data) STRUCT *}, 2{int}
	P-CODE: '=' foo_$1_n{int}, [%3]{int *}
	P-CODE: ';'
	P-CODE: LABEL_$L1
	P-CODE: P_FUNC_END: foo

注：上述实验表明同一运算可以有不同的源程序描述方式，但生成的 P-代码相同。

6.4.11　预先递增和预先递减

预先递增和预先递减（pre-increment/pre-decrement）操作都是单目运算。

C 语言表示形式：++X 和--X。

语法解析规则：

```
INC_OP unary_expr { $$ = oprNode(PRE_INC, 1, $2); }
DEC_OP unary_expr { $$ = oprNode(PRE_DEC, 1, $2); }
```

　　所谓预先递增/递减，是指操作数 X 在被使用（存取）前先递增/递减 1 个基本量。这其中将涉及以下 3 个要点（语义检查）。

　　（1）操作数 X 必须是单体变量，如 char/int/short/long 类型的简单变量或各种变量的指针。数组和结构体（struct/union）变量本身，以及常数无法进行递增/递减操作。

　　（2）操作数 X 的存储域必须是可写入的，即无法对 ROM 中的数据内容进行递增/递减操作。

　　（3）具体的递增/递减值将视操作数 X 类型而定。

　　预先递增/递减操作的 P-代码生成过程如下。

```
/p16ecc/cc_source_6.6/pcoder3.cpp
180    case PRE_INC:
181    case PRE_DEC:
182        run(OPR_NODE(op, 0));
183        if ( DEPTH() == (depth+1) )
184        {
185            ip0 = POP();
186            attrib *attr = ip0->attr;
187            int code = (op->oper == PRE_INC)? INC_OP: DEC_OP;
188            int size = ip0->stepSize();
189            if ( attr->dimVect || !ip0->isWritable() || size == 0 ||
190                 ip0->type == TEMP_ITEM || ip0->type == ACC_ITEM )
191            {
192                delete ip0;
193                errPrint("inc/dec data type error!");
194                return;
195            }
196            pnp = new Pnode(code);
197            addPnode(&mainPcode, pnp);
198            pnp->items[0] = ip0;
199            pnp->items[1] = intItem(size);
200
201            PUSH(pnp->items[0]->clone());
202            return;
203        }
204        break;
```

- 第 182 行：对操作数 X 进行扫描、入栈。
- 第 185 行：获取 X，并赋予 ip0。
- 第 186 行：确定 P-代码的类型。
- 第 189～195 行：对 ip0 类型、存储域进行检查。
- 第 196～199 行：生成递增/递减 P-代码{INC_OP 或 DEC_OP,[ip0,递增/递减量常数项]}。
- 第 201 行：复制 ip0 并压入栈顶。

　　由于 ip0 递增/递减操作在前，入栈操作在后，因此后续 P-代码使用的 ip0 是修改后的内容。

6.4.12　滞后递增和滞后递减

　　滞后递增和滞后递减（post-increment/post-decrement）操作同样都是单目运算。

　　C 语言表示形式：X++和 X--。

　　语法解析规则：

```
postfix_expr INC_OP { $$ = oprNode(POST_INC, 1, $2); }
postfix_expr DEC_OP { $$ = oprNode(POST_DEC, 1, $2); }
```

　　滞后递增/递减操作和预先递增/递减操作在语义检查等方面相同。所不同的是，滞后递增/递减操作的操作数 X 在进行递增/递减前，先被存入（复制）临时变量中并送入编译栈内，供后续操作之用。

滞后递增/递减操作的 P-代码生成过程如下。

```
/p16ecc/cc_source_6.6/pcoder3.cpp
206            case POST_INC:
207            case POST_DEC:
208                run(OPR_NODE(op, 0));
209                if ( DEPTH() == (depth+1) )
210                {
211                    ip0 = POP();
212                    attrib *attr = ip0->attr;
213                    int code = (op->oper == POST_INC)? INC_OP: DEC_OP;
214                    int size = ip0->stepSize();
215
216                    if ( attr->dimVect || !ip0->isWritable() || size == 0 ||
217                         ip0->type == TEMP_ITEM || ip0->type == ACC_ITEM )
218                    {
219                        delete ip0;
220                        errPrint("inc/dec data type error!");
221                        return;
222                    }
223
224                    pnp = new Pnode('=');
225                    addPnode(&mainPcode, pnp);
226                    pnp->items[1] = ip0;
227
228                    if ( ip0->type == DIR_ITEM || ip0->type == PID_ITEM || ip0->type == INDIR_ITEM )
229                    {
230                        attrib *ap = cloneAttr(attr);
231                        reducePtr(ap);
232                        pnp->items[0] = makeTemp(ap);
233                        delAttr(ap);
234                    }
235                    else
236                        pnp->items[0] = makeTemp(attr);
237
238                    PUSH(pnp->items[0]->clone());
239
240                    pnp = new Pnode(code);
241                    addPnode(&mainPcode, pnp);
242                    pnp->items[0] = ip0->clone();
243                    pnp->items[1] = intItem(size);
244                }
245                break;
```

- 第 224~238 行：生成 P-代码{'=',[t,ip0]}，并将 t 压入编译栈内，供后续 P-代码使用。
- 第 240~243 行：生成 P-代码{INC_OP 或 DEC_OP,[ip0,递增/递减量常数项]}。

预先/滞后递增和递减的实验如表 6-8 所示。

表 6-8　预先/滞后递增和递减的实验

C 语言源程序	生成的 P-代码
void foo(int i)	F:\p16ecc\cc_source_6.6>cc16e inc.c
{	P-CODE: P_FUNC_BEG: foo : {int}
int n, *p;	P-CODE: ';'
n = ++i;	P-CODE: SRC ... inc.c #5: n = ++i;
n = i++;	P-CODE: '++' foo_$_i{int}, 1{int}
n = *p++;	P-CODE: '=' foo_$1_n{int}, foo_$_i{int}
n = *++p;	P-CODE: ';'
}	P-CODE: SRC ... inc.c #6: n = i++;
	P-CODE: '=' %1{int}, foo_$_i{int}
	P-CODE: '++' foo_$_i{int}, 1{int}
	P-CODE: '=' foo_$1_n{int}, %1{int}

续表

C 语言源程序	生成的 P-代码
	P-CODE: ';'
	P-CODE: SRC ... inc.c #7: n = *p++;
	P-CODE: '=' %1{int *}, foo_$2_p{int *}
	P-CODE: '++' foo_$2_p{int *}, 2{int}
	P-CODE: '=' foo_$1_n{int}, [%1]{int *}
	P-CODE: ';'
	P-CODE: SRC ... inc.c #8: n = *++p;
	P-CODE: '++' foo_$2_p{int *}, 2{int}
	P-CODE: '=' foo_$1_n{int}, [foo_$2_p:0]{int *}
	P-CODE: ';'
	P-CODE: SRC ... inc.c #9: n++;
	P-CODE: '=' %1{int}, foo_$1_n{int}
	P-CODE: '++' foo_$1_n{int}, 1{int}
	P-CODE: ';'
	P-CODE: LABEL_$L1
	P-CODE: P_FUNC_END: foo

在先前设计的基础上进行以下扩充。

工程项目路径：/cc_source_6.7。

增加源程序文件：pcoder4.cpp。

6.4.13　sizeof()函数

如果 sizeof()函数作用于变量类型，则在第 5 章预处理时已直接被替换成一个常数（节点），而本节只讨论作用于变量时生成 P-代码的处理。作用于变量时的情形就比较复杂，具体来说，当变量为单体变量时，只需对变量的类型进行分析获得其长度，生成常数操作项；而对于数组类型，如果其长度可能无法确定，则只得留至连接阶段解决。但无论何种情形，sizeof()函数本身将转换成操作项（常量项）送入编译栈内，其 P-代码生成过程如下。

```
/p16ecc/cc_source_6.7/pcoder4.cpp
28      case SIZEOF:
29          run(OPR_NODE(op, 0));
30          if ( DEPTH() == (depth+1) )
31          {
32              ip0 = POP();
33              int n;
34              switch ( ip0->type )
35              {
36                  case ID_ITEM:
37                  case IMMD_ITEM:
38                      n = sizer(ip0->attr, TOTAL_SIZE);
39                      if ( n <= 0 )
40                      {   // virtual array specifier
41                          Dnode *dp = (Dnode*)ip0->home;
42                          if ( ip0->type == IMMD_ITEM && dp && dp->func == NULL )
43                          {
44                              std::string s = ip0->val.s;
45                              s += "$sizeof$";
46                              ip0->updateName((char*)s.c_str());
47                              ip0->type = IMMD_ITEM;
48                              PUSH(ip0);
49                              return;
50                          }
51                      break;
```

```
52                      }
53                      PUSH(intItem(n));
54                      return;
55
56                  default:
57                      break;
58              }
59
60              delete ip0;
61              errPrint("can't size the data");
62          }
63          break;
```

- 第 32 行：从编译栈内获取变量，并赋予 ip0。
- 第 36～37 行：只能处理两种类型的操作项（ID_ITEM 和 IMMD_ITEM）。
- 第 38 行：计算变量的长度。
- 第 39～49 行：若变量长度无法确定，则可能无法获得对整个变量长度的判断结果（一般发生在外部定义的、带数组的变量）。

例如：

```
extern int array[];
...
    foo ()
{
        int n;
        n = sizeof(array);
        ...
}
```

数组 array 如果在别处被定义，则长度无法确定。在此情形下，将变量名变更为："array$sizeof$"，送入编译栈内并重新设定操作项类型（第 44～49 行），其数值将由连接器（linker）决定；否则按出错处理（第 61 行）。

- 第 53 行：由变量长度生成常数项，并送入编译栈内。

6.4.14 标号语句 LABEL 和 GOTO 语句

这两种操作类型均为实现直接跳转的操作。处理上只需生成标号操作项及其对应的 P-代码即可。

{LABEL 或 GOTO,[标号项]}

其 P-代码生成过程如下。

/p16ecc/cc_source_6.7/pcoder4.cpp
```
65          case LABEL:
66          case GOTO:
67              np = OPR_NODE(op, 0);
68              pnp = new Pnode(code, lblItem(np->id.name));
69              addPnode(&mainPcode, pnp);
70              break;
```

6.4.15 单目运算语句

这 3 种单目运算操作具有某种共性，因此可将其归结在一起进行处理。它们的处理形式如下。

C 语言表示形式：

```
-X
!X
~X
```

语法解析规则：unary_operator cast_expr {$$ = oprNode($1, 1, $2);}。

这 3 种运算的结果不同于原始表达式 X，都只能（暂时）存放在临时变量中，并将其送入栈顶。另外需要指出的是，其中的"!"运算属于逻辑判断运算，其运算结果只能是"0（false）"和 "非 0（true）"两种状态；而且，这 3 种单目运算在语法、语义的层面上看似简单，但在编译过程的处理上可能较复杂。

3 种单目运算的 P-代码生成过程如下。

```
/p16ecc/cc_source_6.7/pcoder4.cpp
72      case NEG_OF:
73      case '!':
74      case '~':
75          run(OPR_NODE(op, 0));
76          if ( DEPTH() == (depth+1) )
77          {
78              ip0 = POP();
79              attrib *attr = ip0->attr;
80              if ( ip0->isOperable() )
81                  switch ( ip0->type )
82                  {
83                      case ID_ITEM:
84                      case TEMP_ITEM:
85                      case ACC_ITEM:
86                          pnp = new Pnode(code);
87                          addPnode(&mainPcode, pnp);
88                          pnp->items[1] = ip0;
89                          pnp->items[0] = makeTemp(attr);
90                          PUSH(pnp->items[0]->clone());
91                          return;
92
93                      case IMMD_ITEM:
94                      case LBL_ITEM:
95                          if ( code == '!' )
96                          {
97                              delete ip0;
98                              ip0 = intItem(0);
99                          }
100                         else if ( code == '~' )
101                         {
102                             std::string s = "(~";
103                             s += ip0->val.s;    s += ")";
104                             ip0->updateName((char*)s.c_str());
105                         }
106                         else // NEG_OF
107                         {
108                             std::string s = "(0-";
109                             s += ip0->val.s; s += ")";
110                             ip0->updateName((char*)s.c_str());
111                         }
112                         PUSH(ip0);
113                         return;
```

- 第 75 行：对表达式 X 进行扫描，将生成的操作项置于编译栈顶。
- 第 78～79 行：获取操作项赋予 ip0，以及相应的特征。
- 第 80 行：确认操作项的可操作性。
- 第 83～89 行：通过直接存取类型的操作项（ID_ITEM、TEMP_ITEM、ACC_ITEM）生成 P-代码{code,[t,ip0]}，并将运算结果存放于临时变量 t 中。
- 第 90 行：复制 t 并置入栈顶。
- 第 93～94 行：符号性常数（id 的地址常数，即标号或变量的地址）的处理。

- 第 95~99 行：通过 "!" 运算生成 0 的常数项（将其送入栈顶），从而代替原操作项，这是因为任何程序标号和变量地址均非 0。
- 第 100~105 行：通过 "~" 运算，更改 id 的称谓，'id'→'(~id)'，并将其置入栈顶。该操作项的具体数值将由连接器（linker）确定。
- 第 106~111 行：对于 NEG_OF（取负值），同样是更改 id 的称谓。

```
/p16ecc/cc_source_6.7/pcoder4.cpp
115                             case DIR_ITEM:
116                             case PID_ITEM:
117                             case INDIR_ITEM:
118                                 pnp = new Pnode(code);
119                                 addPnode(&mainPcode, pnp);
120                                 pnp->items[1] = ip0;
121                                 pnp->items[0] = makeTemp();
122                                 if ( attr->type == SBIT )
123                                     pnp->items[0]->attr = newAttr(CHAR);
124                                 else
125                                 {
126                                     pnp->items[0]->attr = cloneAttr(attr);
127                                     reducePtr(pnp->items[0]->attr);
128                                 }
129
130                                 PUSH(pnp->items[0]->clone());
131                                 return;
```

- 第 115~117 行：对于 3 种间接寻址的操作项，其类型属性中均含有指针维度。同样地，它们的运算结果也会被存入临时变量中。
- 第 122~123 行：对于 "位" 变量（寄存器标志），其结果只需用 char 类型表示即可。
- 第 124~128 行：否则，结果的临时变量的类型将由原始数据类型而定，且不要遗漏对指针属性进行降维。

6.4.16 类型强制转换

类型强制转换（CAST）只适用于单体变量（数组和 struct/union 类型的变量均属复合型变量）。对常数类型的操作项（包括标号和变量地址）进行类型强制转换处理时，只是改变操作项本身的类型属性（attribute）；而对其余类型的操作项进行类型强制转换处理时，则实行与 6.4.15 节中的方法一致，即转存为所转换类型的临时变量，其 P-代码生成过程如下。

```
/p16ecc/cc_source_6.7/pcoder4.cpp
140             case CAST:
141                 run(OPR_NODE(op, 0));
142                 if ( DEPTH() == (depth+1) )
143                 {
144                     ip0 = POP();
145                     attrib *ap = op->attr;        // casting attribute
146
147                     if ( !ip0->isOperable() )
148                     {
149                         delete ip0;
150                         errPrint("can't be casted!");
151                         return;
152                     }
153                     if ( ip0->type == CON_ITEM )
154                     {
155                         ip0->updateAttr(cloneAttr(ap));
156                         PUSH(ip0);
157                         return;
158                     }
159                     pnp = new Pnode('=');
160                     addPnode(&mainPcode, pnp);
161                     pnp->items[1] = ip0;
162                     pnp->items[0] = makeTemp(ap);
163                     PUSH(pnp->items[0]->clone());
164                     return;
165                 }
166                 break;
```

- 第 141~144 行：扫描并获取被转换操作项。
- 第 147~152 行：检查转换类型的合法性。
- 第 153~158 行：对于常数类型的操作项，改变其类型属性。
- 第 159~164 行：对于其他类型的操作项，将其赋予同等类型的临时变量，并复制到栈顶。

6.4.17　SBIT 类型操作项

正如 5.3.16 节中所述，在编译树的预扫描过程中，由 SBIT 所定义的寄存器位名称已经被添加到变量名表 Nlist 中。而在 5.3.4 节中，凡出现的该变量名应用的场景均由 Nlist 中定义的内容取代（替换 node 的类型为 NODE_OPR，因而操作类型 oper 为 SBIT），即：

```
oprNode(SBIT, 1, $x);
```

本节中讨论的是如何处理编译树中这类变量使用时的 P-代码生成。此处 "$x" 是一个表达式的节点，在 P-代码生成阶段，将对此类 node 进行处理，最终归结为一个常数，表示寄存器中的位地址，并将其转换成 DIR_ITEM 类型的操作项（这里将变量类型设置为 SBIT）。整个过程如下。

```
/p16ecc/cc_source_6.7/pcoder4.cpp
168        case SBIT:
169            run(OPR_NODE(op, 0));
170            if ( DEPTH() == (depth+1) )
171            {
172                ip0 = TOP();
173                if ( ip0->type == CON_ITEM )
174                {
175                    ip0->updateAttr(newAttr(SBIT));
176                    insertPtr(ip0->attr, 0);
177                    ip0->type = DIR_ITEM;
178                    return;
179                }
180                DEL();
181                errPrint("invalide SBIT address!");
182            }
183            break;
```

- 第 169 行：对地址常数定义的节点进行扫描、归纳。
- 第 173 行：确认地址常数。
- 第 175~178 行：构建 DIR_ITEM 操作项，并将其变量类型设置为 SBIT。

在先前设计的基础上进行以下扩充。

工程项目路径：/cc_source_6.8。

增加源程序文件：pcoder5.cpp。

6.4.18　复合赋值运算 ADD_ASSIGN 和 SUB_ASSIGN

"+="（ADD_ASSIGN）和 "-="（SUB_ASSIGN）是众多复合赋值操作符中较为一般的一类操作。它们的 C 语言一般形式为：X += Y，以及 X -= Y。

其中，X 及 Y 必须是单体类型操作项。除此之外，X 必须是可写入的操作项。需要理解的是，这两种运算操作的语义是：对 X 递增（递减）Y 个基量。所谓基量，是指 X 的基本递增单位。另外，Y 必须为单纯量（包括常数）。

如果 X 是具有指针属性的操作项，则实际递增（递减）数值为指针所指示存取单位长度（字节数）乘以 Y。以本书设计为例，基本变量类型 char/int/short/long 的长度分别为 1/2/3/4 字节；每个指针变量占用 2 字节。例如：

```
char *cp;
int  *ip, n, m;
...
cp += n;                    // cp 的实际递增量 = n
ip += n;                    // ip 的实际递增量 = 2*n
m  += n;                    // m 的实际递增量 = n
```

P-代码生成过程如下。

/p16ecc/cc_source_6.8/pcoder5.cpp

```
25    case ADD_ASSIGN:
26    case SUB_ASSIGN:
27        run(OPR_NODE(op, 0));
28        run(OPR_NODE(op, 1));
29        if ( DEPTH() == (depth+2) )
30        {
31            ip1 = POP();
32            ip0 = POP();
33            int size = ip0->stepSize();// incremental size
34
35            if ( size > 0 && ip0->isWritable() && ip0->attr->type != SBIT &&
36                 ip0->isOperable() && ip1->isOperable() && ip1->attr->type != SBIT )
37            {
38                if ( ip0->isAccePtr() && ip1->isMonoVal() ) // modify a pointer
39                {
40                    if ( ip1->type == CON_ITEM )
41                        ip1->val.i *= size;
42                    else if ( size > 1 )
43                    {
44                        pnp = new Pnode('*');
45                        addPnode(&mainPcode, pnp);
46                        pnp->items[2] = intItem(size);
47                        pnp->items[1] = ip1;
48                        pnp->items[0] = makeTemp();
49                        pnp->items[0]->attr = newAttr(INT);
50                        ip1 = pnp->items[0]->clone();
51                    }
52                }
53
54                pnp = new Pnode(code);
55                addPnode(&mainPcode, pnp);
56                pnp->items[1] = ip1;
57                pnp->items[0] = ip0;
58                PUSH(pnp->items[0]->clone());
59                break;
60            }
61            delete ip0;
62            delete ip1;
63            errPrint("invalid +=/-= operation!");
64        }
65        break;
```

- 第 27~28 行：扫描并生成 X、Y 操作项。
- 第 31~32 行：获取操作项，将 X 赋予 ip0 和将 Y 赋予 ip1。
- 第 33 行：计算 X 的递增基量，并赋予 size。
- 第 35~36 行：检查验证 ip0、ip1 的可操作性（ip0 必须具有可写性，ip0、ip1 为单体变量）。
- 第 38 行：若 ip0 具有指针属性，且 ip1 为单纯量（必须按递增基量方式递增）。
- 第 40~41 行：若 ip1 为常数，则其数值为此常量乘以其递增基量。
- 第 42~51 行：若递增基量 >1 且 ip1 非常数项，则生成 P-代码{'*',[t,ip1,size]}来计算总递增（减）值。之后，将复制结果 t 并由 ip1 指示（第 50 行）。

- 第 54～59 行：最后，生成 P-代码，将 ip0 与 ip1 相加（相减）{ADD_ASSIGN/SUB_ASSIGN,[ip0,ip1]}。

6.4.19　算术运算"+"和"−"

算术运算"+"和"−"是编程中常使用的操作之一。它们和 6.4.18 节论述的操作有相似性。它们的 C 语言一般形式为：X + Y，以及 X − Y。

显然，两个操作数（X 和 Y）必须具备可运算性，将其运算结果存入临时变量中作为随后运算操作的输入。此处的运算结果可能涉及"溢出"情形。"+"运算符的 P-代码转换实验如表 6-9 所示。

表 6-9　"+"运算符的 P-代码转换实验

C 语言程序源代码	相对应的 P-代码

int n;
void foo(char a, char b)
{
　　n = a + b;
}
	{'+', [t, a, b]}
	{'=', [n, t]}

在表 6-9 中，a 和 b 均为 char 类型的带符号变量，因此其数值范围为−128～127，运算结果的数值范围为−256～254。为了保证此后运算的正确性，临时变量 t 的类型需要增加长度至 int，以防止丢失结果的高位数值。

本节的 P-代码生成过程如下。

```
/p16ecc/cc_source_6.8/pcoder5.cpp
67        case '+':
68        case '-':
69            run(OPR_NODE(op, 0));
70            run(OPR_NODE(op, 1));
71            if ( DEPTH() == (depth+2) )
72            {
73                ip1 = POP();
74                ip0 = POP();
75
76                if ( mergeConst(code, ip0, ip1) )
77                    return;
78
79                if ( !(ip0->isOperable() && ip1->isOperable()) ||
80                     ip0->attr->type == SBIT || ip1->attr->type == SBIT )
81                {
82                    delete ip0;
83                    delete ip1;
84                    errPrint("invalid operand(s)!");
85                    return;
86                }
87                if ( (ip0->isAccePtr() || ip0->type == IMMD_ITEM) && ip1->isMonoVal() )
88                {
89                    ptrBiasing(code, ip0, ip1);
90                    return;
91                }
92                if ( (ip1->isAccePtr() || ip1->type == IMMD_ITEM) && ip0->isMonoVal() && code == '+' )
93                {
94                    ptrBiasing(code, ip1, ip0);
95                    return;
96                }
97
98                pnp = new Pnode(code);
99                addPnode(&mainPcode, pnp);
```

```
100             pnp->items[1] = ip0;
101             pnp->items[2] = ip1;
102             Item *tmp = makeTemp();
103             tmp->attr = (ip0->isMonoVal() && ip1->isMonoVal())? maxMonoAttr(ip0, ip1, code):
104                                                                    maxSizeAttr(ip0, ip1);
105             pnp->items[0] = tmp;
106             PUSH(pnp->items[0]->clone());
107             return;
108         }
109         break;
```

- 第 73～74 行：获取操作项，将 X 赋予 ip0 和将 Y 赋予 ip1。
- 第 76～77 行：当两个操作项均为常数时，进行合并、结束处理。
- 第 79～86 行：检验操作项。
- 第 87～91 行：对于指针类型 X 与单纯量 Y 的+/-运算，可以调用 ptrBiasing()函数，生成 P-代码，从而实现

```
t = X +/- Y *'X-基量'
```

- 第 92～96 行：对于指针类型 Y 与单纯量 X 的+运算，可以调用 ptrBiasing()函数，生成 P-代码，从而实现

```
t = Y + X *'Y-基量'
```

- 第 98～107 行：对其他类型操作项进行处理，生成 P-代码，从而实现

```
t = X + Y
t = X - Y
```

其中，若 X 和 Y 同为单纯量，则 t 变量类型需要增加长度（第 103 行），以防因溢出而导致高位数据丢失。

6.4.20　逻辑运算 "&"、"|" 和 "^"

相比之下，逻辑运算就比较单纯，因为它们不涉及溢出，以及运算项的特殊处理。P-代码生成关系如下。

X & Y 产生 P-代码 {'&', [t，X，Y]}。

X | Y 产生 P-代码 {'|', [t，X，Y]}。

X ^ Y 产生 P-代码 {'^', [t，X，Y]}。

本节的 P-代码生成过程如下。

/p16ecc/cc_source_6.8/pcoder5.cpp

```
111         case '|': case '&': case '^':
112             run(OPR_NODE(op, 0));
113             run(OPR_NODE(op, 1));
114             if ( DEPTH() == (depth+2) )
115             {
116                 ip1 = POP();
117                 ip0 = POP();
118
119                 if ( mergeConst(code, ip0, ip1) )
120                     return;
121
122                 if ( ip0->isOperable() && ip0->attr->type != SBIT &&
123                      ip1->isOperable() && ip1->attr->type != SBIT )
124                 {
125                     pnp = new Pnode(code);
126                     addPnode(&mainPcode, pnp);
127                     pnp->items[1] = ip0;
128                     pnp->items[2] = ip1;
```

```
129                                 Item *tmp = makeTemp();
130                                 tmp->attr = maxSizeAttr(ip0, ip1);
131                                 tmp->attr->isUnsigned = 1;
132                                 pnp->items[0] = tmp;
133                                 PUSH(pnp->items[0]->clone());
134                                 return;
135                             }
136                         delete ip0;
137                         delete ip1;
138                         errPrint("invalid operation type!");
139                         return;
140                     }
141                 break;
142
```

6.4.21　其他复合赋值运算

其他 8 种复合赋值运算及其 P-代码转换如下。

X &= Y 产生 P-代码 {AND_ASSIGN,[t,X,Y]}。

X |= Y 产生 P-代码 {OR_ASSIGN,[t,X,Y]}。

X ^= Y 产生 P-代码 {XOR_ASSIGN,[t,X,Y]}。

X *= Y 产生 P-代码 {MUL_ASSIGN,[t,X,Y]}。

X /= Y 产生 P-代码 {DIV_ASSIGN,[t,X,Y]}。

X %= Y 产生 P-代码 {MOD_ASSIGN,[t,X,Y]}。

X >>= Y 产生 P-代码 {RIGHT_ASSIGN,[t,X,Y]}。

X <<= Y 产生 P-代码 {LEFT_ASSIGN,[t,X,Y]}。

与 X += Y、X -= Y 运算相仿，这几种运算操作 X 不但参与运算，还会存放运算结果。不同的是，这些运算不必考虑 X 的递增基量，因此在 P-代码生成过程中会简单一些。P-代码生成过程如下。

/p16ecc/cc_source_6.8/pcoder5.cpp

```
144         case AND_ASSIGN:      case OR_ASSIGN:      case XOR_ASSIGN:
145         case MUL_ASSIGN:      case DIV_ASSIGN:     case MOD_ASSIGN:
146         case LEFT_ASSIGN:     case RIGHT_ASSIGN:
147             run(OPR_NODE(op, 0));
148             run(OPR_NODE(op, 1));
149             if ( DEPTH() == (depth+2) )
150             {
151                 ip1 = POP();
152                 ip0 = POP();
153                 if ( (ip0->isOperable() && ip1->isOperable() && ip0->isWritable()         &&
154                      ip0->attr->type != SBIT && ip1->attr->type != SBIT                   ) ||
155                      (ip0->attr->type == SBIT && ip1->type == CON_ITEM && ip1->val.i <= 1 &&
156                      (code == XOR_ASSIGN || code == OR_ASSIGN || code == AND_ASSIGN)       ) )
157                 {
158                     if ( code == AND_ASSIGN || code == OR_ASSIGN || code == XOR_ASSIGN )
159                     {
160                         pnp = new Pnode(code);
161                         addPnode(&mainPcode, pnp);
162                         pnp->items[0] = ip0;
163                         pnp->items[1] = ip1;
164                         PUSH(pnp->items[0]->clone());
165                         return;
166                     }
167                     if ( ip0->isMonoVal() && ip1->isMonoVal() )     // *=、/=、%=、>>=、<<=
168                     {
169                         pnp = new Pnode(code);
170                         addPnode(&mainPcode, pnp);
171                         pnp->items[0] = ip0;
172                         pnp->items[1] = ip1;
173                         PUSH(pnp->items[0]->clone());
174                         return;
175                     }
176                 }
177                 delete ip0;
```

```
178              delete ip1;
179              errPrint("invalid operation type!");
180              return;
181          }
182          break;
```

- 第 158～166 行：通过复合逻辑运算操作可以简单生成 P-代码{code,[ip0,ip1]}。
- 第 167～175 行：对于其他类型的复合运算操作，ip0 和 ip1 必须是单纯量，并且 P-代码形式相同。

在先前设计的基础上进行以下扩充。

工程目录路径：/cc_source_6.9。

增加源程序文件：pcoder6.cpp。

对于本节中的新操作，将增加新函数（声明），具体如下。

/p16ecc/cc_source_6.9/pcoder.h

```
96      void logicBranch(node *np, int t_lbl, int f_lbl, int next_lbl);
97      void logicBranch(Item *ip, int t_lbl, int f_lbl, int next_lbl);
98      void compareBranch(int op, Item *ip0, Item *ip1, int t_lbl, int f_lbl, int next_lbl);
99      void compareBranch(int op, node *np0, node *np1, int t_lbl, int f_lbl, int next_lbl);
100
101     void run1(oprNode_t *np);
102     void run2(oprNode_t *np);
103     void run3(oprNode_t *np);
104     void run4(oprNode_t *np);
105     void run5(oprNode_t *np);
106     void run6(oprNode_t *np);
```

这些函数可以用于生成判断、跳转的 P-代码。

6.4.22　算术运算 "*"、"/" 和 "%"，以及 "移位" 运算

与其他算术/逻辑运算生成的 P-代码相似，均为{op_code, [t, ip0, ip1]}。差别在于如何确定临时变量 t 的长度，其中 "左移位" 操作的结果为 t，将被无条件地扩展至 4 字节。具体 P-代码生成过程如下。

/p16ecc/cc_source_6.9/pcoder6.cpp

```
26      case '*':   case '/':   case '%':
27      case LEFT_OP:    case RIGHT_OP:
28          run(OPR_NODE(op, 0));
29          run(OPR_NODE(op, 1));
30          if ( DEPTH() == (depth+2) )
31          {
32              ip1 = POP();
33              ip0 = POP();
34
35              if ( ip0->isMonoVal() && ip1->isMonoVal() )
36              {
37                  pnp = new Pnode(code);
38                  addPnode(&mainPcode, pnp);
39                  pnp->items[1] = ip0;
40                  pnp->items[2] = ip1;
41
42                  Item *tmp = makeTemp();
43                  if ( code == LEFT_OP )
44                  {
45                      tmp->attr = newAttr(LONG);
46                      tmp->attr->isUnsigned = ip0->acceSign()? 0: 1;
47                  }
48                  else
49                      tmp->attr = maxMonoAttr(ip0, ip1, code);
50
51                  pnp->items[0] = tmp;
52                  PUSH(pnp->items[0]->clone());
53                  return;
54              }
```

```
55              delete ip0;
56              delete ip1;
57              errPrint("invalid operand(s)!");
58          }
59      break;
```

- 第 37~53 行：生成 P-代码。
  - 第 43~47 行：对于左移位的运算，可以将存放结果的临时变量长度定为 4 字节（long），以防高端溢出。
  - 第 48~49 行对于其他类型的运算，临时变量的长度由 maxMonoAttr() 函数确定。其中，除法 "/"、取模 "%" 及右移位运算的结果长度由 ip0 决定；而乘法 "*" 的结果长度为 ip0、ip1 长度相加，但不超过 4 字节。

6.4.23　算术比较运算

算术比较运算常出现在判断/跳转语句中（如 if、for、while 等）。但事实上，它可以出现在其他场合，如 x = (a != b)。本节所叙述的正是后者，而判断/跳转语句中的算术比较运算更简洁，将在后面章节中叙述。

算术比较运算的结果用一个临时变量 t 表示：

t='0'→ 伪

t='1'→ 真

C 语言中共有 6 种算术比较运算（"=="、"!="、">"、"<"、">=" 和 "<="）。它们都是双目运算，即 X comp_op Y。需要注意的是，它们是 3 对互反的比较运算，即互反的两个比较运算，其结果也是相反的。

例如，若 X == Y，则为 "真"；若 X != Y，则为 "伪"。假设比较操作 comp_op 的相反操作为 comp_op'，而比较结果由临时变量 t 表示，则比较操作的转换，如表 6-10 所示。

表 6-10　比较操作的转换

原比较操作 comp_op	等价反比较操作 comp_op'
t ← 0	t ← 1
（X comp_op Y）为真时，t ← 1	（X comp_op' Y）为真时，t ← 0

考虑到后续生成输出代码的效率，比较运算所生成的 P-代码如表 6-11 所示。

表 6-11　比较运算所生成的 P-代码

运算操作	P-代码
t = 0	{'=',[t,0]}
若 X comp_op' Y 为 "真"，则跳转至 false_lbl 标号	{comp_op',[X,Y,false_lbl]}
设置 true_lbl 标号	{LABEL,[true_lbl]}
t = t + 1	{INC_OP,[t,1]}
设置 false_lbl 标号	{LABEL,[false_lbl]}

具体的程序如下。

/p16ecc/cc_source_6.9/pcoder6.cpp

```
61          case EQ_OP: case NE_OP:
62          case LE_OP: case GE_OP:
63          case '<':   case '>':
64              run(OPR_NODE(op, 0));
65              run(OPR_NODE(op, 1));
66              if ( DEPTH() == (depth+2) )
67              {
68                  ip1 = POP();
69                  ip0 = POP();
70                  if ( !comparable(code, ip0, ip1) )
71                  {
72                      delete ip0; delete ip1;
73                      errPrint("can't compare values!");
74                      return;
75                  }
76
77                  tmp = makeTemp();
78                  tmp->attr = newAttr(CHAR); tmp->attr->isUnsigned = 1;
79
80                  pnp = new Pnode('=');        addPnode(&mainPcode, pnp);
81                  pnp->items[0] = tmp;
82                  pnp->items[1] = intItem(0);
83
84                  true_lbl  = getLbl();
85                  false_lbl = getLbl();
86                  compareBranch(code, ip0, ip1, true_lbl, false_lbl, true_lbl);
87
88                  PUT_LBL(true_lbl);
89                  pnp = new Pnode(INC_OP);      addPnode(&mainPcode, pnp);
90                  pnp->items[0] = tmp;
91                  pnp->items[1] = intItem(1);
92
93                  PUT_LBL(false_lbl);
94                  PUSH(tmp->clone());
95              }
96              break;
```

- 第 77~82 行：生成临时变量 tmp（类型为 CHAR），并为此生成相应的 tmp = 0 的 P-代码{'=',[tmp,0]}。

- 第 84~85 行：生成 true_lbl、false_lbl 两个标号，作为此后跳转标记。

- 第 86 行：由 compareBranch()函数生成相应的比较/跳转的 P-代码{comp_op', [ip0, ip1, false_lbl]}。注：利用相反的比较操作，以比较结果为"伪"进行跳转，因为比较结果为"真"的操作紧随其后。

- 第 88 行：生成 P-代码{LABEL,[true_lbl]}并设置标号，表示结果为"真"的操作起始。

- 第 89~91 行：生成 P-代码{INC_OP,[tmp,1]}，即 tmp = tmp + 1。

- 第 93 行：生成 P-代码 {LABEL,[false_lbl]}并设置标号，既表示结果为"伪"的操作起始，也是处理的终结。

- 第 94 行：复制 t 变量，并送入编译栈内。

6.4.24　逻辑"与关联"操作

与 6.4.23 节情形相似，"与关联"（X&&Y）的逻辑判断结果同样以临时变量表示，主要的区别如下。

（1）需对 X 和 Y 分别进行逻辑判断，当且仅当两者均为"真"时，"&&"的逻辑判断结果为"真"。

（2）X 和 Y 本身均可以含更深一层的比较和逻辑条件判断，如（a > 10） && （a < 100）。

（3）对 X 和 Y 按先后顺序进行逻辑判断，当 X 的判断结果为"伪"时，将不再对 Y 进行判断。

逻辑"与关联"操作所生成的 P-代码如表 6-12 所示。

表 6-12　逻辑"与关联"操作所生成的 P-代码

运算操作	相应的 P-代码
t = 0	{'=',[t,0]}
若 X 的判断结果为"伪"，则跳转至 false_lbl 标号	调用 logicBranch()函数，生成相应的判断 X 的 P-代码
设置 true_lbl1 标号	{LABEL,[true_lbl1]}
若 Y 的判断结果为"伪"，则跳转至 false_lbl 标号	调用 logicBranch()函数，生成相应的判断 Y 的 P-代码
设置 true_lbl2 标号	{LABEL,[true_lbl2]}
t = t + 1	{INC_OP,[t,1]}
设置 false_lbl 标号	{LABEL,[false_lbl]}

具体的程序如下。

```
/p16ecc/cc_source_6.9/pcoder6.cpp
98         case AND_OP:    // '&&'
99             true_lbl  = getLbl();
100            false_lbl = getLbl();
101
102            pnp = new Pnode('=');        addPnode(&mainPcode, pnp);
103            tmp = makeTemp();
104            tmp->attr = newAttr(CHAR);
105            tmp->attr->isUnsigned = 1;
106            pnp->items[0] = tmp;
107            pnp->items[1] = intItem(0);
108
109            logicBranch(OPR_NODE(op, 0), true_lbl, false_lbl, true_lbl);
110            PUT_LBL(true_lbl);
111
112            true_lbl = getLbl();
113            logicBranch(OPR_NODE(op, 1), true_lbl, false_lbl, true_lbl);
114            PUT_LBL(true_lbl);
115
116            pnp = new Pnode(INC_OP);     addPnode(&mainPcode, pnp);
117            pnp->items[0] = tmp->clone();
118            pnp->items[1] = intItem(1);
119
120            PUT_LBL(false_lbl);
121            PUSH(tmp->clone());
122            break;
```

- 第 99～100 行：生成 true_lbl、false_lbl 两个标号，作为此后跳转标记。
- 第 102～107 行：生成临时变量 tmp（类型为 CHAR），并为此生成相应的 tmp = 0 的 P-代码{'=', [tmp,0]}。
- 第 109 行：调用 logicBranch()函数，将生成对 X 节点（node）进行逻辑判断的 P-代码。注：参数 X 节点 OPR_NODE(op,0)可以包含更深一层的比较、判断。
- 第 110 行：生成 P-代码{LABEL,[true_lbl]}并设置标号，表示上述结果为"真"的操作起始。
- 第 112 行：再次生成 true_lbl 标号。
- 第 113 行：调用 logicBranch()函数，将生成对 Y 节点（node）进行逻辑判断的 P-代码。
- 第 114 行：生成 P-代码{LABEL,[true_lbl]}并设置标号，表示上述结果为"真"的操作起始。
- 第 116～118 行：生成 P-代码{INC_OP,[tmp,1]}，即 tmp = tmp + 1。
- 第 120 行：生成 P-代码{LABEL,[false_lbl]}并设置标号，既表示结果为"伪"的操作起始，也是处理的终结。
- 第 121 行：复制 tmp 变量，并送入编译栈内。

6.4.25　逻辑"或关联"操作

逻辑"或关联"(||)和逻辑"与关联"的操作非常相似。区别是两者对于 X 和 Y 的判

断、跳转方式相反。此外，当 X 判断结果为"真"时，将不再对 Y 进行判断。具体程序如下。

/p16ecc/cc_source_6.9/pcoder6.cpp

```
124         case OR_OP:      // '||'
125             true_lbl  = getLbl();
126             false_lbl = getLbl();
127
128             pnp = new Pnode('=');        addPnode (&mainPcode, pnp);
129             tmp = makeTemp();
130             tmp->attr = newAttr(CHAR); tmp->attr->isUnsigned = 1;
131             pnp->items[0] = tmp;
132             pnp->items[1] = intItem(1);
133
134             logicBranch(OPR_NODE(op, 0), true_lbl, false_lbl, false_lbl);
135             PUT_LBL(false_lbl);
136
137             false_lbl = getLbl();
138             logicBranch(OPR_NODE(op, 1), true_lbl, false_lbl, false_lbl);
139             PUT_LBL(false_lbl);
140
141             pnp = new Pnode(DEC_OP);      addPnode (&mainPcode, pnp);
142             pnp->items[0] = tmp->clone();
143             pnp->items[1] = intItem(1);
144
145             PUT_LBL(true_lbl);
146             PUSH(tmp->clone());
147             break;
```

上述两小节的实验如表 6-13 所示。

表 6-13　比较求值实验

C 语言源程序	相应的 P-代码输出打印
`foo()`	P-CODE: P_FUNC_BEG: foo : {int}
`{`	P-CODE: ';'
`    char a, b, n;`	P-CODE: SRC ... logic.c #5: n = a > b;
`    n = a > 0 && b < 100;`	P-CODE: '='%1{unsigned char}, 0{int}
`    n = a > 0 || b < 100;`	P-CODE: JP <=foo_$1_a{char}, foo_$2_b{char}, _$L3
`}`	P-CODE: LABEL_$L2
	P-CODE: '++' %1{unsigned char}, 1{int}
	P-CODE: LABEL_$L3
	P-CODE: '=' foo_$3_n{char}, %1{unsigned char}
	P-CODE: ';'
	P-CODE: SRC ... logic.c #7: n = a > 0 && b < 100;
	P-CODE: '=' %1{unsigned char}, 0{int}
	P-CODE: JP <= foo_$1_a{char}, 0{int}, _$L5
	P-CODE: LABEL_$L4
	P-CODE: JP >= foo_$2_b{char}, 100{int}, _$L5
	P-CODE: LABEL_$L6
	P-CODE: '++' %1{unsigned char}, 1{int}
	P-CODE: LABEL_$L5
	P-CODE: '=' foo_$3_n{char}, %1{unsigned char}
	P-CODE: ';'
	P-CODE: SRC ... logic.c #8: n = a > 0 || b < 100;
	P-CODE: '=' %1{unsigned char}, 1{int}
	P-CODE: JP > foo_$1_a{char}, 0{int}, _$L7
	P-CODE: LABEL_$L8
	P-CODE: JP < foo_$2_b{char}, 100{int}, _$L7

续表

C 语言源程序	相应的 P-代码输出打印
	P-CODE: LABEL_$L9
	P-CODE: '--' %1{unsigned char}, 1{int}
	P-CODE: LABEL_$L7
	P-CODE: '=' foo_$3_n{char}, %1{unsigned char}
	P-CODE: ';'
	P-CODE: LABEL_$L1
	P-CODE: P_FUNC_END: foo

在先前设计的基础上进行以下扩充。

工程目录路径：/cc_source_6.10。

增加源程序文件：pcoder7.cpp。

下面将叙述各种涉及条件跳转、循环语句的 P-代码处理和生成。

6.4.26　增加新函数及其相应的数据变量

C 语言中关于条件跳转、循环的语句有 if、for、do … while、while 及 switch，这些语句都涉及条件判断和跳转操作。其中，for、do … while、while 属于循环语句，这些语句（结构）除了可以对循环条件进行判断，还允许在循环过程中使用以下两种改变循环流程的关键字或操作语句。

（1）continue：跳转至本循环体的起始位置（开始新的循环过程）。

（2）break：终止/结束本循环语句。

循环语句可以发生嵌套，这意味着两种改变循环操作的语句必须跳转至合适地方。为此选择先进后出（FILO）栈式管理机制 JumpStack 类，供这两种语句使用。其数据结构如下。

```
/p16ecc/cc_source_6.10/pcoder.h
14  class JumpStack {
15      private:
16          int FILO[128];
17          int index;
18
19      public:
20          JumpStack()      { index = 0; }
21          void reset()     { index = 0; }
22          void push(int lbl) { if (index < 128) FILO[index++] = lbl; }
23          int  pop()       { return (index > 0)? FILO[--index]: 0; }
24          int  top()       { return (index > 0)? FILO[index-1]: 0; }
25          int  depth()     { return index; }
26  };
```

将上述栈管理类 JumpStack 添加到 Pcoder 中，成为 continue 和 break 操作的实体。

```
/p16ecc/cc_source_6.10/pcoder.h
34  class Pcoder {
35      public:
36          Pcoder();
37          ~Pcoder();
38          void run(node *np);
39
40          void  takeSrc(node *np);
41          Pnode *mainPcode;
42          Pnode *initPcode;
43          Pnode *constPcode;
44          src_t *src;
45          int   errorCount;
```

```
46      int    warningCount;
47
48      Dlink *curDlink;      // current data link
49      Fnode *curFnode;      // current func node
50
51      int    labelSeed;
52      int    getLbl(void) { return ++labelSeed; }
53      Item  *iStack;
54      Const *constGroup;
55
56      JumpStack continueStack;
57      JumpStack breakStack;
```

6.4.27　if 语句

语法解析规则：IF '(' expr ')' statement else_statement。

语法解析输出：$$ = oprNode(IF, 3, $3, $6, $7);。

构成 if 语句的编译树结构包含以下 3 个 node。

（1）判断条件表达式：$3；

（2）当判断条件为"真"时，将执行语句段落$6。

（3）当判断条件为"伪"时，将执行语句段落$7。需要强调的是，expr($3)可能是包含多重的逻辑判断过程，其 P-代码生成由 logicBranch()函数完成。

整个 P-代码生成过程如下。

/p16ecc/cc_source_6.10/pcoder7.cpp

```
26      case IF:
27          true_lbl  = getLbl();
28          false_lbl = getLbl();
29          end_lbl   = getLbl();
30
31          logicBranch(op->op[0], true_lbl, false_lbl, true_lbl);
32          addPnode(&mainPcode, new Pnode(';'));
33
34          PUT_LBL(true_lbl);
35          run(op->op[1]); // true statement
36
37          if ( op->op[2] )
38              addPnode(&mainPcode, new Pnode(GOTO, lblItem(end_lbl)));
39
40          PUT_LBL(false_lbl);
41          run(op->op[2]); // false statement(can be NULL)
42
43          PUT_LBL(end_lbl);
44          break;
```

- 第 27～29 行：生成 3 个标号，分别对应条件为"真"执行语句的起始位置（true_lbl）、条件为"伪"执行语句的起始（false_lbl），以及整个 if 语句结束的位置（end_lbl）。

- 第 31 行：调用 logicBranch()函数，生成 P-代码对条件 expr 进行判断真伪和跳转操作。

- 第 32 行：生成语句结束 P-代码，目的是隔离条件判断和相应的执行语句，便于以后优化（前后没有数据依赖关系）。

- 第 34 行：生成设置 true_lbl 标号的 P-代码。

- 第 35 行：扫描并生成条件为"真"的执行语句（段落）。

- 第 38 行：在条件为"真"的执行语句之后，安插无条件跳转语句，使 P-代码跳转至本 if 语句的终结位置。

- 第 40 行：生成设置 false_lbl 标号的 P-代码。
- 第 41 行：扫描并生成条件为"伪"的执行语句（段落）。
- 第 43 行：生成设置 end_lbl 标号的 P-代码，即 if 语句终结标识。

6.4.28　while 语句

语法解析规则：while_expr statement。

语法解析输出：$$ = oprNode(WHILE, 2, $1, $2);。

循环语句 while 将启用 continue 栈（continueStack）和 break 栈（breakStack）。为此，需要生成循环起始的 loop_lbl 标号和终止退出循环的 false_lbl 标号，并在进入循环（体）前先送入栈内，循环结束时清除。

while 语句的流程结构如下。

```
/p16ecc/cc_source_6.10/pcoder7.cpp
46        case WHILE: // while (...) ...
47            loop_lbl  = getLbl();
48            true_lbl  = getLbl();
49            false_lbl = getLbl();
50
51            PUT_LBL(loop_lbl);
52            logicBranch(op->op[0], true_lbl, false_lbl, true_lbl);
53            addPnode(&mainPcode, new Pnode(';'));
54
55            PUT_LBL(true_lbl);
56
57            continueStack.push(loop_lbl);
58            breakStack.push(false_lbl);
59            run(op->op[1]);
60            continueStack.pop();
61            breakStack.pop();
62
63            addPnode(&mainPcode, new Pnode(GOTO, lblItem(loop_lbl)));
64            PUT_LBL(false_lbl);
65            break;
```

- 第 47~49 行：生成跳转标号 loop_lbl、true_lbl、false_lbl。
- 第 51 行：P-代码，为循环的起始位置设置 loop_lbl 标号（供循环体中的 continue 语句和重复循环使用）。
- 第 52 行：对表达式 expr（由 op->op[0]指示）进行判断，生成相应的判断，并跳转 P-代码。
- 第 53 行：生成语句结束的 P-代码，目的是隔离条件判断和相应的执行语句，便于以后优化（前后没有数据依赖关系）。
- 第 55 行：P-代码，设置 true_lbl 标号，表示循环体的起始位置。
- 第 57 行：将 loop_lbl 标号推入 continue 栈顶。
- 第 58 行：将 false_lbl 标号推入 break 栈顶。
- 第 59 行：对循环体进行扫描，生成 P-代码（循环体中可能出现 continue 和 break 语句，以及更深层的循环语句）。
- 第 60 行：从 continue 栈顶清除 loop_lbl 标号。
- 第 61 行：从 break 栈顶清除 false_lbl 标号。
- 第 63 行：生成无条件跳转的 P-代码，跳转至循环起始的 loop_lbl 标号。
- 第 64 行：P-代码，设置 false_lbl 标号，表示循环语句的结束位置。

6.4.29　do ... while 语句

语法解析规则：DO statement while_expr ';'。

语法解析输出：$$ = oprNode(DO, 2, $2, $3);。

do ... while 语句的特点是先运行循环体（循环体至少运行一次），后进行循环条件判断，即至少运行一次循环。do ... while 语句的运行原理如图 6-2 所示，其中的 expr 对应语法解析输出中的$3。

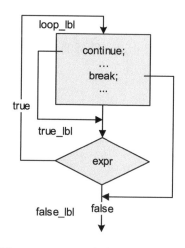

图 6-2　do ...while 语句的运行原理

do ... while 语句的 P-代码生成过程如下。

```
/p16ecc/cc_source_6.10/pcoder7.cpp
67          case DO:    // do ... while (...);
68              loop_lbl  = getLbl();
69              true_lbl  = getLbl();
70              false_lbl = getLbl();
71
72              PUT_LBL(loop_lbl);
73
74              continueStack.push(true_lbl);
75              breakStack.push(false_lbl);
76              run(op->op[0]);
77              continueStack.pop();
78              breakStack.pop();
79
80              PUT_LBL(true_lbl);
81              logicBranch(op->op[1], loop_lbl, false_lbl, false_lbl);
82              PUT_LBL(false_lbl);
83              break;
```

- 第 68～70 行：生成跳转标号 loop_lbl、true_lbl、false_lbl。
- 第 72 行：P-代码，为循环的起始位置设置 loop_lbl 标号。
- 第 74 行：将 true_lbl 标号送入 continue 栈顶。
- 第 75 行：将 false_lbl 标号送入 break 栈顶。
- 第 76 行：对循环体进行扫描，生成 P-代码。
- 第 77 行：从 continue 栈顶清除 true_lbl 标号。
- 第 78 行：从 break 栈顶清除 false_lbl 标号。
- 第 80 行：P-代码，设置 true_lbl 标号，表示循环体的起始位置。

- 第 81 行：对表达式 expr（由 op->op[1]指示）进行判断，生成相应的判断，并跳转 P-代码。
- 第 82 行：P-代码，设置 false_lbl 标号，表示循环语句的结束位置。

6.4.30　for 语句

for 语句是非常常用的循环语句，其功能及复杂性最高，在功能上可以代替 while 语句。

语法解析规则：FOR '(' opt_expr ';' opt_expr ';' opt_expr ')' statement。

语法解析输出：$$ = oprNode(FOR, 4, $3, $5, $7, $9);。

for 循环语句的流程结构如下。

```
/p16ecc/cc_source_6.10/pcoder7.cpp
 85        case FOR:
 86            loop_lbl     = getLbl();
 87            true_lbl     = getLbl();
 88            end_lbl      = getLbl();
 89            continue_lbl = getLbl();
 90
 91            run(op->op[0]); addPnode(&mainPcode, new Pnode(';'));   // ***
 92
 93            PUT_LBL(loop_lbl);
 94
 95            if ( op->op[1] )
 96            {
 97                logicBranch(op->op[1], true_lbl, end_lbl, true_lbl);
 98                PUT_LBL(true_lbl);
 99            }
100
101            continueStack.push(continue_lbl);
102            breakStack.push(end_lbl);
103            run(op->op[3]); addPnode(&mainPcode, new Pnode(';'));   // ***
104            continueStack.pop();
105            breakStack.pop();
106
107            PUT_LBL(continue_lbl);
108            run(op->op[2]); addPnode(&mainPcode, new Pnode(';'));
109            addPnode(&mainPcode, new Pnode(GOTO, lblItem(loop_lbl)));
110
111            PUT_LBL(end_lbl);
112            break;
```

- 第 86~89 行：生成跳转标号 loop_lbl、true_lbl、end_lbl、continue_lbl。
- 第 91 行：对 expr1 部分进行扫描，生成 P-代码。
- 第 93 行：P-代码，为循环的起始位置设置 loop_lbl 标号。
- 第 97 行：对 expr2 部分进行扫描，生成判断、跳转的 P-代码。
- 第 98 行：P-代码，设置 true_lbl 标号。
- 第 101 行：将 continue_lbl 标号推入 continue 栈顶。
- 第 102 行：将 end_lbl 标号推入 break 栈顶。
- 第 103 行：对循环体进行扫描，生成 P-代码。
- 第 104 行：从 continue 栈顶清除 continue_lbl 标号。
- 第 105 行：从 break 栈顶清除 end_lbl 标号。
- 第 107 行：P-代码，设置 continue_lbl 标号。
- 第 108 行：对 expr3 部分进行扫描，生成 P-代码。
- 第 109 行：生成无条件跳转的 P-代码，并跳转至循环起始的 loop_lbl 标号上。
- 第 111 行：P-代码，设置 end_lbl 标号，表示循环语句的结束位置。

本节的实验结果如表 6-14 所示。

表 6-14　for 语句的 P-代码转换实验

C 语言源程序	相应的 P-代码输出打印
| ```
void foo(int len, char *p)
{
    int i, sum = 0;
    for (i = 0; i < len; i++)
    {
        sum += p[i];
    }
}
``` | P-CODE: P_FUNC_BEG: foo : {void}<br>P-CODE: '=' foo_$2_sum{int}, 0{int}<br>P-CODE: ';'<br>P-CODE: SRC ... for_tst.c #4: for (i = 0;<br>P-CODE: '=' foo_$1_i{int}, 0{int}<br>P-CODE: ';'<br>P-CODE: LABEL_$L2<br>P-CODE: SRC ... for_tst.c #4: i < len;<br>P-CODE: JP >= foo_$1_i{int}, foo_$_len{int}, _$L4<br>P-CODE: LABEL_$L3<br>P-CODE: SRC ... for_tst.c #6: sum += p[i];<br>P-CODE: '+' %1{char *}, foo_$_p{char *}, foo_$1_i{int}<br>P-CODE: '+=' foo_$2_sum{int}, [%1]{char *}<br>P-CODE: ';'<br>P-CODE: ';'<br>P-CODE: LABEL_$L5<br>P-CODE: SRC ... for_tst.c #4: i++)<br>P-CODE: '=' %1{int}, foo_$1_i{int}<br>P-CODE: '++' foo_$1_i{int}, 1{int}<br>P-CODE: ';'<br>P-CODE: GOTO_$L2<br>P-CODE: LABEL_$L4<br>P-CODE: ';'<br>P-CODE: LABEL_$L1<br>P-CODE: P_FUNC_END: foo |

6.4.31　break 和 continue 语句

这两种语句的处理方式一致，分别从 breakStack 或 continueStack 的栈顶中取得跳转标号，生成无条件跳转的 P-代码，具体如下。

```
/p16ecc/cc_source_6.10/pcoder7.cpp
114        case BREAK:
115            if ( breakStack.depth() > 0 )
116                addPnode(&mainPcode, new Pnode(GOTO, lblItem(breakStack.top())));
117            else
118                errPrint("illegal 'break' statement!");
119            break;
120
121        case CONTINUE:
122            if ( continueStack.depth() > 0 )
123                addPnode (&mainPcode, new Pnode(GOTO, lblItem(continueStack.top())));
124            else
125                errPrint("illegal 'continue' statement!");
126            break;
```
```

6.4.32　switch 语句

switch 语句不但功能强，还具有很好的可阅读性。它的语法解析规则和输出如下。

语法解析规则：

```
SWITCH '(' expr ')' '{' case_statement_list '}'
    ...
    case_statement_list
      : case_statement       { $$ = makeList($1); }
      | case_statement_list
        case_statement       { $$ = appendList($1, $2); }
      ;
    case_statement
      : CASE constant_expr ':'  { ADD_SRC($2); }
        case_op_action           { $$ = oprNode(CASE, 2, $2, $5); }
      | DEFAULT ':'             { CLR_SRC(); }
        case_action              { $$ = oprNode(DEFAULT, 1, $4); }
      ;
```

语法解析输出：

```
$$ = oprNode (SWITCH, 2, $3, $6);
```

从语法解析规则和输出的结构显示中可以看出，switch 语句实际上是一组用来比较、执行的模块（序列）。对于需要判断的表达式 expr，将依次与各模块中的条件值进行对比（default 除外）。一旦进行对比匹配，就执行对应的语句序列。

switch 语句的运行原理如图 6-3 所示。

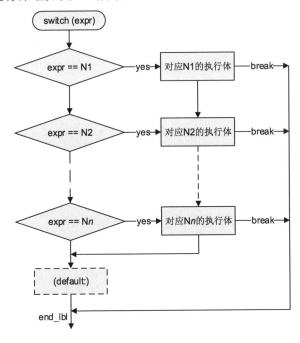

图 6-3　switch 语句的运行原理

图 6-3 是最一般、最常见的应用方式。需要解释的是：

（1）switch 语句可以被拆分成比较序列和执行序列两个过程或序列，两者之间通过比较/跳转操作来衔接。

（2）比较/跳转操作有逐次比较和跳转两种方式可供选择；构建查询表（look-up table），将比较值（如 N1、N2 等）作为偏移量实现快速跳转。

（3）执行的语句序列实际上是所有执行体按源代码中的排序依次首尾相接的序列。若没有 break 语句的干预，则一旦进入某执行体，就会持续运行之后的执行体。注：大多数教科书和网上的示范并未这样论述。

（4）"default:" 不必安排在整个比较/执行个体的末尾，而是可以出现在运行过程中的任意位置。但是，当各个比较均告失败时，程序将转入 "default:" 执行体，无论它出现在哪个位置。

（5）整个 switch 语句中只能出现一次 "default:"，可以保持默认设置。

（6）若比较、执行模块中没有出现 break 语句，则各模块的排序可能影响运行结果。

switch 语句的 P-代码生成过程如下。

```
/p16ecc/cc_source_6.10/pcoder7.cpp
128         case SWITCH:
129             run(op->op[0]);
130
131             if ( DEPTH() == (depth+1) )
132             {
133                 Item *ip = POP();
134                 if ( ip->isMonoVal() )
135                     switchListProc(ip, op->op[1]);
136                 else
137                 {
138                     errPrint("can't evaluate for SWITCHing!");
139                     delete ip;
140                 }
141             }
142             break;
```

• 第 133 行：获取 expr 操作项，并赋予 ip。
• 第 135 行：调用 switchListProc() 函数。

switchListProc() 函数将实现 P-代码的生成，其过程如下。其中，switchListProc() 函数的入口参数包括 expr 操作项，以及比较、执行模块的 node 列表。

```
/p16ecc/cc_source_6.10/pcoder7.cpp
150     void Pcoder :: switchListProc(Item *ip, node *list)
151     {
152         Pnode *pnp;
153         int length = LIST_LENGTH(list);
154         int *lbl_list = new int[length];    // case labels
155         int *val_list = new int[length];    // case values
156         int  end_lbl = getLbl();            // end label
157         int  default_idx = -1;              // default case label index
158
159         if ( !(ip->type == ID_ITEM || ip->type == TEMP_ITEM || ip->type == ACC_ITEM) )
160         {
161             pnp = new Pnode('=');   addPnode (&mainPcode, pnp);
162             pnp->items[1] = ip;
163             pnp->items[0] = makeTemp();
164             pnp->items[0]->attr = newAttr((ip->acceSize() == 1)? CHAR :
165                                          (ip->acceSize() == 2)? INT  :
166                                          (ip->acceSize() == 3)? SHORT: LONG);
167             ip = pnp->items[0]->clone();
168         }
```

• 第 153 行：获取列表的长度，并赋予 length。

- 第 154 行：建立一个长度为 length 的标号表 lbl_list[length]。
- 第 155 行：建立一个长度为 length 的比较值表 val_list[length]。
- 第 156 行：生成语句终结的 end_lbl 标号，将其置于全部 P-代码之尾。
- 第 157 行：用于指示 default 语句位置的标识。
- 第 159～168 行：根据 expr 操作项的类型，生成 P-代码，将其赋予临时变量，以便连续比较操作。

建立比较/跳转序列，处理"default:"模块。

```
/p16ecc/cc_source_6.10/pcoder7.cpp
170     for (int i = 0; i < length; i++)
171     {
172         node *np = LIST_NODE(list, i);
173         lbl_list[i] = getLbl();
174
175         if ( np->opr.nops == 1 ) // is DEFAULT case
176         {
177             if ( default_idx >= 0 )
178             {
179                 errPrint("multiple 'default'!");
180                 return;
181             }
182             default_idx = i;
183         }
```

- 第 172 行：获取比较、执行模块节点（node）→ np。
- 第 173 行：生成标号，并添加到标号表中。每个比较（包括"default:"）模块均有各自的标号。
- 第 175～183 行：对于"default:"模块的处理，具体如下。
  - 第 75～179 行：检查是否有重复出现"default:"模块。
  - 第 180 行：记录对应"default:"模块的标识，即序列位置。

对于 case 语句，添加其的比较值。

```
/p16ecc/cc_source_6.10/pcoder7.cpp
184         else
185         {
186             int depth = DEPTH();
187             run(np->opr.op[0]);      // get 'case' value
188             if ( DEPTH() == (depth+1) )
189             {
190                 Item *cip = POP();  // case N node
191                 if ( cip->type != CON_ITEM )
192                     errPrint("contant expected for 'case'!");
193                 else if ( caseValCheck(val_list, i, cip->val.i, default_idx) )
194                     errPrint("duplicated switch case value!");
195                 else
196                 {
197                     val_list[i] = cip->val.i;
198                     pnp = new Pnode(CASE);
199                     addPnode (&mainPcode, pnp);
200                     pnp->items[0] = ip->clone();
201                     pnp->items[1] = intItem(cip->val.i);
202                     pnp->items[2] = lblItem(lbl_list[i]);
203                 }
204                 delete cip;          // delete case N node
205             }
206         }
```

- 第 186～190 行：获取 case 语句比较值，并赋予 cip。
- 第 191～194 行：检查 cip 的合法性（必须为常数，不得重复出现相同的比较值）。
- 第 196～203 行：记录比较值（第 197 行），生成比较并跳转的 P-代码{CASE,[ip,cip,lbl]}。

在整个比较序列的末尾，设置无条件跳转的 P-代码。

```
/p16ecc/cc_source_6.10/pcoder7.cpp
209    pnp = new Pnode(GOTO);  addPnode (&mainPcode, pnp);
210    if ( default_idx < 0 )  // if no 'default' applied?
211        pnp->items[0] = lblItem(end_lbl);
212    else
213        pnp->items[0] = lblItem(lbl_list[default_idx]);
214
215    addPnode(&mainPcode, new Pnode(';'));
```

- 第 210～211 行：若没有出现 "default:" 模块，则直接跳转至整个 switch 语句的终止位置。
- 第 212～213 行：否则，跳转至 default:语句的位置。

生成执行序列的 P-代码。

```
/p16ecc/cc_source_6.10/pcoder7.cpp
217    breakStack.push(end_lbl);
218    for (int i = 0; i < length; i++)
219    {
220        node *np = LIST_NODE(list, i);
221
222        PUT_LBL(lbl_list[i]);
223
224        if ( np->opr.nops == 1 )    // default:
225            run(np->opr.op[0]);
226        else                        // case N:
227            run(np->opr.op[1]);
228
229        addPnode(&mainPcode, new Pnode(';'));
230    }
231    breakStack.pop();
232
233    PUT_LBL(end_lbl);
234    delete [] lbl_list;
235    delete [] val_list;
236    delete ip;
```

- 第 217 行：将 end_lbl 标号推入 break 栈顶，供随后出现的 break 语句使用。
- 第 220 行：获取执行序列的 node。
- 第 222 行：在每个执行体的起始位置设置各自的标号。
- 第 224～227 行：分别为 default 或 case 语句生成执行序列的 P-代码（保持与源程序中一致的排序）。
- 第 231 行：从 break 栈顶清除 end_lbl 标号。
- 第 233 行：在 switch 语句末尾设置 end_lbl 标号。
- 第 234～236 行：清除由动态方式生成的局部变量，释放内存。

 小结

虽然 switch 语句的 P-代码生成的处理过程较长，但只要理解其原理和机制，还是比较直接易懂的。

本节的实验如表 6-15 所示。

表 6-15　switch 语句的 P-代码转换实验

C 语言源程序	相应的 P-代码输出打印

`void foo(int n, int m)`
`{`
`  switch ( n )`
`  {`
`    case 1:  m--;      break;`
`    case 2:  m += 2;   break;`
`    default: m++;      break;`
`  }`
`}`
	P-CODE: P_FUNC_BEG: foo : {int}
	P-CODE: SRC ... sw1.c #4: switch (n)
	P-CODE: SRC ... sw1.c #5: case 1:
	P-CODE: CASE foo_$_n{int}, 1{int}, _$L3
	P-CODE: SRC ... sw1.c #6: case 2:
	P-CODE: CASE foo_$_n{int}, 2{int}, _$L4
	P-CODE: GOTO _$L5
	P-CODE: ';'
	P-CODE: LABEL _$L3
	P-CODE: SRC ... sw1.c #5: m--;
	P-CODE: '=' %1{int}, foo_$_m{int}
	P-CODE: '--' foo_$_m{int}, 1{int}
	P-CODE: SRC ... sw1.c #5: break;
	P-CODE: GOTO _$L2
	P-CODE: ';'
	P-CODE: LABEL _$L4
	P-CODE: SRC ... sw1.c #6: m += 2;
	P-CODE: '+=' foo_$_m{int}, 2{int}
	P-CODE: SRC ... sw1.c #6: break;
	P-CODE: GOTO _$L2
	P-CODE: ';'
	P-CODE: LABEL _$L5
	P-CODE: SRC ... sw1.c #7: m++;
	P-CODE: '=' %2{int}, foo_$_m{int}
	P-CODE: '++' foo_$_m{int}, 1{int}
	P-CODE: SRC ... sw1.c #7: break;
	P-CODE: GOTO _$L2
	P-CODE: ';'
	P-CODE: LABEL _$L2
	P-CODE: ';'
	P-CODE: LABEL _$L1
	P-CODE: P_FUNC_END: foo

在先前设计的基础上进行以下扩充。

工程项目路径：/cc_source_6.11。

增加源程序文件：pcoder8.cpp。

下面将叙述剩余所有各种语句的 P-代码的处理和生成。

6.4.33　call 语句

call 语句用于函数（子程序）的调用。函数调用的语法形式为 func_name（par1,par2,...）。

语法解析规则: postfix_expr '(' argument_expr_list ')'。

语法解析输出: $$ = oprNode(CALL, 2, $1, $3);。

在调用无参数的函数时,其语法解析规则和语法解析输出如下。

语法解析规则: postfix_expr '(' ')'。

语法解析输出: $$ = oprNode(CALL, 2, $1, NULL);。

函数调用可以分为以下 3 种类型。

(1)普通形式的直接函数调用。

(2)通过函数指针的间接函数调用。

(3)编译器内部函数(或保留函数)。

函数调用中经常会伴随参数传递。因此,在转往被调用的函数前必须生成所需的参数并安置在合适的位置。在 C 语言中,传递参数最安全、妥善且合乎语义的位置是堆栈。

调用函数处理还需考虑以下几点。

(1)编译器内部函数。所谓编译器内部函数,是指具有函数调用的语法形式,但其特殊的函数名已被征用为特殊操作。常见的内部函数如下。

- sizeof():该函数已在语法解析过程中被识别并进行了专门处理。
- asm():单条汇编语言级的指令嵌入。除此之外,针对目标处理器的特殊性,运用函数调用形式对汇编语言级的指令嵌入进行扩充。

(2)可变参数的传递处理。

(3)对于函数返回类型的判断和返回值的处理。

内部函数 asm() 的 P-代码生成过程如下。

```
/p16ecc/cc_source_6.11/pcoder8.cpp
30        case CALL:
31            np = op->op[0];
32            if ( np->type == NODE_ID && strcmp(np->id.name, "asm") == 0 )
33            {   // it's an in-line assembly code
34                if ( op->nops > 1 )
35                {
36                    np = op->op[1]; // fetch parameter list
37                    if ( np->type == NODE_LIST && LIST_LENGTH(np) == 1 )
38                    {
39                        np = LIST_NODE(np, 0);
40                        if ( np->type == NODE_STR )
41                        {
42                            pp = new Pnode(AASM);
43                            addPnode (&mainPcode, pp);
44                            pp->items[0] = strItem(np->str.str);
45                            return;
46                        }
47                    }
48                }
49                errPrint("asm(...) format error!");
50                return;
51            }
52
53            if ( np->type == NODE_ID && buildInAsm((node*)op) )
54                return;
```

- 第 32~51 行:函数名为内部函数名保留字 asm,并生成 P-代码{AASM,[string]}。
- 第 53 行:函数名为特殊定义的扩充汇编语言指令(也被称为函数型汇编插入)。由于不同类别的微处理器指令系统的差异,这类的语言扩充有很强的针对性。buildInAsm()函数将为之生成 P-代码 {P_ASMFUNC,[ip0, ip1, ip2]}。

对于函数名的检测和识别如下。

/p16ecc/cc_source_6.11/pcoder8.cpp

```
56          run(np);
57          if ( DEPTH() == (depth+1) )
58          {
59              Item *ip = POP();
60              node *par_list= (op->nops > 1 && op->op[1])? op->op[1]: NULL;
61              int   par_cnt = (op->nops > 1 && op->op[1])? LIST_LENGTH(par_list): 0;
62              int   f_par_count;
63              attrib *r_attr = NULL;
64              node *parnp = NULL;
65              bool par_elipsis;
66
67              switch ( ip->type )
68              {
69                  case ID_ITEM:    // it's Function pointer
70                  case TEMP_ITEM:
71                  case ACC_ITEM:
72                  case DIR_ITEM:
73                  case PID_ITEM:
74                  case INDIR_ITEM:
75                      if ( !(ip->attr && ip->attr->isFptr) )
76                      {
77                          delete ip;
78                          errPrint("invalid function pointer!");
79                          return;
80                      }
81                      parnp = (node*)ip->attr->parList;
82                      f_par_count = LIST_LENGTH(parnp);
83                      par_elipsis = (parnp && parnp->list.elipsis);
84
85                      r_attr = cloneAttr(ip->attr);// function return attr
86                      r_attr->isFptr = 0;
87                      if ( ip->type == INDIR_ITEM || ip->type == DIR_ITEM || ip->type == PID_ITEM )
88                          reducePtr(r_attr);
89                      break;
90
91                  case LBL_ITEM:   // it's a regular function call
92                      fp = (Fnode*)ip->home;
93                      if ( fp == NULL )
94                      {
95                          delete ip;
96                          errPrint("invalid function name!");
97                          return;
98                      }
99                      f_par_count = fp->parCount();
100                     par_elipsis = fp->elipsis? true: false;
101
102                     r_attr = cloneAttr(fp->attr);
103                     break;
104
105                 default:
106                     delete ip;
107                     errPrint("invalid function name!");
108                     return;
109             }
```

- 第 69～88 行：通过函数指针进行函数调用，具体如下。
  - 第 81 行：将获取调用时的函数参数序列赋予 parnp。
  - 第 82 行：将参数序列长度（参数个数）赋予 f_par_count。
  - 第 83 行：将可变参数的长度标识赋予 par_elipsis。
  - 第 85 行：将获取的函数返回类型赋予 r_attr。
- 第 91～103 行：常规形式的函数调用，具体如下。
  - 第 99 行：将参数序列长度（参数个数）赋予 f_par_count。
  - 第 100 行：将可变参数的长度标识赋予 par_elipsis。
  - 第 102 行：将获取的函数返回类型赋予 r_attr。

对函数的入口参数进行处理，将生成的参数序列按顺序送入堆栈的 P-代码中，具体如下。

/p16ecc/cc_source_6.11/pcoder8.cpp

```
119            // push parameter(s) into stack
120            for (int i = 0; i < par_cnt; i++)
121            {
122                attrib *par_attr = fp? fp->parAttr(i): LIST_NODE(parnp, i)->id.attr;
123                passParameter(par_attr, LIST_NODE(par_list, i), i, f_par_count);
124            }
```

- 第 120～124 行：通过 passParameter()函数，传递调用时的参数（P-代码）。
  注：必须按先后顺序生成。

对于函数的直接调用和通过函数指针间接调用的识别及处理，具体如下。

/p16ecc/cc_source_6.11/pcoder8.cpp

```
126            pp = fp? new Pnode(CALL): new Pnode(P_CALL);
127            pp->items[0] = ip;
128            addPnode(&mainPcode, pp);
129
130            // clear up extra parameters' space
131            if ( par_cnt > f_par_count )
132            {
133                pp = new Pnode(P_ARG_CLEAR);
134                addPnode (&mainPcode, pp);
135                pp->items[0] = intItem((par_cnt - f_par_count)*4);
136            }
137            // return value stored in ACC
138            if ( r_attr && (r_attr->type != VOID || r_attr->ptrVect) )
139            {
140                pp = new Pnode('=');
141                addPnode (&mainPcode, pp);
142                pp->items[0] = makeTemp(r_attr);
143                pp->items[1] = accItem(r_attr);
144                PUSH(pp->items[0]->clone());
145            }
146            else
147                delAttr(r_attr);
148            }
149            break;
```

- 第 126～128 行：生成函数调用的 P-代码，针对不同形式的函数调用分为{CALL,[ip]}常规类型函数调用和{P_CALL,[ip]}通过函数指针的函数调用。
- 第 131～136 行：对于传递的可变参数部分，调用者（主函数）需要负责清除所占用的栈顶。
  注：这种处理方式是针对 PIC16Fxxxx 处理器实行的，与标准 C 语言定义有所差异。
- 第 138～145 行：将函数返回值置于（虚拟）累加器中，并为其赋予临时变量。

6.4.34 条件运算符 "?" 语句

条件运算符 "?" 语句看似简单，但在编译器处理过程中却显得艰难、曲折。
语法解析规则：logical_or_expr '?' expr ':' conditional_expr。
语法解析输出：$$ = oprNode('?', 3, $1, $3, $5);。

从语法解析输出所得到的操作序列的$1、$2、$3 三个元素中，对$1 结果判断的真/伪，将决定后者（$2、$3）之间的取舍，类似于 if 语句操作。

条件运算符 "?" 语句一般与其他运算操作结合，最常见的是与赋值操作相结合。例如：

```
x = exp1? exp2 : exp3;
```

条件运算符 "?" 语句的操作流程如下。

/p16ecc/cc_source_6.11/pcoder8.cpp

```
151        case '?':
152            true_lbl  = getLbl();
153            false_lbl = getLbl();
154            end_lbl   = getLbl();
155            logicBranch(op->op[0], true_lbl, false_lbl, true_lbl);
156            ip0 = ip1 = NULL;
157
158            PUT_LBL(true_lbl);
159            run(op->op[1]);
160            if ( DEPTH() == (depth+1) )
161            {
162                pp0 = new Pnode(P_MOV);
163                addPnode(&mainPcode, pp0);
164                pp0->items[1] = ip0 = POP();
165
166                pp = new Pnode(GOTO);
167                addPnode(&mainPcode, pp);
168                pp->items[0] = lblItem(end_lbl);
169            }
```

- 第 152～154 行：生成 true_lbl、false_lbl、end_lbl 标号。
- 第 155 行：生成 P-代码，对条件表达式 exp1 进行判断并跳转。

当 exp1 判断结果为 "真" 时，进行如下操作。

- 第 158 行：设置 true_lbl 标号。
- 第 159 行：扫描 exp2，生成相应的 P-代码。
- 第 162～164 行：将 exp2 的结果（取自编译栈顶）赋予临时变量（临时变量还未确定），而 pp0 标志此条 P-代码。

注：P-代码 P_MOV 操作符的运作等同于 "="，使用不同命名的原因是防止受到优化阶段的删除。

- 第 166～168 行：P-代码，无条件跳转至 end_lbl 标号。

类似地，当 exp1 判断结果为 "伪" 时，进行如下操作。

/p16ecc/cc_source_6.11/pcoder8.cpp

```
171            PUT_LBL(false_lbl);
172            run(op->op[2]);
173            if ( DEPTH() == (depth+1) )
174            {
175                pp1 = new Pnode(P_MOV);
176                addPnode(&mainPcode, pp1);
177                pp1->items[1] = ip1 = POP();
178            }
179            PUT_LBL(end_lbl);
180
181            if ( ip0 && ip1 && ip0->isOperable() && ip1->isOperable() )
182            {
183                Item *ip;
184                if ( cmpAttr(ip0->attr, ip1->attr) == 0 && ip0->acceSize() && ip1->acceSize() )
185                    ip = makeTemp(ip0->attr);
186                else
187                {
188                    int size0 = ip0->acceSize();
189                    int size1 = ip1->acceSize();
190                    if ( size0 < size1 ) size0 = size1;
191                    size0 = (size0 > 0)? size0-1: 0;
192                    ip = makeTemp();
193                    ip->attr = newAttr(size0+CHAR);
194                }
195                pp0->items[0] = ip->clone();
196                pp1->items[0] = ip->clone();
197                PUSH(ip);
198            }
```

- 第 171 行：设置 false_lbl 标号。
- 第 172 行：扫描 exp3，生成相应的 P-代码。
- 第 175～177 行：将 exp3 的结果（取自编译栈顶）赋予临时变量（临时变量还未确

定），而 pp1 标志此条 P-代码。

- 第 179 行：设置 end_lbl 标号。此时，pp0 和 pp1 分别指向 exp2 和 exp3 所生成的赋值 P-代码语句，即临时变量 t 在两者所处的位置。
- 第 181～198 行：生成同等长度和类型的临时变量，并添加到由 pp0 和 pp1 指示的 P-代码中。最后送入编译栈顶。

小结

"?" 运算（符）看似非常直观、简洁，但实际上它的运行效率比较低。

6.4.35 连续运算符 "," 语句

连续运算符 "," 与语句终结符 ";" 有相似之处，均可用于分隔语句。差异在于，"," 运算符将操作符前后语句（表达式）视为不可分割、连贯运行的语句序列，而 "," 运算符可以连续使用。

语法解析规则：expr ',' assignment_expr。

语法解析输出：$$ = oprNode(',', 2, $1, $3);。

连续运算符 "," 语句的 P-代码生成过程如下。

/p16ecc/cc_source_6.11/pcoder8.cpp

```
206        case ',':
207            run(op->op[0]); if ( DEPTH() > depth ) DEL(DEPTH() - depth);
208            run(op->op[1]);
209            break;
```

- 第 207 行：对前一个表达式（语句）进行扫描，生成 P-代码。随后必须清除编译栈顶因此出现的结果。
- 第 208 行：对后一个表达式（语句）进行扫描，生成 P-代码。

本节的实验如表 6-16 所示。

表 6-16   "," 运算符的 P-代码转换实验

C 语言源程序	相应的 P-代码输出打印
void foo()	P-CODE: P_FUNC_BEG: foo : {void}
{	P-CODE: ';'
char a, b, c;	P-CODE: SRC ... quest.c #4: if (a)
if (a) b = 3, c = 2;	P-CODE: JP_Z foo_$1_a{char}, _$L3
}	P-CODE: ';'
	P-CODE: LABEL_$L2
	P-CODE: SRC ... quest.c #4: b = 3, c = 2;
	P-CODE: '=' foo_$2_b{char}, 3{int}
	P-CODE: '=' foo_$3_c{char}, 2{int}
	P-CODE: LABEL_$L3

续表

C 语言源程序	相应的 P-代码输出打印
	P-CODE: LABEL_$L4
	P-CODE: ';'
	P-CODE: LABEL_$L1
	P-CODE: P_FUNC_END: foo

6.4.36　函数返回 return 语句

函数返回 return 语句有带参数返回和无参数返回两种形式。所谓返回，就是跳转至函数的结束标号处。

语法解析规则（无参数返回）：RETURN ';'。

语法解析输出（无参数返回）：$$ = oprNode(RETURN, 0);。

语法解析规则（带参数返回）：RETURN expr ';'。

语法解析输出（带参数返回）：$$ = oprNode(RETURN, 1, $2);。

函数返回 return 语句的形式必须与函数头部返回类型的定义匹配。返回值将送入（虚拟）ACC 累加器中。

无参数返回的处理和 P-代码生成过程如下。

```
/p16ecc/cc_source_6.11/pcoder8.cpp
211        case RETURN:
212            fp = curFnode;
213            if ( op->nops == 0 ) // return without value
214            {
215                if ( fp->attr && (fp->attr->type != VOID || fp->attr->ptrVect) )
216                    errPrint("missing return value!");
217                else
218                {   // jump to the end of function
219                    pp = new Pnode(GOTO);
220                    addPnode(&mainPcode, pp);
221                    pp->items[0] = lblItem(fp->endLbl);
222                }
223            }
```

- 第 212 行：获取函数定义，并赋予 fp。
- 第 213～223 行：生成无条件跳转至函数终结位置的标号（第 219～221 行）{GOTO,[fp-> endLbl]}。

带参数返回的处理和 P-代码生成过程如下。

```
/p16ecc/cc_source_6.11/pcoder8.cpp
224            else                    // return with a value
225            {
226                if ( fp->attr && (fp->attr->type != VOID || fp->attr->ptrVect) )
227                {
228                    run(op->op[0]);
229                    if ( DEPTH() == (depth+1) )
230                    {
231                        ip0 = POP();
232                        if ( ip0->isOperable() )
233                        {   // put the returning value into ACC
234                            pp = new Pnode('=');
235                            addPnode (&mainPcode, pp);
236                            pp->items[0] = accItem(cloneAttr(fp->attr));
237                            pp->items[1] = ip0;
238                            // jump to the end of function
239                            pp = new Pnode(GOTO);
```

```
240              addPnode (&mainPcode, pp);
241              pp->items[0] = lblItem(fp->endLbl);
242            }
243          else
244 ─        {
245              delete ip0;
246              errPrint("invalid return value!");
247            }
248          }
249        else
250 ─      {
251          errPrint("invalid 'return'!");
252          }
253        }
254      break;
255
```

- 第 228 行：对返回参数进行扫描，生成 P-代码。
- 第 234～237 行：生成 P-代码，将返回参数赋予（虚拟）累加器 {'=',[ACC,ip0]}。返回类型由 fp->attr 内容决定。
- 第 239～241 行：生成无条件跳转至函数终结位置的标号（第 219～221 行）{GOTO, [fp->endLbl]}。

6.4.37　汇编语言插入语句 AASM

这一类型的汇编语言插入在由#asm ... #endasm 所包含的（汇编）语句行中。由于其中每一行汇编语言语句在词法解析阶段已被分解成单独的语句，嵌入 AASM 节点，因此 P-代码的生成就简单了，具体如下。

/p16ecc/cc_source_6.11/pcoder8.cpp

```
257    case AASM:
258        pp = new Pnode(AASM);
259        addPnode(&mainPcode, pp);
260        pp->items[0] = strItem(op->op[0]->str.str);
261        break;
```

6.4.38　编译设置语句 PRAGMA

这类语句的主要目的在于对编译过程的某种设置，其内涵大都与目标处理器的特性有关，因而在设计中可以有一定的随意性。此类节点所包含的首个数据项是标识符，不需要处理；而随后的数据项需要生成相应的操作项。

/p16ecc/cc_source_6.11/pcoder8.cpp

```
263    case PRAGMA:
264        pp = new Pnode(PRAGMA);
265        addPnode(&mainPcode, pp);
266        pp->items[0] = idItem(op->op[0]->id.name);
267        if ( op->nops > 1 )
268 ─      {
269          run(op->op[1]);
270          if ( DEPTH() == (depth+1) )
271            pp->items[1] = POP();
272          else
273            errPrint("unknown item in pragma!");
274          }
275        break;
```

6.5　本章小结

本章的叙述比较冗长、烦琐，其主要原因在于设计时须针对通过解析生成的编译树中的各种节点（node）进行不同的处理。

（1）编译树其本质仍然属于源程序（C 语言）级别的结构（二维的程序结构）；而 P-代码在属性上已经接近低级语言的特质（一维的指令流）。两者之间有质的区别。

（2）P-代码属于抽象的机器指令。

（3）在 P-代码生成过程中，编译栈起到核心枢纽的作用。

（4）与第 5 章相同，在 P-代码生成过程中，大量地使用递归手法，从而极大地提高设计效率和可读性。

（5）本章主要按照处理运行的主流思路进行叙述，从而省略了对许多服务性函数的介绍和叙述。

（6）设计中使用静态的 break 栈和 continue 栈，这样做的好处是简便。但从理论上来说，使用动态式管理方式更为完美。

第7章

P-代码的优化

代码优化在编译器设计中是一个十分重大的课题。同时，它又是一个十分有意思且充满创造性的环节。从理论上来说，不经优化的代码除了效率因素（时间、空间）仍然能正常运行。目前，主流的编译器在使用过程中均可以由用户设置不同的优化程度（级别）。需要注意的是，较复杂的代码优化手段可能改变原有程序的结构，具有某种不可测的结果（作者并不反对使用较高级别优化设置，只是提醒使用时须考虑的因素）。

代码优化的目的是提高最终生成的代码的效率（缩短代码长度、提高运行速度），但实现的算法和手段却有巨大的差别。越是复杂的算法和手段，就意味着能更大地提高效率，但承受的风险亦随之上升。此外，代码优化有时需要考虑到目标机的结构，即优化的真正效率能反映在最后的编译输出结果上才有意义。

本书所叙述的优化方法非常简单、直观，手段和思路仅限于所对应的一条 C 语言语句中。优化分析时，扫描特定的 P-代码序列句型或案例，并施以删减、合并或以更有效的操作代码来代替，从而达到优化结果。即便如此，其效果仍很明显。为了便于编辑管理，可以将众多的优化模式案例分成若干文件（比如，popt1.cpp、popt2.cpp 等），每个文件中含有多个优化操作案例。

Optimizer 类的结构和使用的函数（声明）如下，其中 run()函数由外部调用，用于启动优化操作。

```
/p16ecc/cc_source_7.1/popt.h
19    class Optimizer {
20
21        public:
22            int optiCount;
23            Pcoder *pcoder;
24            Pnode *head, *funcPtr;
25            Item  *ip0, *ip1, *ip2;
26
27        public:
28            Optimizer(Pcoder *pcoder);
29            void run(void);
30
31        private:
32            Pnode *next(Pnode *p, int offset);
33            bool updateLbl(char *old_lbl, char *new_lbl, Pnode *p);
34            bool updateGoto(char *old_lbl, char *new_lbl, Pnode *p);
35            bool unusedLbl(Pnode *pnp, char *lbl, Pnode *p);
36            bool unusedTmp(Pnode *pnp, int tmp_idx);
37            bool endOfScope(Pnode *pnp);
38            bool assignmentCode(int code, int types);
```

```
39          Pnode *indirReferenced(Pnode *p, Item *ip, int *index);
40          void replaceTmp(Pnode *pnp, int tmp_old, int tmp_new);
41          bool reduceTmpSize(Pnode *pnp, Item *tmp, int size);
42          bool accReferenced(Pnode *pnp);
43          bool replaceIndir(Pnode *pnp, Item *ip, int temp_index);
44          bool bitSelect(Item *ip, int *n);
45          bool bitDeselect(Item *ip, int *n, int size);
46
47          bool group1(Pnode *pnp);      // simplify
48          bool group2(Pnode *pnp);      // merge
49          bool group3(Pnode *pnp);      // jump
50          bool group4(Pnode *pnp);      // temporary variable
51          bool group5(Pnode *pnp);      // special constance
52          bool group6(Pnode *pnp);      // others
53      };
```

- 第 28 行：优化器的建构函数，同时输入 P-代码序列（指针）。
- 第 29 行：启动运行函数。
- 第 32～45 行：用于优化过程的服务函数。
- 第 47～52 行：优化模式匹配及处理函数。

优化操作的初始化和运行方式如下。

/p16ecc/cc_source_7.1/popt.cpp

```
14      Optimizer :: Optimizer(Pcoder *_pcoder)
15      {
16          memset(this, 0, sizeof(Optimizer));
17          pcoder = _pcoder;
18      }
19
20      void Optimizer :: run(void)
21      {
22          head = pcoder->mainPcode;
23          bool done = false;
24          while ( !done )
25          {
26              done = true;
27              for(Pnode *pnp = head; pnp; pnp = pnp->next)
28              {
29                  ip0 = pnp->items[0];
30                  ip1 = pnp->items[1];
31                  ip2 = pnp->items[2];
32                  if ( pnp->type == P_FUNC_BEG ) funcPtr = pnp;
33                  if ( pnp->type == P_FUNC_END ) funcPtr = NULL;
34
35                  if ( group1(pnp) ) { done = false; break; }
36                  if ( group2(pnp) ) { done = false; break; }
37                  if ( group3(pnp) ) { done = false; break; }
38                  if ( group4(pnp) ) { done = false; break; }
39                  if ( group5(pnp) ) { done = false; break; }
40                  if ( group6(pnp) ) { done = false; break; }
41              }
42          }
43      }
```

- 第 16 行：清除所有内部变量。
- 第 17 行：保留 P-代码序列（指针）。
- 第 22 行：只针对执行 P-代码的序列进行优化。
- 第 23～27 行：反复扫描整个 P-代码序列，直到优化穷尽（不再产生新的优化）。
- 第 29～31 行：获取当前 P-代码行中全部的 3 个操作项，将其分别赋予 ip0、ip1、ip2（注：它们可能为空指针 NULL）。
- 第 32～33 行：函数（P-代码行）起始和函数（P-代码行）终止的处理。
- 第 35～40 行：启动优化函数，扫描各类优化案例，一旦优化事件发生，就会重新开始整个优化过程。

优化环节在编译过程中的嵌入如下。

/p16ecc/cc_source_7.1/main.cpp

```
10    #include "prescan.h"
11    #include "display.h"
12    #include "popt.h"
13
14    int main(int argc, char *argv[])
15    {
16        for (int i = 1; i < argc; i++)
17        {
18            std::string str = "cpp1 ";
19            str += argv[i];
20
21            if ( system(str.c_str()) == 0 )
22            {
23                str = argv[i]; str += "_";
24
25                int rtcode = _main((char*)str.c_str());
26                remove(str.c_str());
27
28    //          display(progUnit, 0);
29            if ( rtcode == 0 )
30            {
31                Nlist nlist;
32                PreScan preScan(&nlist);
33                progUnit = preScan.scan(progUnit);
34
35                Pcoder pcoder;              // P-code generation
36                pcoder.run(progUnit);   // run it now.
37    //          display(pcoder.mainPcode);
38
39                if ( pcoder.errorCount == 0 )
40                {
41                    Optimizer opt(&pcoder);
42                    opt.run();
43                    display(pcoder.mainPcode);
44                }
45            }
46        }
47    }
48    return 0;
49 }
```

- 第 41～43 行：P-代码优化的启动、运行。

7.1 清除冗余的代码

工程项目路径：/cc_source_7.1。
增加源程序文件：popt1.cpp。

7.1.1 删除冗余的标号

对于出现连续相邻的 Lx、Ly 标号，删除 Ly 标号，并用 Lx 标号替换所有 Ly 标号出现的场合，具体如下。

优化前 P-代码：

```
{LABEL,[Lx]}
{LABEL,[Ly]}
```

优化后 P-代码：

```
{LABEL,[Lx]}
```

本节优化的处理如下。

/p16ecc/cc_source_7.1/popt1.cpp

```
16    bool Optimizer :: group1(Pnode *pnp)
17    {
18        int ptype = pnp->type;
19        Pnode *p1 = next(pnp, 1);
20
21        if ( ptype == LABEL && p1 && p1->type == LABEL )    // {LABEL, [Lx]}
22        {                                                    // {LABEL, [Ly]}
23            updateLbl(p1->items[0]->val.s, ip0->val.s, p1);
24            delete p1;
25            return true;
26        }
```

- 第 18 行：将当前 P-代码行赋予 pnp。
- 第 19 行：获取下一行 P-代码，将其赋予 p1。
- 第 21 行：如果 pnp（当前行）和 p1 均为标号行 LABEL。
- 第 23 行：将所有出现 Ly 标号的位置以 Lx 标号来替换。
- 第 24 行：删除 P-代码 p1。

注：仅从上述优化的结果来看，似乎代码并未得到实质性的改变（标号行本身不会产生运行代码），但它会给以后的优化创造条件。

对于未被使用的标号（行），予以删除，具体如下。

/p16ecc/cc_source_7.1/popt1.cpp

```
28        if ( ptype == LABEL && unusedLbl(head, ip0->val.s, pnp) )    // {LABEL, [Lx]}
29        {
30            delete pnp;
31            return true;
32        }
```

本节的实验如表 7-1 所示。

表 7-1　删除冗余标号的实验

代码	```void foo(char a, char *p)```
	```{```
	``` if (a > 0) (*p)++;```
	```}```

优化前	P-CODE: P_FUNC_BEG: foo : {void} P-CODE: SRC ... op1_tst.c #3: if (a > 0) P-CODE: JP <= foo_$_a{char}, 0{int}, _$L3 P-CODE: ';' P-CODE: LABEL_$L2 P-CODE: SRC ... op1_tst.c #3: (*p)++; P-CODE: '=' %1{char}, [foo_$_p:0]{char *} P-CODE: '++' [foo_$_p:0]{char *}, 1{int} P-CODE: LABEL_$L3 P-CODE: LABEL_$L4 P-CODE: ';' P-CODE: LABEL_$L1 P-CODE: P_FUNC_END: foo
优化后	P-CODE: P_FUNC_BEG: foo : {void} P-CODE: SRC ... op1_tst.c #3: if (a > 0) P-CODE: JP <= foo_$_a{char}, 0{int}, _$L3

续表

优化后	P-CODE: ';'
	P-CODE: SRC ... op1_tst.c #3: (*p)++;
	P-CODE: '=' %1{char}, [foo_$_p:0]{char *}
	P-CODE: '++' [foo_$_p:0]{char *}, 1{int}
	P-CODE: LABEL_$L3
	P-CODE: ';'
	P-CODE: P_FUNC_END: foo

7.1.2　清除与无条件跳转语句有关的冗余

清除跳转至紧随 GOTO 语句后的标号行，具体如下。

优化前 P-代码：

```
{GOTO,[Lx]}
{LABEL,[Lx]}
```

优化后 P-代码：

```
{LABEL,[Lx]}
```

本节优化的处理如下。

/p16ecc/cc_source_7.1/popt1.cpp

```
34    if ( ptype == GOTO && p1 && p1->type == LABEL &&      // {GOTO, [Lx]}
35        !strcmp(ip0->val.s, p1->items[0]->val.s) )        // {LABEL, [Lx]}
36    {
37        delete pnp;
38        return true;
39    }
```

本节的实验如表 7-2 所示。

表 7-2　清除冗余跳转语句的实验

代码	void foo(int n, int m)
	{
	switch (n) {
	case 1:　m--; break;
	default: m++;break;
	}
	}
优化前	P-CODE: P_FUNC_BEG: foo : {void}
	P-CODE: SRC ... op2_tst.c #3: switch (n)
	P-CODE: SRC ... op2_tst.c #4: case 1:
	P-CODE: CASE foo_$_n{int}, 1{int}, _$L3
	P-CODE: GOTO_$L4
	P-CODE: ';'
	P-CODE: LABEL_$L3
	P-CODE: SRC ... op2_tst.c #4: m--;
	P-CODE: '=' %1{int}, foo_$_m{int}

续表

优化前	P-CODE: '--' foo_$_m{int}, 1{int} P-CODE: SRC ... op2_tst.c #4: break; P-CODE: GOTO_$L2 P-CODE: ';' P-CODE: LABEL_$L4 P-CODE: SRC ... op2_tst.c #5: m++; P-CODE: '=' %2{int}, foo_$_m{int} P-CODE: '++' foo_$_m{int}, 1{int} P-CODE: SRC ... op2_tst.c #5: break; P-CODE: GOTO_$L2 P-CODE: ';' P-CODE: LABEL_$L2 P-CODE: ';' P-CODE: LABEL_$L1 P-CODE: P_FUNC_END: foo
优化后	P-CODE: P_FUNC_BEG: foo : {void} P-CODE: SRC ... op2_tst.c #3: switch (n) P-CODE: SRC ... op2_tst.c #4: case 1: P-CODE: CASE foo_$_n{int}, 1{int}, _$L3 P-CODE: GOTO_$L4 P-CODE: ';' P-CODE: LABEL_$L3 P-CODE: SRC ... op2_tst.c #4: m--; P-CODE: '=' %1{int}, foo_$_m{int} P-CODE: '--' foo_$_m{int}, 1{int} P-CODE: SRC ... op2_tst.c #4: break; P-CODE: GOTO_$L2 P-CODE: ';' P-CODE: LABEL_$L4 P-CODE: SRC ... op2_tst.c #5: m++; P-CODE: '=' %2{int}, foo_$_m{int} P-CODE: '++' foo_$_m{int}, 1{int} P-CODE: SRC ... op2_tst.c #5: break; P-CODE: ';' P-CODE: LABEL_$L2 P-CODE: ';' P-CODE: P_FUNC_END: foo

对于紧随 LABEL 的 GOTO 语句中的标号，可以修改其他地方出现的标号项，具体如下。

```
/p16ecc/cc_source_7.1/popt1.cpp
41    if ( ptype == LABEL && p1 && p1->type == GOTO     &&        // {LABEL, [Lx]}
42        strcmp(ip0->val.s, p1->items[0]->val.s) != 0 &&         // {GOTO, [Ly]}
43        updateGoto(ip0->val.s, p1->items[0]->val.s, p1) )
44    {  // make all 'jump to LABELx' to 'jump to LABELy'
45        return true;
46    }
```

- 第 43 行：凡使用 Lx 标号的地方，都改用 Ly 标号。

清除紧随 GOTO 语句后的代码，具体如下。

/p16ecc/cc_source_7.1/popt1.cpp

```
48   if ( ptype == GOTO && p1 && !(p1->type == LABEL     ||      // {GOTO, [Lx]}
49                                   p1->type == P_FUNC_END) )   // {...}
50   {
51       delete p1;
52       return true;
53   }
```

一般来说，除 LABEL 或函数结尾语句之外，GOTO 语句后的代码将被视为无用代码。

同理，清除紧随 RETURN 语句后的 GOTO 语句，具体如下。

/p16ecc/cc_source_7.1/popt1.cpp

```
56   if ( ptype == RETURN && p1 && p1->type == GOTO )    // {RETURN}
57   { // remove useless GOTO                            // {GOTO, [Lx]}
58       delete p1;
59       return true;
60   }
```

7.1.3 常数与地址运算的合并

对于变量地址与常数的算术逻辑运算（如"+""-""*"等），可以合并为单个运算项，并以赋值操作"="来代替。

例如：

优化前 P-代码：

```
{'+',[t,IMMD_ITEM,CON_ITEM]}
```

优化后 P-代码：

```
{'=',[t,new IMMD_ITEM]}
```

本节优化的处理如下。

/p16ecc/cc_source_7.1/popt1.cpp

```
70   bool Optimizer :: case4(Pnode *pnp)
71   {
72       int code = pnp->type;
73       if ( (code == '+' || code == '-' || code == '*' || code == '/' ||
74            code == '%' || code == '&' || code == '|' || code == '^' ) &&
75           ITYPE(ip1, IMMD_ITEM) && ITYPE(ip2, CON_ITEM) )
76       {
77           if ( ip2->val.i != 0 )
78           {
79               char buf[32];
80               sprintf(buf, "%c%d", code, ip2->val.i);
81               std::string str = ip1->val.s;
82               str.insert(0, "("); str += buf;
83               pnp->updateName(1, (char*)str.c_str());
84           }
85           pnp->type = '=';
86           pnp->updateItem(2, NULL);
87           return true;
88       }
89
90       return false;
91   }
```

- 第 79~83 行：生成合并后的操作项。
- 第 85 行：改变 P-代码的操作类型。
- 第 86 行：删除合并后行内无用的操作项 ip2。

本节的实验如表 7-3 所示。

表 7-3　优化实验

代码	`char array[10];`
	`char foo()`
	`{`
	`    return array[3];`
	`}`

优化前	`P-CODE: P_FUNC_BEG: foo : {char}`
	`P-CODE: SRC ... op3_tst.c #4: return array[3];`
	`P-CODE: '+' %1{char *}, #array{char[10]}, 3{int}`
	`P-CODE: '=' ACC{char}, [%1]{char *}`
	`P-CODE: GOTO_$L1`
	`P-CODE: ';'`
	`P-CODE: LABEL_$L1`
	`P-CODE: P_FUNC_END: foo`

优化后	`P-CODE: P_FUNC_BEG: foo : {char}`
	`P-CODE: SRC ... op3_tst.c #4: return array[3];`
	`P-CODE: '=' %1{char *}, #(array+3){char[10]}`
	`P-CODE: '=' ACC{char}, [%1]{char *}`
	`P-CODE: ';'`
	`P-CODE: P_FUNC_END: foo`

7.2　代码的合并简化

工程项目路径：/cc_source_7.2。

增加源程序文件：popt2.cpp。

7.2.1　地址与常数运算的合并

一般来说，（变量）地址属于常数。因此，地址与常数间的运算可以省略、简化，优化判断如下。

优化前 P-代码：

```
{'+',[X,#Y,N)]}
```

优化后 P-代码：

```
{'=',[X,#(Y+N)]}
```

本节优化的处理如下。

```
/p16ecc/cc_source_7.2/popt2.cpp
22   if ( assignmentCode(ptype, MATH_OP | LOGIC_OP) &&          // {'+', [X, #Y, N]}
23        ip1->type == IMMD_ITEM && ip2->type == CON_ITEM )
24   {
25       if ( ip2->val.i != 0 )
26       {
27           char buf[32];
28           sprintf(buf, "%c%d)", ptype, ip2->val.i);
29           std::string str = ip1->val.s;
30           str.insert(0, "("); str += buf;
```

```
31        pnp->updateName(1, (char*)str.c_str());
32    }
33    pnp->type = '=';
34    pnp->updateItem(2, NULL);
35    return true;
36 }
```

7.2.2　合并间接偏址计算

例如:

```
int array[10], n;
...
n = array[2];
```

通过前期编译及上一章生成的 P-代码, 可以将寻址过程拆分成多个运算操作, 从而还原成简单的直接寻址, 具体如下。

优化前 P-代码:

```
{'+',[t,IMMD_ITEM(array),4)]}
{'=',[n,INDIR_ITEM(t)]}
```

经 7.2.1 节的优化后 P-代码:

```
{'=',[t,IMMD_ITEM(array+4)]}
{'=',[n,INDIR_ITEM(t)]}
```

最终优化后 P-代码:

```
{'=',[n,ID_ITEM(array+4)]}
```

本节优化的处理如下。

/p16ecc/cc_source_7.2/popt2.cpp

```
38    if ( ptype == '=' &&
39         ip0->type == TEMP_ITEM && ip1->type == IMMD_ITEM )        // {'=', [t, #X]}
40    {
41        int i;
42        Pnode *p1 = indirReferenced(pnp->next, ip0, &i);
43        if ( p1 )                                                  // {op, [.. (t) ..]}
44        {
45            if ( p1->items[i]->type == INDIR_ITEM )
46            {
47                attrib *attr = cloneAttr(p1->items[i]->attr);
48                reducePtr(attr);
49                attr->dataBank = ip1->attr->dataBank;
50                ip1->updateAttr(attr);
51                ip1->type = ID_ITEM;
52            }
53            p1->updateItem(i, ip1);
54            pnp->items[1] = NULL;
55            delete pnp;
56            return true;
57        }
58    }
```

本节优化实验结果如表 7-4 所示。

表 7-4　优化实验结果

优化前	优化后
P-CODE: P_FUNC_BEG: foo : {void}	P-CODE: P_FUNC_BEG: foo : {void}
P-CODE: SRC ... op2_tst.c #5: n = array[2];	P-CODE: SRC ... op2_tst.c #5: n = array[2];
P-CODE: '+' %1{int *}, #array{int[10]},	

续表

优化前	优化后

`4{int}`
`P-CODE: '=' n{int}, [%1]{int *}`
`P-CODE: ';'`
`P-CODE: LABEL_$L1`
`P-CODE: P_FUNC_END: foo`
	`P-CODE: '=' n{int}, (array+4) {int}`
	`P-CODE: ';'`
	`P-CODE: P_FUNC_END: foo`

7.2.3 简化和重组双目运算

算术逻辑运算（如 "+" "−" "&" "|" 等）属双目运算，其 P-代码形式为：$\{op, [z, x, y]\}$，表示 $z = x$ op y 运算。

当运算项 x 与结果项 z 为同一个变量时，可以简化为复合运算方式，具体如下。

优化前 P-代码：

    {'+', [x,x,y)]}

优化后 P-代码：

    {'+=',[x,y)]}

本节优化的处理如下。

```
/p16ecc/cc_source_7.2/popt2.cpp
60      int new_type;
61      if ( shortenOper(ptype, &new_type) &&              // {'+', [X, X, Y]}
62          same(ip0, ip1) && !same(ip1, ip2) && !same(ip0, ip2) )
63      {
64          pnp->type = new_type;
65          pnp->updateItem(1, ip2);
66          pnp->items[2] = NULL;
67          return true;
68      }
```

* 第 61 行：检测并获取复合运算 P-代码类型。
* 第 65～66 行：重组 P-代码内容。

7.2.4 省略临时变量

单纯存储运算结果的临时变量可以省略，具体如下。

优化前 P-代码：

    {'+',[t,x,y]}

    {'=',[z,t]}

优化后 P-代码：

    {'+',[z,x,y]}

本节优化的处理如下。

/p16ecc/cc_source_7.2/popt2.cpp

```
70        Pnode *p1 = next(pnp, 1);
71        if ( assignmentCode(ptype, ALL_OP) && ip0->type == TEMP_ITEM &&    // {'+', [t, x, y]}
72             p1 && p1->type == '=' && same(ip0, p1->items[1])         &&    // {'=', [z, t]}
73             unusedTmp(p1->next, ip0->val.i)                          )
74        {
75             pnp->updateItem(0, p1->items[0]);
76             p1->items[0] = NULL;
77             delete p1;
78             return true;
79        }
```

7.2.5　变换运算顺序

变换运算顺序虽不直接带来优化，但在某些情形下可为其他优化环节带来益处，因此这也是一种优化，具体如下。

优化前 P-代码：

```
{'=',[t,x]}

{INC_OP,[x,N]}
{'=',[y,t]}
```

优化后 P-代码：

```
{'=',[t,x]}              {'=',[y,x]}

{'=',[y,t]}              {INC_OP,[x,N]}
{INC_OP,[x,N]}
```

本节优化的处理如下。

/p16ecc/cc_source_7.2/popt2.cpp

```
81        Pnode *p2 = next(pnp, 2);
82        if ( ptype == '=' && ip0->type == TEMP_ITEM && p1 && p2 &&     // {'=', [t, x]}
83             (p1->type == INC_OP || p1->type == DEC_OP)       &&        // {INC_OP, [x, N]}
84             same(ip1, p1->items[0])                          &&        // {'=', [y, t]}
85             p2->type == '=' && related(ip0, p2->items[1])    &&
86                            !related(ip1, p2->items[0])        &&
87             unusedTmp(p2->next, ip0->val.i)                  )
88        {
89             pnp->next= p2;
90             p2->last = pnp;
91             p1->next = p2->next;
92             p1->last = p2;
93             p2->next = p1;
94             return true;
95        }
```

- 第 89~94 行：重组代码顺序。

7.2.6　合并连续常数运算

连续的常数运算序列可以合并，具体如下。

优化前 P-代码：

```
{'+',[t,X,N]}
{'+',[Y,t,M]}
```

优化后 P-代码：

```
{'+',[Y,X,N+M]}
```

本节优化的处理如下。

/p16ecc/cc_source_7.2/popt2.cpp

```
97      if ( ptype == '+' && ip0->type == TEMP_ITEM && ip2->type == CON_ITEM )  // {'+', [t, x, N]}
98                                                                              // {'+', [y, t, M]}
99      {
            if ( p1 && p1->type == '+' &&
100             same(ip0, p1->items[1]) && p1->items[2]->type == CON_ITEM &&
101             (related(p1->items[0], ip0) || unusedTmp(p1->next, ip0->val.i)) )
102         {
103             p1->updateItem(1, ip1);
104             p1->items[2]->val.i += ip2->val.i;
105             pnp->items[1] = NULL;
106             delete pnp;
107             return true;
108         }
109     }
```

7.2.7　简化运算类型

{'+=',[X, N]}与{INC_OP,[X, N]}运算代码相比，后者的最终实现过程更快捷，优化识别和实现如下。

/p16ecc/cc_source_7.2/popt2.cpp

```
111     if ( (ptype == ADD_ASSIGN || ptype == SUB_ASSIGN) && ip1->type == CON_ITEM )    // {'+=', [X, N]}
112     {
113         pnp->type = (ptype == ADD_ASSIGN)? INC_OP: DEC_OP;
114         return true;
115     }
```

7.3　条件跳转操作的优化

工程项目路径：/cc_source_7.3。
增加源程序文件：popt3.cpp。

7.3.1　简单的跳转类型变换

对于某些简单的条件判断并跳转的 P-代码，可以通过变换判断类型进行简化。
优化前 P-代码：

```
{J_Z,[X,Lx]}
{GOTO,[Ly]}
{LABEL,[Lx]}
```

优化后 P-代码：

```
{J_NZ,[X,Ly]}
```

本节优化的处理如下。

/p16ecc/cc_source_7.3/popt3.cpp

```
21      int ptype = pnp->type;
22      Pnode *p1 = next(pnp, 1);
23      Pnode *p2 = next(pnp, 2);
24      int rev_type, n;
25
26      if ( convertJump(ptype, &rev_type, &n) && p1 && p2 )    // {J_Z, [X, Lx]}
27      {                                                       // {GOTO, [Ly]}
28          if ( p1->type == GOTO && p2->type == LABEL &&       // {LABEL, [Lx]}
29              same(pnp->items[n-1], p2->items[0]) )
```

```
30      {
31          pnp->type = rev_type;
32          pnp->updateName(n-1, p1->items[0]->val.s);
33          delete p1;
34          return true;
35      }
36  }
```

- 第 26 行：变换判断类型。

7.3.2 使用位检测进行跳转类型的变换

在对有常数参与的"与"运算进行判断、跳转的操作中，若该常数是一个特殊常数（2 的幂），则可改变为对位的检测。

优化前 P-代码：

```
{'&',[t,X,2^N]}
{JZ,[t,Lx]}
```

优化后 P-代码：

```
{P_JBZ,[X,N,Ly]}
```

本节优化的处理如下。

/p16ecc/cc_source_7.3/popt3.cpp

```
38  if ( ptype == '&' && ip0->type == TEMP_ITEM && p1 &&        // {'&', [t, X, 2^N]}
39       bitSelect(ip2, &n)                               &&    // {J_Z, [t, Lx]}
40       (p1->type == P_JZ || p1->type == P_JNZ)          &&
41       same(ip0, p1->items[0])                          &&
42       unusedTmp(p1->next, ip0->val.i)                  )
43  {
44      p1->type = (p1->type == P_JZ)? P_JBZ: P_JBNZ;
45      p1->updateItem(0, ip1);
46      p1->items[2] = p1->items[1];
47      p1->items[1] = intItem(n);
48      pnp->items[1] = NULL;
49      delete pnp;
50      return true;
51  }
```

7.3.3 清除与常数 0 的等值比较

与常数 0 的等值比较可以改换成更简单、快捷的比较方式。

优化前 P-代码：

```
{P_JEQ,[X,0,Lx]}
```

优化后 P-代码：

```
{P_JZ,[X,Lx]}
```

本节优化的处理如下。

/p16ecc/cc_source_7.3/popt3.cpp

```
53  if ( (ptype == P_JEQ || ptype == P_JNE) &&                  // {P_JEQ, [X, 0, Lx]}
54       ip1->type == CON_ITEM && ip1->val.i == 0 )
55  {
56      pnp->type = (ptype == P_JEQ)? P_JZ: P_JNZ;
57      pnp->updateItem(1, ip2);
58      pnp->items[2] = NULL;
59      return true;
60  }
61
62  int swap_type;
63  if ( swapJump(pnp->type, &swap_type) &&                     // {P_JEQ, [N, X, Lx]}
64       ip0->type == CON_ITEM && ip1->type != CON_ITEM )
```

```
65      {
66          pnp->type = swap_type;
67          pnp->items[0] = ip1;
68          pnp->items[1] = ip0;
69          return true;
70      }
```

- 第 62～70 行：变换常数的位置，以便本优化的实现。

7.3.4 合并简单递减（递加）并跳转操作

经常有"if (X++) ..."这类语句，需要对 X 变量进行判断，并将此作为跳转的条件。

优化前 P-代码：

```
{'=',[t,X]}
{P_INC,[X,N]}
{P_JZ,[t,Lx]}
```

优化后 P-代码：

```
{P_JZ_INC,[X,N,Lx]}
```

这一优化设计增加了若干新的 P-代码类型，如 P_JZ_INC、P_JZ_DEC、P_JNZ_INC、P_JNZ_DEC 等。它将多个操作步骤进行了合并，并省略了临时变量的使用，过程如下。

```
/p16ecc/cc_source_7.3/popt3.cpp
72      if ( ptype == '=' && ip0->type == TEMP_ITEM && p1 && p2 )    // {'=', [t, X]}
73      {                                                            // {P_INC, [X, N]}
74          if ( (p1->type == INC_OP || p1->type == DEC_OP) &&       // {P_JZ, [t, Lx]}
75              same(ip1, p1->items[0])                      &&
76              (p2->type == P_JZ  || p2->type == P_JNZ)     &&
77              same(ip0, p2->items[0])                      &&
78              unusedTmp(p2->next, ip0->val.i)              )
79          {
80              if ( p2->type == P_JZ )
81                  p2->type = (p1->type == INC_OP)? P_JZ_INC:  P_JZ_DEC;
82              else
83                  p2->type = (p1->type == INC_OP)? P_JNZ_INC: P_JNZ_DEC;
84
85              p2->items[2] = p2->items[1];
86              p2->items[1] = p1->items[1];
87              p2->updateItem(0, p1->items[0]);
88              p1->items[0] = p1->items[1] = NULL;
89              delete pnp;
90              delete p1;
91              return true;
92          }
93      }
```

7.4 关于特殊常数操作运算的优化

工程项目路径：/cc_source_7.4。
增加源程序文件：popt4.cpp。

7.4.1 简化算术逻辑运算

这里涉及的特殊常数是指常数值为"0"或"1"的情形。这种情形下，某些运算可以简化或省略。

例 1：

优化前 P-代码：{'+', [X, Y, 0]}。

优化后 P-代码：{'=', [X, Y]}。

例 2：

优化前 P-代码：{'&', [X, Y, 0]}。

优化后 P-代码：{'=', [X, 0]}。

由于有多种运算具备这样的特性，可以将它们综合进行判断和处理，具体如下。

当 ip1 为常数 "0" 时：

```
/p16ecc/cc_source_7.4/popt4.cpp
14    #define IS_CONST(ip,n)        (ITYPE(ip, CON_ITEM) && ip->val.i == n)
15
16    bool Optimizer :: group4(Pnode *pnp)
17    {
18        int ptype = pnp->type;
19
20        if ( IS_CONST(ip1, 0) )        // ip1 is constance '0'
21        {
22            switch (ptype)
23            {
24                case '+':                // {'+', [x, 0, y]}
25                case '-':                // {'+', [x, 0, y]}
26                case '|':                // {'|', [x, 0, y]}
27                case '^':                // {'^', [x, 0, y]}
28                    pnp->type = '=';
29                    pnp->updateItem(1, ip2);
30                    pnp->items[2] = NULL;
31                    return true;
32
33                case '*':                // {'*', [x, 0, y]}
34                case '/':                // {'/', [x, 0, y]}
35                case '%':                // {'%', [x, 0, y]}
36                case '&':                // {'&', [x, 0, y]}
37                case LEFT_OP:            // {'<<', [x, 0, y]}
38                case RIGHT_OP:           // {'>>', [x, 0, y]}
39                    pnp->type = '=';
40                    pnp->updateItem(2, NULL);
41                    return true;
42
43                case ADD_ASSIGN:         // {'+=', [x, 0]}
44                case SUB_ASSIGN:         // {'-=', [x, 0]}
45                case OR_ASSIGN:          // {'|=', [x, 0]}
46                case XOR_ASSIGN:         // {'^=', [x, 0]}
47                case LEFT_ASSIGN:        // {'<<=', [x, 0]}
48                case RIGHT_ASSIGN:       // {'>>=', [x, 0]}
49                case INC_OP:             // {INC_OP, [x, 0]}
50                case DEC_OP:             // {DEC_OP, [x, 0]}
51                    delete pnp;
52                    return true;
53            }
54        }
```

• 第 43～52 行：可以省略的运算操作。

当 ip2 为常数 "0" 时：

```
/p16ecc/cc_source_7.4/popt4.cpp
56        if ( IS_CONST(ip2, 0) )        // ip2 is constance '0'
57        {
58            switch (ptype)
59            {
60                case '+':                // {'+', [x, y, 0]}
61                case '-':                // {'-', [x, y, 0]}
62                case '|':                // {'|', [x, y, 0]}
63                case '^':                // {'^', [x, y, 0]}
64                case LEFT_OP:            // {'<<', [x, y, 0]}
65                case RIGHT_OP:           // {'>>', [x, y, 0]}
66                    pnp->type = '=';
67                    pnp->updateItem(2, NULL);
68                    return true;
69
70                case '*':                // {'*', [x, y, 0]}
71                case '&':                // {'&', [x, y, 0]}
72                    pnp->type = '=';
```

```
73                  pnp->updateItem(1, ip2);
74                  pnp->items[2] = NULL;
75                  return true;
76              }
77          }
```

当 ip1 为常数 "1" 时：

/p16ecc/cc_source_7.4/popt4.cpp

```
79      if ( IS_CONST(ip1, 1) )      // ip1 is constance '1'
80      {
81          switch (ptype)
82          {
83              case '*':               // {'*', [x, 1, y]}
84                  pnp->type = '=';
85                  pnp->updateItem(1, ip2);
86                  pnp->items[2] = NULL;
87                  return true;
88
89              case MUL_ASSIGN:        // {'*=', [x, 1]}
90              case DIV_ASSIGN:        // {'/=', [x, 1]}
91                  delete pnp;
92                  return true;
93
94              case MOD_ASSIGN:        // {'%=', [x, 1]}
95                  pnp->type = '=';
96                  ip1->val.i = 0;
97                  return true;
98          }
99      }
```

当 ip2 为常数 "1" 时：

/p16ecc/cc_source_7.4/popt4.cpp

```
101     if ( IS_CONST(ip2, 1) )      // ip2 is constance '1'
102     {
103         switch (ptype)
104         {
105             case '*':               // {'*', [x, y, 1]}
106             case '/':               // {'/', [x, y, 1]}
107                 pnp->type = '=';
108                 pnp->updateItem(2, NULL);
109                 return true;
110             case '%':               // {'%', [x, y, 1]}
111                 pnp->type = '=';
112                 ip2->val.i = 0;
113                 pnp->updateItem(1, ip2);
114                 pnp->items[2] = NULL;
115                 return true;
116         }
117     }
```

7.4.2　简化常数为 2 的幂次方运算

由于计算机内使用二进制形式表示数值，因此使用 2 的幂次方的常数进行运算时，可以尝试优化，具体如下。

当 ip1 为 2 的幂次方常数时：

/p16ecc/cc_source_7.4/popt4.cpp

```
119     int n;
120     if ( bitSelect(ip1, &n) )    // ip1 is constance (1 << N)
121     {
122         switch (ptype)
123         {
124             case MUL_ASSIGN:     // {'*=', [x, 2^N]}
125             case DIV_ASSIGN:     // {'/=', [x, 2^N]}
126                 pnp->type = (ptype == MUL_ASSIGN)? LEFT_ASSIGN: RIGHT_ASSIGN;
127                 ip1->val.i = n;
128                 return true;
129
130             case MOD_ASSIGN:     // {'%=', [x, 2^N]}
131                 if ( !ip0->acceSign() )
```

```
132
133                        {
134                            pnp->type = AND_ASSIGN;
135                            ip1->val.i = (1 << n) - 1;
136                            return true;
137                        }
138                        break;
139                    }
```

当 ip2 为 2 的幂次方常数时：

/p16ecc/cc_source_7.4/popt4.cpp

```
141        if ( bitSelect(ip2, &n) )    // ip2 is constance (1 << N)
142        {
143            switch (ptype)
144            {
145                case '*':            // {'*', [x, y, 2^N]}
146                case '/':            // {'/', [x, y, 2^N]}
147                    pnp->type = (ptype == '*')? LEFT_OP: RIGHT_OP;
148                    ip2->val.i = n;
149                    return true;
150
151                case '%':            // {'%', [x, y, 2^N]}
152                    if ( !ip1->acceSign() )
153                    {
154                        pnp->type = '&';
155                        ip2->val.i = (1 << n) - 1;
156                        return true;
157                    }
158                    break;
159            }
160        }
```

7.5 关于临时变量使用的优化

工程项目路径：/cc_source_7.5。
增加源程序文件：popt5.cpp。

7.5.1 清除赋值后未被使用的临时变量

从 P-代码生成的机制中可以看出，在很多情形下所生成（被赋值）的临时变量并未被使用。例如：

```
    int x;
    ...
    x++;
```

优化前 P-代码：

```
    {'=', [t, X]}
    {P_INC, [X, 1]}
```

显然，此处对临时变量赋值的代码应该被清除。也就是说，优化中将检查临时变量被赋值后是否被使用，具体如下。

/p16ecc/cc_source_7.5/popt5.cpp

```
37    bool Optimizer :: group5(Pnode *pnp)
38    {
39        int ptype = pnp->type;
40
41        if ( TERMINATE_ASSIGN(ptype) && ip0->type == TEMP_ITEM &&    // {'=', [t, x]}
42             unusedTmp(pnp->next, ip0->val.i)                    )    // 't' not used any more
43        {
44            delete pnp;
45            return true;
46        }
```

- 第 41 行：宏定义 TERMINATE_ASSIGN()用于判断是否为赋值运算操作（如下图所示）。
- 第 42 行：查询临时变量赋值后是否被使用。

```
/p16ecc/cc_source_7.5/popt5.cpp
15  #define TERMINATE_ASSIGN(t) (t == '=' || t == '+' || t == '-' || \
16                               t == '*' || t == '/' || t == '%' || \
17                               t == '|' || t == '&' || t == '^' || \
18                               t == LEFT_OP  || t == RIGHT_OP || \
19                               t == '~' || t == '!' || t == NEG_OF || \
20                               t == P_ARG_PASS )
```

本节的实验如表 7-5 所示。

表 7-5 清除冗余临时变量赋值的实验

代码	`void foo(int n)`
	`{`
	`    n++;`
	`}`

优化前	P-CODE: P_FUNC_BEG: foo : {void} P-CODE: SRC ... op1_tst.c #3: n++; P-CODE: '=' %1{int}, foo_$_n{int} P-CODE: '++' foo_$_n{int}, 1{int} P-CODE: ';' P-CODE: LABEL _$L1 P-CODE: P_FUNC_END: foo
优化后	P-CODE: P_FUNC_BEG: foo : {void} P-CODE: SRC ... op1_tst.c #3: n++; P-CODE: '++' foo_$_n{int}, 1{int} P-CODE: ';' P-CODE: P_FUNC_END: foo

7.5.2 临时变量的重复使用

所谓临时变量的重复使用是指同一个临时变量在运算过程（语句）中被重复使用，其目的在于减少临时变量的个数，最终降低临时变量的 RAM 总消耗。甚至，这种优化还可能为其他优化创造条件。

按第 6 章所述，临时变量的序列号按自然数（0，1，2，…）递增的顺序依次生成并启用，这意味着序列号本身表示临时变量被启用的先后顺序。也就是说，若临时变量 t_i 能被 t_j 替换（$i > j$），则实现 t_j 重复使用。

例如，C 语言源程序：

```
char a, b, c, d, e;
a = b + c + d + e;
```

优化前 P-代码：

```
P-CODE: SRC ... t6.c #5: a = b + c + d + e;
P-CODE: '+'    %1{int}, b{char}, c{char}
P-CODE: '+'     %2{short}, %1{int}, d{char}
P-CODE: '+'     a{char}, %2{short}, e{char}
```

优化后 P-代码：

```
P-CODE: SRC ... t6.c #5: a = b + c + d + e;
P-CODE: '+'    %1{int}, b{char}, c{char}
P-CODE: '+'    %1{short}, %1{int}, d{char}
P-CODE: '+'    a{char}, %1{short}, e{char}
```

优化过程如下。

/p16ecc/cc_source_7.5/popt5.cpp

```
48    if ( TERMINATE_ASSIGN(ptype) && ip0->type == TEMP_ITEM )    // {'=', [tn, x]} or {'*', [tn, x, y]} ...
49    {
50        for (int i = 0; i < ip0->val.i; i++)
51        {
52            if ( unusedTmp(pnp->next, i) )
53            {
54                replaceTmp(pnp->next, ip0->val.i, i);
55                ip0->val.i = i;
56                return true;
57            }
58        }
59    }
```

- 第 48 行：从临时变量启用处开始（设 ip0 所使用的序列号为 n）。
- 第 52 行：在本行代码之后搜索 0～n-1 空间有无未被使用的临时变量。
- 第 54～55 行：改变各处出现 ip0 的序列号。

7.5.3 临时变量长度最小化

优化过程涉及对 P-代码运算过程的追踪，并检测运算项和最终结果的长度。在保证结果正确的前提下，对各临时变量的长度最小化。仍以上述源程序为例。

优化前 P-代码：

```
P-CODE: SRC ... t6.c #5: a = b + c + d + e;
P-CODE: '+'    %1{int}, b{char}, c{char}
P-CODE: '+'    %1{short}, %1{int}, d{char}
P-CODE: '+'    a{char}, %1{short}, e{char}
```

优化后 P-代码：

```
P-CODE: SRC ... t6.c #5: a = b + c + d + e;
P-CODE: '+'    %1{char}, b{char}, c{char}
P-CODE: '+='   %1{char}, d{char}
P-CODE: '+'    a{char}, %1{char}, e{char}
```

优化过程如下。

/p16ecc/cc_source_7.5/popt5.cpp

```
61    if ( TERMINATE_ASSIGN(ptype) || CONTINUE_ASSIGN(ptype) )    // {'+', [z, x, y]} or {'+=', [x, y]}
62    {
63        int size0 = ip0->acceSize();
64        int size1 = ip1->acceSize();
65        int size2 = ip2? ip2->acceSize(): 0;
66        if ( size0 == 0 || size0 > 4 ) return false;
67
68        if ( ip1 && ip1->type == TEMP_ITEM && !VOLATILE_OP1(ptype) )
69        {
70            if ( reduceTmpSize(pnp->last, ip1, size0) || size1 > size0 )
71            {
72                resizeTmpItem(ip1, size0);
73                return true;
74            }
75        }
76
77        if ( ip2 && ip2->type == TEMP_ITEM && !VOLATILE_OP1(ptype) )
78        {
79            if ( reduceTmpSize(pnp->last, ip2, size0) || size2 > size0
```

```
80  ⊟              {
81                     resizeTmpItem(ip2, size0);
82                     return true;
83              }
84       }
85  }
```

7.6　其他种类的优化

工程项目路径：/cc_source_7.6。
增加源程序文件：popt6.cpp。

7.6.1　清除 ACC 与临时变量之间的赋值

在操作项类型中，临时变量类型 TEMP_ITEM 和累加器类型 ACC_ITEM 在很大程度上属性相同，均属编译器内部的临时变量。因此，它们相互之间的赋值经常是不必要的。

例如：

```
if ( func() ) . . .
```

优化前 P-代码输出：

```
{CALL,[LBL_ITEM(func)]}
{'=',[t,ACC_ITEM]}
{P_JZ,[t,Lx]}
...
```

在这种情形下，应省略不必要的临时变量的使用，即优化后 P-代码输出：

```
CALL,[LBL_ITEM(func)]}
{P_JZ,[ACC_ITEM,Lx]}
```

注：在此种情形下，临时变量 t 的操作项需要用 ACC_ITEM 代替。

具体实现过程如下。

/p16ecc/cc_source_7.6/popt6.cpp

```
30  ⊟      if ( ptype == '=' &&                                          // {'=', [t, ACC]}
31              ip0->type == TEMP_ITEM && ip1->type == ACC_ITEM &&
32              cmpAttr(ip0->attr, ip1->attr) == 0 && !accReferenced(p1) )
33  ⊟      {
34              bool updated = false;
35              for (bool done = false; !endOfScope(p1) && !done;)
36  ⊟          {
37                  for (int i = 3; i-- && !done;)
38  ⊟              {
39                      Item *ip = p1->items[i];
40                      if ( ip && same(ip0, ip) )
41  ⊟                  {
42                          if ( i > 0 || !assignmentCode(p1->type, ALL_OP) )
43  ⊟                      {
44                              ip->type = ACC_ITEM;
45                              updated  = true;
46                          }
47                          else
48                              done = true;    // stop here
49                      }
50                  }
51                  p1 = p1->next;
52              }
53              if ( updated )
```

```
54   {
55        delete pnp;
56        return true;
57   }
58   p1 = next(pnp, 1);
59 }
```

- 第 30~32 行：检测临时变量 t 的使用。
- 第 36~52 行：搜索至整条语句的末尾。
  - 第 40~49 行：以 ACC_ITEM 替换相应临时变量 t。

7.6.2　对数据结构成员偏址寻址过程进行优化

情形 1：对于成员（使用指针）的间接寻址。

例如：

```
typedef struct {
    int x, y, z;
} Data;
int foo(Data *dp)
{
    int n;
    dp->y = n;
    ...
```

优化前 P-代码输出：

```
{'+', [t₁, dp, 2]}
{'=', [INDIR_ITEM(t), n]}
P-CODE: SRC ... st.c #10: dp->y = n;
P-CODE: '+'     %1{int *}, foo_$_dp{STRUCT *}, 2{int}
P-CODE: '='     [%1]{int *}, foo_$1_n{int}
```

优化后 P-代码输出：

```
{'=', [PID_ITEM(dp: 2), n]}
P-CODE: SRC ... st.c #10: dp->y = n;
P-CODE: '='     [foo_$_dp:2]{int *}, foo_$1_n{int}
```

优化过程如下。

/p16ecc/cc_source_7.6/popt6.cpp

```
85    if ( (ptype == '=' || (ptype == '+' && ip2->type == CON_ITEM)) && ip0->type == TEMP_ITEM && p1 )
86    {
87        bool ret_code;
88
89        if ( ip1->type == ID_ITEM && ip1->attr && ip1->attr->ptrVect )      // {'+', [t, *X, N]}
90        {                                                                    // {op, [.. (t) ..]}
91            Item *ip = ip1->clone();
92            if ( ptype == '+' ) ip->bias += ip2->val.i;
93
94            ip->type = PID_ITEM;
95            ret_code = replaceIndir(p1, ip, ip0->val.i);
96            delete ip;
97
98            if ( ret_code )
99            {
100                delete pnp;
101                return true;
102            }
103        }
```

情形 2：对于成员（固定地址）的直接寻址。

例如：

```
typedef struct {
    int x, y, z;
} Data;
int foo()
{
    int n;
    ((Data*)0x1000)->y = n;
    ...
```

优化前 P-代码输出：

```
{'+', [t₁, CON_ITEM(0x1000), 2]}
{'=', [INDIR_ITEM(t₁), n]}
P-CODE: SRC ... st.c #11: ((Data *)0x1000)->y = n;
P-CODE: '+'    %1{int *}, 4096{STRUCT *}, 2{int}
P-CODE: '='    [%1]{int *}, foo_$1_n{int}
```

优化后 P-代码输出：

```
{'=', [DIR_ITEM(0x1002), n]}
P-CODE: SRC ... st.c #11: ((Data *)0x1000)->y = n;
P-CODE: '='    (0x1002){int *}, foo_$1_n{int}
P-CODE: ';'
```

优化过程如下。

```
/p16ecc/cc_source_7.6/popt6.cpp
104
105         if ( ip1->type == CON_ITEM && ip1->attr && ip1->attr->ptrVect )    // {'+', [t, *(M), N]}
106     {                                                                      // {op, [.. (t) ..]}
107             Item *ip = ip1->clone();
108             if ( ptype == '+' ) ip->val.i += ip2->val.i;
109             ip->type = DIR_ITEM;
110
111             ret_code = replaceIndir(p1, ip, ip0->val.i);
112             delete ip;
113
114             if ( ret_code )
115         {
116                 delete pnp;
117                 return true;
118             }
119         }
120     }
```

表 7-6 和表 7-7 给出一个实验实例，作为本章的结束。

表 7-6　综合优化结果

C 语言源程序	`int a, b, c, d, e;`
	`void foo()`
	`{`
	`    a = b + c * d * e;`
	`}`

续表

未经优化的 P-代码	P-CODE: P_FUNC_BEG: foo : {void} P-CODE: ';' P-CODE: SRC ... e1.c #4: a = b + c * d * e; P-CODE: '*' %1{long}, foo_$3_c{int}, foo_$4_d{int} P-CODE: '*' %2{long}, %1{long}, foo_$5_e{int} P-CODE: '+' %3{long}, foo_$2_b{int}, %2{long} P-CODE: '=' foo_$1_a{int}, %3{long} P-CODE: ';' P-CODE: LABEL_$L1 P-CODE: P_FUNC_END: foo
综合优化后的 P-代码	P-CODE: P_FUNC_BEG: foo : {void} P-CODE: ';' P-CODE: SRC ... e1.c #4: a = b + c * d * e; P-CODE: '*' %1{long}, foo_$3_c{int}, foo_$4_d{int} P-CODE: '*=' %1{long}, foo_$5_e{int} P-CODE: '+' foo_$1_a{int}, foo_$2_b{int}, %1{long} P-CODE: ';' P-CODE: P_FUNC_END: foo

表 7-7　综合优化流程

未经优化的 P-代码	经过第一轮优化	经过第二轮优化	经过第三轮优化
{'*',[t_1,c,d]} {'*',[t_2,t_1,e]} {'+',[t_3,b,t_2]} {'=',[a,t_3]}	{'*',[t_1,c,d]} {'*',[t_1,t_1,e]} {'+',[t_3,b,t_1]} {'=',[a,t_3]}	{'*',[t_1,c,d]} {'*',[t_1,t_1,e]} {'+',[t_1,b,t_1]} {'=',[a,t_1]}	{'*',[t_1,c,d]} {MUL_ASSIGN,[t_1,e]} {'+',[a,b,t_1]}

7.7　本章小结

（1）P-代码优化是一个有趣又意犹未尽的话题，本章的内容只能算是抛砖引玉之举。即使如此，优化效果仍然明显有效。

（2）三元组的 P-代码结构对优化算法有一定的限制。如果使用四元组或更多元的 P-代码结构，则可以为优化提供更大的施展空间。但代价是，它会使得后续的汇编语言代码的生成过程更为烦琐。

（3）有必要提醒的是，优化操作实际上可以不同程度地改变原有的程序流程，因此它将引入某种风险。

（4）在编译命令中使用优化开关（编译设置），可以有选择地引用优化程度。

第 8 章

汇编语言输出

所谓的汇编语言输出，实际上是另一种代码转换，即 P-代码转换成目标处理器的汇编器（assembler）能识别的语言格式——助记符（mnemonic）格式。汇编语言输出是编译器（狭义）运行的最后一个环节，简称汇编输出。显然，汇编语言输出的设计与目标处理器高度相关。

本章以 Microchip 公司的加强版 8 位 PIC16Fxxxx RISC 处理器为目标，将前文生成的 P-代码转换成相应的汇编语言输出。这种转换需要考虑以下两点。

（1）覆盖所有 P-代码操作，以及操作项的处理。

（2）保持效率。

8.1 PIC16Fxxxx 处理器简介

加强版 PIC16Fxxxx 处理器是 Microchip 在最初基本型 PIC16F 处理器的基础上进行的扩充，保持了 14 位字长的指令和指令基本格式，以及哈佛系统构架。小端（little-endian）数据排列结构，最多支持 2KB RAM，32KB ROM 内存空间（注：作者动笔撰写此书时，Microchip 公司发布了数款超强版 PIC16Fxxxx 产品，最多可以支持 4KB RAM 内存空间，但指令型系统不兼容）。

由于加强版 PIC16Fxxxx 处理器依然沿袭 RAM 的分块（bank）和 ROM 的分页（page）特点，因此其主要特点如下。

（1）每个 RAM 分块中的 128 字节空间被分为 4 个区域，如表 8-1 所示。

表 8-1　PIC16Fxxxx 处理器块地址存储空间

块内地址（7 位）	作用	说明
0x00～0x0B（12 字节）	核心寄存器区（Core Registers）	每个分块中这一区域将映射到相同的 12 个物理（核心）寄存器中。这意味着，读写这个区域时不必预置块地址（高位）寄存器 BSR
0x0C～0x1F（20 字节）	特殊功能寄存器区（Special Function Registers）	该区域可容纳 20 个特殊功能寄存器。一般来说，各个区块中的特殊功能寄存器各不相同。因此，对此区域读写前必须预置寄存器 BSR

续表

块内地址（7 位）	作用	说明
0x20～0x6F （80 字节）	通用 RAM 区 （General Purpose RAM）	用户数据 RAM 区域。对此区域读写前必须预置寄存器 BSR。此外，该区域还被映射到线性地址空间（Linear Address Space）中。各区块的通用区域将在线性空间中首尾连接，以支持长度大于 80 字节的数组（某些特殊寄存器也被配置在此区域）
0x70～0x7F （16 字节）	公用 RAM 区 （Common RAM）	在每个分块中，这一区域被映射到相同的物理 RAM 中。这意味着，在读写这个区域时不必预置块地址寄存器 BSR

（2）地址空间的映射。

PIC16Fxxxx 的 RAM 和 ROM 虽有各自的地址空间，但它们都被映射到共同的 16 位地址（0x0000～0xFFFF）的访问空间中，即线性地址空间（linear address space）中。通过寄存器间接寻址的方式，我们可以用同一种方式访问所有存储器/寄存器，如表 8-2 所示。

表 8-2　PIC16Fxxxx 处理器存储器线性空间映射

线性地址空间	寻址空间	说明
0x0000～0x0FFF （4096 字节）	传统 RAM 空间	覆盖全部 32 个 RAM/寄存器区块（每个区块 128 字节）
0x2000～0x29FF （2560 字节）	RAM 线性空间	覆盖全部 32 个 RAM 区块的通用 RAM 区（每个区 80 字节）
0x8000～0xFFFF （32768 字节）	ROM 空间	覆盖整个 32KB ROM 空间（每个字的低 8 位）

（3）指令系统集扩展至 49 条，新增 RAM 块地址寄存器 BSR 设置指令（MOVLB）和 ROM 页面地址寄存器 PCLATH 设置指令（MOVLP），增加带进位加法/减法指令（ADDWFC/SUBWFB），以及逻辑移位指令和带符号位算术右移位（LSLF、LSRF、ASRF）。所有这些，对提高指令的效率，以及编译器的设计都是极其有益的。

（4）提供两个 16 位的供寄存器间接寻址之用的寄存器对（FSR0 和 FSR1）。通过这两个间接寻址寄存器（对），可以统一用一种方式访问任何寄存器和存储空间。更有甚者，可以利用此寄存器来实现（软件）堆栈功能，并支持 C 语言的实现（传递参数或存放临时变量）。

（5）中断时自动保护部分核心寄存器（如 FSR0L/FSR0H、FSR1L/FSR1H、WREG、STATUS 等）。这有利于提高中断相应的速度，以及简化中断相应操作。

8.1.1　加强版 PIC16Fxxxx 指令系统和伪指令

由于涉及汇编语言输出，因此必须确定汇编语言的指令助记符及相应的格式。编译器的设计，实际上也包含对相应的汇编语言格式的定义或制定。由于本书介绍的工具属自行设计，因此汇编语言格式等可以自行设计。更有甚者，指令助记符也可以重新设计，以降低汇编器设计的难度。

加强版 PIC16Fxxxx 基本指令系统沿用 Microchip 颁布的 49 条 CPU 指令助记符（名），

如表 8-3 所示。

表 8-3　加强版 PIC16Fxxxx 基本指令系统的 CPU 指令助记符（名）

ADDWF	INCF	SUBWF	BTFSS	ANDLW	SUBWFB	BRW
ANDWF	INCFSZ	NOP	CALL	IORLW	LSLF	CALLW
CLRF	IORWF	SWAPF	GOTO	MOVLW	LSRF	ADDFSR
CLRW	MOVF	XORWF	RETFIE	SUBLW	ASRF	MOVIW
COMF	MOVWF	BCF	RETLW	XORLW	MOVLP	MOVWI
DECF	RLF	BSF	RETURN	SLEEP	MOVLB	RESET
DECFSZ	RRF	BTFSC	ADDLW	ADDWFC	BRA	CLRWDT

PIC16Fxxxx 汇编语言伪指令（directive 或 pseudo instruction），如表 8-4 所示。

表 8-4　PIC16Fxxxx 汇编语言伪指令

编号	伪指令	格式	解释
1	.bsel	.bsel addr .bsel addr1,addr2	无条件按 addr 值设置 BSR 若 addr1、addr2 不在同一块内，则按 addr2 值设置 BSR
2	.psel	.psel addr .psel addr1,addr2	无条件按 addr 值设置 PCLATH 若 addr1、addr2 不在同一页内，则按 addr2 值设置 PCLATH
3	.segment	.segment CONSTn .segment CODEn .segment BANKn .segment FUSEn	汇编语言代码片段起始及属性： ROM 固化常数片段（起始） 函数执行代码片段（起始） RAM 数据片段（起始） 熔丝设置
4	.end	.end	汇编语言文件结尾
5	.rs	.rs N	RAM 空间保留（预留）N 个单元
6	.equ	.equ id,value	符号定义（汇编语言的宏定义）
7	.fcall	.fcall func1,func2	函数调用指示
8	.dw	.dw N	（ROM 空间）数据定义
9	.invoke	.invoke "filename"	库程序启用
10	.device	.device "device name"	目标 CPU 型号
11	.dblank	.dblank addr, length	RAM 禁止区域： 从 addr 地址开始 length 个字节空间
12	.cblank	.cblank addr, length	ROM 禁止区域： 从 addr 地址开始 length 个字空间

　　汇编语言的基本指令只是描述 CPU 内部的基本运行操作。只有在伪指令的协调下，才能构成完整的程序形态。打个形象的比方，基本指令好比汉字集合，伪指令就像各类标点符号，而编程就是写作过程。

8.1.2　加强版 PIC16Fxxxx 编译器对 RAM 公用区域的用途划分

　　（1）使用 FSR1 作为（软件）堆栈的指针。FSR1 始终指向最后入栈字节的地址（栈顶），其初始化时指向最高位的有效 RAM 地址。FSR1 使用线性地址空间（0x2000～0x29FF）对 RAM 进行读写，而 FSR0 作为普通指针寄存器使用。

（2）RAM 分块地址中的公用区（块内地址 0x70～0x7F）由编译器控制，原则上不对用户开放，其用途划分如表 8-5 所示。

表 8-5　PIC16Fxxxx 在通用 RAM 区中的用途划分

块内（公用）地址	用途
0x70～0x73	（虚拟）ACC 累加器，作为函数返回值的存放区域
0x7C～0x7D	（前台）动用 FSR1 作为他用时，保护当前堆栈指针 FSR1L/FSR1H 区域
0x7E	bit0 位：提示前台是否保护了 FSR1L/FSR1H；bit1 位：中断状态锁定
0x7F	恒零值 RAM 字节（程序运行启动初始化时被设置为 0，只读不写）

（3）函数的入口参数通过堆栈传递，将函数的内部变量（包括入口参数）设置在各自的 RAM 数据区中。因此，函数启动运行时必须先将入口参数从堆栈移至各自的数据区。

（4）函数的内部数据（包括入口参数，但不包括静态数据）总长度不得超过 80 字节（区块长度）。每个函数体执行代码长度不得超过 2048 字（ROM 的页面长度）。

（5）尽管 FSR1 已被设定为堆栈指针用途，但它在某些时刻仍可用于数据存取时的指针寄存器，因此需要配合公共数据区中 0x7C～0x7E 单元的操作（假设不支持中断嵌套，即中断服务中的再中断）。

8.1.3　汇编器设计的基本结构

在第 6 章中生成的 P-代码由 3 个 P-代码序列（指针）指示，分别经过汇编器的处理后生成以下汇编语言输出。

（1）mainPcode：程序运行指令代码。

（2）initPcode：程序初始化运行指令代码。

（3）constPcode：ROM 固化数据。

汇编器由一个 PIC16E 类定义。由于其对目标处理器具有高度关联性，因此相关的各种函数和程序被安置在专门的目录（/cc_source_8.1/p16e）中，以便识别和管理。

除此之外，还有 3 个类支持 PIC16E 类运作，并附属于 PIC16E 类。

（1）P16E_ASM：负责汇编代码的文件格式输出。

（2）P16E_REG8：对若干核心寄存器（如 WREG、BSR、PCLATCH 等）的（跟踪）管理。

（3）P16E_FSR0：对若干核心寄存器（FSR0L/FSR0H）的（跟踪）管理。

其中，P16E_REG8 类和 P16E_FSR0 类可以用于寄存器的跟踪管理。寄存器的跟踪管理本质上属于代码优化的领域，尤其是涉及 PIC16Fxxxx 目标处理器的特殊结构，其作用也是非常明显和必要的。

PIC16E 类的定义如下。

```
/p16ecc/cc_source_8.1/p16e/pic16e.h
28  □class PIC16E {
29      public:
30          PIC16E(char *out_file, Nlist *_nlist, Pcoder *_pcoder);
31          ~PIC16E();
32          void run(void);
33
34      private:
35          FILE        *fout;
36          Nlist       *nlist;
37          Pcoder      *pcoder;
38          P16E_ASM    *asm16e;
39          Fnode       *curFunc;
40          char        *srcCode;
41          Pnode       *curPnode;
42          int         errors;
43          int         accSave;
44          bool        isrStackSet;    // set stack pointer request
45
46          // buffers for internal operation use
47          #define BUF_COUNT   32
48          int         bufIndex;
49          char        buf[BUF_COUNT][4096];
50          char        *STRBUF() { return buf[bufIndex++ & (BUF_COUNT-1)]; }
```

- 第 30 行：类的建构器，引入以下 3 个参数。

（1）out_file：（汇编语言代码文件）输出文件名。

（2）_nlist：符号名表。

（3）_pcoder：P-代码生成器类（指针），指向即将输出的 P-代码序列。

- 第 31 行：本类的析构器。
- 第 32 行：启动运行入口。
- 第 46～50 行：一个简单（静态循环式）字符串的缓冲/存储管理。根据需要，或许可以改进为动态式管理。

汇编语言输出的启动从 main() 函数优化结束后开始，具体如下。

```
/p16ecc/cc_source_8.1/main.cpp
41              if ( pcoder.errorCount == 0 )
42  □           {
43                  Optimizer opt(&pcoder);
44                  opt.run();
45  //              display(pcoder.mainPcode);
46
47                  str.replace(str.length()-3, 3, ".asm");
48                  PIC16E asm_gen((char*)str.c_str(), &nlist, &pcoder);
49                  asm_gen.run();
50              }
```

- 第 47 行：生成（同名）带 ".asm" 后缀的输出文件名。
- 第 48 行：引用汇编生成器。
- 第 49 行：投入运行。

汇编语言输出 PIC16E 类建构器中将初始和启用寄存器跟踪的机制，具体如下。

```
/p16ecc/cc_source_8.1/p16e/pic16e.cpp
26  PIC16E :: PIC16E(char *out_file, Nlist *_nlist, Pcoder *_pcoder)
27  □{
28      memset(this, 0, sizeof(PIC16E));     // clean up the class data
29
30      if( out_file ) fout = fopen(out_file, "w");
31      if ( fout == NULL ) fout = stdout;
32      asm16e = new P16E_ASM(fout);
33      nlist = _nlist;
34      pcoder = _pcoder;
35
36      regWREG    = new P16E_REG8(WREG,    asm16e);
37      regBSR     = new P16E_REG8(BSR,     asm16e);
```

```
38    regPCLATH = new P16E_REG8(PCLATH, asm16e);
39    regFSR0   = new P16E_FSR0(asm16e);
40    accSave   = 4;
41    isrStackSet = true;
42 }
```

- 第 36～39 行：对寄存器 WREG、BSR、PCLATH 及 FSR0 建立跟踪。
- 第 40 行：中断时将累加器保护长度 accSave 设置为默认值（4 字节）。
- 第 41 行：中断时需要检测堆栈指针保护，并将其设置为默认条件。

上述两种用于中断服务操作的设定可以通过用户程序中的#pragma 语句进行调整。

8.2 编译器的汇编语言输出

工程项目路径：/cc_source_8.1/p16e。

run()函数是 PIC16E 类运行的起点，以先前编译操作结果为输入，按合理的格式生成、输出对应的汇编语言文件。输出内容按下列顺序依次输出。

（1）汇编语言文件的基本信息（目标处理器的规格）。

（2）源程序中定义的外部 RAM 变量。

（3）函数运行代码。

（4）变量初始化代码。

（5）ROM 常数。

（6）ROM 字符串常数。

8.2.1 汇编语言输出的起始

每个目标 C 语言源程序文件经过处理后，均生成其对应汇编语言文件（.asm 文件），供后继的汇编器进行处理。.asm 文件的头部除了必要的注释，首先以.invike 指令列出使用到的系统库文件，具体如下。

/p16ecc/cc_source_8.1/p16e/pic16e.cpp

```
55 void PIC16E :: run(void)
56 {
57     time_t t = time (&t);    // current time
58     char *buf = STRBUF();    // string buffer
59     Nnode *nnp = NULL;
60     int ram_size = 0;
61     int stack_addr = 0;
62
63     sprintf(buf, ";**********************************************\n"
64                  ";  Microchip Enhanced PIC16F1xxx C Compiler (CC16E), %s\n"
65                  ";  %s"
66                  ";**********************************************\n",
67                  VERSION, ctime (&t));
68     ASM_OUTP(buf);
69
70     for (NameList *lp = sysIncludeList; lp; lp = lp->next)
71     {
72         strcpy(buf, lp->name);
73         int len = strlen(buf);
74         if ( buf[len-2] == '.' && toupper(buf[len-1]) == 'H' )
75         {
76             buf[len-2] = '\0';
77             char *s = STRBUF();
78             sprintf(s, "\"%s\"", buf);
79             ASM_CODE(_INVOKE, s);
80         }
81     }
82     delName(&sysIncludeList); ASM_OUTP("\n");
```

- 第 63～68 行：以注释语句输出编译器版本等提示信息。
- 第 70～82 行：针对系统引入语句（#include <...>），输出 .invoke 文件名。

搜索符号表，搜集目标处理器的有关信息。这些信息通常定义在每一个目标处理器的头文件中（这类文件需置于"/include"目录中）。

例如，PIC16F1455 处理器对应的头文件为"p16f1455.h"，其中包含如下内容。

```
#ifndef _P16F1455_H
#define _P16F1455_H
#define __DEVICE        "p16f1455"
#include <pic16e.h>
#define __FLASH_SIZE        1024*8
#define __SRAM_SIZE         256*4
#define __END_STACK_ADDR    (__SRAM_SIZE-16)
```

除此之外，.asm 文件头部还需要包含处理器中 RAM、ROM 长度等信息，具体如下。

/p16ecc/cc_source_8.1/p16e/pic16e.cpp

```
84      sprintf(buf, "\"pic16e\"");
85      if ( nlist )     // search Name List...
86      {
87          // device RAM name
88          nnp = nlist->search((char*)"__DEVICE", DEFINE);
89          if ( nnp && nnp->np[0] && nnp->np[0]->type == NODE_STR )
90              sprintf(buf, "\"%s\"", nnp->np[0]->str.str);
91
92          // device RAM size
93          nnp = nlist->search((char*)"__SRAM_SIZE", DEFINE);
94          if ( nnp && nnp->np[0] && nnp->np[0]->type == NODE_CON )
95          {
96              ram_size = nnp->np[0]->con.value;
97              sprintf(&buf[strlen(buf)], ", %d", ram_size);
98              stack_addr = 0x2000 + ram_size - 16;
99          }
100
101         // device FLASH size
102         nnp = nlist->search((char*)"__FLASH_SIZE", DEFINE);
103         if ( nnp && nnp->np[0] && nnp->np[0]->type == NODE_CON )
104         {
105             int flash_size = nnp->np[0]->con.value;
106             sprintf(&buf[strlen(buf)], ", %d", flash_size);
107         }
108
109         nnp = nlist->search((char*)"__STACK_INIT_ADDR", DEFINE);
110         if ( nnp && nnp->np[0] && nnp->np[0]->type == NODE_CON )
111             stack_addr = nnp->np[0]->con.value;
112     }
113     ASM_CODE(_DEVICE, buf);
114     ASM_OUTP("\n");
115
116     if ( stack_addr > 0 )
117     {
118         sprintf(buf, "%s\t0x%X\t; stack init. value\n", _RS, stack_addr);
119         ASM_LABL((char*)"_$$", true, buf);
120     }
```

- 第 88～90 行：搜索符号"__DEVICE"赋予的目标器件名。
- 第 93～99 行：搜索符号"__SRAM_SIZE"及相应的定义值。
- 第 102～107 行：搜索符号"__FLASH_SIZE"及相应的定义值。
- 第 109～112 行：搜索符号"__STACK_INIT_ADDR"及相应的定义值。
- 第 113 行：汇编语言输出".device"指令。
- 第 116～120 行：汇编语言输出堆栈指针初始值的设定。

例如，输入 .c 源程序文件含有如下内容。

```
#include <p16f1455.h>
```

p16f1455.h 系统库文件中的内容如下。

```
#define __DEVICE        "p16f1455"
#include <pic16e.h>
#define __FLASH_SIZE    (1024*8)
#define __SRAM_SIZE     (256*4)
#define __END_STACK_ADDR (__SRAM_SIZE-16)
```

对应的 .asm 文件中将出现如下内容。

```
;**************************************************************
;  Microchip Enhanced PIC16F1xxx C Compiler (CC16E), v1.00
;  Wed Mar 01 19:37:23 2023
;**************************************************************
        .invoke"c:\p16ecc/include/pic16e"
        .invoke"c:\p16ecc/include/p16f1455"
        .device"p16f1455", 1024, 8192
_$$::   .equ    0x23F0 ; stack init. value
```

这类信息最终将用于连接器（linker）的运行。

8.2.2 汇编语言输出全局 RAM 变量

按第 6 章中介绍的 dataLink（Dlink），即按照层次结构保存用户代码所定义的各类数据变量（外部变量及函数的内部变量），并以 .rs 指令形式输出 dataLink 的最外层所包含的外部变量（序列），具体如下。

```
/p16ecc/cc_source_8.1/p16e/pic16e.cpp
122        // allocate memory for fixed address & public data
123        if ( outputData(dataLink) )
124            ASM_OUTP("\n");
125
126        ASM_OUTP("\n");
127        ASM_CODE(_END);
128    }
```

- 第 123 行：调用 outputData() 函数，输出外部变量的定义。

其中，outputData() 函数如下。

```
/p16ecc/cc_source_8.1/p16e/pic16e.cpp
139    int PIC16E :: outputData(Dlink *dlink)
140    {
141        if ( dlink == NULL ) return 0;
142        int count = 0;
143        char *buf = STRBUF();
144
145        for (Dnode *dnode = dlink->dlist; dnode; dnode = dnode->next)
146        {
147            attrib *attr = dnode->attr;
148            if ( attr == NULL || attr->isExtern ) continue;
149
150            int bank = attr->dataBank;
151            if ( bank == CONST || bank == EEPROM ) continue;
152
153            if ( dnode->atAddr >= 0 )   // allocate fixed address variables
154            {
155                int addr = dnode->atAddr;
156
157                // linear address conversion...
158                if ( bank == LINEAR && addr < 0x2000 && (addr & 0x7f) >= 0x20 )
159                    addr = ((addr >> 7)*80 + ((addr&0x7f) - 0x20)) | 0x2000;
160
```

```
161             sprintf(buf, "BANK (ABS, =%d)", addr);
162             ASM_CODE(_SEGMENT, buf);
163         }
164         else                          // allocate public variables
165         {
166             if ( bank == LINEAR )
167                 ASM_CODE(_SEGMENT, "BANKn (REL)");
168             else
169                 ASM_CODE(_SEGMENT, "BANKi (REL)");
170         }
171
172         sprintf(buf, "%s\t%d", _RS, sizer(attr, TOTAL_SIZE));
173         ASM_LABL(dnode->nameStr(), !attr->isStatic, buf);
174         count++;
175     }
176     return count;
177 }
```

- 第 145 行：获取 dataLink 中最外层的变量链接，并依次扫描其中的各个节点。
- 第 153～163 行：对确定地址的变量进行处理。如果确定的地址为自然空间，则变换至线性空间（第 158～159 行）。
- 第 165～170 行：对不确定地址的变量进行处理。

本节的实验如表 8-6 所示。

表 8-6　.asm 文件的起始部分

源程序.c 文件	输出.asm 文件

int n, m @ 0x2200;
static long x, y;
foo(char a, char
*p)
{
}
	;**
	; Microchip Enhanced PIC16F1xxx C Compiler (CC16E), v1.00
	; Wed Mar 01 20:11:42 2023
	;**
	        .device "pic16e"
	        .segment BANK (ABS, =8704)
	n:: .rs 2
	        .segment BANK (ABS, =8706)
	m:: .rs 2
	        .segment BANKi (REL)
	x: .rs 4
	        .segment BANKi (REL)
	y: .rs 4
	        .end

其中：
（1）标号后跟随双冒号“::”表示全局（对外）标号。
（2）局部（函数内部）变量并不在此时输出。
（3）每个“.segment”片段只包含一个变量，这种方式便于有效安置变量（最小片段化）。

8.3　运行代码的汇编语言输出

工程项目路径：/cc_source_8.2/p16e
增加源程序文件：pic16e.cpp、pic16e1.cpp。

启动汇编语言输出部分时，首先将 mainPcode 所指示的程序运行 P-代码进行输出，具体如下。

```
/p16ecc/cc_source_8.2/p16e/pic16e.cpp
125         // generate main program ASM code
126         outputASM0(pcoder->mainPcode);
127         ASM_OUTP("\n");
128         ASM_CODE(_END);
129     }
```

其中，outputASM0()函数对 P-代码序列进行逐行识别，并转换、输出汇编语言，具体如下（注：outputASM0()函数实际上是一个识别 P-代码类型，并进行分流处理（dispatch）的过程）。

```
/p16ecc/cc_source_8.2/p16e/pic16e.cpp
180 void PIC16E :: outputASM0(Pnode *plist)
181 {
182     for(; plist; plist = plist->next)
183     {
184         curPnode = plist;
185         int pcode = plist->type;
186         Item *ip0 = plist->items[0];
187         Item *ip1 = plist->items[1];
188         Item *ip2 = plist->items[2];
189
190         switch ( pcode )
191         {
```

- 第 184 行：从 P-代码序列中获取一条 P-代码。
- 第 185 行：获取 P-代码（操作）类型。
- 第 186～188 行：获取 P-代码中的 3 个操作项。

8.3.1 函数起始 P_FUNC_BEG 的汇编语言输出

与 P-代码生成时的情形相似，汇编语言的生成同样按照 P-代码的类型分别进行处理。函数起始 P_FUNC_BEG 识别完成后，由 funcBeg()函数进行汇编语言的转换输出（该方式将贯穿整个运行代码的汇编语言输出），具体如下。

```
/p16ecc/cc_source_8.2/p16e/pic16e.cpp
190         switch ( pcode )
191         {
192         case P_FUNC_BEG:    // function begin
193             curFunc = (Fnode*)ip0->val.p;
194             if ( curFunc->endLbl > 0 )  // it's func. definition
195                 funcBeg(plist);
196             else
197                 curFunc = NULL;
198             break;
```

函数的起始部位需要解决以下两个操作。

（1）函数内部变量的定位说明（包括函数的参数），并赋予参照名。

（2）由于 PIC16Fxxxx 结构的特殊性，需要将函数的入口参数从堆栈移至专属的位置。

在.asm 文件中，程序的函数代码由伪指令.segment code 起始，并由其类型记号指示其性质。

（1）.segment CODE0：复位初启（绝对地址定位）。

（2）.segment CODE1：中断服务函数（绝对地址定位）。

（3）.segment CODE2：其他函数（通常浮动地址定位）。

（4）.segment CODEi：RAM 中外部变量初始化代码（浮动地址定位）。

一个完整的应用必须包含运行的起始，即 main() 函数。而实际上，在进入或运行 main() 函数（程序语句）之前，必须先进行系统初始化，具体如下。

（1）复位初启的向量代码及初始值。

（2）RAM（外部或内部静态）变量的初始化。

（3）堆栈（指针）初始化。

（4）中断入口或服务链的初始化。

由于 main() 函数是整个应用所必需的启动函数，因此在处理此函数之前，将进行上述的系统初始化处理，生成对应的代码（注：这些操作和代码独立于 main() 函数）。实际的 RAM 变量的初始化及中断服务（函数）可能散布在其他的程序文件中，而这类代码最终在连接阶段被拼接归纳后集中运行。因此，系统初始化将生成这两组代码链的首尾（在.asm 文件中由.segment 指令的定位修饰指示）。

处理函数起始的汇编语言输出由 pic16e1.cpp 文件中的 funcBeg() 函数完成，具体如下。

```
/p16ecc/cc_source_8.2/p16e/pic16e1.cpp
26  void PIC16E :: funcBeg(Pnode *pnp)
27  {
28      char *fname = curFunc->name;
29      bool is_isr = ISR_FUNC(curFunc);
30      char func_dname[4096];
31      char *s = STRBUF();
32
33      ASM_OUTP("\n");
34
35      // make local data index name
36      sprintf(func_dname, "%s_$data$", fname);
37
38      // it's the 'main' function
39      if ( strcmp(fname, "main") == 0 )
40      {
41          // reset vector init
42          ASM_CODE(_SEGMENT, "CODE0 (ABS, =0x0000)");
43          ASM_CODE(_NOP);
44          ASM_CODE(_MOVLP, "main >> 8");
45          ASM_CODE(_GOTO, "main");
46          ASM_OUTP("\n");
47
48          // create static data init. link
49          ASM_CODE(_SEGMENT, "CODEi (REL, BEG)");
50          ASM_LABL((char*)"_$init$", true);
51          ASM_CODE(_CLRF, ZERO_LOC); // ZERO_LOC := b'00000000
52          ASM_CODE(_CLRF, FLAG_LOC); // bit0: FSR1_SAVED
53          ASM_OUTP("\n");
54
55          ASM_CODE(_SEGMENT, "CODEi (REL, END)");
56          ASM_CODE(_RETURN);
57          ASM_OUTP("\n");
```

- 第 29 行：测试是否为中断服务函数。
- 第 39～46 行：对于 main() 函数，首先生成复位启动向量及跳转代码（第 42～46 行），复位绝对地址 = 0x0000。
- 第 48～57 行：RAM 变量初始化链的首、尾片段。注：需要在之前考虑对 RAM 空间进行"清零"操作。

```
/p16ecc/cc_source_8.2/p16e/pic16e1.cpp
59      ASM_CODE(_SEGMENT, "CODE1 (ABS, =0x0004, BEG)");
60      ASM_CODE(_CLRF, PCLATH);    // set up PCLATH
61      // get stack pointer if needed
62      if ( isrStackSet )
63      {
64          ASM_CODE(_BTFSS, FLAG_LOC, 0);
65          ASM_CODE(_BRA, ".+5");
66          ASM_CODE(_MOVF, BUFFERED FSR1L,  W );
```

```
67          ASM_CODE(_MOVWF, FSR1L);
68          ASM_CODE(_MOVF, BUFFERED_FSR1H, _W_);
69          ASM_CODE(_MOVWF, FSR1H);
70          ASM_OUTP("\n");
71      }
72      for (int i = 0; i < accSave; i++)
73      {
74          ASM_CODE(_MOVF, 0x70+i, _W_);
75          ASM_CODE(_MOVWI, "--INDF1");
76      }
77      ASM_OUTP("\n");
78
79      ASM_CODE(_SEGMENT, "CODE1 (REL, END)");
80      for (int i = accSave; i--;)
81      {
82          ASM_CODE(_MOVIW, "INDF1++");
83          ASM_CODE(_MOVWF, 0x70+i);
84      }
85      ASM_CODE(_RETFIE);
86      ASM_OUTP("\n");
```

- 第 59~77 行：中断服务链的首、尾片段，具体如下。
  - 第 60 行：设置 PC 高位字节寄存器 PCLATH（清零）。
  - 第 62~71 行：进入中断服务前，重置堆栈寄存器 FSR1。
  - 第 72~76 行保护虚拟累加器。
- 第 79~86 行：中断结束时恢复虚拟累加器，并使用 RETFIE 指令返回。

/p16ecc/cc_source_8.2/p16e/pic16e1.cpp

```
89      for (int sequence = 0;;)
90      {
91          int offset, depth = sequence++;
92          Dnode *dnp = curFunc->getData(STATIC_DATA, &depth, &offset);
93          if ( dnp == NULL ) break;
94
95          ASM_CODE(_SEGMENT, "BANKi (REL)");
96          sprintf(s, "%s\t%d\n", _RS, dnp->size());
97          ASM_LABL(dnp->nameStr(), false, s);
98      }
99
100     Item *list = NULL;
101     int data_size = listData(curFunc, &list, pnp);
102
103     if ( is_isr )
104     {
105         sprintf(s, "CODE1 (REL) %s:%d", fname, data_size);
106         regPCLATH->set(0);
107     }
108     else
109     {
110         sprintf(s, "CODE2 (REL) %s:%d", fname, data_size);
111         regPCLATH->set(fname);
112     }
113     ASM_CODE(_SEGMENT, s);
114
115     // output function local variables
116     while ( list )
117     {
118         ASM_OUTP(list->val.s);
119         Item *tmp = list->next;
120         delete list; list = tmp;
121
```

- 第 89~98 行：输出汇编代码，将函数内定义的 RAM 静态变量一一安排在函数分段之外的空间中。
- 第 101 行：计算函数内部变量（包括临时变量）的总长度。其中，listData()函数不仅会生成并返回内部变量序列（输出字符串序列），还会对临时变量进行统计，并分配存储位置。
- 第 103~113 行：函数的起始，用于输出分段伪指令.segment（类型为 CODE1 或 CODE2）。
- 第 116~121 行：按参数、用户变量、临时变量的顺序输出所有内部变量序列。

下面为函数的正式运行代码，可以获取入口参数，并将其送入该函数专属的 RAM 区域中。

/p16ecc/cc_source_8.2/p16e/pic16e1.cpp

```
126        regBSR->reset();
127        regWREG->reset();
128
129        if ( totalParSize > 0 )
130        {   // get function parameter from stack (pointed by FSR1)
131            s = STRBUF();
132            if ( totalParSize <= 2 )      // simple move
133            {
134                regBSR->load(func_dname);
135                for (int i = totalParSize; i--;)
136                {
137                    ASM_CODE(_MOVIW, "INDF1++");
138                    sprintf(s, "%s+%d", func_dname, i);
139                    ASM_CODE(_MOVWF, s);
140                }
141            }
142            else                          // using system lib routine
143            {
144                sprintf(s, "%s+%d", func_dname, totalParSize);
145                ASM_CODE(_MOVLW, s);
146                ASM_CODE(_MOVWF, FSR0L);
147                sprintf(s, "(%s+%d)>>8", func_dname, totalParSize);
148                ASM_CODE(_MOVLW, s);
149                ASM_CODE(_MOVWF, FSR0H);
150                ASM_CODE(_MOVLB, totalParSize);
151                call((char*)"_copyPar");
152                regBSR->set(0);
153            }
154        }
```

- 第 126～127 行：寄存器（BSR 和 WREG）跟踪复位。
- 第 129～154 行：输出汇编代码，将堆栈上的函数入口参数移至相应的内存位置上。如果参数长度超过 2 字节，则调用基本库函数 _copyPar() 来实现搬运操作，并以 BSR 表示长度（第 150 行）。注：main() 和 interrupt() 函数不应该有此操作。

/p16ecc/cc_source_8.2/p16e/pic16e1.cpp

```
156        if ( strcmp(fname, "main") == 0 )
157        {
158            call((char*)"_$init$");
159
160            // init. stack pointer
161            ASM_CODE(_MOVLW, "_$$");        ASM_CODE(_MOVWF, FSR1L);
162            ASM_CODE(_MOVLW, "_$$>>8");     ASM_CODE(_MOVWF, FSR1H);
163        }
164    }
```

- 第 156～163 行：对于 main() 函数，首先调用之前创建的初始化函数 _$init$，并对需要初始赋值的全部外部变量及静态变量进行初始化。由此可见，在正式运行用户程序之前，系统将进行大量的前期准备工作。
  - 第 161～162 行：初始化堆栈指针 FSR1。

本节的实验如表 8-7 和表 8-8 所示。

表 8-7　main() 函数运行前准备

源程序.c 代码	汇编代码.asm 输出

#include
<p16f1455.h>
main()
{
}
	.segment CODE0 (ABS, =0x0000)
	nop
	movlp main >> 8
	goto main
	.segment CODEi (REL, BEG)
	_$init$::
	clrf 127

续表

源程序.c 代码	汇编代码.asm 输出

``
#include
<p16f1455.h>
main()
{
}
``
	``
	    clrf126
	    .segmentCODEi (REL, END)
	    return
	    .segmentCODE1 (ABS, =0x0004, BEG)
	    clrfPCLATH
	    btfss 126, 0
	    bra .+5
	    movf124, W
	    movwf FSR1L
	    movf125, W
	    movwf FSR1H
	    movf112, W
	    movwi --INDF1
	    movf113, W
	    movwi --INDF1
	    movf114, W
	    movwi --INDF1
	    movf115, W
	    movwi --INDF1
	    .segmentCODE1 (REL, END)
	    moviw INDF1++
	    movwf 115
	    moviw INDF1++
	    movwf 114
	    moviw INDF1++
	    movwf 113
	    moviw INDF1++
	    movwf 112
	    retfie
	    .segmentCODE2 (REL) main:0
	main::
	    .psel main, _$init$
	    call_$init$
	    movlw _$$
	    movwf FSR1L
	    movlw _$$>>8
	    movwf FSR1H
	    .psel _$init$, main
	    return
	``

表 8-8　函数运行前入口参数获取及局部变量命名

源程序.c 代码	汇编代码.asm 输出

int foo(int x, int y) { char a, b; }	.segment CODE2 (REL) foo:6
	foo_$_x:.equ foo_$data$+0
	foo_$_y:.equ foo_$data$+2
	foo_$1_a:.equ foo_$data$+4
	foo_$2_b:.equ foo_$data$+5
	foo::
	    movlw foo_$data$+4
	    movwf FSR0L
	    movlw (foo_$data$+4)>>8
	    movwf FSR0H
	    movlb 4
	    .psel foo, _copyPar
	    call _copyPar
	    .psel _copyPar, foo
	    return
	; function(s) called::
	    .fcall foo, _copyPar

8.3.2　函数结束 P_FUNC_END 的汇编语言输出

与函数开始相对应的操作。中断服务在返回时需要恢复累加器（ACC）的内容，此外中断服务的返回指令有别于其他函数的操作。处理函数结束的汇编语言输出由 pic16e1.cpp 文件中的 funcEnd() 函数完成，整个过程如下。

```
/p16ecc/cc_source_8.2/p16e/pic16e1.cpp
166  void PIC16E :: funcEnd(void)
167  {
168      if ( ISR_FUNC(curFunc) )
169          regPCLATH->load(0);
170      else
171      {
172          regPCLATH->load(curFunc->name);
173          ASM_CODE(_RETURN);
174      }
175
176      // list all function called
177      if ( curFunc->fcall ) ASM_LABL((char*)"; function(s) called:");
178      for (NameList *fcall = curFunc->fcall; fcall; fcall = fcall->next)
179          ASM_CODE(_FCALL, curFunc->name, fcall->name);
180  }
```

- 第 168～169 行：中断服务函数的结束须清除 PCLATH，为后续其他中断服务做准备（各个中断服务函数的输出代码头尾相接、连续排列，均被定位于 ROM 空间的第 0 页内）。
- 第 171～174 行：结束其他函数，将 PCLATH 设置为本函数的页面，以保证调用函数和被调用函数之间的正确衔接。
- 第 177～179 行：罗列函数调用（关系）表，这对以后连接、定位操作有用。

8.3.3　注释和标号行的汇编语言输出

标号供程序代码跳转之用。在处理其中的标号行时，为了确保执行代码中（关键）寄存器的安全（寄存器跟踪），将对这类寄存器进行复位处理，其过程如下。

/p16ecc/cc_source_8.2/p16e/pic16e.cpp

```
207              case P_SRC_CODE:    // source code insertion
208                  if ( curFunc )
209                  {
210                      srcCode = ip0->val.s;
211                      ASM_OUTP("; :: "); ASM_OUTP(srcCode); ASM_OUTP("\n");
212                  }
213                  break;
214
215              case LABEL:         // label
216                  if ( curFunc )
217                  {
218                      regPCLATH->load(ip0->val.s);
219                      regBSR->reset();
220                      regWREG->reset();
221                      regFSR0->reset();
222                  }
223                  ASM_LABL(ip0->val.s);
224                  break;
```

- 第 215～222 行：标号起始对部分（关键）寄存器的复位处理。
- 第 223 行：输出标号（所有标号均被视为局部标号）。

8.3.4　函数调用 CALL 的汇编语言输出

函数调用的汇编语言输出由 call() 函数完成。函数调用后需要复位（关键）寄存器，其过程如下。

/p16ecc/cc_source_8.2/p16e/pic16e.cpp

```
226              case CALL:
227                  call(ip0->val.s);
228                  regBSR->reset();
229                  regWREG->reset();
230                  regFSR0->reset();
231                  break;
```

- 第 227 行：生成调用函数的汇编语言输出。
- 第 228～230 行：调用函数后，核心寄存器需要复位。

/p16ecc/cc_source_8.2/p16e/pic16e1.cpp

```
292  void PIC16E :: call(char *funcname)
293  {
294      regPCLATH->load(funcname);
295      ASM_CODE(_CALL, funcname);
296      addName(&curFunc->fcall, funcname);
297      regWREG->reset();
298  }
```

- 第 294 行：设置跳转地址的高位。
- 第 295 行：输出汇编 CALL 指令代码。
- 第 296 行：加入函数调用列表。

8.3.5　无条件跳转 GOTO 的汇编语言输出

对于无条件的跳转，只需使用 GOTO 指令，但需要事先设置 PCLATH，具体如下。

```
233            case GOTO:
234                regPCLATH->load(ip0->val.s);
235                asm16e->code(_GOTO, ip0->val.s);
236                break;
```

- 第 234 行：设置跳转地址的高位 PCLATH。
- 第 235 行：输出汇编 GOTO 指令代码。

在先前设计的基础上进行以下扩充。
工程项目路径：/cc_source_8.3/p16e。
增加源程序文件：pic16e2.cpp。

8.3.6　"=" 和 P_MOV 赋值操作的汇编语言输出

这是使用频率最高、最常见的操作，因此有必要针对不同的源操作项和目的操作项进行最优化的转换输出。例如，先对 P-代码中操作项（ip0 和 ip1）的类型进行分析，再将某些较特殊的操作项类型交由专门的函数进行处理，具体如下。

```
18  void PIC16E :: mov(Item *ip0, Item *ip1)
19  {
20      if ( same(ip0, ip1) )
21          return;
22
23      if ( ip0->attr && ip0->attr->type == SBIT )
24      {
25          moveToBit(ip0, ip1);
26          return;
27      }
28      if ( ip1->attr && ip1->attr->type == SBIT )
29      {
30          moveFromBit(ip0, ip1);
31          return;
32      }
33      if ( ip1->type == CON_ITEM || ip1->type == IMMD_ITEM || ip1->type == LBL_ITEM )
34      {
35          movImmd(ip0, ip1);
36          return;
37      }
38      if ( useFSR(ip0, ip1) )
39      {
40          movIndir(ip0, ip1);
41          return;
42      }
43
44      int size0 = ip0->acceSize();
45      int size1 = ip1->acceSize();
46      if ( size0 > 4 && size1 > 4 )
47      {
48          movBlock(ip0, ip1);
49          return;
50      }
```

- 第 20～21 行：如果源操作项与目的操作项相同，则不生成代码（被优化省略）。
- 第 23～27 行：当目的操作项为 SBIT 类型时，由 moveToBit()函数完成赋值操作的汇编语言输出。
- 第 28～32 行：当源操作项为 SBIT 类型时，由 moveFromBit()函数完成赋值操作的汇编语言输出。
- 第 33～37 行：当源操作项是常数项时，由 movImmd()函数完成赋值操作的汇编语言输出。
- 第 38～42 行：当源操作项和目的操作项均为间接寻址方式时，由 movIndir()函数完成赋值操作的汇编语言输出。

- 第 44~45 行：获取两个操作项的实际长度。
- 第 46~50 行：当需要传送的数据长度超过 4 字节时，由专门的 movBlock() 函数进行数据块传送的汇编语言输出。

下面简略介绍一组常用的通用服务性函数。它可以用于生成汇编语言行中的操作数，位于 pic16e0.cpp 文件中，如表 8-9 所示。

表 8-9　一组用于生成汇编语言行中操作数的函数

函数	作用注释
int　　Item::acceSize()	获取操作项的存取长度（字节数）
int　　Item::acceSign()	获取操作项是否有算术符号（带符号数或无符号数）
bool　useFSR(Item*)	检测操作项是否需要使用寄存器间接寻址
bool　useFSR(Item*, Item*)	检测操作项均需要使用寄存器间接寻址
bool　useFSR(Item*, Item*, Item*)	检测操作项均需要使用寄存器间接寻址
char *setFSR(Item*, int fsr)	强制性为操作项设置间接寻址（FSR0 或 FSR1）
char *setFSR0(Item*)	试图为操作项设置 FSR0，以进行随后的间接寻址
char *setFSR1(Item*)	试图为操作项设置 FSR1，以进行随后的间接寻址
char *itemStr(Item *, int offset)	为操作项生成汇编语言输出的操作数（字符串）
char *acceItem(Item *, int offset, char *indf)	为操作项生成汇编语言输出的操作数（字符串）

对于变量类型数据项的赋值/传送，其汇编语言转换输出过程如下。

```
/p16ecc/cc_source_8.3/p16e/pic16e2.cpp
52      char *indf0 = setFSR0(ip0);
53      char *indf1 = setFSR0(ip1);
54      for(int i = 0; i < size0; i++)
55      {
56          if ( i < size1 )
57          {
58              if ( overlap(ip0, ip1) )
59                  continue;
60
61              fetch(ip1, i, indf1);
62
63              if ( isWREG(ip0) )          // is WREG target
64                  return;
65              if ( indf0 ) {
66                  ASM_CODE(_MOVWI, "INDF0++");
67                  regFSR0->inc(1);
68              }
69              else
70                  ASM_CODE(_MOVWF, acceItem(ip0, i));
71          }
72          else if ( !SIGNED(ip1) && (indf0 == NULL || size0 == (size1+1)) )
73              ASM_CODE(_CLRF, acceItem(ip0, i, indf0));
74          else
75          {
76              if ( i == size1 )
77              {
78                  if ( SIGNED(ip1) )
79                  {
80                      if ( overlap(ip0, ip1) )
81                          fetch(ip1, size1-1, indf1);
82
83                      EXTEND_WREG;
84                  }
85                  else
86                      regWREG->load(0);
87              }
88              if ( indf0 ) {
89                  ASM_CODE(_MOVWI, "INDF0++");
90                  regFSR0->inc(1);
91              }
92              else
93                  ASM_CODE(_MOVWF, acceItem(ip0, i));
94          }
95      }
```

整个传输（赋值）过程按字节由低位至高位进行。

- 第 52～53 行：试图为 ip0 和 ip1 加载 FSR0（它们需要使用寄存器变址寻址，即 INDIR_ITEM 或 PID_ITEM 类型的操作项），最多其中之一需要变址。
- 第 54 行：ip1 是否为带符号数值。
- 第 56～71 行：当字节偏移仍未超出 ip1 长度时，进行如下操作。
  - ➢ 第 58～59 行：若 ip0 与 ip1 重叠，则不必传输。
  - ➢ 第 61 行：按偏移量读取 ip1 的一个字节。
  - ➢ 第 63～64 行：若目的操作项为 WREG 寄存器，则结束。
  - ➢ 第 65～68 行：若 ip0 是寄存器变址寻址方式，则使用 MOVWI 指令，并递加 FSR0。
  - ➢ 第 69～70 行：否则，使用 MOVWF 指令。
- 第 72～73 行：当 ip0 长度> ip1 长度且偏移量超出 ip1 长度，同时 ip1 是无符号类型且 ip0 不需要变址时，使用 CLRF 指令。
- 第 75～94 行：需要对 ip0 高位字节填充符号或清零，具体如下。
  - ➢ 第 76～87 行：若 ip1 为带符号数，则根据 ip1 的符号进行扩展并送入 WREG 寄存器中；否则 WREG = 0。
  - ➢ 第 88～93 行：将 WREG 写入 ip0 当前的偏移位置。

从上述的将 P-代码转换成汇编语言代码的操作手法/步骤中可以看出，汇编语言输出是一种直接、对应的直译过程。考虑到效率和质量，我们可以根据操作项的类型分别生成最优的汇编语言代码。与 P-代码相比，对应的汇编语言输出显得冗长，这是因为前者属于抽象的语言代码，而后者是真正的运行代码。

本节的实验如表 8-10～表 8-13 所示。

表 8-10　简单的赋值语句汇编语言输出

源程序.c 代码	汇编代码.asm 输出

``
foo(int n, long m)
{
  n = m;
  m = n;
}
``
	``
	; :: t3.c #3: n = m;
	        .bsel 0, foo_$data$
	        movffoo_$_m, W
	        movwf foo_$_n
	        movffoo_$_m+1, W
	        movwf foo_$_n+1
	; :: t3.c #4: m = n;
	        movffoo_$_n, W
	        movwf foo_$_m
	        movffoo_$_n+1, W
	        movwf foo_$_m+1
	        andlw 128
	        btfss 3, 2
	        movlw 255
	        movwf foo_$_m+2
	        movwf foo_$_m+3
	``

表 8-11　读取 ROM 的赋值语句汇编语言输出

源程序.c 代码	汇编代码.asm 输出
| ```
const int num = 1000;
foo()
{
    int n = num;
}
``` | ```
.psel    foo, num
callnum
.bsel    foo_$data$
movwf    foo_$1_n
.psel    num, num+1
callnum+1
movwf    foo_$1_n+1
.psel    num+1, foo
``` |

表 8-12　间接寻址的赋值语句汇编语言输出

源程序.c 代码	汇编代码.asm 输出
| ```
foo(long *p)
{
    *p = 0x2323;
}
``` | ```
; :: t5.c #3: *p = 0x2323;
movffoo_$_p, W
movwf    FSR0L
movffoo_$_p+1, W
movwf    FSR0H
movlw    35
movwi    INDF0++
movwi    INDF0++
movlw    0
movwi    INDF0++
movwi    INDF0++
``` |

其中，由于寄存器的跟踪效应，重复对 WREG 赋值（加载）进行优化。

表 8-13　借助 FSR1 进行间接寻址的赋值语句汇编语言输出

源程序.c 代码	汇编代码.asm 输出
| ```
typedef struct {
    long array[8];
    int  n;
} Data;
foo()
{
    Data *p1, *p2;
    *p1 = *p2;
}
``` | ```
; :: t6.c #9: *p1 = *p2;
.psel    foo, _saveFSR1
call_saveFSR1
.bsel    foo_$data$
movffoo_$2_p2, W
movwf    FSR1L
movffoo_$2_p2+1, W
movwf    FSR1H
movffoo_$1_p1, W
movwf    FSR0L
movffoo_$1_p1+1, W
movwf    FSR0H
movlw    222
movwf    112
_$L2:
moviw    INDF1++
``` |

源程序.c 代码	汇编代码.asm 输出
	movwi　　INDF0++ incfsz　　112, F bra　_$L2 .psel　　_saveFSR1, _restoreFSR1 call _restoreFSR1 .psel　　_restoreFSR1, foo

在先前设计的基础上进行以下扩充。

工程项目路径：/cc_source_8.4/p16e。

增加源程序文件：pic16e3.cpp。

8.3.7　INC_OP 和 DEC_OP 运算的汇编语言输出

同样地，目的操作项递增或递减常数量在 pic16e.cpp 文件识别后启动，具体如下。

/p16ecc/cc_source_8.4/p16e/pic16e.cpp

```
243                case INC_OP:     case DEC_OP:
244                    incValue(ip0, (pcode == INC_OP)? ip1->val.i: -ip1->val.i);
245                    regFSR0->reset(ip0);
246                    break;
```

* 第 244 行：对于递减操作，改变常数的符号，统一为递增操作。

由于增量是显式常数，因此可以根据某些特殊常数值使用更简捷的指令。比如，通过寄存器跟踪，避免常数重复载入 WREG 寄存器，以及越过低位字节为"0"的加减操作，其过程如下。

/p16ecc/cc_source_8.4/p16e/pic16e3.cpp

```
18    void PIC16E :: incValue(Item *ip, int value)
19    {
20        int   size0 = ip->acceSize();
21        char *indf = setFSR0(ip);
22        bool started = false;
23        if ( value == 1 &&
24             !(ip->type == INDIR_ITEM || ip->type == PID_ITEM || ip->attr->dataBank == LINEAR) )
25        {
26            char *ds = acceItem(ip, 0, indf);
27            ASM_CODE(_INCF, regWREG->reset(ds), _F_);
28            for (int i = 1; i < size0; i++)
29            {
30                ASM_CODE(_BTFSC, aSTATUS, 2);
31                ds = acceItem(ip, i, indf);
32                ASM_CODE(_INCF, regWREG->reset(ds), _F_);
33            }
34            return;
35        }
36        for (int i = 0; i < size0; i++, value >>= 8)
37        {
38            int v = value & 0xff;
39            if ( (v == 1 || v == 0xff) && !started && (i+1) == size0 )
40            {
41                if ( v == 1 )
42                    ASM_CODE(_INCF, acceItem(ip, i, indf), _F_);
43                else
44                    ASM_CODE(_DECF, acceItem(ip, i, indf), _F_);
45            }
46            else if ( !(v == 0 && !started) )
47            {
48                regWREG->load(v);
49                if ( started )
50                    ASM_CODE(_ADDWFC, acceItem(ip, i, indf), _F_);
51                else
```

```
52              ASM_CODE(_ADDWF, acceItem(ip, i, indf), _F_);
53              started = true;
54          }
55
56          if ( indf && (i+1) < size0 )
57              regFSR0->inc(1, true);
58      }
59  }
```

- 第 23~35 行：对于递增量为 1 且操作项为直接量的转换输出。
- 第 36~58 行：其他情况。
  ➢ 第 39~45 行：尽量使用 INCF 或 DECF 指令。
  ➢ 第 46~54 行：若低位字节递增量为 0，则直接跳过（优化）。

本节的实验如表 8-14 所示。

表 8-14　避免重复的常数载入寄存器汇编语言输出

源程序.c 代码	汇编代码.asm 输出

foo(char *p, char n)
{
　　long num;
　　num += 0xffff0000;
　　n++;
　　(*p)--;
}
	; :: t1.c #4: num += 0xffff0000;
	　　　movlw　255
	　　　.bsel　0, foo_$data$
	　　　addwf　foo_$1_num+2, F
	　　　addwfc　foo_$1_num+3, F
	; :: t1.c #5: n++;
	　　　incffoo_$_n, F
	; :: t1.c #6: (*p)--;
	　　　movffoo_$_p, W
	　　　movwf　FSR0L
	　　　movffoo_$_p+1, W
	　　　movwf　FSR0H
	　　　decfINDF0, F

8.3.8　NEG_OF 运算的汇编语言输出

所谓 NEG_OF，就是对源操作项 ip1 求补（2's complement），并将其结果赋予 ip0。求补操作可以由求反操作后加 "1" 代替，即 0 - ip1 被转换为 ～ip1 + 1。

当 ip0 和 ip1 为同一个变量时的处理。

```
/p16ecc/cc_source_8.4/p16e/pic16e3.cpp
104  void PIC16E :: neg(Item *ip0, Item *ip1)
105  {
106      int size0 = ip0->acceSize();
107      int size1 = ip1->acceSize();
108      char *indf0, *indf1;
109      if ( same(ip0, ip1) )
110      {
111          compl2(ip0);
112          return;
113      }
```

- 第 109~113 行：若 ip0 和 ip1 为同一个操作项，则由 compl2() 函数完成 ip0 的自我求补。

当 ip0 为单字节时，处理会简便一些（不必进行多字节的减法），具体如下。

```
/p16ecc/cc_source_8.4/p16e/pic16e3.cpp
115      if ( size0 == 1 )
116      {
117          if ( CONST_ID_ITEM(ip1) )
118          {
119              indf0 = setFSR0(ip0);
120              fetch(ip1, 0, NULL);
121              ASM_CODE(_SUBLW, 0);
122          }
123          else if ( useFSR(ip0, ip1) )
124          {
125              indf1 = setFSR0(ip1);
126              ASM_CODE(_COMF, acceItem(ip1, 0, indf1), _W);
127              ASM_CODE(_MOVWF, ACC0);
128              indf0 = setFSR0(ip0);
129              ASM_CODE(_INCF, ACC0, _W);
130          }
131          else
132          {
133              indf1 = setFSR0(ip1);
134              indf0 = setFSR0(ip0);
135              ASM_CODE(_COMF, acceItem(ip1, 0, indf1), _W);
136              ASM_CODE(_ADDLW, 1);
137          }
138          store(ip0, 0, indf0);
139          regWREG->reset();
140          return;
141      }
```

- 第 115~141 行：当 ip0 长度只有 1 字节时的处理。
  - 第 117~122 行：ip1 是直接从 ROM 中读取时的情形。
  - 第 123~130 行：ip0 和 ip1 均为间接寻址（ip0 和 ip1 均需要使用 FSR0）的情形。
  - 第 132~137 行：其他情形。

当 ip0 和 ip1 均需要进行变址寻址时，只能采用较低效的方式完成汇编语言转换输出，具体如下。

```
/p16ecc/cc_source_8.4/p16e/pic16e3.cpp
143      if ( useFSR(ip0, ip1) )
144      {
145          mov(ip0, ip1);
146          compl2(ip0);
147          return;
148      }
```

- 第 143~148 行：若 ip0 和 ip1 均为间接寻址，即 ip0 和 ip1 均需要使用 FSR0，则先将 ip1 的内容赋予 ip0，再对 ip0 求补。

其他情况下的处理。

```
/p16ecc/cc_source_8.4/p16e/pic16e3.cpp
150      indf0 = setFSR0(ip0);
151      indf1 = setFSR0(ip1);
152      for(int i = 0; i < size0; i++)
153      {
154          if ( i < size1 )
155          {
156              fetch(ip1, i, indf1);
157              if ( i == 0 )
158                  ASM_CODE(_SUBWF, ZERO_LOC, _W);
159              else
160                  ASM_CODE(_SUBWFB, ZERO_LOC, _W);
161          }
162          else if ( i == size1 )
163          {
164              if ( SIGNED(ip1) )
165                  EXTEND_WREG;
166              else
167              {
168                  ASM_CODE(_MOVLW, 0);
169                  ASM_CODE(_SUBWFB, ZERO_LOC, _W);
170              }
171          }
172          store(ip0, i, indf0);
173          regWREG->reset();
174      }
```

- 第 154～161 行：若偏移量未超出 size1 长度，则执行 ip0 = 0 - ip1 操作。
- 第 162～171 行：若偏移量超出 size1 长度，则扩展 WREG 符号位（对于无符号数的高位字节，通过 0-STATUS 中的 "C" 标志位进行扩展）。

本节的实验如表 8-15 所示。

表 8-15   "求补"运算的汇编语言输出

源程序.c 代码	汇编代码.asm 输出

`foo(char *p, char n)`
`{`
`    long num;`
`    char *cp1, *cp2;`
`    num = -n;`
`    *cp1 = -(*cp2);`
`}`
	`; :: t2.c #6: num = -n;`
	`        .bsel    0, foo_$data$`
	`        movf foo_$_n, W`
	`        subwf    127, W`
	`        movwf    foo_$1_num`
	`        andlw    128`
	`        btfss    3, 2`
	`        movlw    255`
	`        movwf    foo_$1_num+1`
	`        movwf    foo_$1_num+2`
	`        movwf    foo_$1_num+3`
	`; :: t2.c #7: *cp1 = -(*cp2);`
	`        movf foo_$3_cp2, W`
	`        movwf    FSR0L`
	`        movf foo_$3_cp2+1, W`
	`        movwf    FSR0H`
	`        comf INDF0, W`
	`        movwf    0x70`
	`        movf foo_$2_cp1, W`
	`        movwf    FSR0L`
	`        movf foo_$2_cp1+1, W`
	`        movwf    FSR0H`
	`        incf 0x70, W`
	`        movwi    0[INDF0]`

8.3.9   "~"运算的汇编语言输出

所谓 "~" 运算，就是对源操作项 ip1 求反（1's complement），并将其结果赋予 ip0，即将~ip1 赋予 ip0。由于求反操作与求补操作非常相近，且更简单，因此这里省略了具体叙述。

8.3.10   "!"运算的汇编语言输出

"!" 操作是一种逻辑判断（转换）的运算操作，也是对 ip1 进行零/非零的逻辑判断，并将逻辑值取反后赋予 ip0。显然，"!" 与上述 NEG_0F 和 "~" 运算有本质的区别。此外，它不仅可以运用在 "位" 变量上，也可以用在普通类型的变量上。其算法如下。

若 ip1 值为 "0"，则将 1 赋予 ACC0，否则将 0 赋予 ACC0。随后将 ACC0 赋予 ip0。

本节的汇编语言输出设计如下。

```
/p16ecc/cc_source_8.4/p16e/pic16e3.cpp
258  void PIC16E :: notop(Item *ip0, Item *ip1)
259  {
260      int size1 = ip1->acceSize();
261      char *indf= setFSR0(ip1);
262
263      if ( ip1->type == DIR_ITEM && ip1->attr->type == SBIT )
264      {
265          ASM_CODE(_CLRF, ACC0);
266          ASM_CODE(_BTFSS, acceItem(ip1, 0));
267          ASM_CODE(_INCF, ACC0, _F_);
268      }
269      else if ( CONST_ID_ITEM(ip1) )
270      {
271          ASM_CODE(_CLRF, ACC0);
272          ASM_CODE(_CLRF, ACC1);
273          for (int i = 0; i < size1; i++)
274          {
275              fetch(ip1, i, indf);
276              ASM_CODE(_IORWF, ACC1, _F_);
277          }
278          ASM_CODE(_BTFSC, STATUS, 2);
279          ASM_CODE(_INCF, ACC0, _F_);
280      }
281      else
282      {
283          fetch(ip1, 0, indf);
284          for(int i = 1; i < size1; i++)
285              ASM_CODE(_IORWF, acceItem(ip1, i, indf), _W_);
286
287          ASM_CODE(_CLRF, ACC0);
288          ASM_CODE(_ADDLW, 0);
289          ASM_CODE(_BTFSC, STATUS, 2);
290          ASM_CODE(_INCF, ACC0, _F_);
291      }
292
293      Item *acc = acceItem(newAttr(CHAR));
294      acc->attr->isUnsigned = 1;
295      mov(ip0, acc);
296      delete acc;
297      regWREG->reset();
298  }
```

- 第 263～268 行：当 ip1 为 SBIT 类型时的处理。
- 第 269～280 行：当 ip1 的内容存储在 ROM 中时，ROM 中的数据需要通过调用 fetch() 函数读取后，再进行"或"运算。
- 第 281～291 行：其他情形时的处理。
  ➢ 第 283～285 行：对 ip1 的各个字节进行"或"处理，由（STATUS 中）"Z"标志位给出 ip1 是否为"0"。
- 第 293～296 行：将 ACC0 赋予 ip0。

上述"!"运算操作的汇编语言输出在某些情形下未达到理想的效率，改善的方式是根据不同操作项类型分别做出不同的处理方式。但是，这样做的结果会增加设计的复杂性。

在先前设计的基础上进行以下扩充。

工程项目路径：/cc_source_8.5/p16e。

增加源程序文件：pic16e4.cpp。

8.3.11　算术复合赋值运算 ADD_ASSIGN 和 SUB_ASSIGN

ADD_ASSIGN 和 SUB_ASSIGN 对应以下 C 语言中常见的语句。

```
    x += y;
    x -= y;
```

由 pic16e4.cpp 文件中 addsub()函数完成汇编语言输出，其过程如下。

```
/p16ecc/cc_source_8.5/p16e/pic16e4.cpp
20    void PIC16E :: addsub(int code, Item *ip0, Item *ip1)
21    {
22        int size0 = ip0->acceSize();
23        int size1 = ip1->acceSize();
24        char *indf0, *indf1;
25        char *inst = (code == ADD_ASSIGN)? _ADDWF: _SUBWF;
26
27        if ( ip1->type == CON_ITEM )
28        {
29            int n = (code == ADD_ASSIGN)? ip1->val.i: -ip1->val.i;
30            incValue(ip0, n);
31            return;
32        }
```

- 第 27~32 行：当 ip1 为一个常数时，由（前述）incValue()函数完成。

```
/p16ecc/cc_source_8.5/p16e/pic16e4.cpp
34        if ( useFSR(ip0, ip1) )
35        {
36            if ( size0 == 1 )
37            {
38                indf1 = setFSR0(ip1);
39                fetch(ip1, 0, indf1);
40                ASM_CODE(_MOVWF, ACC0);
41                indf0 = setFSR0(ip0);
42                ASM_CODE(_MOVF, ACC0, _W_);
43                ASM_CODE(inst, acceItem(ip0, 0, indf0), _F_);
44                regWREG->reset();
45                return;
46            }
47            Item *acc = storeToACC(ip1, size0);
48            addsub(code, ip0, acc);
49            delete acc;
50            return;
51        }
```

- 第 34 行：当 ip0 和 ip1 均为间接寻址类型的操作项时，分为以下两种情形。
- 第 36~46 行：目的操作项为单字节，先读取 ip1（最低位）字节并送入 ACC0 中；再为 ip0 加载 FSR0，最后将 ACC0 内容添加到 ip0 中。
- 第 47~50 行：否则，先将 ip1 内容（按 ip0 长度）读取至 ACC 中，再调用函数本身进行最终的处理，即 ip0 += ACC。

```
/p16ecc/cc_source_8.5/p16e/pic16e4.cpp
53        indf1 = setFSR0(ip1);
54        indf0 = setFSR0(ip0);
55        for(int i = 0; i < size0; i++)
56        {
57            if ( i < size1 )
58                fetch(ip1, i, indf1);
59            else if ( !ip1->acceSign() )
60                regWREG->load(0);
61            else if ( i == size1 )
62                EXTEND_WREG;
63
64            char *ds = acceItem(ip0, i, indf0);
65            ASM_CODE(inst, regWREG->reset(ds), _F_);
66
67            if ( indf0 && (i+1) < size0 )
68                regFSR0->inc(1, true);
69
70            inst = (code == ADD_ASSIGN)? _ADDWFC: _SUBWFB;
71        }
```

- 第 53~71 行：其他情形（ip0 和 ip1 中只允许有一个需要间接寻址操作），以 ip0 长度为准，按字节从低位至高位逐次进行加法/减法的汇编语言输出。
  - 第 53~54 行：ip0 或 ip1 想要进行间接寻址时，先对 FSR0 进行赋值。
  - 第 57~58 行：当操作偏移量 <ip1 长度时，读取操作项 ip1 中第 i 个字节。

- ➢ 第 59～60 行：当操作偏移量 ≥ip1 长度且 ip1 为无符号数时，以 "0" 填补。
- ➢ 第 61～62 行：当操作偏移量 ≥ip1 长度且 ip1 为带符号数时，扩展 ip1 的符号。
- ➢ 第 65 行：进行第 i 个字节的加法/减法操作。
- ➢ 第 67～68 行：对于需要间接寻址的情景，调整 FSR0 寄存器（递增）。
- ➢ 第 70 行：准备下一个字节的运算指令（需使用带进位加法/减法）。

8.3.12　逻辑复合赋值运算 AND_ASSIGN、OR_ASSIGN 和 XOR_ASSIGN

C 语言中常见的语句及其对应的 P-代码：

"x &= y;" 语句对应的 P-代码为{AND_ASSIGN,[ip0, ip1]}。

"x |= y;" 语句对应的 P-代码为{OR_ASSIGN,[ip0, ip1]}。

"x ^= y;" 语句对应的 P-代码为{XOR_ASSIGN,[ip0, ip1]}。

可以想象，这类逻辑复合赋值 P-代码的处理与 8.3.11 节所述的算术复合赋值有很大的相似性。而且由于逻辑运算的特殊性（无须考虑进位/借位），在处理及生成汇编语言输出上会更简便；尤其是当操作项 y 为某些特殊常数值及利用 PIC16Fxxxx 某些指令时，生成的汇编语言输出会有更高的效率。

当 ip1 为常数操作项时，由 andorxor(int code, Item *ip0, int n)函数处理。其中，当 ip0 为 WREG 寄存器时，可以使用最直接的汇编语言输出，具体如下。

```
/p16ecc/cc_source_8.5/p16e/pic16e4.cpp
74   void PIC16E :: andorxor(int code, Item *ip0, int n)
75   {
76       int  size0 = ip0->acceSize();
77       char *indf = setFSR0(ip0);
78       int b, incfsr = 0;
79
80       if ( isWREG(ip0) )
81       {
82           ASM_CODE((code == XOR_ASSIGN)? _XORLW:
83                    (code == AND_ASSIGN)? _ANDLW:
84                                          _IORLW, n);
85           regWREG->reset();
86           return;
87       }
```

- 第 80～87 行：当 ip0 为 WREG 时的汇编语言输出。

当 ip0 为 SBIT 类型的操作项时，可以使用 "置位" 或 "复位" 指令，也可以省略，具体如下。

```
/p16ecc/cc_source_8.5/p16e/pic16e4.cpp
88       if ( ip0->attr && ip0->attr->type == SBIT )
89       {
90           int addr = (ip0->val.i >> 3) & 0x7f;
91           int bit  = ip0->val.i & 7;
92           regBSR->load(ip0->val.i >> 3);
93           switch ( code )
94           {
95               case XOR_ASSIGN:
96                   if ( n == 1 )   // skip other values
97                   {
98                       regWREG->load(1 << bit);
99                       ASM_CODE(_XORWF, addr, _F_);
100                  }
101                  break;
102
103              case AND_ASSIGN:
104                  if ( n == 0 )   // skip other values
```

```
105                     ASM_CODE(_BCF, addr, bit);
106                 break;
107
108             case OR_ASSIGN:
109                 if ( n == 1 )    // skip other values
110                     ASM_CODE(_BSF, addr, bit);
111                 break;
112         }
113         return;
114     }
```

- 第 88～114 行：ip0 为 SBIT 类型的操作项的汇编语言输出。其中，对常数值的判断将根据操作类型而定。

当 ip0 为其他类型的操作项时，由于 ip1 是常数操作项，因此可以根据某些常数值的特殊性，实现更高效的汇编语言输出。其逻辑（位）运算规则如下。

X | 0 被转换为 X　　　　X | 1 被转换为 1

X ^ 0 被转换为 X　　　　X ^ 1 被转换为~X

X & 1 被转换为 X　　　　X & 0 被转换为 0

该规则可推广至字节长度的运算，即当 ip1 为 0x00 或 0xFF 时，某些逻辑运算不必进行。

与某些特殊常数进行字节的逻辑"与"及"或"运算时，可以采用"复位"或"置位"指令完成，以获得最优汇编语言输出，具体如下。

/p16ecc/cc_source_8.5/p16e/pic16e4.cpp

```
115     for(int i = 0; i < size0; i++, n >>= 8)
116     {
117         char *inst = NULL;
118         char *s = NULL;
119         char *f = NULL;
120         if ( selectBit(n, &b) && code == OR_ASSIGN )
121         {
122             inst = _BSF;
123             s = acceItem(ip0, i, indf);
124             f = STRBUF(); sprintf(f, "%d", b);
125         }
126         else if ( selectBit(~n, &b) && code == AND_ASSIGN )
127         {
128             inst = _BCF;
129             s = acceItem(ip0, i, indf);
130             f = STRBUF(); sprintf(f, "%d", b);
131         }
```

- 第 120～125 行：在进行 OR_ASSIGN 操作且 ip1 字节常数只有某一位为"1"时，采用 BSF（置位）指令完成。
- 第 126～131 行：在进行 AND_ASSIGN 操作且 ip1 字节常数只有某一位为"0"时，采用 BCF（复位）指令完成。

/p16ecc/cc_source_8.5/p16e/pic16e4.cpp

```
132     else
133     {
134         switch ( n & 0xff )
135         {
136             case 0x00:
137                 if ( code == AND_ASSIGN )
138                 {
139                     inst = _CLRF;
140                     s = acceItem(ip0, i, indf);
141                 }
142                 break;
143
144             case 0xff:
145                 if ( code == AND_ASSIGN )
146                     break;
147                 if ( code == XOR_ASSIGN )
148                 {
149                     inst = _COMF;
150                     s = acceItem(ip0, i, indf);
151                     f = _F_;
```

```
152          |         break;
153          |     }
154          |     // fall through...
155          | default:
156          |     regWREG->load(n);
157          |     inst = (code == AND_ASSIGN)? _ANDWF:
158          |     (code == XOR_ASSIGN)? _XORWF: _IORWF;
159          |     s = acceItem(ip0, i, indf);
160          |     f = _F_;
161          |   }
162        }
```

- 第 136～142 行：当 ip1 字节常数为 0x00 时，进行以下操作。
  - 第 137～141 行：如果进行 AND_ASSIGN 操作，则采用 CLRF 指令对 ip0 清零。
  - 第 142 行：如果进行 OR_ASSIGN 或 XOR_ASSIGN 操作，则省略操作，即无汇编语言输出。
- 第 144～153 行：当 ip1 字节常数为 0xFF 时，进行以下操作
  - 第 145～146 行：如果进行 AND_ASSIGN 操作，则省略操作，即无汇编语言输出。
  - 第 147～153 行：如果进行 XOR_ASSIGN 操作，则采用 COMF 指令对 ip0 求反。

当 ip1 为非常数操作项时，汇编语言输出由同名函数 andorxor(int code, Item *ip0, Item *ip1)完成。

由于逻辑赋值的操作与先前叙述的算术赋值过程类似且更简便，因此这里不再详述其具体的实现过程。

本节的实验如表 8-16 所示。

表 8-16 逻辑复合赋值运算汇编语言输出

源程序.c 代码	汇编代码.asm 输出

`foo(int n, unsigned char c)`
`{`
 	
`  n ^= c;`
`  n |= 0x80bf;`
`  n &= 0x80bf;`
 	
`}`
	`; :: e5.c #3: n ^= c;`
	`        .bsel    0, foo_$data$`
	`        movffoo_$_c, W`
	`        xorwf    foo_$_n, F`
	`; :: e5.c #4: n |= 0x80bf;`
	`        movlw    191`
	`        iorwf    foo_$_n, F`
	`        bsf foo_$_n+1, 7`
	`; :: e5.c #5: n &= 0x80bf;`
	`        bcf foo_$_n, 6`
	`        movlw    128`
	`        andwf    foo_$_n+1, F`
	`        .psel    _copyPar, foo`

在先前设计基础上进行以下扩充。

工程项目路径：/cc_source_8.6/p16e。

增加源程序文件：pic16e5.cpp。

8.3.13 P_JZ 和 P_JNZ 的汇编语言输出

在对 P-代码{P_JZ,[ip0,label]}和{P_JNZ,[ip0,label]}的处理上，其概念十分明确，即根据 ip0 值是否为"0"，决定是否跳转。其中，ip0 可以分为 SBIT 类型和其他类型两类。对前者

使用"位"判断指令进行判断，因而更为简便，具体过程如下。

/p16ecc/cc_source_8.6/p16e/pic16e5.cpp

```
18    void PIC16E :: jzjnz(int code, Item *ip0, Item *ip1)
19    {
20        if ( ip0->attr && ip0->attr->type == SBIT )
21        {
22            char *inst = (code == P_JZ)? _BTFSS: _BTFSC;
23            regPCLATH->load(ip1->val.s);
24            ASM_CODE(inst, acceItem(ip0, 0));
25            ASM_CODE(_GOTO, ip1->val.s);
26            return;
27        }
```

• 第 20～27 行：当 ip0 为 SBIT 类型的操作项时，由 BTFSS 或 BTFSC 指令进行判断并跳转。

注：这里没有使用更为简便的相对跳转指令 BRA，原因是 BRA 指令的跳转范围有限（-256～255），无法保证安全性。

/p16ecc/cc_source_8.6/p16e/pic16e5.cpp

```
29    int size0 = ip0->acceSize();
30    char *indf0 = setFSR0(ip0);
31    char *inst = (code == P_JZ)? _BTFSC: _BTFSS;
32    for (int i = 0; i < size0; i++)
33    {
34        if ( i == 0 )
35        {
36            fetch(ip0, i, indf0);
37            if ( CONST_ID_ITEM(ip0) && size0 > 1 )
38                ASM_CODE(_MOVWF, ACC0);
39        }
40        else if ( CONST_ID_ITEM(ip0) )
41        {
42            fetch(ip0, i, indf0);
43            ASM_CODE(_IORWF, ACC0, _F_);
44        }
45        else
46        {
47            ASM_CODE(_IORWF, acceItem(ip0, i, indf0), _W_);
48            regWREG->reset();
49        }
50
51        if ( indf0 && (i+1) < size0 )
52            regFSR0->inc(1, true);
53    }
54
55    if ( CONST_ID_ITEM(ip0) && size0 == 1 )
56        ASM_CODE(_IORLW, 0);    // trigger Z flag
57
58    regPCLATH->load(ip1->val.s);
59    ASM_CODE(inst, aSTATUS, 2);
60    ASM_CODE(_GOTO, ip1->val.s);
```

• 第 29～60 行：当 ip0 为其他类型的操作项时，简单地对 ip0 的各字节进行"或"操作，并根据结果是否为"0"（STATUS 寄存器中的 Z 标志）进行跳转。

8.3.14   P_JBZ 和 P_JBNZ 的汇编语言输出

对于 P-代码 {P_JBZ,[ip0,bit_index,label]}和{P_JBNZ,[ip0,bit_index,label]}，将根据 ip0 中某一位的值决定是否跳转，具体过程如下。

/p16ecc/cc_source_8.6/p16e/pic16e5.cpp

```
63    void PIC16E :: jbzjbnz(int code, Item *ip0, Item *ip1, Item *ip2)
64    {
65        int size0 = ip0->acceSize();
66        char *indf0 = setFSR0(ip0);
67        char *inst = (code == P_JBZ)? _BTFSS: _BTFSC;
68        int offset = ip1->val.i/8;
69        char *des;
70
```

```
71        if ( ip1->val.i >= (size0*8) ) return;
72
73        if ( CONST_ID_ITEM(ip0) )
74        {
75            fetch(ip0, offset, NULL);
76            des = WREG;
77        }
78        else if ( indf0 && offset > 0 )
79        {
80            regFSR0->inc(offset, true);
81            des = acceItem(ip0, 0, indf0);
82        }
83        else
84            des = acceItem(ip0, offset, indf0);
85
86        regPCLATH->load(ip2->val.s);
87        ASM_CODE(inst, des, ip1->val.i%8);
88        ASM_CODE(_GOTO, ip2->val.s);
89    }
```

- 第 67 行：确定判断、跳转的指令。
- 第 68 行：确定判断的字节（偏移）位置。
- 第 86～88 行：完成判断与跳转。

8.3.15　P_ARG_PASS 的汇编语言输出

所谓 P_ARG_PASS，就是调用函数前的参数传递操作。其中：

（1）参数的传递依靠由 FSR1 所指示的堆栈实现。

（2）对于被调用的 func(par$_1$,par$_2$, …, par$_n$)函数，参数序列的传递必须从左至右依次进行。

（3）对于多字节的参数，则按由低位至高位的顺序逐字节送入堆栈内。

因此，在进入被调用的 func(…)函数时，整个参数序列呈相反的排序位于栈顶。对于函数的多个参数的传递，由对应的多条 P_ARG_PASS 实现，具体过程如下。

/p16ecc/cc_source_8.6/p16e/pic16e5.cpp

```
91    void PIC16E :: passarg(Item *ip0, Item *ip1, Item *ip2)
92    {
93        int size0 = ip0->acceSize();      // arg size
94        int size1 = ip1->acceSize();      // data size
95        char *indf1 = setFSR0(ip1);
96        for (int i = 0; i < size0; i++)
97        {
98            if ( i < size1 )
99                fetch(ip1, i, indf1);
100           else if ( i == size1 )
101           {
102               if ( ip1->acceSign() )
103                   EXTEND_WREG;
104               else
105                   regWREG->load(0);
106           }
107           ASM_CODE(_MOVWI, "--INDF1");
108       }
109   }
```

- 第 107 行：使用 MOVWI 指令和“--INDF1”操作数，将操作最优化。

8.3.16　P_CALL 的汇编语言输出

P_CALL 是使用指针方式进行函数调用的 P-代码。它的汇编语言输出操作旨在将返回地址送入（硬件）栈内，随即跳转至指针变量指示的地址，具体过程如下。

```
/p16ecc/cc_source_8.6/p16e/pic16e5.cpp
111  void PIC16E :: pcall(Item *ip)
112  {
113      char *indf = setFSR0(ip);
114      fetch(ip, 0, indf); // Lo byte of pointer -> stack
115      ASM_CODE(_MOVWI, "--INDF1");
116      fetch(ip, 1, indf); // Hi byte of pointer -> WREG
117      // system lib function call...
118      call((char*)"_pcall");
119  }
```

- 第 114～115 行：取得目的地址低位字节，并将其送入由 FSR1 指示的（软）堆栈内。
- 第 116 行：获取目的地址高位字节，并送入 WREG 中。
- 第 118 行：调用系统库函数_pcall()，实现函数的间接调用（为下一条执行指令设置 PC 值）。

注：（1）调用_pcall()函数时，返回地址已被送入（硬件）堆栈内；（2）_pcall()函数的操作先将 WREG 送入 PC 的高位字节（PCLATH）中，再将（软）堆栈顶的地址低位字节送入 PC 的低位字节（PCL）中。

8.3.17 P_JZ_INC、P_JZ_DEC、P_JNZ_INC 和 P_JNZ_DEC 的汇编语言输出

这 4 种 P-代码操作都将围绕着对 ip0 递增/递减前的"零"或"非零"状态进行判断/跳转，具体过程如下。

```
/p16ecc/cc_source_8.6/p16e/pic16e5.cpp
121  void PIC16E :: jzjnz_incdec(int code, Item *ip0, Item *ip1, Item *ip2)
122  {
123      char *indf = setFSR0(ip0);
124      int  size0 = ip0->acceSize();
125      int n = (code == P_JZ_INC || code == P_JNZ_INC)? ip1->val.i: -ip1->val.i;
126      char *inst = (code == P_JZ_INC || code == P_JZ_DEC)? _BTFSC: _BTFSS;
127
128      if ( size0 == 1 && abs(n) == 1 )
129      {
130          ASM_CODE((n>0)? _INCF: _DECF, acceItem(ip0, 0, indf), _F_);
131          ASM_CODE((n<0)? _INCF: _DECF, acceItem(ip0, 0, indf), _W_);
132      }
```

- 第 125 行：转换递增量的符号（以简化后续的操作）。
- 第 126 行：确定判断的指令。
- 第 128～132 行：当 ip0 为单字节数且递增/减量为"1"时，采用最简便的指令（INCF/DECF）。

```
/p16ecc/cc_source_8.6/p16e/pic16e5.cpp
133          else
134          {
135              fetch(ip0, 0, indf);
136              for (int i = 1; i < size0; i++)
137              {
138                  ASM_CODE(_IORWF, acceItem(ip0, i, indf), _W_);
139              }
140              ASM_CODE(_MOVWF, ACC0);
141              for (int i = 0; i < size0; i++)
142              {
143                  regWREG->load(n>>(i*8));
144                  ASM_CODE(i? _ADDWFC: _ADDWF, acceItem(ip0, i, indf), _F_);
145              }
146              ASM_CODE(_MOVF, ACC0, _W_);
147          }
148          regWREG->reset();
149          regPCLATH->load(ip2->val.s);
150          ASM_CODE(inst, aSTATUS, 2);
151          ASM_CODE(_GOTO, ip2->val.s);
```

- 第 135～140 行：将 ip0 各字节相"或"，并存入 ACC0 中暂存。
- 第 141～145 行：对 ip0 进行递增。
- 第 146 行：回取 ACC0，目的在于测试先前 ip0 值是否为"0"。
- 第 149～151 行：最终生成判断、跳转指令。

本节的实验如表 8-17 所示。

表 8-17　递增/递减前"非零"判断和跳转汇编语言输出

源程序.c 代码	汇编代码.asm 输出
| ```
void func(int n, char m)
{
    if ( n-- ) n++;
    if ( m++ ) m--;
}
``` | ```
; :: t1.c #3: if ( n-- )
        .bsel    0, func_$data$
        movffunc_$_n, W
        iorwf    func_$_n+1, W
        movwf    0x70
        movlw    255
        addwf    func_$_n, F
        addwfc   func_$_n+1, F
        movf0x70, W
        .psel    _copyPar, _$L3
        btfsc    3, 2
        goto_$L3
; :: t1.c #3: n++;
        incffunc_$_n, F
        btfsc    3, 2
        incffunc_$_n+1, F
_$L3:
; :: t1.c #4: ( m++ )
        .bsel    func_$data$
        incffunc_$_m, F
        decffunc_$_m, W
        .psel    _$L3, _$L6
        btfsc    3, 2
        goto_$L6
; :: t1.c #4: m--;
        decffunc_$_m, F
_$L6:
``` |

8.3.18　"+"和"−"运算的汇编语言输出

算术运算"+"和"−"是典型而常用的运算，具有代表性。事实上，由于这类运算包含两个源操作项且存在进位/借位的特征，因此取得较高的汇编语言输出效率将变得比较复杂。算术运算"+"和"−"具有很高的相似性，最显著的区别是"+"运算符合交换律，因此可以根据情形交换操作项。

"+"和"-"运算的汇编语言输出分别由不同的入口函数（add()和sub()）开始，具体如下。

```
/p16ecc/cc_source_8.6/p16e/pic16e.cpp
300              case '+':
301                  add(ip0, ip1, ip2);
302                  regFSR0->reset(ip0);
303                  break;
304              case '-':
305                  sub(ip0, ip1, ip2);
306                  regFSR0->reset(ip0);
307                  break;
```

以"+"运算为例，汇编语言输出将根据某些操作项（如 ip0、ip1、ip2 等）的特殊性，选择有针对性的方法（函数）进行专门处理，具体如下。

```
/p16ecc/cc_source_8.6/p16e/pic16e5.cpp
264  void PIC16E :: add(Item *ip0, Item *ip1, Item *ip2)
265  {
266      int  size0 = ip0->acceSize();
267      int  size1 = ip1->acceSize();
268      int  size2 = ip2->acceSize();
269
270      if ( overlap(ip0, ip1) )
271      {
272          addsub(ADD_ASSIGN, ip0, ip2);
273          return;
274      }
275      if ( overlap(ip0, ip2) )
276      {
277          addsub(ADD_ASSIGN, ip0, ip1);
278          return;
279      }
280      if ( CONST_ITEM(ip1) && !CONST_ITEM(ip2) )
281      {
282          add(ip0, ip2, ip1);
283          return;
284      }
285      if ( useFSR(ip0, ip1, ip2) )
286      {
287          Item *acc = storeToACC(ip1, size0);
288          addsub(ADD_ASSIGN, acc, ip2);
289          mov(ip0, acc);
290          delete acc;
291          return;
292      }
293      if ( CONST_ID_ITEM(ip1) )
294      {
295          mov(ip0, ip1);
296          addsub(ADD_ASSIGN, ip0, ip2);
297          return;
298      }
299      if ( (size2 < size0 && !CONST_ITEM(ip2) && ip2->acceSign()) ||
300           (size1 < size0 && !CONST_ITEM(ip1) && ip1->acceSign())  )
301      {
302          mov(ip0,                related(ip0, ip2)? ip2: ip1);
303          addsub(ADD_ASSIGN, ip0, related(ip0, ip2)? ip1: ip2);
304          return;
305      }
306      addsub('+', ip0, ip1, ip2);
307      regFSR0->reset(ip0);
308  }
```

- 第 270～274 行：若 ip0 与 ip1 重合（同源），则生成 ip0 + = ip1 + ip2 操作的汇编代码（替换原先 ip0 += ip2 操作）。

- 第 275～279 行：若 ip0 与 ip2 重合（同源），则生成 ip0 + = ip1 + ip2 操作的汇编代码（替换原先 ip0 +=ip1 操作）。

- 第 280～284 行：若 ip1 为常数（包括地址常数），而 ip2 为非常数，则两者交换位置。

- 第 285～292 行：若 ip0、ip1 及 ip2 均为间接寻址的操作项，则可以将操作拆分成若干步骤的汇编代码，具体如下。

（1）将 ip1 赋予 ACC。

（2）将 ACC + ip2 赋予 ACC。

（3）将 ACC 赋予 ip0。

- 第 293～298 行：若 ip1 为 ROM 中的常数，则需要将操作变为 ip0 = ip1，ip0 += ip2 这两个步骤的汇编代码。

- 第 299～305 行：若 ip1（或 ip2）长度 < ip0 长度且 ip1（或 ip2）是带算术符号的数值时，则可以将操作拆分成若干步骤的汇编代码，具体如下。

（1）将 ip1 赋予 ip0。

（2）将 ip0 + ip2 赋予 ip0。

在上述情形下，"+" 运算操作基本上由 ADD_ASSIGN 完成。

在其他情形下，"+" 运算操作由 addsub('+', ip0, ip1, ip2) 函数完成，即 "+" 和 "-" 共用该函数生成汇编语言的输出，内容如下。

/p16ecc/cc_source_8.6/p16e/pic16e5.cpp

```
154  void PIC16E :: addsub(int code, Item *ip0, Item *ip1, Item *ip2)
155  {
156      if ( useFSR(ip0, ip1) || useFSR(ip0, ip2) || useFSR(ip1, ip2) ) {
157          call((char*)"_saveFSR1");
158          regWREG->reset();
159      }
160
161      int  size0 = ip0->acceSize();
162      int  size1 = ip1->acceSize();
163      int  size2 = ip2->acceSize();
164      char *indf0 = setFSR0(ip0);
165      char *indf1 = useFSR(ip1)? setFSR(ip1, indf0?              1: 0): NULL;
166      char *indf2 = useFSR(ip2)? setFSR(ip2, (indf0||indf1)? 1: 0): NULL;
167      bool started = false;
168      bool ip1_const = CONST_ITEM(ip1);
169      char *inst = (code == '+')? _ADDWF: _SUBWF;
```

- 第 156～159 行：若出现两个操作项需要间接寻址，则会征用 FSR1，因此需要先对 FSR1 内容进行保护。

/p16ecc/cc_source_8.6/p16e/pic16e5.cpp

```
171      for (int i = 0; i < size0; i++)
172      {
173          if ( ip2->type == CON_ITEM )
174          {
175              int n = ip2->val.i >> (i*8);
176              if ( (n & 0xff) == 0 && !started )
177              {
178                  if ( indf1 )
179                      ASM_CODE(_MOVIW, INDF_PP(indf1));
180                  else
181                      fetch(ip1, i, NULL);
182
183                  store(ip0, i, indf0);
184                  continue;
185              }
186          }
```

- 第 173～185 行：若 ip2 为常数且低位字节为 "0" 时，则低位字节部分的运算省略，生成 ip0 ← ip1 操作的汇编代码，以提高效率。

/p16ecc/cc_source_8.6/p16e/pic16e5.cpp

```
188          if ( ip1_const && started ) {
189              fetch(ip1, i, NULL);
190              if ( i >= size2 ) ASM_CODE(inst, ZERO_LOC, _W_);
191              else              ASM_CODE(inst, acceItem(ip2, i, indf2), _W_);
192              ASM_CODE(_MOVWF, acceItem(ip0, i, indf0));
193          }
```

/p16ecc/cc_source_8.6/p16e/pic16e5.cpp

```
194        else {
195            if ( i >= size2 )
196                ASM_CODE(_CLRW);
197            else
198                fetch(ip2, i, indf2);
199            if ( ip1_const ) {
200                inst = (code == '+')? _ADDLW: _SUBLW;
201                ASM_CODE(inst, acceItem(ip1, i, indf1));
202            }
203            else {
204                if ( i >= size1 )
205                    ASM_CODE(inst, ZERO_LOC, _W);
206                else
207                    ASM_CODE(inst, acceItem(ip1, i, indf1), _W);
208            }
209            store(ip0, i, indf0);
210        }
211        started = true;
212        regWREG->reset();
```

- 第 188～193 行：若 ip1 为常数（包括地址常数），则高位字节部分生成如下汇编代码（因为要考虑到进位/借位）。

```
ip0 = ip1
ip0 += ip2 （或ip0 -= ip2）
```

注：如果操作数 ip2 的长度短于 ip1，则需要借助"常数 0 单元"（第 190 行）作为填补。

- 第 194～210 行：否则，生成汇编代码，具体如下。

```
WREG = ip1 + ip2 (或 WREG = ip1 - ip2)
ip0 = WREG
```

/p16ecc/cc_source_8.6/p16e/pic16e5.cpp

```
217        if ( useFSR(ip0, ip1) || useFSR(ip0, ip2) || useFSR(ip1, ip2) ) {
218            call((char*)"_restoreFSR1");
219            regWREG->reset();
220        }
221    }
```

- 第 217～220 行：最后，若有两个操作项使用间接寻址，则恢复 FSR1 的内容（FSR1 先前被征用）。

对于"-"运算的汇编语言输出处理，其过程和方式与"+"运算非常相似，且部分过程重叠，因此这里省略对其的叙述。

本节的实验如表 8-18 所示。

表 8-18　"+"运算的汇编语言输出

源程序.c 代码	汇编代码.asm 输出

`int foo(int n, int *p)`
`{`
`    return n + *p;`
`}`
	`; :: t1.c #3: return n + *p;`
	`    .bsel    0, foo_$data$`
	`    movffoo_$_p, W`
	`    movwf    FSR0L`
	`    movffoo_$_p+1, W`
	`    movwf    FSR0H`
	`    moviw    0[INDF0]`
	`    addwf    foo_$_n, W`
	`    movwf    112`

续表

源程序.c 代码	汇编代码.asm 输出
| | ```
moviw   1[INDF0]
addwfc  foo_$_n+1, W
movwf   113
``` |

在先前设计的基础上进行以下扩充。

工程项目路径：/cc_source_8.7/p16e。

增加源程序文件：pic16e6.cpp。

8.3.19　P_JEQ 和 P_JNE 的汇编语言输出

这两种 P-代码对应 C 语言中 "==" 和 "!=" 比较运算操作，也是使用频繁的操作之一。正因如此，我们有必要在生成汇编语言输出时注意效率。整个过程如下。

/p16ecc/cc_source_8.7/p16e/pic16e6.cpp

```
18  void PIC16E :: jeqjne(int code, Item *ip0, Item *ip1, Item *ip2)
19  {
20      int size0 = ip0->acceSize();
21      int size1 = ip1->acceSize();
22      int sign1 = ip1->acceSign();
23      int size  = (size0 > size1)? size0: size1;
24      char *inst = (code == P_JEQ)? _BTFSC: _BTFSS;
25
26      if ( (ip0->attr&& ip0->attr->type == SBIT) || (ip1->attr && ip1->attr->type == SBIT) )
27      {
28          jeqjneBits(code, ip0, ip1, ip2);
29          return;
30      }
```

• 第 26～30 行：对于 "位" 的比较，由 jeqjneBits() 函数处理。

/p16ecc/cc_source_8.7/p16e/pic16e6.cpp

```
31      if ( useFSR(ip0, ip1) )
32      {
33          Item *acc = storeToACC(ip1, size1);
34          jeqjne(code, ip0, acc, ip2);
35          delete acc;
36          return;
37      }
38      if ( CONST_ITEM(ip1) )
39      {
40          jeqjneImmd(code, ip0, ip1, ip2);
41          return;
42      }
43      if ( CONST_ITEM(ip0) )
44      {
45          jeqjneImmd(code, ip1, ip0, ip2);
46          return;
47      }
48      if ( size0 < size1 )
49      {
50          jeqjne(code, ip1, ip0, ip2);
51          return;
52      }
53      if ( CONST_ID_ITEM(ip1) )
54      {
55          if ( CONST_ID_ITEM(ip0) )
56          {
57              Item *acc = storeToACC(ip1, size0);
58              jeqjne(code, ip0, acc, ip2);
59              delete acc;
60          }
61          else if ( size0 > size1 )
62              jeqjneRomId(code, ip1, ip0, ip2);
63          else
64              jeqjne(code, ip1, ip0, ip2);
65          return;
66      }
```
```

- 第 31～37 行：若参加比较的两个操作项均需要间接寻址，则先将 ip1 赋予 ACC，再重新调用 jeqjne(code,ip0, acc, ip2)函数。
- 第 38～47 行：若与常数进行比较，则由 jeqjneImmd()函数处理。
- 第 48～52 行：若 ip0 长度<ip1 长度，则交换两者的位置。
- 第 53～66 行：对于将存于 ROM 中的内容作为比较项时的处理。

在其他情形下，比较（"=="和"!="）并跳转的 P-代码汇编语言输出将由剩余的操作完成。此时，ip0 和 ip1 操作项最多只有其中之一需要间接寻址；ip0 的数据长度大于或等于 ip1 的数据长度；ip0 和 ip1 均非常数操作项，亦非 ROM 中的数据。

```
/p16ecc/cc_source_8.7/p16e/pic16e6.cpp
68      char *indf0 = setFSR0(ip0);
69      char *indf1 = setFSR0(ip1);
70      for(int i = 0; i < size0; i++)
71      {
72          fetch(ip0, i, indf0);
73          if ( i < size1 )
74          {
75              ASM_CODE(_XORWF, accItem(ip1, i, indf1), _W_);
76              regWREG->reset();
77          }
78          else if ( sign1 )
79          {
80              ASM_CODE(_BTFSC, accItem(ip1, size1-1, indf1), 7);
81              ASM_CODE(_XORLW, 255);
82              regWREG->reset();
83          }
84
85          if ( i == 0 && size > 1 )
86              ASM_CODE(_MOVWF, ACC0);
87          else if ( i > 0 )
88              ASM_CODE(_IORWF, ACC0, _F_);
89
90          if ( indf1 && (i+1) < size1 )
91              regFSR0->inc(1, true);
92      }
93
94      regPCLATH->load(ip2->val.s);
95      ASM_CODE(inst, aSTATUS, 2);
96      ASM_CODE(_GOTO, ip2->val.s);
97  }
```

- 第 72 行：ip0 按字节逐个读取至 WREG。
- 第 73～77 行：读取 ip1 并与 WREG "异或"，以检测是否相同。
- 第 78～83 行：如果超出 ip1 长度且 ip1 为带符号，则扩展 ip1 的符号并与 WREG "异或"。
- 第 85～88 行："异或"后的各字节相"或"，存入 ACC0 中。因此，STATUS 中"Z"标志位将指示两个操作项是否相同。

当然，比较操作可以使用减法指令（SUBWF/SUBWFB）完成，但减法操作涉及"借位"，可能会降低效率。

8.3.20 "位"变量的比较和跳转汇编语言输出

"位"（SBIT）变量的比较只限于与常数或同类变量之间，变化种类少，因而较简单。整个过程由 jeqjneBits()函数完成，具体如下。

/p16ecc/cc_source_8.7/p16e/pic16e6.cpp

```
227  void PIC16E :: jeqjneBits(int code, Item *ip0, Item *ip1, Item *ip2)
228  {
229      if ( ip0->attr && ip0->attr->type != SBIT )
230      {
231          jeqjneBits(code, ip1, ip0, ip2);
232          return;
233      }
234
235      if ( ip1->type == CON_ITEM && (ip1->val.i & ~1) == 0 )
236      {
237          code = (code == P_JEQ)? (ip1->val.i? P_JNZ: P_JZ):
238                                  (ip1->val.i? P_JZ: P_JNZ);
239          jzjnz(code, ip0, ip2);
240      }
241      else if ( ip1->attr && ip1->attr->type == SBIT )
242      {
243          char *inst = (code == P_JEQ)? _BTFSS: _BTFSC;
244          regBSR->load(ip0->val.i >> 3);
245          ASM_CODE( _MOVF, (ip0->val.i >> 3) & 0x7f, _W_);
246          regBSR->load(ip1->val.i >> 3);
247          ASM_CODE( _BTFSC, (ip1->val.i >> 3) & 0x7f, ip1->val.i & 7);
248          ASM_CODE( _XORLW,  0xff);
249          regPCLATH->load(ip2->val.s);
250          ASM_CODE(inst, aWREG, ip0->val.i & 7);
251          ASM_CODE( _GOTO, ip2->val.s);
252          regWREG->reset();
253      }
254      else
255          errPrint("illegal SBIT compare!");
256  }
```

- 第 235～240 行："位"变量与常数的比较可以根据常数值（"1"或"0"），由 jzjnz() 函数进行处理。

- 第 241～253 行："位"变量之间的比较并跳转汇编语言输出，即 ip0 中的第 x 位与 ip1 中的第 y 位的比较，具体如下。

  ➤ 第 244～245 行：将 ip0 赋予 WREG（整个字节，包括参与比较的第 x 位）。

  ➤ 第 246～248 行：若 ip1 中的比较位（第 y 位）为 1，则对 WREG 整个字节取反。

  ➤ 第 249～251 行：WREG 中的第 x 位就是比较结果，可供判断、跳转用。WREG 中的第 x 位 = 0，表示 ip0 与 ip1 的比较位相同。

本节的实验如表 8-19 和表 8-20 所示。

表 8-19 比较和跳转汇编语言输出（1）

源程序.c 代码	汇编代码.asm 输出
```void foo(char n, char m)`{``   if ( n != -128 ) m++;``}```	```; :: t1.c #3: if (n != -128)``    movffoo_$_n, W`` xorlw 128``    .psel    foo, _$L3`` btfsc 3, 2``    goto_$L3``; :: t1.c #3: m++;`` incffoo_$_m, F```

表 8-20 比较和跳转汇编语言输出（2）

源程序.c 代码	汇编代码.asm 输出
```void foo(int n, int m)`{``   if ( n == m ) n++;``}```	```; :: t1.c #10: if (n == m)``    .bsel    0, foo2_$data$`` movffoo2_$_n, W`` xorwf foo2_$_m, W```

续表

源程序.c 代码	汇编代码.asm 输出

``c
void foo(int n, int m)
{
    if (n == m) n++;
}
``
	``
	        movwf 0x70
	        movffoo2_$_n+1, W
	        xorwf foo2_$_m+1, W
	        iorwf 0x70, F
	        .psel _copyPar, _$L10
	        btfss 3, 2
	        goto_$L10
	; :: t1.c #10: n++;
	        incffoo2_$_n, F
	        btfsc 3, 2
	        incffoo2_$_n+1, F
	_$L10:
	``

在先前设计的基础上进行以下扩充。

工程项目路径：/cc_source_8.8/p16e。

增加源程序文件：pic16e7.cpp。

8.3.21 P_JLT、P_JLE、P_JGT 和 P_JGE 的汇编语言输出

C 语言中共有 6 种比较操作，它们都是十分常用的语句和操作。除 P_JEQ 和 P_JNE（对应 "=="和 "!="）之外，余下 4 种（对应 "<"、"<="、">" 和 ">="）的比较与跳转操作有很大的相似性，因此将它们合并，由 cmpJump() 函数完成汇编语言输出处理。相比于 8.3.19 节所述的 P_JEQ 和 P_JNE，此时 "比较" 操作必须使用减法指令，因此显得比较复杂。

正因为比较操作是常见的操作，所以有必要考虑到汇编语言输出的效率。而且，数值大小的比较不仅需要使用减法指令，更重要的是它涉及操作数的符号在比较中的意义和作用。

比较操作将进行两个操作项（如 ip0 和 ip1）相减，随后检测标志寄存器 STATUS 中的 "Z" 和 "C" 标志位（PIC16Fxxxx 处理器没有比较溢出标志），即检测相减结果是否为 "0"，以及是否 "借位" 判断两个操作项的大小关系。

对于较特殊的操作项类型或长度，分别采用相应的函数处理或改变比较位置，整个过程如下。

/p16ecc/cc_source_8.8/p16e/pic16e7.cpp

```cpp
40    void PIC16E :: cmpJump(int code, Item *ip0, Item *ip1, Item *ip2)
41    {
42        int size0 = ip0->acceSize();
43        int size1 = ip1->acceSize();
44        int code2 = convertCompare(code);
45
46        if ( CONST_ITEM(ip1) )
47        {
48            cmpJumpConst(code, ip0, ip1, ip2);
49            return;
50        }
51        if ( CONST_ITEM(ip0) )
52        {
53            cmpJumpConst(code2, ip1, ip0, ip2);
54            return;
55        }
56        if ( size0 < size1 )
```

```
57   ┌   {
58   │        cmpJump(code2, ip1, ip0, ip2);
59   │        return;
60       }
61       if ( (CONST_ID_ITEM(ip0) && CONST_ID_ITEM(ip1)) || useFSR(ip0, ip1) )
62   ┌   {
63   │        Item *acc = storeToACC(ip0, size0);
64   │        cmpJump(code, acc, ip1, ip2);
65   │        delete acc;
66   │        return;
67       }
68       if ( CONST_ID_ITEM(ip0) && size0 <= size1 )
69   ┌   {
70   │        cmpJump(code2, ip1, ip0, ip2);
71   │        return;
72       }
73       if ( CONST_ID_ITEM(ip0) && ip1->type != ACC_ITEM )
74   ┌   {
75   │        Item *acc = storeToACC(ip0, size0);
76   │        cmpJump(code, acc, ip1, ip2);
77   │        delete acc;
78   │        return;
79       }
```

- 第 46～50 行：当 ip1 为常数时，由专门常数比较函数 cmpJumpConst()进行处理。
- 第 51～55 行：当 ip0 为常数时，改变比较方式（互补比较操作码 code2）后，由专门常数比较函数 cmpJumpConst()进行处理。

注：code2 是交换比较操作项位置后的操作符。

在其他情形下，比较（减法）操作将从低位字节开始，具体如下。

/p16ecc/cc_source_8.8/p16e/pic16e7.cpp

```
91       for (int i = 0; i < size0; i++, inst = _SUBWFB)
92   ┌   {
93   │        if ( i < size1 )
94   │            fetch(ip1, i, indf1);
95   │        else if ( !sign1 )
96   │            regWREG->load(0);
97   │        else
98   ┌       {
99   │            regWREG->load(0);
100  │            ASM_CODE(_BTFSC, acceItem(ip1, size1-1, indf1), 7);
101  │            ASM_CODE(_MOVLW, 255);
102          }
103          // get sign bit of ip0 ^ ip1
104          if ( (i+1) == size0 && signedCmp )   // MSB of ip0
105  ┌       {
106  │            ASM_CODE(_XORWF, acceItem(ip0, i, indf0), _W_);
107  │            ASM_CODE(_MOVWI, "--INDF1");
108  │            ASM_CODE(_XORWF, acceItem(ip0, i, indf0), _W_);
109          }

110          ASM_CODE(inst, acceItem(ip0, i, indf0), _W_);
111          regWREG->reset();

112          if ( code != P_JLT && code != P_JGE && size0 > 1 )
114  ┌       {
115  │            if ( i ) ASM_CODE(_IORWF, ACC0, _F_);
116  │            else     ASM_CODE(_MOVWF, ACC0);
118          }

120          if ( indf0 && (i+1) < size0 )
121  │            regFSR0->inc(1, true);  //ASM_CODE(_ADDFSR, indf0, 1);
122      }
123      cmpJump(signedCmp, code, ip2);
```

- 第 93～94 行：获取 ip1 的当前字节（由低位至高位）。
- 第 95～102 行：如果超出 ip1 长度，则根据 ip1 有无符号进行填充。
- 第 103～109 行：对于带符号数的比较，将高位字节"异或"结果（操作数的符号字节）送入堆栈内。
- 第 111 行：实现将 ip0 - ip1 赋予 WREG。
- 第 114～118 行：对于 P_JLT 和 P_JGE（"<"和">="）这两种操作，如果跳转需要使

用到 "Z" 标志位，则对结果的各字节进行相 "或"。

- 第 123 行：调用 cmpJump()函数，（根据寄存器中各标志的状态和堆栈顶部的信息）生成跳转指令汇编语言输出。

8.3.22　关于确定比较结果的 cmpJump()函数

8.3.21 节阐述的内容完成了相比较的两个操作项的相减，而减法操作影响标志寄存器中的 "Z" 标志位和 "C" 标志位，可作为随后跳转的判断依据。由于 PIC16Fxxxx 的指令系统缺乏针对带符号数的专用标志或指令的支持，只能依靠额外的操作进行判断。

对于比较/跳转的类型和条件，也可理解为其互补的跳转类型（判断方式），如表 8-21所示。

表 8-21　比较/跳转操作及其互补类型

原跳转类型		互补的跳转类型	
"<="	当 ip0 <= ip1 时，则跳转至 ip2	">"	当 ip0 > ip1 时，则不跳转
"<"	当 ip0 < ip1 时，则跳转至 ip2	">="	当 ip0 >= ip1 时，则不跳转
">"	当 ip0 > ip1 时，则跳转至 ip2	"<="	当 ip0 <= ip1 时，则不跳转
">="	当 ip0 >= ip1 时，则跳转至 ip2	"<"	当 ip0 < ip1 时，则不跳转

在 cmpJump()函数中，对于无符号数的比较判断，只需根据两操作数相减后所影响的"Z" 和 "C" 标志位进行判断，具体如下。

```
/p16ecc/cc_source_8.8/p16e/pic16e7.cpp
212  void PIC16E :: cmpJump(bool signedCmp, int code, Item *ip2)
213  {
214      if ( !signedCmp )
215      {
216          regPCLATH->load(ip2->val.s);
217          switch ( code )
218          {
219              case P_JLE: // jump on (x <= y) : Z = 1 || C = 0
220                  ASM_CODE(_BTFSC, aSTATUS, 2);
221                  ASM_CODE(_BCF, aSTATUS, 0);
222              case P_JLT: // jump on (x < y) : C = 0
223                  ASM_CODE(_BTFSS, aSTATUS, 0);
224                  ASM_CODE(_GOTO, ip2->val.s);
225                  break;
226
227              case P_JGT: // jump on (x > y) : Z = 0 && C = 1
228                  ASM_CODE(_BTFSC, aSTATUS, 2);
229                  ASM_CODE(_BCF, aSTATUS, 0);
230              case P_JGE: // jump on (x >= y) : C = 1
231                  ASM_CODE(_BTFSC, aSTATUS, 0);
232                  ASM_CODE(_GOTO, ip2->val.s);
233                  break;
234          }
235      }
```

- 第 219～225 行：对于 P_JLE(<=)，当 Z=1 或 C=0 时，需要进行跳转（注：PIC16Fxxxx执行减法指令后，Z=1 表示结果为 "0"；C=0 表示发生借位）。
  - 第 222～225 行：对于 P_JLT（<），当 C=0 时，需要进行跳转（发生借位）。
- 第 227～233 行：对于 P_JGT（>），当 Z=0 且 C=1 时，需要进行跳转（结果为 "非零" 且无借位发生）。
  - 第 230～233 行：对于 P_JGE（>=），当 C=1 时，需要进行跳转（无借位发生）。

对于带符号数相减后,除了依靠"Z"和"C"标志位,还需要借助两操作数的符号位"异或"结果进行比较判断。因此在汇编语言(输出)的处理上显得比较复杂。这是因为 PIC16Fxxxx 的构架中没有针对补码加减运算结果的标志指示,而累加器对参加运算的数据均视为无符号数值。

设 x 为 8 位的带符号数(数值表示范围为-128～127),|x|表示其算术绝对值,而它的补码形式为[x]。当 x ≥ 0 时,x 等同于[x],即 x == [x];当 x < 0 时,[x] = 256 - |x| ≥ |x|。进而言之,设 x、y 为参加比较的带符号数,其补码形式分别为 [x] 和 [y]。两者比较时进行相减操作。

(1)当两者的符号相同(同为正数或负数),若标志位 C = 0(发生借位),则意味着 [x] < [y],即 x < y。因为,若两者均为负数时(x < 0,y < 0),则 x < y → |x| > |y| →(256 - |x|)<(256 - |y|)→ [x] < [y]。

结论:符号相同的两补码相减[x] - [y],若 Z = 1,则表示 x = y;若 Z = 0 且 C = 0,则表示 x < y(也就是说,若 Z = 0 且 C = 1,则表示 x > y)。

(2)当两者的符号相异,且 x ≥ 0 及 y < 0。由于[x] ≤ 127,而 [y] = 256 - |y| ≥ 128,因此两数相减导致 C = 0。

(3)当两者的符号相异,且 x < 0 及 y ≥ 0。由于 [x] = 256 - |x| ≥ 128,而 [y] ≤ 127,因此两数相减导致 C = 1。

结论:符号相异的两补码相减 [x] - [y],若 C = 0,则表示 x > y;若 C = 1,则表示 x < y。

综上所述,设 S_x、S_y 分别为参加比较的操作 x、y 的符号,$S_r = S_x \wedge S_y$,则带符号数各种比较/跳转步骤如表 8-22 所示。

表 8-22　带符号数各种比较/跳转步骤

比较运算	跳转条件	转换及实际操作步骤
P_JLE　(<=)	操作数符号相同时:Z = 1 或 C = 0 操作数符号相异时:C = 1	(1)若 S_r = 1,则将~C 赋予 C (2)若 Z = 1,则将 0 赋予 C (3)若 C = 0,则条件成立
P_JLT　(<)	操作数符号相同时:C = 0 操作数符号相异时:C = 1	(1)若 C = 1,则将~ S_r 赋予 S_r (2)若 S_r = 0,则条件成立
P_JGE　(>=)	操作数符号相同时:C = 1 操作数符号相异时:C = 0	(1)若 C = 1,则将~ S_r 赋予 S_r (2)若 S_r = 1,则条件成立
P_JGT　(>)	操作数符号相同时:Z = 0 且 C = 1 操作数符号相异时:C = 0	(1)若 S_r = 1,则将~C 赋予 C (2)若 Z = 1,则将 0 赋予 C (3)若 C = 1,则条件成立

为提高汇编语言输出代码的效率,上述的转换操作由系统库函数_signedCmp()完成。

(1)若 S_r = 1,则将~C 赋予 C;

(2)若 Z = 1,则将 0 赋予 C。

该函数在汇编语言输出中只使用到 WREG 和 STATUS 两个寄存器,所以允许中断重入,其运算算法如表 8-23 所示。

表 8-23　系统库函数_signedCmp()的运算算法

原操作步骤	_signedCmp()操作步骤
（1）若 S_r = 1，则将~C 赋予 C （2）若 Z = 1，则将 0 赋予 C	进入函数前，S 已被推入堆栈（字节的最高位 bit7 = S_r）；在 STATUS 中，保持减法指令完成后的状态： （1）将 STATUS 赋予 WREG，即 WREG.bit0 = C，WREG.bit2 = Z （2）若 S_r = 1，则将~WREG.bit0 赋予 WREG.bit0 （3）若 WREG.bit2 = 1，则将 0 赋予 WREG.bit0 运行结束时，WREG.bit0 即作为判断条件

根据上述算法，带符号数比较、判断/跳转对应的处理过程如下。

```
/p16ecc/cc_source_8.8/p16e/pic16e7.cpp
236        else
237        {
238            switch ( code )
239            {
240                case P_JLE:
241                    call((char*)"_signedCmp");
242                    regPCLATH->load(ip2->val.s);
243                    ASM_CODE(_BTFSS, aWREG, 0);
244                    ASM_CODE(_GOTO, ip2->val.s);
245                    break;
246                case P_JLT:
247                    ASM_CODE(_MOVIW, "INDF1++");        // WREG[7] <- Sx1 ^ Sx2
248                    ASM_CODE(_BTFSC, aSTATUS, 0);
249                    ASM_CODE(_XORLW, 0x80);             // WREG[7] ^= 1 if Carry = 1
250                    regPCLATH->load(ip2->val.s);
251                    ASM_CODE(_BTFSS, aWREG, 7);
252                    ASM_CODE(_GOTO, ip2->val.s);        // jump if (Sx1^Sx2^Sign) = 0
253                    break;
254                case P_JGE:
255                    ASM_CODE(_MOVIW, "INDF1++");        // WREG[7] <- Sx1 ^ Sx2
256                    ASM_CODE(_BTFSC, aSTATUS, 0);
257                    ASM_CODE(_XORLW, 0x80);             // WREG[7] ^= 1 if Carry = 1
258                    regPCLATH->load(ip2->val.s);
259                    ASM_CODE(_BTFSC, aWREG, 7);
260                    ASM_CODE(_GOTO, ip2->val.s);        // jump if (Sx1^Sx2^Sign) = 1
261                    break;
262                case P_JGT:
263                    call((char*)"_signedCmp");
264                    regPCLATH->load(ip2->val.s);
265                    ASM_CODE(_BTFSC, aWREG, 0);
266                    ASM_CODE(_GOTO, ip2->val.s);
267                    break;
268            }
269            regWREG->reset();
270        }
```

小结

（1）比较/跳转是 C 语言应用中使用频率很高的操作，所以在编译器设计中应该注意效率。

（2）比较/跳转的汇编语言输出处理比较复杂，尤其当目标处理器缺乏相应的指令支持时更是如此。

（3）与带符号数的汇编语言输出相比，无符号数的汇编语言输出显得更为快捷、高效。这意味着，在实际编程中应尽量避免使用带符号数。

本节的实验如表 8-24 和表 8-25 所示。

表 8-24　无符号数比较/跳转汇编语言输出

源程序.c 代码	汇编代码.asm 输出

`char foo(unsigned char a, unsigned char b)`
`{`
`   if ( a > b ) return 1;`
`   return 0;`
`}`
	`; :: t1.c #3: if ( a > b )`
	`    movffoo_$_b, W`
	`    subwf   foo_$_a, W`
	`    .psel   foo, _$L3`
	`    btfsc   3, 2`
	`    bcf 3, 0`
	`    btfss   3, 0`
	`    goto_$L3`
	`; :: t1.c #3: return 1;`
	`    movlw   1`
	`    movwf   112`
	`    .psel   _$L3, _$L1`
	`    goto_$L1`
	`    .psel   _$L1, _$L3`
	`_$L3:`
	`; :: t1.c #4: 0;`
	`    clrf112`

表 8-25　带符号数比较/跳转汇编语言输出

源程序.c 代码	汇编代码.asm 输出

`char foo(char a, char b)`
`{`
`   if ( a > b ) return 1;`
`   return 0;`
`}`
	`; :: t1.c #3: if ( a > b )`
	`    movffoo_$_b, W`
	`    xorwf   foo_$_a, W`
	`    movwi   --INDF1`
	`    xorwf   foo_$_a, W`
	`    subwf   foo_$_a, W`
	`    .psel   foo, _signedCmp`
	`    call_signedCmp`
	`    .psel   _signedCmp, _$L3`
	`    btfss   9, 0`
	`    goto_$L3`
	`; :: t1.c #3: return 1;`
	`    movlw   1`
	`    movwf   112`
	`    .psel   _$L3, _$L1`
	`    goto_$L1`
	`    .psel   _$L1, _$L3`
	`_$L3:`
	`; :: t1.c #4: 0;`
	`    clrf112`

在先前设计的基础上进行以下扩充。

工程项目路径：/cc_source_8.9/p16e。

增加源程序文件：pic16e8.cpp。

8.3.23　复合型左移位 LEFT_ASSIGN 的汇编语言输出

复合型左移位（<<=）操作的 P-代码{LEFT_ASSIGN,[ip0,ip1]}与其他复合型操作符（如"+="）在形式上非常相似，但在汇编语言的实现（输出）处理过程中却有很大的差异。此处 ip1 只是一个移位计数量（常量或变量），如果没有专门的移位循环指令的支持，则采用循环方式对 ip0 逐次移位。

复合型左移位的语义在形式上意味着 ip0 数据项本身将被左移后的内容替换。其中，容易被忽略的内容如下。

（1）逻辑左移位和算术左移位的差异。左移位操作有时用于代替乘法运算。相比来说，左移位操作更为简便。对于带符号数来说，若无溢出发生，则逻辑左移与算术左移没有差别。也就是说，逻辑左移与算术左移的差异只是发生在有溢出的情形。由于 PIC16Fxxxx 处理器不具有算术左移位指令，因此本编译器设计中左移位将以逻辑左移位方式实现。

（2）当 ip0 为寄存器时，若移位操作在寄存器本身中进行，则目标代码运行时可能发生出乎意料的后果。结论是：若移位计数 >1 或不确定，则移位过程必须在寄存器外进行。

当移位计数 ip1 为常数时，移位操作的汇编语言输出由专门的 leftAssignConst()函数完成。

```
/p16ecc/cc_source_8.9/p16e/pic16e8.cpp
18   void PIC16E :: leftAssign(Item *ip0, Item *ip1)
19   {
20       if ( ip1->type == CON_ITEM )
21       {
22           leftAssignConst(ip0, ip1);
23           return;
24       }
25
26       char *shiftCount = NULL;
27       char *indf1;
28       if ( ip1->type == ACC_ITEM || ip1->type == TEMP_ITEM )
29       {
30           shiftCount = acceItem(ip1, 0);
31           ASM_CODE(_INCF, shiftCount, _F_);
32       }
33       else if ( useFSR(ip0, ip1) )
34       {
35           indf1 = setFSR0(ip1);
36           ASM_CODE(_INCF, acceItem(ip1, 0, indf1), _W_);
37           ASM_CODE(_MOVWF, ACC0);
38           shiftCount = ACC0;
39           regWREG->reset();
40       }
41
42       char *indf0 = setFSR0(ip0);
43       if ( shiftCount == NULL )
44       {
45           indf1 = setFSR0(ip1);
46           if ( CONST_ID_ITEM(ip1) )
47           {
48               fetch(ip1, 0, indf1);
49               ASM_CODE(_ADDLW, 1);
50           }
51           else
52               ASM_CODE(_INCF, acceItem(ip1, 0, indf1), _W_);
53
54           shiftCount = WREG;
55           regWREG->set(0);
56       }
```

- 第 20～24 行：对于常量型 ip1，由 leftAssignConst()函数进行处理。
- 第 26～56 行：对于变量类型 ip1，为了简化编译器设计，无论 ip1 的长度如何，都只读取其最低位字节作为移位计数（注：在理论上，这有违于语义）。并且，在读取 ip1时，预先递增 1（第 31 行、第 36 行、第 49 行及第 52 行）后存入 WREG 或 ACC0中，有利于此后循环操作。

在变量类型 LEFT_ASSIGN 的汇编语言输出时，将移位计数 shiftCount 作为循环计数，对 ip0 进行逐次移位。每次循环，将先将 shiftCount 递减 1，并根据其是否为 0 作为移位（循环）结束条件，其过程如下。

```
/p16ecc/cc_source_8.9/p16e/pic16e8.cpp
58    int size0 = ip0->acceSize();
59    bool dir0 = (size0 == 1 && ip0->type == DIR_ITEM && ip0->attr->isVolatile);
60    if ( dir0 ) {
61        ASM_CODE(_MOVWF, shiftCount = ACC0);
62        ASM_CODE(_MOVF, acceItem(ip0, 0), _W_);
63    }
64    Item *startLbl = lblItem(pcoder->getLbl());
65    Item *endLbl   = lblItem(pcoder->getLbl());
66    ASM_CODE(_BRA, endLbl->val.s);
67    ASM_LABL(startLbl->val.s);
68    for(int i = 0; i < size0; i++)
69    {
70        if ( dir0 )
71            ASM_CODE(_LSLF, WREG, _F_);
72        else if ( i == 0 )
73            ASM_CODE(_LSLF, acceItem(ip0, i, indf0), _F_);
74        else
75            ASM_CODE(_RLF,  acceItem(ip0, i, indf0), _F_);
76
77        if ( indf0 && size0 > 1 )
78        {
79            if ( (i+1) < size0 )
80                regFSR0->inc(1, true);        //ASM_CODE(_ADDFSR, indf0, 1);
81            else
82                regFSR0->inc(1-size0, true);//ASM_CODE(_ADDFSR, indf0, 1-size0);
83        }
84    }
85    ASM_LABL(endLbl->val.s, true);
86    ASM_CODE(_DECFSZ, shiftCount, _F_);
87    ASM_CODE(_BRA, startLbl->val.s);
88    if ( dir0 ) ASM_CODE(_MOVWF, acceItem(ip0, 0));
89    delete startLbl;
90    delete endLbl;
91    regWREG->reset();
```

- 第 58 行：确定 ip0 的长度（字节数）。
- 第 59 行：确定 ip0 是否为寄存器。
- 第 60～63 行：当 ip0 为寄存器时，将移位计数存入 ACC0 中，并将寄存器内容读入 WREG 中，因为移位过程将在 WREG 中进行。
- 第 64～65 行：生成循环起始/终止的标号。
- 第 66 行：无条件跳转至循环终止（标号）处。
- 第 67 行：设置循环起始标号。
- 第 68～84 行：对 ip0 由低位字节至高位字节依次移位（注：最低位字节移位使用逻辑左移位指令，高位字节使用循环左移位指令）。
- 第 85 行：设置循环终止标号。
- 第 86～87 行：当将 shiftCount 递减"1"且结果为"0"时终止循环；否则跳转至循环的起始位置进行下一轮移位。
- 第 88 行：当 ip0 为寄存器的移位时，循环结束后回写寄存器。
- 第 89～90 行：清除起始/终止标号（释放内存）。

常量型 LEFT_ASSIGN 的汇编语言输出由 leftAssignConst() 函数完成。由于 ip1 为常数，因此移位操作可以根据移位位数的具体值实现更为简便有效的汇编语言输出。其基本算法是：首先进行字节层面的移位，然后对半字节层面进行移位，最后对剩余的移位量按位数移位，具体过程如下。

/p16ecc/cc_source_8.9/p16e/pic16e8.cpp

```
94    void PIC16E :: leftAssignConst(Item *ip0, Item *ip1)
95    {
96        int size0 = ip0->acceSize();
97        int n = ip1->val.i;
98        if ( n > (size0*8) ) n = (size0*8);
99
100       int byte_shift = n/8;
101       int bit_shift  = n%8;
102       char *indf0 = setFSR0(ip0);
103       if ( ip0->type == DIR_ITEM && ip0->attr->isVolatile && size0 == 1 && n > 1 )
104       {
105           fetch(ip0, 0, indf0);
106           while ( n-- ) ASM_CODE(_LSLF, WREG);
107           store(ip0, 0, indf0);
108           regWREG->reset();
109           return;
110       }
```

- 第 100 行：计算移位字节数。
- 第 101 行：计算剩余的移位位数。
- 第 103~110 行：对于寄存器内容的移位处理，可以先将内容读入 WREG 中，再进行移位操作。

如果移位长度 ≥ 1 字节，则先进行整字节的移动。

/p16ecc/cc_source_8.9/p16e/pic16e8.cpp

```
111       if ( byte_shift > 0 )
112       {
113           for(int i = size0; i--;)
114           {
115               if ( i >= byte_shift )
116               {
117                   fetch(ip0, i-byte_shift, indf0);
118                   store(ip0, i, indf0);
119                   regWREG->reset();
120               }
121               else if ( indf0 )
122               {
123                   regWREG->load(0);
124                   store(ip0, i, indf0);
125               }
126               else
127                   ASM_CODE(_CLRF, acceItem(ip0, i));
128           }
129       }
```

- 第 111~129 行：整字节由低位至高位移动，最低位（byte_shift 个）字节清零。

如果 bit_shift 不为零，则对高位的那几个字节进行追加移位。

/p16ecc/cc_source_8.9/p16e/pic16e8.cpp

```
131       if ( bit_shift )
132       {
133           if ( indf0 && byte_shift > 0 )
134               regFSR0->inc(byte_shift, true); //ASM_CODE(_ADDFSR, indf0, byte_shift);
135
136           if ( (size0 - byte_shift) == 1 )
137           {
138               if ( bit_shift >= 4 )
139               {
140                   ASM_CODE(_SWAPF, acceItem(ip0, size0-1, indf0), _F_);
141                   regWREG->load(0xf0);
142                   ASM_CODE(_ANDWF, acceItem(ip0, size0-1, indf0), _F_);
143                   bit_shift -= 4;
144               }
145
```

```
146              while ( bit_shift-- )
147                  ASM_CODE(_LSLF, acceItem(ip0, size0-1, indf0), _F_);
148
149              return;
150          }
151
152          Item *startLbl = lblItem(pcoder->getLbl());
153          if ( bit_shift > 1 )
154          {
155              regWREG->load(bit_shift);
156              ASM_LABL(startLbl->val.s, true);
157          }
158          for (int i = byte_shift; i < size0; i++)
159          {
160              char *inst = (i == byte_shift)? _LSLF: _RLF;
161              ASM_CODE(inst, acceItem(ip0, i, indf0), _F_);
162
163              if ( indf0 && (size0-byte_shift) > 1 )
164              {
165                  if ( (i+1) < size0 )
166                      regFSR0->inc(1, true);                       //ASM_CODE(_ADDFSR, indf0, 1);
167                  else
168                      regFSR0->inc(1-size0+byte_shift, true); //ASM_CODE(_ADDFSR, indf0, 1-size0+byte_shift);
169              }
170          }
171          if ( bit_shift > 1 )
172          {
173              ASM_CODE(_DECFSZ, WREG, _F_);
174              ASM_CODE(_BRA, startLbl->val.s);
175              regWREG->set(0);
176          }
177          delete startLbl;
```

- 第 133～134 行：对于间接寻址的 ip0，先调整 FSR0 至高位字节的起始位置。
- 第 136～150 行：（所剩）移位量限制在最低位字节内进行处理。
- 第 153～157 行和第 171～176 行：使用循环方式进行多维的移位操作，所以得放置标号及循环判断。

小结

（1）由于 PIC16Fxxxx 处理器的特殊结构，使移位操作的汇编语言输出的转换变得比较复杂。另外，它还涉及局部循环的设计和移位指令的选择。

（2）涉及空间优先和时间优先的选择问题。

8.3.24　复合型右移位 RIGHT_ASSIGN 的汇编语言输出

右移位和左移位在处理上有很大的相似性。两者的差异主要体现在以下两个方面。

（1）右移位对应于算术除法运算。

（2）对于带符号数 ip0，右移位必须使用算术右移位指令，并保留符号位。

同样地，右移位操作的移位计数项 ip1 可以分为常数类型和变量类型，而 ip0 的类型可以是无符号或带符号的。为了提高效率和方便编译器的设计，我们需要针对不同情况进行不同处理，具体如下。

/p16ecc/cc_source_8.9/p16e/pic16e8.cpp

```
181      void PIC16E :: rightAssign(Item *ip0, Item *ip1, bool sshift)
182      {
183          if ( ip1->type == CON_ITEM )
184          {
185              if ( sshift )   // signed shift
186                  rightAssignConstSigned(ip0, ip1);
187              else            // unsigned shift
188                  rightAssignConst(ip0, ip1);
189              return;
190          }
```

- 第 183～190 行：当 ip1 为常数类型时，将由对应的 rightAssignConstSigned()或 rightAssignConst()函数处理。

变量类型 RIGHT_ASSIGN 的汇编语言输出过程将按循环的计数方式逐次右移，具体如下。

```
/p16ecc/cc_source_8.9/p16e/pic16e8.cpp
224    int size0 = ip0->acceSize();
225    bool dir0 = (size0 == 1 && ip0->type == DIR_ITEM && ip0->attr->isVolatile);
226    if ( dir0 ) {
227        ASM_CODE(_MOVWF, shiftCount = ACC0);
228        ASM_CODE(_MOVF, acceItem(ip0, 0), _W_);
229    }
230    Item *startLbl = lblItem(pcoder->getLbl());
231    Item *endLbl   = lblItem(pcoder->getLbl());
232    ASM_CODE(_BRA, endLbl->val.s);
233    ASM_LABL(startLbl->val.s, true);
234
235    if ( indf0 && size0 > 1 )
236        ASM_CODE(_ADDFSR, indf0, size0-1);
237
238    for(int i = size0; i--;)
239    {
240        if ( dir0 )
241            ASM_CODE(sshift? _ASRF: _LSRF, WREG, _F_);
242        else if ( i == (size0-1) && sshift )
243            ASM_CODE(_ASRF, acceItem(ip0, i, indf0), _F_);
244        else if ( i == (size0-1) )
245            ASM_CODE(_LSRF, acceItem(ip0, i, indf0), _F_);
246        else
247            ASM_CODE(_RRF,  acceItem(ip0, i, indf0), _F_);
248
249        if ( i != 0 && indf0 )
250            regFSR0->inc(-1, true); //ASM_CODE(_ADDFSR, indf0, -1);
251    }
252    ASM_LABL(endLbl->val.s, true);
253    ASM_CODE(_DECFSZ, shiftCount, _F_);
254    ASM_CODE(_BRA, startLbl->val.s);
255    if ( dir0 ) ASM_CODE(_MOVWF, acceItem(ip0, 0));
256    delete startLbl;
257    delete endLbl;
258    regWREG->reset();
```

- 第 225～229 行：同样地，若 ip0 为寄存器，则需要先将其读入 WREG 中，再进行移位。
- 第 235～236 行：对于间接寻址的 ip0，预先对 FSR0 进行偏址（指向最高位字节）。
- 第 240～241 行：寄存器类型 ip0 的移位。
- 第 242～243 行：带符号数最高位字节的移位。
- 第 244～245 行：无符号数最高位字节的移位。
- 第 246～247 行：其他低位字节的移位。

在汇编语言输出中，无符号数常量的右移位操作 RIGHT_ASSIGN 的处理与左移位的处理极其相似，因此本书省略对其的介绍。

由于带符号数常量 RIGHT_ASSIGN 的汇编语言输出受符号的牵制，因此为了简化设计，带符号数的右移位只能通过比较低效的逐位移动的处理方式来完成，具体如下。

```
/p16ecc/cc_source_8.9/p16e/pic16e8.cpp
345    void PIC16E :: rightAssignConstSigned(Item *ip0, Item *ip1)
346    {
347        char *indf0 = setFSR0(ip0);
348        int size0 = ip0->acceSize();
349        int n = ip1->val.i;
350        Item *startLbl = lblItem(pcoder->getLbl());
351
352        if ( n > (size0*8) ) n = size0*8;
353
354        if ( n > 1 )
355        {
356            regWREG->load(n);
357            ASM_LABL(startLbl->val.s, true);
```

```
358        }
359
360        if ( size0 > 1 && indf0 )
361            regFSR0->inc(size0-1, true);      //ASM_CODE(_ADDFSR, indf0, size0-1);
362
363        for (int i = size0; i--;)
364        {
365            if ( i == (size0-1) )
366                ASM_CODE(_ASRF, acceItem(ip0, i, indf0), _F_);
367            else
368                ASM_CODE(_RRF,  acceItem(ip0, i, indf0), _F_);
369
370            if ( i != 0 && indf0 )
371                regFSR0->inc(-1, true);       //ASM_CODE(_ADDFSR, indf0, -1);
372        }
373        if ( n > 1 )
374        {
375            ASM_CODE(_DECFSZ, WREG, _F_);
376            ASM_CODE(_BRA, startLbl->val.s);
377            regWREG->set(0);
378        }
379        delete startLbl;
380 }
```

小结

通过对移位操作的分析，结论是：除非必要，程序设计中应尽量使用无符号数据，以提高效率。

在先前设计的基础上进行以下扩充。

工程项目路径：/cc_source_8.10/p16e。

增加源程序文件：pic16e9.cpp。

8.3.25　左移位 LEFT_OP 的汇编语言输出

与复合型左移位不同的是，左移位 LEFT_OP（<<）是三目操作运算{LEFT_OP,[ip0,ip1,ip2]}，由于 ip0 与 ip1 可能存在长度及符号的差异，因此设计上的考虑会复杂一些。

为了简化设计，当 ip2 为非常数类型操作项时，采用拆解的方法将左移位分成两个先前已有的操作（函数）来完成。例如：

{ LEFT_OP,[ip0,ip1,ip2]}　　→　　　　{'=',[ip0,ip1]}
　　　　　　　　　　　　　　　　　　{LEFT_ASSIGN,[ip0,ip2]}

这种方式可能会影响汇编语言输出的效率，但仍然是不错的选择，其过程如下。

/p16ecc/cc_source_8.10/p16e/pic16e9.cpp

```
18    void PIC16E :: leftOpr(Item *ip0, Item *ip1, Item *ip2)
19    {
20        if ( same(ip0, ip1) )
21        {
22            leftAssign(ip0, ip2);
23            return;
24        }
25
26        if ( related(ip0, ip2) )
27        {
28            char *indf2 = setFSR0(ip2);
29            ASM_CODE(_INCF, acceItem(ip2, 0, indf2), _W_);
30            ASM_CODE(_MOVWI, "--INDF1");
31            leftOprIndf1(ip0, ip1);
32            return;
33        }
34
```

```
35   if ( ip0->acceSize() == 1 && ip0->type == DIR_ITEM && ip0->attr->isVolatile &&
36        !(ip2->type == CON_ITEM && ip2->val.i == 1)                              )
37   {
38       Item *acc = accItem(newAttr(CHAR));
39       if ( ip2->type == ACC_ITEM )
40       {
41           ASM_CODE(_INCF, ACC0, _W_);
42           ASM_CODE(_MOVWI, "--INDF1");
43           leftOprIndf1(acc, ip1);
44       }
45       else
46       {
47           mov(acc, ip1);
48           leftAssign(acc, ip2);
49       }
50       mov(ip0, acc);
51       delete acc;
52       return;
53   }
54
55   if ( useFSR(ip0, ip1) || ip2->type != CON_ITEM )
56   {
57       mov(ip0, ip1);
58       leftAssign(ip0, ip2);
59       return;
60   }
```

- 第 20~24 行：若 ip0 和 ip1 为同一个操作项，则由 ip0 <<= ip2 代替实现。

- 第 26~33 行：若 ip0 与 ip2 相关联，则根据 C 语言法则，首先读取 ip2（最低位字节）送入栈顶，然后由 leftOprIndf1() 函数处理。

- 第 35~53 行：若 ip0 为寄存器，并且移位长度超过 1 位或不确定，则先将 ip1 的值暂存到 ACC 累加器中，使得移位过程在 ACC 中进行；移位完成后再将结果存入 ip0 指定的寄存器中。当 ip2 为累加器类型时，（调用函数后的返回值存放位置）需要进行特殊处理（第 39~44 行）。

- 第 55~60 行：若 ip0 与 ip1 均为间接寻址的操作项且 ip2 为非常数（移位长度不确定），则将移位操作分解成{'=', [ip0, ip1]}和{LEFT_ASSIGN, [ip0, ip2]}。

当移位计数（操作项 ip2）为常数时，先进行"字节"级别的移位，再进行"位"级别的移位。左移位操作起始准备如下。

/p16ecc/cc_source_8.10/p16e/pic16e9.cpp

```
62       int   size0 = ip0->acceSize();
63       int   size1 = ip1->acceSize();
64       bool sign1 = ip1->acceSign();
65       int byte_shift = ip2->val.i/8;
66       int bit_shift  = ip2->val.i%8;
67
68       if ( byte_shift >= size0 )
69       {
70           Item *ip = intItem(0);
71           mov(ip0, ip);
72           delete ip;
73           return;
74       }
75
76       if ( ip2->val.i == 1 && size0 <= size1 )    // simply shift + mov
77       {
78           leftOpr(ip0, ip1);
79           return;
80       }
```

- 第 65~66 行：计算移位字节个数及剩余的移位量。

- 第 68~74 行：若移位长度达到 ip0 本身，则等价于将 0 赋予 ip0（为了简化设计，可以不做此种应对处理）。

- 第 76~80 行：对诸如 ip0 ← ip1 << 1 进行只左移一位的操作，可以由更为高效的同名函数 leftOpr() 完成，即传送与移位同时进行。

在汇编语言输出处理上，常数类型左移位（ip2 为一个常数）与之前所述的复合型左移位有相似之处。两者的差异为：（1）源数据将取之于 ip1；（2）需要考虑 ip0 与 ip1 的差异。

"字节"级别的左移位如下。

```
/p16ecc/cc_source_8.10/p16e/pic16e9.cpp
82      char *indf0 = setFSR0(ip0);
83      char *indf1 = setFSR0(ip1);
84      for (int i = 0; i < size0; i++)
85      {
86          if ( i < byte_shift )
87          {
88              if ( indf0 && size0 > 1 )
89              {
90                  regWREG->load(0);
91                  store(ip0, i, indf0);
92              }
93              else
94                  ASM_CODE(_CLRF, acceItem(ip0, i, indf0));
95          }
96          else if ( (i-byte_shift) < size1 )
97          {
98              fetch(ip1, i-byte_shift, indf1);
99              store(ip0, i, indf0);
100             regWREG->reset();
101         }
102         else if ( !sign1 && indf0 == NULL )
103             ASM_CODE(_CLRF, acceItem(ip0, i, indf0));
104         else
105         {
106             if ( (i-byte_shift) == size1 )
107             {
108                 if ( sign1 )
109                     EXTEND_WREG;
110                 else
111                     regWREG->load(0);
112             }
113             store(ip0, i, indf0);
114         }
115     }
```

- 第 84~115 行：字节层面的移位，完成 ip0 ← ip1 << byte_shift。
  - 第 86~95 行：ip0 的低位字节以 "0" 填充。
  - 第 104~113 行：若 ip1 长度<ip0 长度，则 ip0 高位字节需要通过 ip1 的符号进行扩展。

"位"级别的左移位如下。

```
/p16ecc/cc_source_8.10/p16e/pic16e9.cpp
117     if ( bit_shift > 0 )
118     {
119         if ( (size0 - byte_shift) == 1 )
120         {
121             if ( bit_shift < 4 && (indf0 == NULL || size0 == 1) )
122                 while ( bit_shift-- ) ASM_CODE(_LSLF, acceItem(ip0, size0 - 1, indf0), _F_);
123             else
124             {
125                 if ( bit_shift >= 4 )
126                 {
127                     ASM_CODE(_SWAPF, WREG, _W_);
128                     ASM_CODE(_ANDLW, 0xf0);
129                     bit_shift -= 4;
130                 }
131                 while ( bit_shift-- ) ASM_CODE(_LSLF, WREG, _W_);
132                 store(ip0, size0-1, indf0);
133                 regWREG->reset();
134             }
135             return;
136         }
```

- 第 119~136 行：若剩余的位移位只发生在 ip0 的最高位字节，则优化操作过程，包括以半字节方式的移位。

上述的检测判断及对应处理是针对特殊情形设计的，目的在于提高汇编语言输出的效率。 否则，按基本的循环方式，逐次对 ip0 内容进行左移位。

```
/p16ecc/cc_source_8.10/p16e/pic16e9.cpp
138      if ( indf0 && byte_shift > 0 )
139          regFSR0->inc(byte_shift, true);                    //ASM_CODE(_ADDFSR, indf0, byte_shift);
140
141      char *inst = _LSLF;
142      Item *startLbl = lblItem(pcoder->getLbl());
143      if ( bit_shift > 1 )
144      {
145          regWREG->load(bit_shift);
146          ASM_LABL(startLbl->val.s);
147      }
148      for(int i = byte_shift; i < size0; i++, inst = _RLF)
149      {
150          ASM_CODE(inst, acceItem(ip0, i, indf0), _F_);
151          if ( indf0 && (i+1) < size0 )
152              regFSR0->inc(1, true);                          //ASM_CODE(_ADDFSR, indf0, 1);
153          else if ( indf0 && (size0-byte_shift) > 1 )
154              regFSR0->inc(byte_shift-size0+1, true); //ASM_CODE(_ADDFSR, indf0, byte_shift-size0+1)
155      }
156      if ( bit_shift > 1 )
157      {
158          ASM_CODE(_DECFSZ, WREG, _F_);
159          ASM_CODE(_BRA, startLbl->val.s);
160      }
161      delete startLbl;
162  }
```

8.3.26 右移位 RIGHT_OP 的汇编语言输出

虽然右移位与左移位只是移动方向之差，但是右移位 RIGHT_OP（>>）操作处理更为复杂。其主要原因是考虑到操作项 ip0 与 ip1 的长度可能不同，以及 ip1 可能带有符号，如果右移位时从高位字节移入的是 ip1 的高位数值（包括符号），则会因此有不同的处理方式。为了保证结果是正确的，右移位操作将围绕着究竟在何处（变量、寄存器）进行移位处理。

此外，当 ip2 为常数项时，也将先进行"字节"级别的移位，再进行"位"级别的移位。

右移位操作的开始仍然先对某些特殊的操作项进行特殊的处理，具体如下。

```
/p16ecc/cc_source_8.10/p16e/pic16e9.cpp
212  void PIC16E :: rightOpr(Item *ip0, Item *ip1, Item *ip2)
213  {
214      int  size0 = ip0->acceSize();
215      int  size1 = ip1->acceSize();
216      bool sign1 = ip1->acceSign();
217
218      if ( same(ip0, ip1) )
219      {
220          rightAssign(ip0, ip2, sign1);
221          return;
222      }
223
224      if ( related(ip0, ip2) )
225      {
226          ASM_CODE(_INCF, acceItem(ip2, 0, setFSR0(ip2)), _W_);
227          ASM_CODE(_MOVWI, "--INDF1");
228          rightOprIndf1(ip0, ip1);
229          return;
230      }
```

- 第 218~222 行：若 ip0 和 ip1 为同一个操作项，则由 ip0 >>= ip2 代替实现。
- 第 224~230 行：若 ip0 与 ip2 相关联，则根据 C 语言法则，首先读取 ip2（最低位字节），并将其送入栈顶；然后由 rightOprIndf1() 函数处理。

如果右移位结果（ip0）为寄存器且移位长度不确定或 >1，则移位过程必须在临时变量中进行，具体如下。

```
/p16ecc/cc_source_8.10/p16e/pic16e9.cpp
232    if ( ip0->acceSize() == 1 && ip0->type == DIR_ITEM && ip0->attr->isVolatile &&
233         !(ip2->type == CON_ITEM && ip2->val.i == 1)                                )
234    {
235        Item *acc = accItem(newAttr(CHAR + size1 - 1));
236        if ( ip2->type == ACC_ITEM )
237        {
238            ASM_CODE(_INCF, ACC0, _W_);
239            ASM_CODE(_MOVWI, "--INDF1");
240            rightOprIndf1(acc, ip1);
241        }
242        else
243        {
244            mov(acc, ip1);
245            rightAssign(acc, ip2, sign1);
246        }
247        mov(ip0, acc);
248        delete acc;
249        return;
250    }
```

- 第 232~250 行：如果 ip0 为寄存器类型，并且移位长度超过 1 位或不确定，则先读取 ip1 的值并暂存到 ACC 累加器中，使得移位过程在 ACC 中进行；移位完成后再将结果存入 ip0 指定的寄存器中。当 ip2 为累加器类型时，（调用函数后的返回值存放位置）需要进行特殊处理（第 236~241 行）。

当 ip0 和 ip1 均为间接寻址的操作项，或者 ip2 为非常量时，则右移位操作被分解成其他类型的操作，其过程如下。

```
/p16ecc/cc_source_8.10/p16e/pic16e9.cpp
252    if ( useFSR(ip0, ip1) || ip2->type != CON_ITEM )
253    {
254        if ( size0 >= size1 )
255        {
256            mov(ip0, ip1);
257            rightAssign(ip0, ip2, sign1);
258        }
259        else if ( ip1->type == ACC_ITEM || ip1->type == TEMP_ITEM )
260        {
261            rightAssign(ip1, ip2, sign1);
262            mov(ip0, ip1);
263            return;
264        }
265        else if ( ip2->type == ACC_ITEM )
266        {
267            ASM_CODE(_INCF, ACC0, _W_);
268            ASM_CODE(_MOVWI, "--INDF1");
269            rightOprIndf1(ip0, ip1);
270        }
271        else
272        {
273            Item *acc = storeToACC(ip1, size1);
274            rightAssign(acc, ip2, sign1);
275            mov(ip0, acc);
276            delete acc;
277        }
278        return;
279    }
280
281    if ( ip2->val.i == 1 && size0 <= size1 )     // ip0 = ip1 >> 1
282    {
283        rightOpr(ip0, ip1);
284        return;
285    }
```

- 第 254~258 行：如果 ip0 长度≥ip1 长度，则进行如下分解。

  $$ip0 = ip1 >> ip2 \qquad \rightarrow \qquad ip0 = ip1$$
  $$ip0 >>= ip2$$

- 第 259~264 行：如果 ip1 为暂存变量，则先对本身进行右移位操作，即进行如下分解。

$$ip0 = ip1 >> ip2 \qquad \rightarrow \qquad ip1 >>= ip2$$
$$ip0 = ip1$$

- 第 265～270 行：如果 ip2 为累加器类型，则先将其存入栈顶，即将 ip1 送入 ACC 中进行右移位（因为 ip1 长度>ip0 长度）。

$$ip0 = ip1 >> ip2 \qquad \rightarrow \qquad [--INDF1] = ip2$$
$$rightOprIndf1(ip0,\ ip1)$$

- 第 271～277 行：否则，进行如下分解。

$$ip0 = ip1 >> ip2 \qquad \rightarrow \qquad ACC = ip1$$
$$ACC >>= ip2$$
$$ip0 = ACC$$

- 第 281～285 行：在只需进行右移一位的情形下，使用专门的同名函数 rightOpr()进行处理，可以取得最佳效率（读取 ip1 与移位同时进行）。

在 ip2 为常数的情形下，右移位首先进行"字节"级别的移位，再进行"位"级别的移位，具体过程如下。

```
/p16ecc/cc_source_8.10/p16e/pic16e9.cpp
287        int n = ip2->val.i;
288        if ( n > size1*8 ) n = size1*8;
289        int byte_shift = n / 8;
290        int bit_shift  = n % 8;
291
292        if ( (size0 + byte_shift) >= size1 || !bit_shift || !sign1 )
293        {
294            if ( byte_shift )
295                rightOpr(ip0, ip1, byte_shift);
296            else
297                mov(ip0, ip1);
298
299            if ( bit_shift )
300            {
301                Item *ip = intItem(bit_shift);
302                rightAssign(ip0, ip, sign1);
303                delete ip;
304            }
305            return;
306        }
```

- 第 292～306 行：在 ip0 有足够的长度或只需字节层次的移位，同时 ip1 为无符号类型的情形下，首先将字节层次的数值传送/移位（传送时附带移位）至 ip0 中，然后对 ip0 进行"位"级别的移位操作。

"位"级别的移位如下。

```
/p16ecc/cc_source_8.10/p16e/pic16e9.cpp
308        // (size0 + byte_shift) < size1
309        Item *acc = NULL, *ip = ip1;
310        if ( !(ip1->type == TEMP_ITEM || ip1->type == ACC_ITEM) )
311        {
312            attrib *attr = newAttr((size1 == 2)? INT:
313                                   (size1 == 3)? SHORT: LONG);
314            ip = acc = accItem(attr);
315        }
316        rightAssign(ip, ip2, sign1);
317        if ( !overlap(ip0, ip) ) mov(ip0, ip);
318        if ( acc ) delete acc;
```

- 第 309～318 行：当 ip1 内容在 ACC 累加器中进行移位后，将 ACC 内容传送至 ip0 中。

（1）右移位操作的复杂程度可能明显高于左移位。

（2）本节并没有针对操作项（ip0～ip2）的类型进行进一步的分析和优化处理。

在先前设计的基础上进行以下扩充。

工程项目路径：/cc_source_8.11/p16e。

增加源程序文件：pic16e10.cpp。

8.3.27　复合乘法 MUL_ASSIGN 的汇编语言输出

P-代码{MUL_ASSIGN,[ip0,ip1]}与其他复合赋值操作的语法和 P-代码类似，但由于 PIC16Fxxxx 没有乘法/除法的指令，因此乘法的实现全部以软件的方式通过循环、累加的手段来完成。具体来说，乘法运算将通过调用系统的基本库函数来完成。因此，相应的汇编语言输出过程反而显得非常简短，具体如下。

```
/p16ecc/cc_source_8.11/p16e/pic16e10.cpp
18   void PIC16E :: mulAssign(Item *ip0, Item *ip1)
19   {
20       int size0 = ip0->acceSize();
21       if ( size0 == 1 )
22       {
23           mulAssign8(ip0, ip1);
24           return;
25       }
26       char *func = (size0 == 2)? (char*)"_mul16indf":
27                    (size0 == 3)? (char*)"_mul24indf":
28                                  (char*)"_mul32indf";
29       pushStack(ip1, size0);
30       setFSR(ip0, 0);
31       call(func);
32   }
```

* 第 20～25 行：对于单字节乘积的处理，通过 mulAssign8()函数进行（见下图）。
* 第 26～31 行：对于多字节乘积的处理。

（1）将 ip1 内容（按 size0 长度）推入堆栈（第 29 行）。

（2）将 ip0 的地址送入 FSR0 中（第 30 行），同时设定最终乘积结果的地址。

（3）调用相应的基本库函数（如_mul16indf()、_mul24indf()、_mul32indf()等）来完成乘法（第 31 行）。

单字节乘积的实现过程比较简短，其入口参数 ip0、ip1 将分别预先存入 ACC0 累加器和 WREG 寄存器中，由库函数_mul8()实现，而最终结果通过 ACC0、ACC1 返回。

```
/p16ecc/cc_source_8.11/p16e/pic16e10.cpp
34   void PIC16E :: mulAssign8(Item *ip0, Item *ip1)
35   {
36       if ( ip0->type == ACC_ITEM )
37       {
38           fetch(ip1, 0, setFSR0(ip1));
39           call((char*)"_mul8");
40           return;
41       }
42       Item *acc = NULL;
43       if ( CONST_ITEM(ip1) || CONST_ID_ITEM(ip1) )
44       {
```

```
45          acc = storeToACC(ip0, 1);
46          fetch(ip1, 0, NULL);
47      }
48      else
49      {
50          acc = storeToACC(ip1, 1);
51          fetch(ip0, 0, setFSR0(ip0));
52      }
53
54      call((char*)"_mul8");
55      ASM_CODE(_MOVF, ACC0, _W_);
56
57      if ( useFSR(ip0) )
58          ASM_CODE(_MOVWF, INDF0);
59      else
60          store(ip0, 0, NULL);
61
62      if ( acc ) delete acc;
63  }
```

- 第 36～41 行：当 ip0 为累加器类型时，只需将 ip1（最低位字节）读入 WREG 中即可。
- 第 43～47 行：当 ip1 为常数或存储在 ROM 中的数值时，首先读取 ip0 并将其存入 ACC0 中，然后读取 ip1（存入 WREG 中）。
- 第 48～52 行：在其他情形下，首先读取 ip1 并将其存入 ACC0 中，然后读取 ip0（存入 WREG 中）。
- 第 57～60 行：将乘积送入 ip0 中。

注：_mul8()函数的返回值是 16 位的乘积（ACC0 和 ACC1），但其高位字节（ACC1）的内容只有两乘数均为无符号数或非负数时才有效。

此外，还应注意以下两点。

（1）按乘法原理，如果两个长度分别为 N 位和 M 位的数相乘，则积的长度为 $N+M$ 位。

（2）两个 N 位整数相乘，无论带符号补码或无符号数，积的低 N 位都是正确的结果。

8.3.28 乘法的汇编语言输出

P-代码{'*', [ip0,ip1,ip2]}表示将 ip1 * ip2 赋予 ip0。由于乘法的具体运行需要通过调用库函数来实现，因此汇编语言输出的处理会非常简单，其过程如下。

/p16ecc/cc_source_8.11/p16e/pic16e10.cpp

```
65  void PIC16E :: mul(Item *ip0, Item *ip1, Item *ip2)
66  {
67      int size0 = ip0->acceSize();
68      if ( same(ip0, ip2) )
69      {
70          mulAssign(ip0, ip1);
71          return;
72      }
73      if ( size0 == 1 || (ip1->acceSize() == 1 && !ip1->acceSign() &&
74                          ip2->acceSize() == 1 && !ip2->acceSign() ) )
75      {
76          mul8(ip0, ip1, ip2);
77          return;
78      }
79      if ( ip0->type == ACC_ITEM || ip1->type == ACC_ITEM || ip2->type == ACC_ITEM )
80      {
81          pushStack((ip2->type == ACC_ITEM)? ip1: ip2, size0);
82          Item *acc = storeToACC((ip2->type == ACC_ITEM)? ip2: ip1, size0);
83          char *func = (size0 == 2)? (char*)"_mul16":
84                       (size0 == 3)? (char*)"_mul24":
85                                     (char*)"_mul32";
86          call(func);
87          mov(ip0, acc);
88          delete acc;
89          return;
90      }
91      mov(ip0, ip1);
92      mulAssign(ip0, ip2);
93  }
```

- 第 68～72 行：如果 ip0 与 ip2 为同一个操作项，则以{MUL_ASSIGN,[ip0,ip1]}替换 {'*',[ip0,ip1,ip2]}。
- 第 73～78 行：检测是否可以使用 8 位的乘法函数_mul8()来实现乘法运算，因为_mul8() 函数的运算最为快捷。注：此处 ip0 操作项的长度可能大于 1 字节。
- 第 79～90 行：如果 ip0、ip1、ip2 中任何一个为累加器类型的操作项，则先将某一个 乘数送入栈顶，并将另一个乘数送入 ACC 中；再使用基本库函数中的_mul16()、 _mul24()、_mul32()函数来完成乘法运算。这可以减少搬运/传送的操作。注：_mul8()、 _mul16()、_mul24()、_mul32()函数均使用 ACC 存放返回值（乘法积）。
- 第 91～92 行：在大多数情形下，乘法的 P-代码可进行如下分解。

$$\{'*',\ [ip0,\ ip1,\ ip2]\}\quad\rightarrow\quad \{'=',\ [ip0,\quad ip1]\}$$
$$\{MUL\_ASSIGN,\ [ip0,\quad ip2]\}$$

小结

（1）由于 PIC16Fxxxx 处理器指令系统没有乘法指令和除法指令，因此编译器可以通过 调用基本库函数中对应的函数进行乘法和除法的运算。

（2）此编译器设计中没有对乘法和除法的各操作项进行较深入的分析，因此可能在某些 情形下未达到最佳效益。

在先前设计的基础上进行以下扩充。

工程项目路径：/cc_source_8.12/p16e。

增加源程序文件：pic16e11.cpp。

与乘法操作的处理类似，除法和取模（求余数）的运算处理同样依靠调用基本库函数中 相应的函数来完成。不同的是，除法操作中必须判断操作项的符号特征，因为负数的补码不 能直接参加运算。除法和取模实际上是同一个运算，不同之处是前者关注除法结果的商，而 后者取其余数。

8.3.29　复合除法 DIV_ASSIGN 和复合取模 MOD_ASSIGN 的 汇编语言输出

DIV_ASSIGN（/=）和 MOD_ASSIGN（%=）的汇编语言输出均由 divmodAssign()函数 处理，具体如下。

```
/p16ecc/cc_source_8.12/p16e/pic16e11.cpp
18   void PIC16E :: divmodAssign(int code, Item *ip0, Item *ip1)
19   {
20       int size0 = ip0->acceSize();
21       int size1 = ip1->acceSize();
22       bool sign0 = ip0->acceSign();
23       bool sign1 = ip1->acceSign();
24       int size = (size0 >= size1)? size0: size1;
25       int op_flag = 0;
26
27       char *func;
28       switch ( size )
29       {
30           case 1: func = (char*)"_divmod8";   break;
31           case 2: func = (char*)"_divmod16";  break;
32           case 3: func = (char*)"_divmod24";  break;
```

```
33      case 4: func = (char*)"_divmod32";  break;
34      default: return;
35    }
36
37    if ( sign0 ) op_flag |= 4;          // signed = 1; unsigned = 0
38    if ( sign1 ) op_flag |= 2;          // signed = 1; unsigned = 0
39    if ( code != DIV_ASSIGN ) op_flag |= 1; // division = 0; modulation = 1
40
41    pushStack(ip1, size);
42    Item *acc = storeToACC(ip0, size);
43    ASM_CODE(_MOVLW, op_flag);
44    call(func);
45    acc->attr->isUnsigned = (sign0 == sign1)? 1: 0;
46    mov(ip0, acc);
47    delete acc;
48  }
```

- 第 24 行：确定除法/取模运算的适当长度。
- 第 28~35 行：根据运算长度，选择所调用的库函数。
- 第 37~39 行：根据 ip0、ip1 的符号特征及运算类型来设置标志。
- 第 41 行：将除数 ip1 送入堆栈内。
- 第 42 行：将被除数 ip0 送入 ACC 中。
- 第 43 行：将运算标志送入 WREG 中。
- 第 44 行：调用库函数进行除法/取模运算。
- 第 46 行：最终将结果（商/余数）送入 ip0 中。

8.3.30　除法和取模的汇编语言输出

与 8.3.29 节所述的情形几乎完全雷同,除法"/"和取模"%"的汇编语言输出都由 divmod() 函数处理，具体如下。

/p16ecc/cc_source_8.12/p16e/pic16e11.cpp

```
50  void PIC16E :: divmod(int code, Item *ip0, Item *ip1, Item *ip2)
51  {
52    int size1 = ip1->acceSize();
53    int size2 = ip2->acceSize();
54    bool sign1 = ip1->acceSign();
55    bool sign2 = ip2->acceSign();
56    int size  = (size1 >= size2)? size1: size2;
57    int op_flag = 0;
58
59    char *func;
60    switch ( size )
61    {
62      case 1: func = (char*)"_divmod8";   break;
63      case 2: func = (char*)"_divmod16";  break;
64      case 3: func = (char*)"_divmod24";  break;
65      case 4: func = (char*)"_divmod32";  break;
66      default: return;
67    }
68    if ( sign1 ) op_flag |= 4;          // signed = 1; unsigned = 0
69    if ( sign2 ) op_flag |= 2;          // signed = 1; unsigned = 0
70    if ( code != '/' ) op_flag |= 1;    // division = 0; modulation = 1
71
72    pushStack(ip2, size);
73    Item *acc = storeToACC(ip1, size);
74    ASM_CODE(_MOVLW, op_flag);
75    call(func);
76    acc->attr->isUnsigned = (sign1 == sign2)? 1: 0;
77    mov(ip0, acc);
78    delete acc;
79  }
```

（1）使用库函数方式处理除法/取模运算明显简化了编译器的设计，节省了（输出）程序的长度，其代价是增加了程序的运行时间。

（2）由于带符号数需要进行额外的处理，这势必会增加（库函数）运行时间，因此应用中应尽量使用无符号数据类型。

（3）如果对各操作项（ip0～ip2）进行仔细分析，并设计更多种类的库函数，则会提高编译器（输出）的效率。

8.3.31　PRAGMA（#pragma）的汇编语言输出

#pragma 语句常出现在嵌入式 C 语言编译器的应用中。由于目标 CPU 的结构、特点常具有某些特殊性，因此我们可以利用#pragma 语句对编译器的运行进行控制，以取得最佳（输出代码）效率。本编译器支持 3 种#pragma 语句，如表 8-26 所示。

表 8-26　支持的#pragma 语句

#pragma 语句	解释
#pragma acc_save N	中断时（虚拟）累加器保护长度（N = 1～4），默认值为 4
#pragma isr_no_stack	中断时不对堆栈指针 FSR1 进行保护，默认值为"保护"
#pragma FUSEn　　expr	CPU 熔丝配置（字）定义

其中，CPU 熔丝配置（字）定义中的"FUSEn"由相应的系统头文件定义其（位于 FLASH）具体地址。例如，当使用 PIC16F1455 微处理器时，p16f1455.h 头文件中的定义：

```
#define FUSE0          (0x8000+0x07)
#define FUSE1          (0x8000+0x08)
```

基于#pragama 语句的特性和作用，应用中它们应该被安置在 main()函数的同一个源程序文件中。此外，#pragama 语句本身并不会生成任何运行代码。

不同种类的#pragma 语句的识别和汇编语言输出如下。

```
/p16ecc/cc_source_8.12/p16e/pic16e11.cpp
81   void PIC16E :: pragma(Item *ip0, Item *ip1)
82   {
83       if ( strcmp(ip0->val.s, "acc_save") == 0 )
84       {
85           if ( ip1 && ip1->type == CON_ITEM )
86           {
87               accSave = ip1->val.i;
88               return;
89           }
90       }
91       if ( strcmp(ip0->val.s, "isr_no_stack") == 0 )
92       {
93           isrStackSet = false;
94           return;
95       }
96       if ( memcmp(ip0->val.s, "FUSE", 4) == 0 )
97       {
98           Nnode *nnp = nlist->search(ip0->val.s);
99
100          if ( nnp && nnp->np[0] && nnp->np[0]->type == NODE_CON &&
101               ip1 && ip1->type == CON_ITEM                       )
102          {
103              char *s = STRBUF();
```

```
104          ASM_OUTP("\n");
105          sprintf(s, "FUSE (ABS, =%ld)", nnp->np[0]->con.value);
106          ASM_CODE(_SEGMENT, s);
107          ASM_CODE(_DW, ip1->val.i);
108          return;
109      }
110  }
111  errPrint("unknown or invalid '#pragma' statement!\n");
112 }
```

- 注：ip1 操作项必须是常数值（第 85 行、第 100～101 行）。

8.3.32　函数型汇编插入

常见的汇编语言语句的插入方式有以下两种。

（1）#asm … #endasm 的方式一般用于一整段汇编语言语句的插入。

（2）asm(…)函数的方式只能用于单条汇编语言语句的插入。

在第 6 章的 P-代码生成过程中给出另一种汇编语言语句的插入方式，其特点是能在语句中读写（C 语言）程序中定义的变量，如表 8-27 所示。

表 8-27　一种汇编语言语句的插入方式

C 语言源程序	汇编语言输出

`int num;`
`void foo()`
`{`
`    char n;`
`    _MOVF_W(num);`
`    _MOVWF(n);`
`}`
	`      .segment BANKi (REL)`
	`num::    .rs 2`
	`      .segment CODE2 (REL) foo:1`
	`foo_$1_n:    .equ foo_$data$+0`
	`foo::`
	`; :: asm.c #7: _MOVF_W(num);`
	`      .bsel    num`
	`      movf num, W`
	`; :: asm.c #8: _MOVWF(n);`
	`      .bsel    num, foo_$data$`
	`      movwf    foo_$1_n`
	`      return`

从表 8-27 中可见，这种插入方式同样需要使用函数形态的结构，将其函数名作为保留的关键字，并对应相应的指令。下面列出这类指令插入函数的列表。

```
/p16ecc/cc_source_8.12/pcoder8.cpp
308  const asmCode P16InstCode[] = {
309      {"_MOVF_W",     _MOVF,   1}, {"_MOVF_F",     _MOVF,   1},
310      {"_RLF_W",      _RLF,    1}, {"_RLF_F",      _RLF,    1},
311      {"_LSLF_W",     _LSLF,   1}, {"_LSLF_F",     _LSLF,   1},
312      {"_LSRF_W",     _LSRF,   1}, {"_LSRF_F",     _LSRF,   1},
313      {"_ASRF_W",     _ASRF,   1}, {"_ASRF_F",     _ASRF,   1},
314      {"_RRF_W",      _RRF,    1}, {"_RRF_F",      _RRF,    1},
315      {"_MOVWF",      _MOVWF,  1},
316      {"_ADDWF_W",    _ADDWF,  1}, {"_ADDWF_F",    _ADDWF,  1},
317      {"_ADDWFC_W",   _ADDWFC, 1}, {"_ADDWFC_F",   _ADDWFC, 1},
318      {"_SUBWF_W",    _SUBWF,  1}, {"_SUBWF_F",    _SUBWF,  1},
319      {"_SUBWFB_W",   _SUBWFB, 1}, {"_SUBWFB_F",   _SUBWFB, 1},
320      {"_IORWF_W",    _IORWF,  1}, {"_IORWF_F",    _IORWF,  1},
321      {"_XORWF_W",    _XORWF,  1}, {"_XORWF_F",    _XORWF,  1},
322      {"_ANDWF_W",    _ANDWF,  1}, {"_ANDWF_F",    _ANDWF,  1},
323      {"_INCFSZ",     _INCFSZ, 1},
324      {"_DECFSZ",     _DECFSZ, 1},
325      {"_INCF_W",     _INCF,   1}, {"_INCF_F",     _INCF,   1},
326      {"_DECF_W",     _DECF,   1}, {"_DECF_F",     _DECF,   1},
327      {"_COMF_F",     _COMF,   1}, {"_COMF_W",     _COMF,   1},
```

```
328      {"_CLRF",            _CLRF, 1},
329      {"_BTFSC",           _BTFSC, 2}, {"_BTFSS",          _BTFSS, 2},
330      {"_BCF",             _BCF,  2}, {"_BSF",            _BSF,  2},
331      {NULL,               NULL,  0}
332    };
```

而这种方式的汇编插入函数已经在 P-代码生成阶段被识别，并生成 P-代码。

```
{P_ASMFUNC,[ip0,ip1,ip2]}
```

其中，ip0 是一个指针，指向上表中某一个成员；ip1、ip2 是参数（操作）项，由 asmfunc() 函数完成最后的汇编语言输出，具体如下。

/p16ecc/cc_source_8.12/p16e/pic16e11.cpp

```
114  void PIC16E :: asmfunc(Item *ip0, Item *ip1, Item *ip2)
115  {
116      asmCode *afp = (asmCode *)ip0->val.p;
117      int name_len = strlen(afp->name);
118      char *suffix = NULL;
119
120      if ( strcmp(&afp->name[name_len-2], "_W") == 0 ) suffix = _W_;
121      if ( strcmp(&afp->name[name_len-2], "_F") == 0 ) suffix = _F_;
122
123      char *indf = setFSR0(ip1);
124      if ( suffix )
125          ASM_CODE(afp->inst, acceItem(ip1, 0, indf), suffix);
126      else if ( ip2 )
127          ASM_CODE(afp->inst, acceItem(ip1, 0, indf), ip2->val.i);
128      else
129          ASM_CODE(afp->inst, acceItem(ip1, 0, indf));
130  }
```

- 第 116 行：ip0 存放指向 P16InstCode 中某元素的指针。
- 第 120～121 行：确定汇编指令有无操作数的目标指向（F 或 W）。
- 第 124～129 行：输出汇编指令的操作符及操作数。

8.3.33　P_DJNZ/P_IJNZ 的汇编语言输出

P_DJNZ/P_IJNZ 提供一种对操作数递增/递减后根据结果是否"非零"进行跳转的操作，只适用于单字节变量的操作，具体如下。

/p16ecc/cc_source_8.12/p16e/pic16e11.cpp

```
132  void PIC16E :: djnz(int code, Item *ip0, Item *ip1)
133  {
134      char *indf0 = setFSR0(ip0);
135      char *inst = (code == P_DJNZ)? _DECFSZ: _INCFSZ;
136      regPCLATH->load(ip1->val.s);
137      ASM_CODE(inst, acceItem(ip0, 0, indf0), _F_);
138      ASM_CODE(_GOTO, ip1->val.s);
139  }
```

在先前设计的基础上进行以下扩充。

工程项目路径：/cc_source_8.13/p16e。

增加源程序文件：pic16e12.cpp。

8.3.34　逻辑运算的汇编语言输出

在实际应用中，逻辑运算（如"&""|""^"等）使用的频率很高，因此逻辑运算 P-代码汇编语言输出应尽量优化。这 3 种操作十分相似，均使用同一个处理函数 andorxor() 来完成汇编语言输出，具体如下。

/p16ecc/cc_source_8.13/p16e/pic16e12.cpp

```
29    void PIC16E :: andorxor(int code, Item *ip0, Item *ip1, Item *ip2)
30    {
31        int size0 = ip0->acceSize();
32        int size1 = ip1->acceSize();
33        int size2 = ip2->acceSize();
34
35        if ( same(ip1, ip2) )
36        {
37            mov(ip0, ip1);
38            return;
39        }
40        if ( same(ip0, ip1) )
41        {
42            andorxor(logicAssign(code), ip0, ip2);
43            return;
44        }
45        if ( same(ip0, ip2) )
46        {
47            andorxor(logicAssign(code), ip0, ip1);
48            return;
49        }
```

- 第 35~49 行：对于有相同的运算项，可以使用先前设计的函数进行处理，以简化运算。

/p16ecc/cc_source_8.13/p16e/pic16e12.cpp

```
50        bool dir0 = (size0 == 1 && ip0->type == DIR_ITEM && ip0->attr->isVolatile);
51        if ( dir0 && (useFSR(ip1, ip2) || (CONST_ID_ITEM(ip1) && CONST_ID_ITEM(ip2))) )
52        {
53            Item *acc = storeToACC(ip1, 1);
54            andorxor(code, ip0, ip2, acc);
55            delete acc;
56            return;
57        }
58        if ( useFSR(ip0, ip2) )
59        {
60            mov(ip0, ip2);
61            andorxor(logicAssign(code), ip0, ip1);
62            return;
63        }
64        if ( useFSR(ip0, ip1) || useFSR(ip1, ip2) )
65        {
66            mov(ip0, ip1);
67            andorxor(logicAssign(code), ip0, ip2);
68            return;
69        }
70        if ( ip1->type == CON_ITEM )
71        {
72            andorxor(code, ip0, ip2, ip1->val.i);
73            return;
74        }
75        if ( ip2->type == CON_ITEM )
76        {
77            andorxor(code, ip0, ip1, ip2->val.i);
78            return;
79        }
80        if ( CONST_ID_ITEM(ip1) && CONST_ID_ITEM(ip2) )
81        {
82            mov(ip0, ip1);
83            andorxor(logicAssign(code), ip0, ip2);
84            return;
85        }
86        if ( CONST_ID_ITEM(ip2) )
87        {
88            andorxor(code, ip0, ip2, ip1);
89            return;
90        }
```

- 第 50~57 行：当逻辑运算结果项为寄存器且运算操作项需暂存某处时，使用 ACC 进行暂存，保证结果一次性存入。
- 第 58~69 行：如果有多个运算项要间接寻址，则需要将处理拆分成两个步骤。例如，将{'&',[ip0,ip1,ip2]}拆分为以下两个步骤。
  （1）{'=',[ip0,ip1]}或{'=',[ip0,ip2]}。
  （2）{AND_ASSIGN,[ip0,ip2]}或{AND_ASSIGN,[ip0,ip1]}。
- 第 70~79 行：如果有常数参与运算，则使用同名专门的函数进行处理，以提高效率。

- 第 80～90 行：在运算项中，出现 ROM 中的数据时的处理。

```
/p16ecc/cc_source_8.13/p16e/pic16e12.cpp
 92        char *indf0 = setFSR0(ip0);
 93        char *indf1 = setFSR0(ip1);
 94        char *indf2 = setFSR0(ip2);
 95        char *inst  = (code == '&')? _ANDWF:
 96                      (code == '|')? _IORWF: _XORWF;
 97        char *inst2 = (code == '&')? _ANDLW:
 98                      (code == '|')? _IORLW: _XORLW;
 99
100        for(int i = 0; i < size0; i++)
101        {
102            bool zero_fill = false;
103            switch ( code )
104            {
105                case '|':  case '^':
106                    if ( i >= size1 && i >= size2 ) zero_fill = true;
107                    break;
108
109                case '&':
110                    if ( i >= size1 || i >= size2 ) zero_fill = true;
111                    break;
112            }
113
114            if ( zero_fill )
115            {
116                if ( !indf0 )
117                {
118                    ASM_CODE(_CLRF, acceItem(ip0, i));
119                    continue;
120                }
121                regWREG->load(0);
122            }
123            else
124            {
125                if ( i < size1 )
126                {
127                    fetch(ip1, i, indf1);
128                    if ( i < size2 )
129                    {
130                        if ( CONST_ITEM(ip2) )
131                            ASM_CODE(inst2, acceItem(ip2, i), _W_);
132                        else
133                            ASM_CODE(inst, acceItem(ip2, i, indf2), _W_);
134                        regWREG->reset();
135                    }
136                }
137                else
138                    asm16e->code(_MOVF, acceItem(ip2, i, indf2), _W_);
139            }
140
141            store(ip0, i, indf0);
142            if ( indf2 && (i+1) < size2 && (i+1) < size0 && !zero_fill )
143                ASM_CODE(_ADDFSR, indf2, 1);
144        }
```

- 第 92～95 行：对应的逻辑运算，确定使用的指令（变量类型或常数类型）。

常规的双目逻辑运算中，若出现运算项（ip1 和 ip2）的长度短于 ip0 长度的情形，则有一种简单的对应方法是对超出的高位字节以 "0" 充填。

- 第 105～107 行：对于 "或" 及 "异或" 运算，如果 ip1 长度和 ip2 长度均短于 ip0 长度，则提示超出部分以 "0" 填充。

- 第 109～111 行：对于 "与" 运算，如果 ip1 和 ip2 其中一个的长度短于 ip0 长度，则提示超出部分以 "0" 填充。

- 第 114～122 行："0" 填充处理。

常规双目逻辑运算汇编语言输出处理如下。

- 第 125～136 行：当偏移量未超出 ip1 长度，进行 ip1 与 ip2 的逻辑运算。

- 第 137～138 行：当偏移量超出 ip1 长度，仅读取 ip2。

- 第 141 行：将运算结果存入 ip0 中。

当 ip2 为常数时，使用同名函数 andorxor(int, Item*,Item *, int)进行处理，具体如下。

```
/p16ecc/cc_source_8.13/p16e/pic16e12.cpp
147    void PIC16E :: andorxor(int code, Item *ip0, Item *ip1, int n)
148    {
149        int size0 = ip0->acceSize();
150        int size1 = ip1->acceSize();
151        char *indf0 = setFSR0(ip0);
152        char *indf1 = setFSR0(ip1);
153
154        for (int i = 0; i < size0; i++, n >>= 8)
155        {
156            int  num = n & 0xff;
157            bool load_ip0_num = false;
158            switch ( code )
159            {
160                case '|':
161                    if ( i < size1 && num != 0xff )
162                    {
163                        fetch(ip1, i, indf1);
164                        if ( num )
165                        {
166                            ASM_CODE(_IORLW, num);
167                            regWREG->reset();
168                        }
169                    }
170                    else
171                        load_ip0_num = true;
172                    break;
```

- 第 156 行：获取当前常数字节，并赋予 num。
- 第 160～172 行：对于逻辑"或"的处理。其中，当字节超出 ip1 长度或 num 为 0xFF 时，num 值将直接存入 ip0 中（第 170～171 行）。

```
/p16ecc/cc_source_8.13/p16e/pic16e12.cpp
174                case '^':
175                    if ( i < size1 )
176                    {
177                        if ( num == 0xff && !(indf1 || CONST_ITEM(ip1)) )
178                        {
179                            ASM_CODE(_COMF, acceItem(ip1, i), _W_);
180                            regWREG->reset();
181                        }
182                        else
183                        {
184                            fetch(ip1, i, indf1);
185                            if ( num )
186                            {
187                                ASM_CODE(_XORLW, num);
188                                regWREG->reset();
189                            }
190                        }
191                    }
192                    else
193                        load_ip0_num = true;
194                    break;
```

- 第 174～194 行：对于逻辑"异或"的处理。其中，当字节超出 ip1 长度时，num 值将直接存入 ip0 中（第 193～194 行）。

```
/p16ecc/cc_source_8.13/p16e/pic16e12.cpp
196                case '&':
197                    if ( i < size1 && num )
198                    {
199                        fetch(ip1, i, indf1);
200                        if ( num != 0xff )
201                        {
202                            ASM_CODE(_ANDLW, num);
203                            regWREG->reset();
204                        }
205                    }
206                    else
207                    {
208                        num = 0;
209                        load_ip0_num = true;
210                    }
211                    break;
```

```
212            }
213
214        if ( load_ip0_num )
215        {
216            if ( !indf0 && num == 0 )
217            {
218                ASM_CODE(_CLRF, regWREG->reset(acceItem(ip0, i)));
219                continue;
220            }
221            regWREG->load(num);
222        }
223        store(ip0, i, indf0);
224
```

- 第 196～211 行：对于逻辑 "与" 的处理。其中，当字节超出 ip1 长度或 num 为 "0" 时，将赋 0 存入 ip0 中（第 206～210 行）。
- 第 214～223 行：将运算结果存入 ip0 中。

8.3.35　AASM 的汇编语言输出

该 P-代码对应 C 语言源程序中单行汇编代码的嵌入函数 asm()。嵌入的汇编代码不受语法/语义的检验，直接按字符串形式输出，具体如下。

/p16ecc/cc_source_8.13/p16e/pic16e.cpp

```
388        case AASM:
389            asm16e->code(ip0->val.s);
390            regWREG->reset();
391            regFSR0->reset();
392            break;
```

8.4　非运行代码的汇编语言输出

工程项目路径：/cc_source_8.14/p16e。
增加源程序文件：pic16e13.cpp。

以上各个小节所叙述的是针对 mainPcode 中的程序执行代码（序列）的汇编语言输出。除此之外，汇编语言输出还必须包括其他非执行（序列）的内容，从而形成完整的 C 语言源程序的汇编转换，具体内容如下。

（1）程序正式运行前（RAM）变量的初始化代码生成由 pcoder->initPcode 指示。
（2）ROM 中的（固化）常数代码生成由 pcoder->constPcode 指示。
（3）常数字符串的生成由 pcoder->constGroup->list 指示。

在 pic16e.cpp 文件中，对 P-代码进行识别并处理，将对上述 3 种信息（P-代码序列）生成相应的汇编语言输出，具体如下。

/p16ecc/cc_source_8.14/p16e/pic16e.cpp

```
125        // generate main program ASM code
126        outputASM0(pcoder->mainPcode);
127
128        // generate init code
129        outputInit(pcoder->initPcode);
130
131        // generate constant code
132        outputConst(pcoder->constPcode);
133
134        // output constant strings
135        outputString(pcoder->constGroup->list);
136
137        ASM_OUTP("\n");
138        ASM_CODE(_END);
```

- 第 128～135 行：调用相关的用于汇编语言输出的函数。

8.4.1 RAM 变量初始化的汇编语言输出

源程序中的外部变量和静态内部变量在定义时的赋值操作必须在（main()函数）正式运行前完成。例如：

```
int x = 1000;              // 外部变量初始化
void foo()
{
    static int y = 2000;    // 静态内部变量初始化
}
```

其中，x 变量和 y 变量均需要在整个程序运行前进行初始化赋值。

这类赋值可能遍布整个应用的源代码中，在 P-代码生成阶段通过 ramDataInit()函数将其收集在"pcoder->initPcode"（序列）中。最后在生成汇编语言输出时由 outputInit()函数输出相应的赋值操作（汇编语言代码），其初始部分如下。

/p16ecc/cc_source_8.14/p16e/pic16e13.cpp

```
18  void PIC16E :: outputInit(Pnode *plist)
19  {
20      if ( plist == NULL ) return;
21
22      ASM_OUTP("\n");
23      ASM_CODE(_SEGMENT, "CODEi (REL)");
24      regWREG->reset();
25      regBSR->reset();
```

- 第 23 行：初始化分段（segment）的起始标记（注：segment 的修饰标记为"CODEi"）。
- 第 24～25 行：对关键寄存器 WREG 和 BSR 进行清除。

初始化赋值分两种类型：数组类型（包括 struct/union 结构）和单变量类型。考虑到空间效率，数组变量的初始化赋值以循环方式将数组的初始化值从 ROM 中复制至 RAM 空间中，将 ACC 作为循环计数；而单变量则采用简单赋值语句完成，具体如下。

/p16ecc/cc_source_8.14/p16e/pic16e13.cpp

```
26      for(; plist; plist = plist->next)
27      {
28          Item *ip0 = plist->items[0];
29          Item *ip1 = plist->items[1];
30          Item *ip2 = plist->items[2];
31          int size;
32          Item *lbl;
33
34          switch ( plist->type )
35          {
36              case P_COPY:
37                  if ( !(ip0 && ip1 && ip2 && ip2->val.i > 0) ) break;
38                  ASM_CODE(_MOVLW, acceItem(ip1, 0)); ASM_CODE(_MOVWF, FSR1L);
39                  ASM_CODE(_MOVLW, acceItem(ip1, 1)); ASM_CODE(_MOVWF, FSR1H);
40                  ASM_CODE(_MOVLW, acceItem(ip0, 0)); ASM_CODE(_MOVWF, FSR0L);
41                  ASM_CODE(_MOVLW, acceItem(ip0, 1)); ASM_CODE(_MOVWF, FSR0H);
42
43                  size = -ip2->val.i;
44                  ASM_CODE(_MOVLW, size & 0xff);
45                  ASM_CODE(_MOVWF, ACC0);
46                  if ( ip2->val.i >= 256 )
47                  {
48                      ASM_CODE(_MOVLW, (size >> 8) & 0xff);
49                      ASM_CODE(_MOVWF, ACC1);
50                  }
51                  lbl = lblItem(pcoder->getLbl());
52                  ASM_LABL(lbl->val.s);
```

```
53              ASM_CODE(_MOVIW, "INDF1++");
54              ASM_CODE(_MOVWI, "INDF0++");
55
56              ASM_CODE(_INCFSZ, ACC0, _F_);
57              if ( ip2->val.i >= 256 )
58              {
59                  ASM_CODE(_BRA, lbl->val.s);
60                  ASM_CODE(_INCFSZ, ACC1, _F_);
61              }
62              ASM_CODE(_BRA, lbl->val.s);
63              delete lbl;
64              break;
65
66          case '=':
67              mov(ip0, ip1);
68              break;
69          }
70      }
```

- 第 38～41 行：为复制的数据设置 FSR0（目的）和 FSR1（源）。
- 第 43 行：将数组长度取负值后赋予 size，以便在复制过程中循环 size 递增后判断是否为 "0" 的指令。
- 第 44～50 行：循环计数长度，并赋予 ACC。
- 第 51～52 行：设置循环起始标号。
- 第 53～54 行：复制/传送（一个字节）。
- 第 56～62 行：循环判断。
- 第 66～68 行：对单个变量的初始赋值。

8.4.2　ROM 常数的汇编语言输出

所谓的 ROM 常数，就是位于 ROM 中不可改变的常量（包括单个常量和数组），只能读取不能改写。它们在编译过程中生成，是 ROM 内容的一部分。同理，这类数据在 P-代码生成阶段前由 romDataInit() 函数生成，并由 outputConst() 函数输出相应的汇编语言代码。

每一组 ROM 常数由分段指令（.segment）和常数序列组成，由于 PIC16Fxxxx 处理器结构的特殊性，ROM 中的常数由 "RETLW　n" 指令表示/容纳，其中的 n 占据指令的低位字节。

/p16ecc/cc_source_8.14/p16e/pic16e13.cpp

```
73  void PIC16E :: outputConst(Pnode *pcode)
74  {
75      for (; pcode; pcode = pcode->next)
76      {
77          Item *ip0 = pcode->items[0];
78          Item *ip1 = pcode->items[1];
79          char *buf = STRBUF();
80          bool is_public;
81          switch ( pcode->type )
82          {
83              case P_SEGMENT:
84                  is_public = !(strchr(ip0->val.s, '$') || ip0->attr->isStatic);
85                  ASM_OUTP("\n");
86                  if ( ip1 && ip1->val.i > 0 )
87                      sprintf(buf, "CONST0 (ABS =0x%04X)", ip1->val.i);
88                  else
89                      sprintf(buf, "CONSTi (REL)");
90
91                  if ( is_public && ip0->attr->dimVect )
92                      sprintf(&buf[strlen(buf)], " %s", ip0->val.s);
93
94                  ASM_CODE(_SEGMENT, buf);
95                  ASM_LABL(ip0->val.s, is_public);
96                  break;
97
98              case P_FILL:
99                  for (int i = 0; i < ip1->val.i; i++)
100                     ASM_CODE(_RETLW, acceItem(ip0, i));
101                 break;
102         }
103     }
104 }
```

- 第 83～96 行：输出分段指令。
- 第 98～101 行：输出常数。

8.4.3 ROM 字符串的汇编语言输出

与上述 ROM 常数的处理相似，每一组字符串的输出同样由段落符号及字符常数序列组成。字符串被收集在 "pcoder->constGroup->list" 中，每个字符由一条 "RETLW n" 指令表示/容纳，并由 outputString() 函数输出相应的汇编语言代码，具体如下。

```
/p16ecc/cc_source_8.14/p16e/pic16e13.cpp
106  void PIC16E :: outputString(Const_t *list)
107  {
108      for (; list; list = list->next)
109      {
110          ASM_OUTP("\n");
111          ASM_CODE(_SEGMENT, "CONSTi (REL)");
112          ASM_LABL(list->strName());
113          for(int i = 0; i < (int)(strlen(list->str)+1); i++)
114              ASM_CODE(_RETLW, list->str[i]);
115      }
116  }
```

- 第 110～112 行：输出段落符号。
- 第 113～114 行：字符串中每个字符依次输出（包括终止记号 "\0"）。
注：为提高效率，可以考虑合并相同（或相似）的字符串。

本节的实验如表 8-28～表 8-32 所示。

表 8-28　对 RAM 中单个变量运行前初始化的汇编语言输出

C 语言源程序	汇编语言输出

int x = 1000;
void foo()
{
　　static int y = 2000;
}
	.segment BANKi (REL)
	x:: .rs 2
	　.segment BANKi (REL)
	foo_$1_y:　　.rs 2
	　.segment CODE2 (REL) foo:0
	foo::
	　return
	　.segment CODEi (REL)
	movlw　　232
	.bsel　　x
	movwf　　x
	movlw　　3
	.bsel　　x, x+1
	movwf　　x+1
	movlw　　208
	.bsel　　x+1, foo_$1_y
	movwf　　foo_$1_y
	movlw　　7
	.bsel　　foo_$1_y, foo_$1_y+1
	movwf　　foo_$1_y+1

表 8-29　对 ROM 中单个变量初始化的汇编语言输出

C 语言源程序	汇编语言输出
const int x = 1000;	.segment CONSTi (REL) x:: 　　retlw　　232 　　retlw　　3

表 8-30　对 RAM 中数组变量运行前初始化的汇编语言输出

C 语言源程序	汇编语言输出
char array[] = {1,2,3,4};	.segment CODEi (REL) 　　movlw　　(array$init$) 　　movwf　　FSR1L 　　movlw　　(array$init$)>>8 　　movwf　　FSR1H 　　movlw　　(array) 　　movwf　　FSR0L 　　movlw　　(array)>>8 　　movwf　　FSR0H 　　movlw　　252 　　movwf　　0x70 _$L1: 　　moviw　　INDF1++ 　　movwi　　INDF0++ 　　incfsz　　0x70, F 　　bra　_$L1 　　.segment CONSTi (REL) array$init$: 　　retlw　　1 　　retlw　　2 　　retlw　　3 　　retlw　　4

表 8-31　对 ROM 中数组变量初始化的汇编语言输出

C 语言源程序	汇编语言输出
const char array[] = {1,2, 3,4};	.segment CONSTi (REL) array array:: 　　retlw　　1 　　retlw　　2 　　retlw　　3 　　retlw　　4

表 8-32　对 ROM 中字符串初始化的汇编语言输出

C 语言源程序	汇编语言输出
`char *p = "hello";`	`        .segment BANKi (REL)`
	`p:: .rs 2`
	`        .segment CODEi (REL)`
	`        movlw    (_$CS1)`
	`        .bsel    p`
	`        movwf    p`
	`        movlw    (_$CS1)>>8`
	`        .bsel    p, p+1`
	`        movwf    p+1`
	`        .segment CONSTi (REL)`
	`_$CS1:`
	`        retlw    104`
	`        retlw    101`
	`        retlw    108`
	`        retlw    108`
	`        retlw    111`
	`        retlw    0`

第9章 PIC16Fxxxx 编译器最后的完善

9.1 为编译器增加编译运行的编译选项

在启动编译器时，经常可以在启动命令中设置某些编译条件（也被称为编译选项），从而可以在不改变源代码的基础上，改变编译器运行时的操作，或者得到不同的编译输出结果。

各类选项均以"-"作为起始字符。本书只介绍一些简单的实例及其实现方法，表 9-1 所示为本设计中的编译选项。

表 9-1　本设计中的编译选项

序号	选项	命令行选项语法	解释
1	帮助提示	-? 或 -h	
2	优化选择	-O0	关闭优化
3	调试输出	-debug	编译时从控制台输出 P-代码显示
4	宏定义	-Did=value	等价于宏定义 #define id　value
5	设定目标处理器类型	-M=p16fxxxx	等价于#include <p16fxxxx.h>

编译选项的使用，如使用调试输出，分别对 file1.c 和 file2.c 文件进行编译。

```
C:\cc16e -debug test1.c test2.c
```

编译选项的设定将对（命令行中）后续的源程序文件均发生作用。因此，必须收集保留各编译选项，并在以后逐一对源程序文件进行编译处理时提供有关信息。

工程项目路径：/cc_source_9.1。

增加源程序文件：option.cpp/option.h。

可选项的控制和实现由 Option 类完成，具体如下。

/p16ecc/cc_source_9.1/option.h

```
1   #ifndef _OPTION_H
2   #define _OPTION_H
3
4   #include "nlist.h"
5
6   class Option {
7       public:
8           Option();
9           ~Option();
10
11          bool  add(char *s);
12          Nnode *get(int type, int index, char *id = NULL);
13
14      public:
15          int   level;
16          bool  debug;
17          char *mcuFile;
18
19      private:
20          Nnode *nnpList;
21          node  *makeNode(char *s);
22          void   addNode(Nnode *np);
23   };
24
25   extern Option *option;
26
27   #endif
```

- 第 11 行：add()函数用于添加编译选项。
- 第 12 行：get()函数用于搜索/获取（已搜集的）编译选项。注：只限于"-D"和"-M"编译选项。

编译选项的识别是指在 main()函数启动后对编译命令的扫描（命令参数），具体如下。

/p16ecc/cc_source_9.1/main.cpp

```
16   int main(int argc, char *argv[])
17   {
18       option = new Option();
19       for (int i = 1; i < argc; i++)
20       {
21           char *p = argv[i];
22           int   l = strlen(p);
23
24           if ( p[0] == '-' )  // compiling option
25           {
26               if ( !option->add(&p[1]) ) break;
27               continue;
28           }
```

- 第 21 行：获取命令参数。
- 第 24 行：识别编译选项（前缀）。
- 第 26 行：保存编译选项（供随后各源程序.c 文件编译之用）。

9.1.1　增加编译选项

add()函数由外部 main()函数调用（起始字符"-"已被去除），内容如下。

/p16ecc/cc_source_9.1/option.cpp

```
40   bool Option :: add(char *str)
41   {
42       char *p;
43       const char *prompt = "unknown/unsupported option";
44       int length = strlen(str);
45
46       switch ( str[0] )
47       {
48           case '?': case 'h':
49               printf(HELP_PROMPT);
50               return false;
51
```

258

```
52          case '0':    // optimization level
53              if ( length == 2 )
54              {
55                  level = str[1];
56                  return true;
57              }
58              break;
59
60          case 'd':
61              return (debug = true);
```

- 第 48～50 行：对于 "-?" 或 "-h" 选项的响应/处理，直接从控制台输出提示。
- 第 52～58 行：对于 "-O" 选项的处理，保留优化级别字符。
- 第 60～61 行：对于 "-d" 选项的处理，开启调试。

对 "-D" 选项的处理，具体如下。

/p16ecc/cc_source_9.1/option.cpp

```
63          case 'D':    // #define
64              if ( str[1] != '=' && length > 2 )
65              {
66                  p = strchr(str, '=');
67                  if ( p && p[1] )    // search start of ID
68                  {
69                      int  id_len = strlen(str) - strlen(p);  // ID length
70                      char id_buf[id_len];
71                      memcpy(id_buf, &str[1], id_len); id_buf[id_len] = 0;
72
73                      if ( !get('D', 0, id_buf) )             // re-defined
74                      {
75                          addNode(new Nnode('D', id_buf, makeNode(p + 1)));
76                          return true;
77                      }
78                      prompt = "re-defined";
79                  }
80                  if ( p == NULL && !get('D', 0, &str[1]) )
81                  {
82                      addNode(new Nnode('D', &str[1]));
83                      return true;
84                  }
85              }
86              break;
```

- 第 64 行：检测基本条件（如字符串长度等）。
- 第 66 行：找寻字符 "=" 的位置（它标志着标识符终止）。
- 第 67 行：对赋值标识符的识别（等价于 C 语言中的 "#define id value" 情形）。
- 第 69 行：计算标识符字符串的长度。
- 第 71 行：提取标识符字符串。
- 第 73～77 行：检测该标识符是否已被定义，并登录/保存。
- 第 80～84 行：对非赋值标识符的识别（等价于 C 语言中的 "#define id" 情形）及处理。

对 "-M" 选项的处理，具体如下。

/p16ecc/cc_source_9.1/option.cpp

```
88          case 'M':    // mcu model (indlude <xxx.h>)
89              if ( str[1] == '=' && length > 2 && !get('M', 0) )
90              {
91                  FILE *mcu_file = fopen(TEMP_FILE, "w");
92                  if ( mcu_file )
93                  {
94                      fprintf(mcu_file, "#include <%s.h>\n", &str[2]);
95                      fclose(mcu_file);
96
97                      std::string mcu_f = "cpp1 "; mcu_f += TEMP_FILE;
98                      int rtcode = system(mcu_f.c_str());
99                      remove(TEMP_FILE);
100
```

```
101              if ( rtcode != 0 )
102                  return false;
103
104              addNode(new Nnode('M', &str[2]));
105              mcuFile = MCU_FILE;
106              return true;
107          }
108      }
109      break;
```

- 第 89 行：检测是否已经登录过"-M"选项（只允许单次登录）。
- 第 91～95 行：生成一个临时文件（～mcu.c），写入单句"#include <p16fxxxx.h>"。
- 第 97～98 行：对该临时文件进行预处理（运行 cpp1 命令），由此生成预处理输出文件"～mcu.c_"。
- 第 99 行：删除临时文件（～mcu.c）。
- 第 104 行：登录"-M"选项。
- 第 105 行：记录保留预处理输出文件名，并赋予 mcuFile。

注：若简单地将"#include <p16fxxxx.h>"插入（应用程序）源程序文件，则会导致源程序行序列号的错位。

9.1.2　搜索/获取编译选项

使用 get()函数进行搜索，除了要求类型匹配，还要将入口参数分两种方式，具体如下。

（1）若入口参数中"id"缺失（NULL），则表示按入口参数"index"索引进行搜索。

（2）否则，按"id"匹配进行搜索（只针对"-D"选项）。

/p16ecc/cc_source_9.1/option.cpp

```
115  Nnode *Option :: get(int type, int index, char *id)
116  {
117      for (Nnode *head = nnpList; head; head = head->next)
118      {
119          if ( head->type == type )
120          {
121              if ( type == 'D' && id )
122              {
123                  if ( strcmp(id, head->name) == 0 )
124                      return head;
125
126                  continue;
127              }
128
129              if ( index-- == 0 )
130                  return head;
131          }
132      }
133      return NULL;
134  }
```

- 第 119 行：类型匹配测试。
- 第 121～127 行：按"id"匹配进行搜索。
- 第 129～130 行：按"index"索引进行搜索。

9.1.3　使用编译选项

Option 类将在 main.cpp 文件中生成并启用，具体如下。

/p16ecc/cc_source_9.1/main.cpp

```
1   #include <stdio.h>
2   #include <stdlib.h>
3   #include <string>
4   #include "common.h"
5   #include "nlist.h"
6   #include "dlink.h"
7   #include "flink.h"
8   #include "pnode.h"
9   #include "pcoder.h"
10  #include "prescan.h"
11  #include "display.h"
12  #include "popt.h"
13  #include "./p16e/pic16e.h"
14  #include "option.h"
15
16  int main(int argc, char *argv[])
17  {
18      option = new Option();
```

- 第 18 行：生成并启用 Option 类。

在对 .c 源程序文件进行编译之前，须查询是否需要添加影响编译的选项，具体如下。

（1）添加由 "-M" 选项指定的头文件。

（2）添加由 "-D" 选项设定的宏定义。

/p16ecc/cc_source_9.1/main.cpp

```
40          if ( option->mcuFile )   // merge files
41          {
42              char buf[1 + 32];
43              sprintf(buf, "cat %s %s > ~.c_", option->mcuFile, str.c_str());
44              system(buf);
45              remove(str.c_str());
46              rename("~.c_", str.c_str());
47          }
48
49          int rtcode = _main((char*)str.c_str());
50          remove(str.c_str());     // delete output file of 'cpp1'
51
52          if ( rtcode == 0 )
53          {
54              Nlist nlist;
55              for (int i = 0;;)
56              {
57                  Nnode *np = option->get('D', i++);
58                  if ( np == NULL ) break;
59                  nlist.add(np->name, DEFINE, cloneNode(np->np[0]));
60              }
```

- 第 40～47 行：若编译选项中已选择处理器（"-M"，并经过预处理生成～mcu.c_文件），则使用 cat 命令将～mcu.c_文件和 file.c_文件进行拼接，而拼接后的文件仍沿用 file.c_文件。注：cat 是 Linux 环境中的命令，包含在 MinGW 工具包中。

- 第 55～60 行：在对编译树进行预扫描前，将编译选项中定义的标识名及相应的参数项依次复制、填入标识名表（最外层）。

最后，根据编译选项设定优化及启动调试，具体如下。

/p16ecc/cc_source_9.1/main.cpp

```
68          if ( pcoder.errorCount == 0 )
69          {
70              if ( option->level > '0' )
71              {
72                  Optimizer opt(&pcoder);
73                  opt.run();
74              }
75
76              if ( option->debug )
77                  display(pcoder.mainPcode);
78
79              str.replace(str.length()-3, 3, ".asm");
80              PIC16E asm_gen((char*)str.c_str(), &nlist, &pcoder);
81              asm_gen.run();
```

- 第 70~74 行：选择编译优化选项，进行优化运行。
- 第 76~77 行：选择编译调试输出选项，进行调试打印输出。

9.2 编译器库函数的设计

编译器对待源程序中各类运算可以直接生成对应的汇编运算指令代码。但这样的应对方式可能会导致重复生成同样的代码，因而使得生成的代码变得冗长。因此，在编译器设计中普遍地将许多常规的运算通过调用系统内的通用函数（子程序）来完成，这也在一定程度上简化了编译器的设计。

编译器内部的函数库作为编译器（工具）的一部分已经被编译成可浮动式代码，存放在特定目录（文件夹）中。最终对用户目标程序进行连接，并在生成二进制目标代码（.hex 文件）时嵌入。所以，设计库函数也是编译器的内容之一。

编译系统的库函数可以分为基本函数和扩充函数两大类。前者提供最基本的运行支撑，而后者可以（由使用者）选择并不断添加扩充。此外，在进行系统的库函数设计时，有必要使用特殊手法，以提高效率（尤其注重时间效率）。

（基本）库函数设计需要考虑的是，函数必须是可中断的。也就是说，函数可以在中断服务中使用（函数重入）。想要满足这一要求，则函数中不使用内部变量，或者内部变量被安置在堆栈内。

在本编译器设计中，"/lib"作为特定目录，专门用来容纳系统库函数文件。其中，"crt0.c"为容纳基本库函数的文件，被无条件（匿名）使用，而"/include"目录中无须出现相应的头文件。

被使用的库（.c）文件将在连接阶段经过编译后投入使用。

9.2.1 编译器基本库函数的设计

本编译器工具将提供下述基本函数，并将其收集在 crt0.c 文件中，如表 9-2 所示。

表 9-2 crt0.c 文件包含的库函数

函数名	用途	返回参数类型
_pcall	使用函数指针进行函数调用（切换）	（无）
_mul8	8 x 8 位乘法运算	ACC0~ACC1 = 16 位乘积
_mul16	16 x 16 位乘法运算	ACC0~ACC1 = 16 位乘积
_mul24	24 x 24 位乘法运算	ACC0~ACC2 = 24 位乘积
_mul32	32 x 32 位乘法运算	ACC0~ACC3 = 32 位乘积
_mul16indf	16 x 16 位乘法运算（通过 FSR0）	（无）
_mul24indf	24 x 24 位乘法运算（通过 FSR0）	（无）
_mul32indf	32 x 32 位乘法运算（通过 FSR0）	（无）

函数名	用途	返回参数类型
_divmod8	8 位除法或取模运算	ACC0 = 8 位商或余数
_divmod16	16 位除法或取模运算	ACC0～ACC1 = 16 位商或余数
_divmod24	24 位除法或取模运算	ACC0～ACC2 = 24 位商或余数
_divmod32	32 位除法或取模运算	ACC0～ACC3 = 32 位商或余数
_signedCmp	带符号数比较后的调整	WREG（bit0）
_saveFSR1	保存 FSR1	（无）
_restoreFSR1	恢复 FSR1	（无）

其中，部分库函数的设计如下。

```
/p16ecc/lib/crt0.c
16  ///////////////////////////////////////////////////////////
17  void _pcall(void)
18  {
19      PCLATH = WREG;
20      asm("moviw INDF1++");
21      PCL = WREG;
22  }
23
24  /***************************
25      Copy function parameters,
26      from stack pointed by FSR1 to the RAM pointed by FSR0
27  ***************************/
28  void _copyPar(void)
29  {
30      do {
31          asm("moviw  INDF1++");
32          asm("movwi  --INDF0");
33      } while ( --BSR );
34  }
35
36  /***************************
37      8-bit multilication
38      return ACC1/ACC0 = product
39  ***************************/
40  void _mul8(void)
41  {
42      FSR0 = 0;
43      FSR0H |= 0x08;
44      do {
45          _C = 0;          // C flag = 0
46          _BTFSC(ACC0, 0);
47          _ADDWF_F(FSR0L);
48          _RRF_F(FSR0L);
49          _RRF_F(ACC0);
50      } while ( --FSR0H );
51      ACC1 = FSR0L;
52  }
```

- 第 40～52 行：两个 8 位乘数在调用前分别存于 WREG 和 ACC0 中，FSR0L=乘积高位字节，FSR0H=循环计数。

9.2.2　编译器扩充型库函数的设计

本编译器设计没有包括扩充型函数库，但用户可以根据自己的需要编写相应的函数文件。例如：

```
#include <string.h>
```

为了与之相应，用户应该编写 string.h 和 string.c 文件。其中，string.h 文件必须存放在 "/include" 目录（文件夹）中，而 string.c 文件需在连接阶段经本编译器，以及后面章节介绍的 assembler - as16e.exe 汇编器的编译，生成相应的 string.obj 文件。

以 string.h/string.c 文件为例，程序代码如下。

```
/p16ecc/lib/string.h
1    #ifndef _STRING_H
2    #define _STRING_H
3
4    char strcmp(char *s1, char *s2);
5    char *strstr(char *s1, char *s2);
6    char *strchr(char *s, char c);
7    int  strlen(char *s);
8    char strcasecmp(char *s1, char *s2);
9
10   char memcmp(char *s1, char *s2, int len);
11   void memset(char *s, char c, int len);
12
13   #endif
```

```
/p16ecc/lib/string.c
1    #include <pic16e.h>
2    #include <string.h>
3
4    char strcmp(char *s1, char *s2)
5    {
6        for (;; s1++, s2++)
7        {
8            char c1 = *s1;
9            char c2 = *s2;
10           char n  = c1 - c2;
11           if ( n ) return n;
12           if ( !c1 && !c2 ) return 0;
13       }
14   }
15
16   int strlen(char *s)
17   {
18       int n = 0;
19       while ( *s++ ) n++;
20       return n;
21   }
22
23   char *strchr(char *s, char c)
24   {
25       for (;;s++)
26       {
27           char ch = *s;
28           if ( ch == c ) return s;
29           if ( ch == 0 ) return NULL;
30       }
31   }
```

注：这种使用常规方式设计的库函数通常会使用内部（临时）变量，因而它们无法支持中断的重入！

9.3 支持超强型 PIC16Fxxxx 处理器的思考和对策

Microchip 公司在加强型 PIC16Fxxxx 处理器的原有基础上进行一个变动/改进，使其支持更多的 RAM 内存容量（产品中最大 RAM 容量达 4096 字节），不妨称其为超强型 PIC16Fxxxx 处理器。具体来说，这款处理器只是对 BSR 寄存器中的有效数据位进行扩充，其中指示 RAM 区块的地址位数长度从 5 位扩展至 6 位，即 RAM 的区块数量增至 64 个。理论上来说，这种处理器构架最多可支持 5136 字节的 RAM。

简单来说，超强型 PIC16Fxxxx 处理器只是对原先的系统构架变动了一条指令（使用相同的助记符）。例如，加强型 PIC16Fxxxx 处理器 MOVLB 指令编码为 00 0000 001k kkkk，而超强型 PIC16Fxxxx 处理器 MOVLB 指令编码为 00 0001 01kk kkkk。

从本书前文的叙述中可知，本编译器设计中（生成）的命令（文件）主要有以下 3 个。

（1）编译（cc16e.exe 命令文件），将 C 语言源程序文件解析并生成对应的汇编语言格式输出文件（.asm 文件）。

（2）汇编（as16e.exe 命令文件），将汇编语言文件转换成对应的（可浮动）PIC16F 指令编码文件（.obj 文件）。

（3）连接（lk16e.exe 命令文件），将用户设计项目中的所有.obj 文件和系统库函数进行连接、定位，最终生成（二进制）目标文件（.hex 文件）。

一般来说，指令由助记符转换成其指令编码（目标机二进制形式）发生在汇编阶段。但实际上，本设计中使用的指令助记符 ".bsel" 同样生成 MOVLB 指令，但该助记符的二进制代码转换及生成发生在最后的汇编、连接阶段。

另外，系统库函数的编译也必须使用超强型 MOVLB 指令。这意味着，编译器在设计上需要具备两套不同的系统库函数以备选择（基本库函数除外）。

本编译器支持超强型 PIC16Fxxxx 处理器的方案主要有以下 4 种。

1. 支持超强型 PIC16Fxxxx 处理器的方案（一）

定义专用的指令助记符（比如，MOVLB6 及.bsel6），对应于超强型 PIC16Fxxxx 处理器对 BSR 进行赋值的指令。具体来说，这可以由编译命令的选项选择并设定，也可以由如下的处理器头文件中设定对应的定义来解决。

```
/p16ecc/include/p16f18857.h
1   #ifndef _P16F18857_H
2   #define _P16F18857_H
3
4   #define __DEVICE      "p16f18857"
5   #include <pic16e.h>
6
7   #define __FLASH_SIZE       32768
8   #define __SRAM_SIZE        4096
9   #define __END_STACK_ADDR   (__SRAM_SIZE-16)
10  #define __BSR6
11
```

其中，"#define __BSR6" 表示启用对超强型 PIC16Fxxxx 处理器的支持。在编译的汇编代码生成阶段，由此生成相应的汇编指令输出。

2. 支持超强型 PIC16Fxxxx 处理器的方案（二）

同样使用 "#define __BSR6" 表示启用对超强型 PIC16Fxxxx 处理器的支持，沿用指令助记符 "MOVLB"，但在编译输出的汇编文件（.asm 文件）中通过 ".bsr6" 予以汇编器运行提示，具体如下。

```
/p16ecc/cc_source_9.1/p16e/pic16e/cpp
101         // device FLASH size
102         nnp = nlist->search((char*)"__FLASH_SIZE", DEFINE);
103         if ( nnp && nnp->np[0] && nnp->np[0]->type == NODE_CON )
104         {
105             int flash_size = nnp->np[0]->con.value;
106             sprintf(&buf[strlen(buf)], ", %d", flash_size);
107         }
108
109         nnp = nlist->search((char*)"__STACK_INIT_ADDR", DEFINE);
110         if ( nnp && nnp->np[0] && nnp->np[0]->type == NODE_CON )
111             stack_addr = nnp->np[0]->con.value;
112     }
113     ASM_CODE(_DEVICE, buf);
114     if ( nlist && nlist->search((char*)"__BSR6", DEFINE) )
115         ASM_CODE(".bsr6");
116     ASM_OUTP("\n");
```

- 第 114～115 行：添加支持超强型 PIC16Fxxxx 处理器的指令。

此助记符由汇编器（as16e.exe）运行时识别，并以此对 MOVLB 进行相应的二进制转换。

3. 支持超强型 PIC16Fxxxx 处理器的方案（三）

不改变之前编译器（cc16e.exe）的任何功能和设计（但仍建议在系统目标处理器头文件中保留"#define __BSR6"），而在汇编和连接命令启动时通过命令选项启动支持超强型 PIC16Fxxxx 处理器模式。例如：

```
as16e -X file.asm
lk16e -X file1.obj file2.obj ... filen.obj
```

4. 支持超强型 PIC16Fxxxx 处理器的方案（四）

为超强型 PIC16Fxxxx 处理器专门设计一套编译器工具（链）。

小结

上述 4 种方案均可实现对超强型 PIC16Fxxxx 处理器的支持。比较来说，前 3 种大同小异，主要的支持手段都由汇编和连接过程完成；而最后一种方案似乎过于保守和冗余，对于设计管理也带来更多代价。

本书将采用第三种方案。因此，之前各章节所讨论的编译器（cc16e.exe）不必做任何改动，"超强"功能具体实现过程由汇编器（as16e.exe）和连接器（lk16e.exe）完成。

第二篇

PIC16Fxxxx 汇编器（as16e.exe）的设计

汇编器（assembler）是编译工具包（链）中不可或缺的工具之一，在整个编译过程中的作用是将编译解析后输出的汇编语言文件转译成目标代码。因此，它对目标处理器结构有针对性和非通用性。

汇编语言是以指令助记符来描述、表达处理器运行的机器语言，原则上它与目标机二进制指令有直接的对应关系。而且，以汇编语言描述、表达的程序同样有一定的语法结构和规范，其语法结构以字符行为单位，典型的语句结构可以表达成：

标号	指令助记符	操作数	注释

其中：

（1）操作数（包括寄存器）之间用逗号","分隔。

（2）操作数可以为（算术、逻辑运算）表达式。

（3）注释部分从语句行内字符";"起，直至行尾。

（4）不同的语句或指令对上述 4 个部分会有所舍取。

除了目标处理器（PIC16Fxxxx）的基本指令，汇编语言体系通常还包括若干伪指令（pseudo instruction 或 directive）。伪指令通常不会生成运行指令，但对程序的设计和组织起到十分重要的作用。

尽管汇编语言的语法简单，但考虑到表达式的处理，以及便于处理不同格式的语句，设计中仍使用 flex 和 bison 这两个解析工具。

第10章 PIC16Fxxxx 汇编器的词法解析器

10.1 数据结构的设计

本设计中使用下述伪指令,如表 10-1 所示。

表 10-1 PIC16Fxxxx 汇编语言伪指令

伪指令	格式	解释
.device "目标处理器型号"	.device "p16f1455"	使用的处理器型号
.invoke "系统库函数文件"		
.segment 类型(特征)参数	.segment BANKi (REL)	RAM 数据分段
	.segment BANK (ABS, =100)	RAM 数据分段(绝对地址定位)
	.segment BANKn (REL)	RAM 数据分段(线性空间内)
	.segment CODE0 (ABS, =0)	复位重启入口
	.segment CODE1 (ABS, =4, BEG)	中断服务入口(起始)
	.segment CODE2 (REL)func:10	ROM 函数分段,函数名为 func,内部变量=10 字节
	.segment CODEi(REL, BEG)	数据初始化代码分段(起始段)
	.segment CODEi(REL, END)	数据初始化代码分段(收尾段)
	.segment CODEi(REL)	数据初始化代码分段
	.segment CONST(REL)	ROM 数据分段
	.segment FUSE (ABS, =32775)	镕丝配置分段(从地址单元 0x8007 起)
.bsel 地址 1,地址 2	.bsel addr1, addr2	从 addr1 切换至 addr2 的 BSR 赋值
.psel 地址 1,地址 2	.psel addr1, addr2	从 addr1 切换至 addr2 的 PCLATH 赋值

续表

伪指令	格式	解释
标号: .equ　表达式	foo_$_c: .equ　foo_$data$	汇编语言的宏定义语句
.rs　表达式	.rs 20	保留 ROM/RAM 空间 20 字（节）
.dw 表达式 1,表达式 2 ...	.dw 1000, 2000	ROM 空间的字（数值）定义
.fcall 函数名 1,函数名 2	.fcall main, func	指示函数调用关系
.dblank 地址,长度	.dblank 0x2200, 256	禁止 RAM 空间（从 0x2200 起的 256 字节）
.cblank 地址,长度	.cblank 0x8200, 256	禁止 ROM 空间（从 0x8200 起的 256 字）
.end		文件结束记号

工程项目路径：/as_source_1.1。

源程序文件：common.h。

汇编语言输入文件解析后的数据以段、行、操作数分层次地组织结构，如图 10-1 所示。

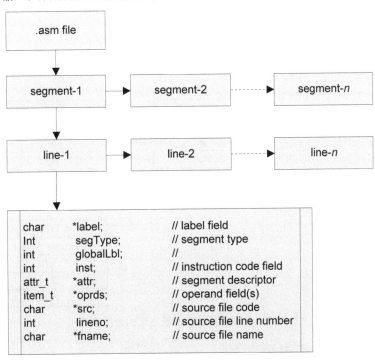

图 10-1　汇编语言输入文件解析后的数据结构

每条汇编语言的语句中，除了行首的标号及操作码，后续的操作数通过 item_t 数据结构来表达，具体如下。

```
/p16ecc/as_source_1.1/common.h
 4  enum {
 5      TYPE_VALUE=1,
 6      TYPE_STRING,
 7      TYPE_SYMBOL
 8  };
 9
10  /* //////////////////////////////////////////////////////////////// */
```

```
11  ☐typedef union data_ {
12      int    val;
13      char  *str;
14  } data_t;
15
16  /* //////////////////////////////////////////////////////////////// */
17  ☐typedef struct item_ {
18      int           type;
19      data_t        data;
20      struct item_  *left;
21      struct item_  *right;
22      struct item_  *next;
23  } item_t;
```

由于操作数允许表达式出现，因此 item_t 中使用二叉树结构及数据类型来标识。

- 第 18 行：操作项类型。
- 第 19 行：操作项数据。
- 第 20～21 行：表达式左数据项和右数据项。
- 第 22 行：操作项列表链接。

例如，对于操作数为表达式"X + Y * 100"，其分解结构如图 10-2 所示。

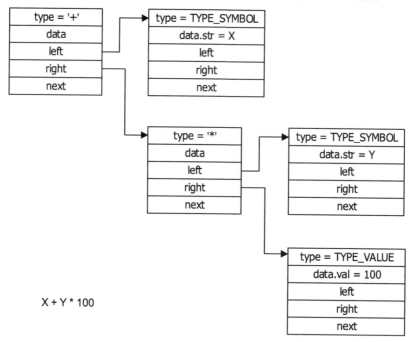

X + Y * 100

图 10-2　汇编语言操作数表达式的分解结构

同样地，行与分段的数据结构如下。

/p16ecc/as_source_1.1/common.h

```
25  ☐typedef struct {
26      char       *name;
27      item_t     *addr;
28      int        isABS: 1;
29      int        isREL: 1;
30      int        isOUR: 1;
31      int        isBEG: 1;
32      int        isEND: 1;
33  } attr_t;
34
35  /* //////////////////////////////////////////////////////////////// */
36  ☐typedef struct line_ {
37      char       *label;     // label field
38      int        segType;    // segment type
```

```
39        int        globalLbl;      //
40        int        inst;           // instruction code field
41        attr_t     *attr;          // segment descriptor
42        item_t     *oprds;         // operand field(s)
43        int        desRegF;        // destination F
44        char       *src;           // source file code
45        int        lineno;         // source file line number
46        char       *fname;         // source file name
47        struct line_ *next;
48    } line_t;
49
50    /* ///////////////////////////////////////////////////////////////// */
51   ⌐typedef struct seg_ {
52        char       *filename;
53        line_t     *start;
54        line_t     *end;
55        int        length;
56        struct seg_ *next;
57    } seg_t;
```

 小结

由于汇编语言的语法结构单纯,因此在汇编器的解析中可以使用直接、简洁的数据结构。

10.2 汇编器的词法解析设计

工程项目路径：/as_source_1.1。

源程序文件：asm.l。

与 C 语言的词法解析设计方式一样,汇编语言的词法解析同样使用词法解析设计工具 flex。词法解析设计文本 asm.l 用来描述词法解析过程（规则和关键字集合）。

在 C 语言部分定义使用的数据结构及变量、函数如下。

/p16ecc/as_source_1.1/asm.l

```
1    %{
2
3    #include <string.h>
4    #include <ctype.h>
5    #include "common.h"
6    #include "asm.h"
7
8    int yyparse();
9
10   #define YYLINE_BUF_SIZE   4096
11   char __yyline[YYLINE_BUF_SIZE];
12   char *__yytext;
13
14   /* --- instruction descriptor --- */
15   typedef struct {
16       char *name;
17       int  token;
18   } inst_t;
19
20   /* --- data structures --- */
21   typedef struct _F {
22       char    *name;      /* filename */
23       void    *last;
24       FILE    *fptr;
25       int     lnum;
26       struct _f *next;
27   } file_t;
28
29   /* --- local functions --- */
30   file_t *fileList = NULL;
31   char   *currentFile;
32
33   file_t *searchStrName(file_t *head, char *name);
34   file_t *addStrName(file_t *head, char *name);
```

```
35
36  void     appendStr(void);
37  int      convertNum(char *str);
38  inst_t *searchInst(char *str);
```

词法解析的宏定义如下。

```
/p16ecc/as_source_1.1/asm.l
40  %}
41
42  sp                          [ \t\015]
43  symbol                      [_a-zA-Z][_a-zA-Z0-9$]*
44  hex                         [a-fA-F0-9]
45  dec                         [0-9]
46
47  s_char                      ([^"\r\n])
48  s_char_sequence             ({s_char}+)
49  string                      \"{s_char_sequence}?\"
50
51  %x OPCODE
52  %x OPERAND
```

- 第 42 行：空格符定义。

- 第 43 行：标识符定义（注：后续字符允许出现字符 "$"）。

- 第 44 行：十六进制数的字符集。

- 第 45 行：十进制数的字符集（注：汇编语言不支持其他格式的常数，有兴趣的读者可自行添加）。

- 第 51～52 行：词法解析过程中的扫描（除默认的起始状态之外的）状态。其中，INITIAL 为起始（默认）状态，OPCODE 为操作码状态，OPERAND 为操作数状态。

词法解析在不同的状态下对（汇编语言的）源程序有不同的解析规则。词法解析的扫描一旦抵达源程序的行尾，就会恢复至起始状态。

10.2.1 起始状态

词法解析在起始（默认）状态下，将识别汇编源程序中的标号部分（如果存在），并进入识别操作码状态，具体如下。

```
/p16ecc/as_source_1.1/asm.l
54  %%
55
56  ^{sp}*";".*              { appendStr();
57                            if ( memcmp(yytext, "; :: ", 5) == 0 )
58                            {
59                                yylval.name = dupStr(yytext);
60                                return S_COMMENT;
61                            }
62                          }
63  ^{sp}+{symbol}:(:)?      { int i = 0;
64                            appendStr();
65                            while ( yytext[i] == ' ' || yytext[i] == '\t' ) i++;
66                            BEGIN(OPCODE);
67                            yylval.name = dupStr(&yytext[i]);
68                            return LABEL;
69                          }
70  ^{symbol}((:?):)?        { appendStr();
71                            BEGIN(OPCODE);
72                            yylval.name = dupStr(yytext);
73                            return LABEL;
74                          }
75  ^{sp}+                   { appendStr();
76                            BEGIN(OPCODE);
77                          }
78  \n                       { appendStr();
79                            return yytext[0];
80                          }
```

- 第 56～62 行：对（纯）注释行的识别，其中对包含 C 语言源程序语句片段的注释进行识别（第 57 行）。
- 第 63～74 行：对标号项的识别。标号识别后即切换至 OPCODE 状态。
- 第 75～77 行：对无标号的语句进行识别，并切换至 OPCODE 状态。

10.2.2　操作码状态

词法解析在（识别）操作码状态时，使用指令表进行搜索识别，并进入识别操作数状态，具体如下。

```
/p16ecc/as_source_1.1/asm.l
81  <OPCODE>(".")?{symbol}      {  inst_t *ip;
82                                 appendStr();
83                                 BEGIN(OPERAND);
84
85                                 ip = searchInst(yytext);
86                                 if ( ip != NULL )
87                                 {
88                                     yylval.value = ip->token;
89                                     return (ip->token == SEGMENT)? SEGMENT: PIC_INST;
90                                 }
91
92                                 printf("Line #%d: ", yylineno-1);
93                                 printf("illegal opcode - %s\n", yytext);
94                               }
95  <OPCODE>{sp}*(";".*)?        {  appendStr(); }
96  <OPCODE>\n                   {  appendStr();
97                                 BEGIN(INITIAL);
98                                 return yytext[0];
99                               }
```

- 第 81～94 行：对操作码（指令助记符）的识别，并返回内容及 token 至语法解析器（第 89 行）中。
- 第 95～96 行：出现注释部分，将进入起始状态，准备处理源程序的下一行语句。

10.2.3　操作数状态

词法解析在（识别）操作数状态时，可以识别多种类型的操作数/操作运算符，并返回其内容至语法解析器中，具体如下。

```
/p16ecc/as_source_1.1/asm.l
100  <OPERAND>{string}           {  appendStr();
101                                 yytext[yyleng-1] = 0;
102                                 yylval.name = dupStr(yytext+1);
103                                 return STRING;
104                               }
105  <OPERAND>{symbol}           {  appendStr();
106                                 yylval.name = dupStr(yytext);
107                                 return SYMBOL;
108                               }
109  <OPERAND>0[xX]{hex}+        |
110  <OPERAND>{dec}+             {  appendStr();
111                                 yylval.value = convertNum((char *)yytext);
112                                 return NUMBER;
113                               }
114  <OPERAND>">>"               {  appendStr(); return RSHIFT; }
115  <OPERAND>"<<"               {  appendStr(); return LSHIFT; }
116
117  <OPERAND>[-+%^:&|=,()*/~]   {  appendStr();
118                                 return yytext[0];
119                               }
120  <OPERAND>{sp}*";".*         {  appendStr(); }
121  <OPERAND>{sp}+              {  appendStr(); }
122  <OPERAND>"++"               {  appendStr();
123                                 return PLUS_PLUS;
```

```
124                                   }
125  <OPERAND>"--"                    {     appendStr();
126                                         return MINUS_MINUS;
127                                   }
128  <OPERAND>"["                     {     appendStr();      return '['; }
129  <OPERAND>"]"                     {     appendStr();      return ']'; }
130  <OPERAND>"."                     {     appendStr();      return '.'; }
131  <OPERAND>\n                      {     appendStr();
132                                         BEGIN(INITIAL);
133                                         return yytext[0];
134                                   }
135  .                               {     appendStr ();
136                                         yyerror ("unknown character!");
137                                   }
```

- 第 100～104 行：对字符串的解析处理（去除头尾的双引号 ""）。
- 第 105～108 行：对标识符的解析处理。
- 第 109～113 行：对常数的解析处理。
- 第 114～115 行：对移位操作运算符的解析处理。
- 第 117～119 行：对单字符运算符的解析处理。
- 第 122～127 行：对递增、递减运算符的解析处理。

10.3 汇编器的语法解析设计

工程项目路径：/as_source_1.1。

源程序文件：asm.y、main.cpp、makefile。

语法解析器的设计仍然使用专用工具 bison，设计方案及手法雷同。由于汇编语言的语法简单，因此语法解析规则比较简单、易懂。其主要语法解析基本集中在对操作数（项）表达式（优先级）的解析上。

同理，语法解析的输入来自词法解析器的输出（通过隐含的函数调用 lex()函数）。语法解析的最终输出（编译树）由 linePtr 指针（line_t 数据结构）指示，对应源程序中的行序列。

语法解析开始部分，即 C 语言嵌入部分，具体如下。

/p16ecc/as_source_1.1/asm.y
```
1   %{
2   #include <stdio.h>
3   #include "common.h"
4
5   extern int yylineno;
6   extern int yylex();
7
8   /* reference to page 69 of "lex & yacc" */
9   void yyerror(char *s);
10
11  %}
```

语法解析的终节点/中间节点的命名枚举、各节点的数据类型定义，以及解析器起始状态设定如下。

/p16ecc/as_source_1.1/asm.y
```
13  %union {
14      int     value;  // integer value
15      char    *name;  // any symbol/string
16      line_t  *line;  // an assembly line
17      item_t  *item;  // an operand/expr
18      attr_t  *attr;  // segment attribution
19  }
20
```

```
21  %token <name>   LABEL    SYMBOL   STRING  S_COMMENT
22  %token <value>  NUMBER   PIC_INST
23
24  %token ADDWF ANDWF CLRF COMF DECF DECFSZ INCF INCFSZ
25  %token IORWF MOVF MOVWF RLF RRF SUBWF NOP SWAPF XORWF
26  %token BCF BSF BTFSC BTFSS CLRWDT GOTO SLEEP
27  %token CALL RETFIE RETLW RETURN
28  %token ADDLW ANDLW IORLW MOVLW SUBLW XORLW CLRW
29  %token RESET CALLW BRW MOVIW MOVWI MOVLP MOVLB
30  %token ADDFSR BRA LSLF LSRF ASRF SUBWFB ADDWFC
31  %token MOVIW_OP MOVWI_OP MOVIW_OFF MOVWI_OFF
32  %token FCALL    RS       EQU      DW       DBLANK  CBLANK
33  %token END       SEGMENT INVOKE  DEVICE  PSEL     BSEL
34  %token RSHIFT LSHIFT PLUS_PLUS   MINUS_MINUS
35  %token FSR_PRE_INC FSR_POST_INC FSR_PRE_DEC FSR_POST_DEC FSR_OFFSET
36
37
38  %left '-' '+'
39  %left '*' '/' '%' RSHIFT LSHIFT
40  %left '&' '|' '^' '~'
41  %nonassoc UMINUS
42  %nonassoc INVERSE
43
44  %type <line>  prog lines line source_line
45  %type <item>  opernd items exp primary_exp addition_exp
46  %type <item>  multiply_exp shift_exp and_exp xor_exp or_exp param
47  %type <attr>  attrs attr
48  %type <item>  e_opernd
```

- 第 13~19 行：树节点的数据类型。
- 第 21~35 行：终节点的枚举命名。
- 第 44~48 行：中间节点的枚举及数据类型定义。

10.3.1　文件语句行的语法规则和处理

汇编语言输入文件语句行的解析如下。

```
/p16ecc/as_source_1.1/asm.y
50  %%
51  prog
52     :   lines                    {   linePtr = $1; }
53     ;
54
55  lines
56     :   line                     {   $$ = $1; }
57     |   lines line               {   $$ = $1;
58                                       appendLine(&$1, $2);
59                                  }
60     ;
61
62  line
63     :   source_line '\n'         {   $$ = $1;
64                                       $$->src = dupStr(__yyline);
65                                       $$->lineno = yylineno;
66                                  }
67     |   '\n'                     {   $$ = newLine(NULL, 0, NULL);
68                                       $$->src = dupStr(__yyline);
69                                       $$->lineno = yylineno;
70                                  }
71     ;
```

- 第 51~53 行：最终的语法树归纳及输出。
- 第 55~60 行：汇编语句行的递归、归纳。

10.3.2　汇编语句行的语法规则和处理

对汇编语句行类型的解析和归纳如下，其中分段语句（.segment）的形式较特殊。

```
/p16ecc/as_source_1.1/asm.y
73  source_line
74      :  LABEL                       { $$ = newLine($1, 0,  NULL); free($1); }
75      |  LABEL PIC_INST              { $$ = newLine($1, $2, NULL); free($1); }
76      |  LABEL PIC_INST opernd       { $$ = newLine($1, $2, $3  ); free($1); }
77      |         PIC_INST             { $$ = newLine(NULL, $1, NULL); }
78      |         PIC_INST opernd      { $$ = newLine(NULL, $1, $2); }
79      |  S_COMMENT                   { $$ = newLine(NULL, S_COMMENT, strItem($1));  free($1); }
80      |  SEGMENT SYMBOL              { $$ = newSegLine($2, NULL, NULL); }
81      |  SEGMENT SYMBOL
82         '(' attrs ')'              { $$ = newSegLine($2, $4, NULL); }
83      |  SEGMENT SYMBOL
84         '(' attrs ')' param        { $$ = newSegLine($2, $4, $6); }
85      ;
```

- 第 74～78 行：各类普通指令语句的解析规则及处理。
- 第 79 行：附加源程序的注释指令语句。
- 第 80～84 行：分段语句的解析规则及处理。

10.3.3　汇编语句操作数处理

由 10.3.2 节对汇编语句行指令的语法解析可知，指令的操作数可以分为以下两种方式。

（1）普通指令的操作数以非终结符 operand 表示。

（2）分段语句指令.segment 的操作数以非终结符 attrs 和 param 表示。

opernd、attrs 及 param 的组成规则各不相同，解析规则的识别归纳如下。

```
/p16ecc/as_source_1.1/asm.y
87  attrs
88      :  attr                        { $$ = $1; }
89      |  attrs ',' attr              { $$ = mergeAttr($1, $3); }
90
91
92  attr
93      :  exp                         { $$ = newAttr($1, 0);
94                                        if ( $$ == NULL )
95                                           yyerror("illegal attr. specifier!");
96                                      }
97      |  '=' NUMBER                  { $$ = newAttr(valItem($2), '='); }
98      ;
99
100 param
101     :  SYMBOL                      { $$ = newItem(0);
102                                       $$->left  = symItem($1); free($1);
103                                     }
104     |  SYMBOL ':' NUMBER           { $$ = newItem(':');
105                                       $$->left  = symItem($1); free($1);
106                                       $$->right = valItem($3);
107                                     }
108     ;
109
110 opernd
111     :  items                       { $$ = $1; }
112     |  e_opernd                    { $$ = $1; }
113     ;
114
115 items
116     :  exp                         { $$ = $1; }
117     |  items ',' exp               { $$ = appendItem($1, $3); }
118     ;
```

- 第 87～98 行：分段指令.segment 的特征描述（attr 和 attrs）语法规则。
- 第 100～108 行：分段指令.segment 的参数（param）语法规则。
- 第 110～118 行：普通指令操作数的语法规则。其中，e_opernd 为 MOVIW 指令和 MOVWI 指令操作数的语法规则（第 112 行）。

操作数表达式的语法解析和编译器设计中的方式基本一致，差别在于归纳处理时所使用

的数据结构不同，具体如下。

/p16ecc/as_source_1.1/asm.y

```
120  primary_exp
121     : '(' exp ')'              {   $$ = $2; }
122     | '+' primary_exp          {   $$ = $2; }
123     | '-' primary_exp          {   $$ = newItem(UMINUS); $$->left = $2; }
124     | '~' primary_exp          {   $$ = newItem(INVERSE);$$->left = $2; }
125     | SYMBOL                   {   $$ = symItem($1); free($1); }
126     | STRING                   {   $$ = strItem($1); free($1); }
127     | NUMBER                   {   $$ = valItem($1);   }
128     | '.'                      {   $$ = newItem('.'); }
129     ;
130
131  multiply_exp
132     :   primary_exp
133     |   multiply_exp '*'
134         primary_exp            {   $$ = newItem('*');
135                                     $$->left  = $1;
136                                     $$->right = $3;
137                                }
138     |   multiply_exp '/'
139         primary_exp            {   $$ = newItem('/');
140                                     $$->left  = $1;
141                                     $$->right = $3;
142                                }
143     |   multiply_exp '%'
144         primary_exp            {   $$ = newItem('%');
145                                     $$->left  = $1;
146                                     $$->right = $3;
147                                }
148     ;
149
150  addition_exp
151     :   multiply_exp
152     |   addition_exp '+'
153         multiply_exp           {   $$ = newItem('+');
154                                     $$->left  = $1;
155                                     $$->right = $3;
156                                }
157     |   addition_exp '-'
158         multiply_exp           {   $$ = newItem('-');
159                                     $$->left  = $1;
160                                     $$->right = $3;
161                                }
162
```

/p16ecc/as_source_1.1/asm.y

```
164  shift_exp
165     : addition_exp
166     | shift_exp LSHIFT
167       addition_exp             {   $$ = newItem(LSHIFT);
168                                     $$->left  = $1;
169                                     $$->right = $3;
170                                }
171     | shift_exp RSHIFT
172       addition_exp             {   $$ = newItem(RSHIFT);
173                                     $$->left  = $1;
174                                     $$->right = $3;
175                                }
176
177
178  and_exp
179     :   shift_exp
180
181     |   and_exp '&' shift_exp   {   $$ = newItem('&');
182                                     $$->left  = $1;
183                                     $$->right = $3;
184                                }
185     ;
186
187  xor_exp
188     :   and_exp
189     |   xor_exp '^' and_exp     {   $$ = newItem('^');
190                                     $$->left  = $1;
191                                     $$->right = $3;
192                                }
193     ;
194
195  or_exp
196     :   xor_exp
197     |   or_exp '|' xor_exp      {   $$ = newItem('|');
```

```
198  |    |              |          $$->left = $1;
199  |    |              |          $$->right = $3;
200  |    |              |      }
201  ;
202
203  exp
204     :   or_exp                  {   $$ = $1; }
205     ;
206
207  e_opernd
208     :   PLUS_PLUS SYMBOL        {   $$ = newItem(FSR_PRE_INC); $$->left = symItem($2); free($2); }
209     |   MINUS_MINUS SYMBOL      {   $$ = newItem(FSR_PRE_DEC); $$->left = symItem($2); free($2); }
210     |   SYMBOL PLUS_PLUS        {   $$ = newItem(FSR_POST_INC); $$->left = symItem($1); free($1); }
211     |   SYMBOL MINUS_MINUS      {   $$ = newItem(FSR_POST_DEC); $$->left = symItem($1); free($1); }
212     |   exp '[' SYMBOL ']'      {   $$ = newItem(FSR_OFFSET);
213     |                               $$->left = $1;
214     |                               $$->right= symItem($3); free($3);
215     |                           }
```

至此，汇编器的词法解析及语法解析设计完成。

10.3.4 汇编器的产生

除了上述的 asm.l 和 asm.y 文件，汇编器的生成还需要有以下几个文件。

（1）common.l/common.c：用于提供基本数据结构。

（2）main.cpp：用于程序启动。

（3）makefile：工程项目文件。

它们组成一个完整的独立运行程序的基本构架。

汇编器的 main()主函数如下。

/p16ecc/as_source_1.1/main.cpp

```
1    #include <stdio.h>
2    #include <string.h>
3    extern "C" {
4    #include "common.h"
5    }
6
7    int main(int argc, char *argv[])
8    {
9        for (int i = 1; i < argc; i++)
10       {
11           curFile = argv[i];
12           printf ("assembling '%s' ...\n", curFile);
13
14           // using Lex and Bison to parse the input file
15           errorCnt = 0;
16           line_t *lp = _main(curFile);
17
18           if ( !errorCnt )
19           {
20               //...
21           }
22       }
23       return 0;
24   }
```

- 第 11 行：获取输入（汇编语言程序）文件名。
- 第 16 行：启动语法、词法解析，得到解析归纳后形成的行结构序列，并赋予 lp。

工程项目文件 makefile 如下。

/p16ecc/as_source_1.1/makefile

```
1    CC  = gcc
2    CXX = g++
3    RM  = rm
4    MV  = mv
5    CP  = cp
6    EXE = as16e.exe
7    OBJ = main.o lex.yy.o asm.o common.o
```

```
8   OPTIONS= -c -Os -Wall
9
10  $(EXE): $(OBJ) asm.h makefile
11      $(CXX) -static $(OBJ) -o $(EXE)
12      $(CP) $(EXE) ../bin
13
14  %.o: %.c asm.h makefile
15      $(CC) $(OPTIONS) $<
16
17  %.o: %.cpp asm.h makefile
18      $(CXX) $(OPTIONS) $<
19
20  lex.yy.c: asm.l asm.h makefile
21      flex asm.l
22
23  asm.h: asm.y makefile
24      bison -d asm.y -o asm.c
25
26  asm.c: asm.y makefile
27      bison -d asm.y -o asm.c
28
29  clean:
30      $(RM) *.o
31      $(RM) asm.h
32      $(RM) asm.c
33      $(RM) lex.yy.c
34      $(RM) $(EXE)
```

通过键入 make 命令，便可完成对整个汇编器的编译，生成可执行文件 as16e.exe。例如：

```
F:\p16ecc\as_source_1.1>make
bison -d asm.y -o asm.c
g++ -c -Os main.cpp
flex asm.l
gcc -c -Os lex.yy.c
gcc -c -Os asm.c
gcc -c -Os common.c
g++ -static main.o lex.yy.o asm.o common.o -o as16e.exe
cp as16e.exe ../bin
```

10.4 汇编器对输入文件的扫描

工程项目路径：/as_source_1.2。

增加源程序文件：p16asm.h/p16asm.cpp。

汇编器（as16e.exe）在对输入的汇编语言源程序文件进行处理后，将生成两个同名输出文件，即.obj 和.lst 文件：前者为转换成输出的二进制目标指令代码；后者为文本式清单，供用户参照阅读。

需要特别指出的是，.obj 文件中仍然含有无法确定具体数值的变量地址和函数地址。也就是说，目标指令代码中的地址部分将要在整个编译过程的最终连接环节才能确定和填补。因此.obj 文件中的代码属于浮动的。

汇编器的代码转换过程将对语法解析后的语法树进行两遍扫描，由一个类（P16E_asm）完成。它的运行可分为以下 4 个步骤。

（1）P16E_asm 类的（建构器）初始化，包含对输出文件的准备，建立符号表（用于等价替换）等。

（2）第一遍扫描，将.equ 指令中的标号（label）及等价表达式（exp）添加到符号表中。

（3）第二遍扫描，在非.equ 指令操作数中出现的标识符通过查找符号表获取具体数值并进行替换。

（4）产生输出指令的操作码等。

10.4.1 汇编器的 P16E_asm 类的启动

从 main()主函数中启动，具体如下。

```cpp
/p16ecc/as_source_1.2/main.cpp
1    #include <stdio.h>
2    #include <string.h>
3    extern "C" {
4    #include "common.h"
5    }
6    #include "p16asm.h"
7
8    static void asm0(char *filename);
9
10   int main(int argc, char *argv[])
11   {
12       for (int i = 1; i < argc; i++)
13       {
14           asm0(argv[i]);
15       }
16       return 0;
17   }
```

- 第 14 行：启动 asm0()函数。

asm0()函数将启动位于 asm.l 文件中的_main()函数，并通过启动语法解析来获取解析结果（编译树结构的指令序列）。

```cpp
/p16ecc/as_source_1.2/main.cpp
19   static void asm0(char *filename)
20   {
21       curFile = filename;
22       printf ("assembling '%s' ...\n", filename);
23
24       // using Lex and Bison to parse the input file
25       errorCnt  = 0;
26       line_t *lp = _main(filename);
27       if ( errorCnt != 0 ) return;
28
29       P16E_asm p16asm(filename, ".obj");
30       if ( p16asm.errorCount != 0 ) return;
31
32       p16asm.run(lp, ASM_PASS1);
33       if ( p16asm.errorCount != 0 ) return;
34
35       p16asm.run(lp, ASM_PASS2);
36   }
```

- 第 26 行：调用 _main()函数。
- 第 29 行：启动汇编（使用 P16E_asm 类）。
- 第 32 行：第一遍扫描。
- 第 35 行：第二遍扫描。

_main()函数如下。

```cpp
/p16ecc/as_source_1.2/asm.l
267  line_t *_main(char *filename)
268  {
269      int yyparse_ret;
270
271      // if the file has been parsed, skip it
272      if ( searchStrName(fileList, filename) != NULL )
273          return NULL;
274
275      fileList = addStrName(fileList, filename);
276      yyin = fopen(filename, "r");
```

```
277     if ( yyin == NULL )
278     {
279         printf ("can't open file - %s!", filename);
280         exit (99);
281     }
282
283     currentFile = filename;
284
285     yylineno = 0;
286     linePtr = NULL;
287
288     yyparse_ret = yyparse();    // parse the input text (file)
289
290     if ( yyparse_ret != 0 )     // if fail to parse, stop
291     {
292         printf("yyparse stopped at #Line %d\n", yylineno);
293         exit(99);
294     }
295
296     return linePtr;
297 }
298
```

- 第 276 行：打开输入汇编程序的源程序文件。
- 第 289 行：启动语法解析。
- 第 297 行：返回解析得到的结果。

P16E_asm 类的启动（建构函数）如下。

```
/p16ecc/as_source_1.2/p16asm.cpp
28  P16E_asm :: P16E_asm(char *fname, const char *ext)
29  {
30      memset(this, 0, sizeof(P16E_asm));
31
32      int len = strlen(fname);
33      if ( len > 4 && strcasecmp(&fname[len-4], ".asm") == 0 )
34      {
35          len -= 4;
36          lstFile = new char[len+5];
37          memcpy(lstFile, fname, len); strcpy(&lstFile[len], ".lst");
38          objFile = new char[len+5];
39          memcpy(objFile, fname, len); strcpy(&objFile[len], ext);
40
41          FILE *objFout = fopen(objFile, "w");
42          FILE *lstFout = fopen(lstFile, "w");
43          if ( objFout == NULL || lstFout == NULL )
44          {
45              errorCount++;
46              printf("open file error!\n");
47          }
48          else
49          {
50              objWriter = new ObjWriter(objFout);
51              lstWriter = new LstWriter(lstFout);
52          }
53
54          // add core registers's definitions
55          for(const CoreReg_t *rp = pic16_reg; rp->regName; rp++)
56          {
57              Symbol *sp = addSymbol(&symbolList, new Symbol(rp->regName));
58              sp->item  = valItem(rp->regAddr);
59              sp->type  = EQU;
60          }
61      }
62      else
63      {
64          errorCount++;
65          printf("file name error!\n");
66      }
67  }
```

- 第 35～39 行：为输出文件（.obj 和 .lst）生成文件名。
- 第 41～52 行：打开输出文件供随后文件进行写入操作。
- 第 55～60 行：初始化符号表，并将 PIC16Fxxxx 核心寄存器的名称及其常数地址添入其中。

10.4.2 汇编器的 P16E_asm 对指令序列的两次扫描

P16E_asm 对指令序列的（两次）扫描如下。

```
/p16ecc/as_source_1.2/p16asm.cpp
82   void P16E_asm :: run(line_t *lp, int pass)
83   {
84       for (; lp; lp = lp->next)
85       {
86           if ( pass == ASM_PASS1 && lp->inst == EQU )
87           {
88               if ( lp->label && lp->oprds )
89               {
90                   lp->oprds   = symbolReplace(symbolList, lp->oprds);
91                   Symbol *sym = addSymbol(&symbolList, new Symbol(lp->label));
92                   sym->type   = EQU;
93                   sym->item   = cloneItem(lp->oprds);
94                   sym->global = lp->globalLbl? true: false;
95               }
96           }
97
98           if ( pass == ASM_PASS2 && lp->inst != EQU )
99           {
100              regulateInst(lp);
101              if ( lp->oprds )
102              {
103                  lp->oprds = symbolReplace(symbolList, lp->oprds);
104                  for (item_t *ip = lp->oprds; ip->next; ip = ip->next)
105                      ip->next = symbolReplace(symbolList, ip->next);
106              }
107          }
108      }
109  }
```

- 第 86~96 行：第一次扫描，扫描.equ 指令"label   .equ   expr"，具体如下。
  > 第 90 行：利用符号表（的等价替换）对表达式部分 expr 中的各个片段进行替换（expr 可能为复合表达式）。
  > 第 91~94 行：将等价替换（关系）添加到符号表中。
- 第 98~107 行：第二次扫描，扫描非.equ 指令。
  > 第 100 行：对指令进行检查、规范化或重构。
  > 第 101~106 行：利用符号表对指令操作数进行替换。

小结

（1）PIC16Fxxxx 的指令结构较简单，除了 MOVIW 和 MOVWI 指令，操作码助记符本身还确定了操作数形态。

（2）经过上述两次扫描操作后，指令序列中所有的操作数将呈现最终的形态。

10.5 汇编器的代码转换输出

10.5.1 .obj 文件格式

工程项目路径：/as_source_1.3。

增加源程序文件：p16asm1.cpp、main.pp、p16inst.h、p16inst.cpp。

汇编器是汇编语言源程序处理的最后一个步骤，即将先前处理后得到指令序列按格式输出至输出文件。本设计对.obj 文件格式进行以下定义和规范。

（1）.obj 是纯文本文件（文件内容以 ASCII 码表示）。

（2）.obj 文件内涵和顺序与汇编语言源程序基本一致。

（3）.obj 文件内容以行为基本单位，每一行内容表示一个记录，行首字符（跟随空格符）决定行（记录）的内涵和格式，如表 10-2 所示。

表 10-2　.obj 文件的记录类型

行首字符	用途	行首字符	用途
'S'	对应.segment 指令	'K'	对应.bsel 指令
'I'	对应.invoke 指令	'J'	对应.psel 指令
'P'	对应.device 指令	'N'	对应.dblank 指令
'U'	说明函数名称及其内部数据长度	'M'	对应.cblank 指令
'G'	全局标号	'R'	对应.rs 指令
'L'	局部标号	'W'	ROM 内容（字）序列，由空格符分隔
'F'	对应.fcall 指令	';'	注释，含 C 语言源程序代码（片段）

10.5.2　.obj 和.lst 文件输出启动的伪指令部分

在 asm0()函数中增加相关的语句，具体如下。经过两次输入指令序列的扫描后，启动 p16asm1.cpp 文件中 P16E_asm 类的 output()输出函数。

```
/p16ecc/as_source_1.3/main.cpp
19  static void asm0(char *filename)
20  {
21      curFile = filename;
22      printf ("assembling '%s' ...\n", filename);
23
24      // using Lex and Bison to parse the input file
25      errorCnt  = 0;
26      line_t *lp = _main(filename);
27      if ( errorCnt != 0 ) return;
28
29      P16E_asm p16asm(filename, ".obj");
30      if ( p16asm.errorCount != 0 ) return;
31
32      p16asm.run(lp, ASM_PASS1);
33      if ( p16asm.errorCount != 0 ) return;
34
35      p16asm.run(lp, ASM_PASS2);
36      if ( p16asm.errorCount > 0 ) return;
37
38      p16asm.output(lp);
39  }
```

- 第 38 行：（main.cpp 文件）将控制、生成汇编器的输出（.obj 和.lst 文件）。

output()函数将对汇编输入进行逐行识别（类型）和相应的处理、输出。下面给出对伪指令的处理和输出。

/p16ecc/as_source_1.3/p16asm1.cpp

```
12    #define isABS(lp)    (lp->attr && lp->attr->isABS)
13    #define isREL(lp)    (lp->attr && lp->attr->isREL)
14    #define isBEG(lp)    (lp->attr && lp->attr->isBEG)
15    #define isEND(lp)    (lp->attr && lp->attr->isEND)
16
17    void P16E_asm :: output(line_t *lp)
18    {
19        unsigned int addr = 0;
20        for (bool done = false; !done && lp; lp = lp->next)
21        {
22            if ( lp->label && lp->inst != EQU )
23            {
24                if ( lp->globalLbl )
25                    objWriter->output('G', lp->label);
26                else
27                    objWriter->output('L', lp->label);
28
29                objWriter->flush();
30            }
```

- 第 23～30 行：对带标号的指令行进行标号处理。其中，第 29 行表示对.obj 文件的行进行输出终结。

/p16ecc/as_source_1.3/p16asm1.cpp

```
32            item_t *ip0 = lp->oprds;          // fisrt operand
33            item_t *ip1 = ip0? ip0->next: NULL; // second operand
34            P16inst_t *p16inst;
35            char buf[4096];
36            int  v, mask;
37            char type = 0;
38            int  incAddr = 0;
39
40            switch ( lp->inst )
41            {
42                case S_COMMENT: // comments (C source)
43                case DEVICE:     // device name, RAM & ROM size
44                case INVOKE:     // invoke library file
45                case CBLANK:     // code space blank
46                case DBLANK:     // data space blank
47                case FCALL:      // Function call index
48                case BSEL:       // .bsel
49                case PSEL:       // .psel
50                case RS:         // .rs
51                    if ( ip0 )
52                    {
53                        char t = (lp->inst == S_COMMENT)?  ';':
54                                 (lp->inst == DEVICE)?      'P':
55                                 (lp->inst == INVOKE)?      'I':
56                                 (lp->inst == CBLANK)?      'N':
57                                 (lp->inst == DBLANK)?      'M':
58                                 (lp->inst == FCALL)?       'F':
59                                 (lp->inst == BSEL)?        'K':
60                                 (lp->inst == PSEL)?        'J': 'R';
61                        objOutput(t, ip0);
62
63                        for (item_t *ip = ip1; ip; ip = ip->next)
64                            objOutput(ip);
65                        objWriter->flush();
66                    }
67                    if ( (lp->inst == BSEL || lp->inst == PSEL) && !ip1 )
68                    {
69                        int code = (lp->inst == BSEL)? 0x0020: 0x3180;
70                        lstWriter->output(addr, code, '?');
71                        incAddr = 1, type = '?';
72                    }
73                    lstWriter->output(lp);
74                    break;
```

- 第 42～66 行：对若干（伪指令）指令的.obj 文件进行输出。

/p16ecc/as_source_1.3/p16asm1.cpp

```
76                case SEGMENT:
77                    addr = 0;
78                    objWriter->output('S', lp->attr->name);
79                    if ( isREL(lp) )
80                        objWriter->output("REL");
81                    if ( isABS(lp) )
82                    {
83                        objWriter->output("ABS");
```

```
84          if ( lp->attr && lp->attr->addr )
85          {
86              item_t *ip = lp->attr->addr;
87              objOutput(ip);
88              addr = ip->data.val;
89          }
90      }
91      else if ( isBEG(lp) )
92          objWriter->output("BEG");
93      else if ( isEND(lp) )
94          objWriter->output("END");
95      if ( I_TYPE(ip0, ':') )
96      {
97          objOutput('U', ip0->left);   // function name
98          objOutput(ip0->right);       // function RAM cost
99      }
100     objWriter->flush();
101     lstWriter->output(lp);
102     break;
```

分段指令（.segment）的输出。其中，第 95～99 行将以"U"记号提示函数及其内部变量的总长度。

/p16ecc/as_source_1.3/p16asm1.cpp

```
104     case EQU:
105         if ( lp->label && lp->globalLbl && ip0 )
106         {
107             objWriter->output('E', lp->label);
108             objOutput(ip0);
109             objWriter->flush();
110         }
111         lstWriter->output(lp);
112         break;
```

.equ 指令的输出。注：仅限于全局性.equ 指令。

/p16ecc/as_source_1.3/p16asm1.cpp

```
114     case DW:
115         for(item_t *ip = lp->oprds; ip; ip = ip->next)
116         {
117             if ( parseItem(ip, buf, &v, DW) == VAL_EXP )
118                 objWriter->outputW(v & 0x3fff);
119             else
120                 objWriter->outputW(buf, 0x3fff);
121
122             lstWriter->output(addr++, v, type);
123         }
124         lstWriter->output(lp);
125         break;
```

.dw 指令的输出。这是 ROM 中固化的常数（包括熔丝配置）。每行代码中允许含有多个数据项，每个数据项字长为 14 位。

/p16ecc/as_source_1.3/p16asm1.cpp

```
127     case END:
128         lstWriter->output(lp);
129         done = true;
130         break;
```

对于.end 指令，仅需设置结束标志。

10.5.3　.obj 和.lst 文件输出启动的常规指令部分

对于常规指令语句，汇编器将搜索指令表，获取相应的（14 位）二进制指令代码。对于指令中的操作数部分，则根据指令操作数类型，使其嵌入至指令代码中恰当的位置。指令代码在.obj 文件中由"W"记录行表示。

PIC16Fxxxx 常规指令根据编码结构归纳为多种类型，具体如下。

```
/p16ecc/as_source_1.3/p16inst.h
 4      // PIC16E instruction operand formats
 5    ⊟enum {
 6          P16_FD_I = 1,    // ADDWF x, W
 7          P16_F_I,         // CLRF
 8          P16_BIT_I,       // BTFSS x, 0
 9          P16_LIT5_I,      // MOVLB
10          P16_LIT8_I,      // MOVLW
11          P16_LIT9_I,      // BRA
12          P16_LIT11_I,     // GOTO, CALL
13          P16_FSR_OP_I,    // ADDFSR
14          P16_MOV_OP_I,    // MOVIW ++FSR0
15          P16_MOV_OFF_I,   // MOVIW n[FSR0]
16    };
17
18    ⊟typedef struct {
19          int token;
20          int code;
21          int form;        // operand type (see above)
22    } P16inst_t;
```

- 第 5~16 行：指令分类命名。
- 第 18~22 行：指令的结构，具体如下。
  - 第 19 行：指令的 token 名（分类名）。
  - 第 20 行：指令的操作码。
  - 第 21 行：当指令操作数的类型值（form）= 0 时，表示指令为无操作数。

根据上述指令的结构，建立完整的指令编码表，部分如下。

```
/p16ecc/as_source_1.3/p16inst.cpp
10    ////////////////////////////////////////////////////////////////
11    ⊟const P16inst_t P16_inst_code_tbl[] = {
12          {ADDWF,     0x0700, P16_FD_I},
13          {ANDWF,     0x0500, P16_FD_I},
14          {CLRF,      0x0180, P16_F_I},
15          {CLRW,      0x0100, 0},
16          {COMF,      0x0900, P16_FD_I},
17          {DECF,      0x0300, P16_FD_I},
18          {DECFSZ,    0x0b00, P16_FD_I},
19          {INCF,      0x0a00, P16_FD_I},
20          {INCFSZ,    0x0F00, P16_FD_I},
21          {IORWF,     0x0400, P16_FD_I},
22          {MOVF,      0x0800, P16_FD_I},
23          {MOVWF,     0x0080, P16_F_I},
24          {NOP,       0x0000, 0},
25          {RLF,       0x0d00, P16_FD_I},
26          {RRF,       0x0c00, P16_FD_I},
27          {SUBWF,     0x0200, P16_FD_I},
28          {SWAPF,     0x0e00, P16_FD_I},
29          {XORWF,     0x0600, P16_FD_I},
30
31          {BCF,       0x1000, P16_BIT_I},
32          {BSF,       0x1400, P16_BIT_I},
33          {BTFSC,     0x1800, P16_BIT_I},
34          {BTFSS,     0x1c00, P16_BIT_I},
35
36          {ADDLW,     0x3e00, P16_LIT8_I},
37          {ANDLW,     0x3900, P16_LIT8_I},
38          {CALL,      0x2000, P16_LIT11_I},
39          {GOTO,      0x2800, P16_LIT11_I},
40          {IORLW,     0x3800, P16_LIT8_I},
41          {MOVLW,     0x3000, P16_LIT8_I},
42
43          {RETFIE,    0x0009, 0},
44          {RETLW,     0x3400, P16_LIT8_I},
45          {RETURN,    0x0008, 0},
46          {CLRWDT,    0x0064, 0},
47          {SLEEP,     0x0063, 0},
48          {SUBLW,     0x3c00, P16_LIT8_I},
49          {XORLW,     0x3a00, P16_LIT8_I},
```

对常规指令进行如下处理、输出。

```
/p16ecc/as_source_1.3/p16asm1.cpp
132            default:    // all regular instructions ...
133                p16inst = P16inst(lp->inst);
134                if ( p16inst )
135                {
136                    int code = p16inst->code;
137                    incAddr = 1;
138                    switch ( p16inst->form )
139                    {
140                        case P16_FD_I:    // ADDWF x, W
141                            if ( lp->desRegF ) code |= 0x0080;
142                        case P16_F_I:     // MOVWF x
143                            switch ( parseItem(ip0, buf, &v, lp->inst) )
144                            {
145                                case VAL_EXP:
146                                    code |= (v & 0x7f);
147                                    objWriter->outputW(code);
148                                    break;
149
150                                case STR_EXP:
151                                    objWriter->outputW(code, buf, 0, 0x7f);
152                                    type = '?';
153                                    break;
154
155                                default:
156                                    break;
157                            }
158                            break;
```

- 第 133 行：分析指令类型。
- 第 136 行：获取指令代码。
- 第 140～141 行：对 P16_FD_I 类型操作数指令的处理和输出。
- 第 142～158 行：对 P16_F_I 类型操作数指令的处理和输出。注：当操作数为常数时（第 145～148 行），将其截取并直接嵌入指令代码中；否则，将以标号名和运算符组成的表达式方式填入，最终二进制值将在连接阶段生成并替换。

```
/p16ecc/as_source_1.3/p16asm1.cpp
160                        case P16_LIT5_I:    // MOVLB
161                        case P16_LIT8_I:    // MOVLW
162                        case P16_LIT9_I:    // BRA
163                        case P16_LIT11_I:   // GOTO, CALL
164                            mask = (p16inst->form == P16_LIT5_I)? 0x01f:
165                                   (p16inst->form == P16_LIT8_I)? 0x0ff:
166                                   (p16inst->form == P16_LIT9_I)? 0x1ff: 0x7ff;
167
168                            switch ( parseItem(ip0, buf, &v, lp->inst) )
169                            {
170                                case VAL_EXP:
171                                    code |= (v & mask);
172                                    objWriter->outputW(code);
173                                    break;
174
175                                case STR_EXP:
176                                    type = '?';
177                                    objWriter->outputW(code, buf, 0, mask);
178                                    break;
179
180                                default:
181                                    break;
182                            }
183                            break;
```

- 第 160～183 行：带单纯立即数指令的处理。

```
/p16ecc/as_source_1.3/p16asm1.cpp
185                        case P16_BIT_I:    // BCF x, 1
186                            if ( parseItem(ip1, buf, &v, lp->inst) == VAL_EXP )
187                                code |= (v & 7) << 7;
188
189                            switch ( parseItem(ip0, buf, &v, lp->inst) )
190                            {
191                                case VAL_EXP:
192                                    code |= (v & 0x7f);
193                                    objWriter->outputW(code);
194                                    break;
```

```
195
196                                   case STR_EXP:
197                                       objWriter->outputW(code, buf, 0, 0x7f);
198                                       type = '?';
199                                       break;
200
201                                   default:
202                                       break;
203                                   }
204                                   break;
```

- 第 185～204 行：对位操作指令的处理。位操作指令的操作数占据指令代码中的低 10 位，分为 bit9～7 = 操作数字节中的位地址，以及 bit6～0 = 操作数字节地址（所在 RAM 区块中的地址）两部分。

```
206                           case P16_FSR_OP_I: // ADDFSR INDF0, 1
207                               if ( parseItem(ip0, buf, &v, lp->inst) == VAL_EXP )
208                                   code |= (v&1) << 6;
209                               if ( parseItem(ip1, buf, &v, lp->inst) == VAL_EXP )
210                                   code |= v & 0x3f;
211                               objWriter->outputW(code);
212                               break;
```

- 第 206～212 行：对 ADDFSR 指令的处理。位操作指令的操作数占据指令代码中的低 7 位，分为 bit6 = 指示 FSR0 或 FSF1，以及 bit5～0 = 立即数（补码）两部分。

```
214                           case P16_MOV_OP_I: // movwi ++FSR0
215                               switch ( ip0->type )
216                               {
217                                   case FSR_PRE_INC:   // MOVIW/MOVWI  ++INDF0
218                                   case FSR_PRE_DEC:   // MOVIW/MOVWI  --INDF0
219                                   case FSR_POST_INC:  // MOVIW/MOVWI  INDF0++
220                                   case FSR_POST_DEC:  // MOVIW/MOVWI  INDF0--
221                                       if ( parseItem(ip0->left, buf, &v, lp->inst) == VAL_EXP )
222                                       {
223                                           code |= (v&1) << 2;
224                                           code |= (ip0->type == FSR_PRE_INC )? 0:
225                                                   (ip0->type == FSR_PRE_DEC )? 1:
226                                                   (ip0->type == FSR_POST_INC)? 2: 3;
227                                           objWriter->outputW(code);
228                                       }
229                                       break;
230                               }
231                               break;
```

- 第 214～231 行：对 "MOVWI/MOVIW ++FSR0" 类型指令的处理。这类指令利用 FSR0 或 FSR1 作为寄存器间接寻址操作，同时对 FSR0 或 FSR1 进行递增或递减操作。这类指令代码中的低 3 位用于表示具体操作含义。其中，bit2 = 指示 FSR0 或 FSF1；bit1～0 指示递增/递减和顺序。

```
233                           case P16_MOV_OFF_I: // movwi n[FSR0]
234                               if ( ip0->type == FSR_OFFSET )
235                               {
236                                   if ( parseItem(ip0->left, buf, &v, lp->inst) == VAL_EXP )
237                                       code |= v & 0x3f;   // offset
238
239                                   if ( parseItem(ip0->right, buf, &v, lp->inst) == VAL_EXP )
240                                       code |= (v&1) << 6;// FSR index
241
242                                   objWriter->outputW(code);
243                               }
244                               break;
```

- 第 233～244 行：对 "MOVWI/MOVIW n[FSR0]" 类型指令的处理。这类指令利用 FSR0 或 FSR1 作为寄存器偏址寻址。同样地，这类指令代码中的低 7 位用于表示具体操作含义。其中，bit6 = 指示 FSR0 或 FSF1；bit5～0 指示偏移量。

/p16ecc/as_source_1.3/p16asm1.cpp

```
246                         default:    // NOP
247                            objWriter->outputW(code);
248                            break;
249                         }
250                         lstWriter->output(addr, code, type);
251                         lstWriter->output(lp);
252                      }
253                      else if ( lp->inst )
254                         printf("unknown instruction - %d\n", lp->inst);
255                      else
256                         lstWriter->output(lp);
257                      break;
258                   }
259                   addr += incAddr;
260                }
261
262      objWriter->flush();
263      objWriter->close();
264      lstWriter->close();
265   }
```

- 第 246～248 行：对无操作数的指令省略了填充，直接由.obj 文件输出。

10.6　汇编器的最后完善

工程项目路径：/as_source_1.4。

10.6.1　启动运行选项的设计

与编译器的运行选项类似，汇编器也可以安排运行选项，并设置运行条件。控制台启动命令有两个运行选项。

（1）选择输出文件的扩展名。

.obj：普通（用户）文件的中间代码文件扩展名（默认选项）。

.lib：库函数文件中间代码文件扩展名（此种文件应保存于"/lib"目录中）。

例如，选择生成.lib 文件：

```
as16e -a  file 1.asm file 2.asm …
```

（2）支持超强型 PIC16Fxxxx 的汇编命令。

例如，选择支持超强型处理器：

```
as16e -X  file 1.asm file 2.asm …
```

汇编器的运行选项数被安排在 main()函数中进行识别和设置，具体如下。

/p16ecc/as_source_1.4/main.cpp

```
8   int useBsr6 = 0;
9   int libFile = 0;
10
11  static void asm0(char *filename);
12
13  int main(int argc, char *argv[])
14  {
15      for (int i = 1; i < argc; i++)
16      {
17          if ( argv[i][0] == '-' )    // option
18          {
19              if ( strcmp(argv[i], "-X") == 0 )
20                  useBsr6 = 1;
21              else if ( strcmp(argv[i], "-a") == 0 )
22                  libFile = 1;
```

```
23              else
24                  printf("unknown option '%s'!\n", argv[i]);
25              continue;
26          }
27
28          int length = strlen(argv[i]);
29          if ( !(length > 4 && strcasecmp(&argv[i][length-4], ".asm") == 0) )
30          {
31              printf("improper file type/name '%s'!\n", argv[i]);
32              continue;
33          }
34
35          asm0(argv[i]);
36      }
37      return 0;
38  }
```

- 第 8～9 行：新增相应的指示变量（并将此填入 common.h 文件中作为全局变量）。
- 第 17～26 行：对运行选项进行识别并处理。

同样地，在 asm0()函数中选择合适的文件名后缀，具体如下。

/p16ecc/as_source_1.4/main.cpp

```
40  static void asm0(char *filename)
41  {
42      curFile = filename;
43      printf ("assembling '%s' ...\n", filename);
44
45      // using Lex and Bison to parse the input file ...
46      errorCnt = 0;
47      line_t *lp = _main(filename);
48      if ( errorCnt != 0 ) return;
49
50      P16E_asm p16asm(filename, libFile? ".lib": ".obj");
51      if ( p16asm.errorCount != 0 ) return;
52
53      p16asm.run(lp, ASM_PASS1);
54      if ( p16asm.errorCount != 0 ) return;
55
56      p16asm.run(lp, ASM_PASS2);
57      if ( p16asm.errorCount > 0 ) return;
58
59      p16asm.output(lp);
60  }
```

- 第 50 行：根据运行选项"-a"设定中间代码输出文件名后缀（扩展名）。

10.6.2 支持超强型 PIC16Fxxxx 的代码输出

根据前文所述，超强型 PIC16Fxxxx 处理器的特殊之处在于其 MOVLB 指令编码。具体来说，该指令不仅使其中的操作码部分发生变动，而且其中的操作数部分由 5 位增至 6 位。

为 p16inst.h 文件中的指令类型表添加相应的类型元素，具体如下。

/p16ecc/as_source_1.4/p16inst.h

```
4   // PIC16E instruction formats...
5   enum {
6       P16_FD_I = 1,    // ADDWF x, W
7       P16_F_I,         // CLRF
8       P16_BIT_I,       // BTFSS x, 0
9       P16_LIT5_I,      // MOVLB
10      P16_LIT6_I,      // MOVLB    ... super PIC16Fxxxx
11      P16_LIT8_I,      // MOVLW
12      P16_LIT9_I,      // BRA
13      P16_LIT11_I,     // GOTO, CALL
14      P16_FSR_OP_I,    // ADDFSR
15      P16_MOV_OP_I,    // MOVIW ++FSR0
16      P16_MOV_OFF_I,   // MOVIW n[FSR0]
17  };
```

为 p16inst.cpp 文件中的指令编码表添加对应的 MOVLB 指令数据类型及编码，具体如下。

/p16ecc/as_source_1.4/p16inst.cpp

```
45      {RETURN,     0x0008, 0},
46      {CLRWDT,     0x0064, 0},
47      {SLEEP,      0x0063, 0},
48      {SUBLW,      0x3c00, P16_LIT8_I},
49      {XORLW,      0x3a00, P16_LIT8_I},
50
51      // following are the enhanced instructions
52      {RESET,      0x0001, 0},
53      {CALLW,      0x000a, 0},
54      {BRW,        0x000b, 0},
55      {ADDWFC,     0x3d00, P16_FD_I},
56      {SUBWFB,     0x3b00, P16_FD_I},
57      {MOVLB,      0x0020, P16_LIT5_I},
58      {MOVLB,      0x0140, P16_LIT6_I},        // super PIC16Fxxxx
59      {ADDFSR,     0x3100, P16_FSR_OP_I},
60      {MOVLP,      0x3180, P16_F_I},
61      {LSLF,       0x3500, P16_FD_I},
62      {LSRF,       0x3600, P16_FD_I},
63      {ASRF,       0x3700, P16_FD_I},
64      {BRA,        0x3200, P16_LIT9_I},
65      {MOVIW_OP,   0x0010, P16_MOV_OP_I},
66      {MOVWI_OP,   0x0018, P16_MOV_OP_I},
67      {MOVIW_OFF,  0x3f00, P16_MOV_OFF_I},
68      {MOVWI_OFF,  0x3f80, P16_MOV_OFF_I},
69      {0, 0, 0}
70  };
```

- 第 58 行：添加新指令编码。

与此同时，搜索匹配操作并进行修改，具体如下。

/p16ecc/as_source_1.4/p16inst.cpp

```
73  P16inst_t *P16inst(int inst)
74  {
75      const P16inst_t *p = P16_inst_code_tbl;
76      while ( p->token != 0 )
77      {
78          if ( p->token == inst )
79          {
80              if ( !(p->token == MOVLB && useBsr6 && p->form != P16_LIT6_I) )
81                  return (P16inst_t *)p;
82          }
83
84          p++;
85      }
86      return NULL;
87  }
```

- 第 80~81 行：识别新指令。

在代码生成过程中添加对新指令类型的识别和处理，具体如下。

/p16ecc/as_source_1.4/p16asm1.cpp

```
162             case P16_LIT5_I:    // MOVLB
163             case P16_LIT6_I:    // MOVLB
164             case P16_LIT8_I:    // MOVLW
165             case P16_LIT9_I:    // BRA
166             case P16_LIT11_I:   // GOTO, CALL
167                 mask = (p16inst->form == P16_LIT5_I)? 0x01f:
168                        (p16inst->form == P16_LIT6_I)? 0x03f:
169                        (p16inst->form == P16_LIT8_I)? 0x0ff:
170                        (p16inst->form == P16_LIT9_I)? 0x1ff: 0x7ff;
171
172                 switch ( parseItem(ip0, buf, &v, lp->inst) )
173                 {
174                     case VAL_EXP:
175                         code |= v & mask;
176                         objWriter->outputW(code);
177                         break;
178
179                     case STR_EXP:
```

```
180                                     type = '?';
181                                     objWriter->outputW(code, buf, mask);
182                                     break;
183
184                            default:
185                                     break;
186                            }
187                     break;
```

- 第 163 行：识别新指令。
- 第 168 行：新指令的操作数长度 = 6 位。

至此，汇编器的设计完成（运行实例见下一章）。

第三篇

PIC16Fxxxx 连接器（lk16e.exe）的设计

连接器（linker）是编译工具包（链）中最终被投入使用的工具。整个（目标）工程项目的各个源程序文件经过编译、汇编后，生成对应的.obj 文件，并通过连接，最终生成可由目标处理器直接识别和执行的二进制文件（最常见的是.hex 格式文件）。同时，连接器对目标处理器结构具有针对性和非通用性。

连接器输入的是整个用户（目标）应用项目的全部.obj 文件，输出除了.hex 文件，还附带与输出同名的.map 文件，用于对照、审阅。连接器的任务如下。

（1）依次读入.obj 文件，对文件按其中分段记录（"S"记录行）进行划分，即将.obj 文件裁剪成多个段块，归入不同类型的分段群（如 CODE、CONST、DATA 等）。

（2）读入所涉及的.lib 库文件，并按上述相同的方式归入相应的段落。

（3）按分段的类型分配存储空间位置（地址）。

（4）在分配存储空间地址的同时，确定.obj/.lib 文件中尚未定位的各种变量，以及函数地址的具体地址值。

（5）对.obj/.lib 文件中各类尚未完成的指令进行最终的确定（以实际值取代标识符），输出.hex 代码文件。

（6）优化处理，以便最大程度利用 RAM 和 ROM 空间。

第 11 章　PIC16Fxxxx 连接器基本设计

.obj 文件的读入和语法扫描

根据前文所述，.obj 文件由记录行序列构成，每个记录行的首字符表示行的类型，其后有若干数据项，之间以空格符分隔。（记录）行的类型决定数据项的内涵。数据项本身为表达式结构，由 3 种基本类型并通过运算符组合而成。

（1）直接（整）数：TYPE_VALUE。

（2）标识符：TYPE_SYMBOL。

（3）字符串：TYPE_STRING。

汇编语言输出的一个简单实例，如表 11-1 所示。

表 11-1　编译和汇编后的输出举例

C 语言源程序	经过编译和汇编处理后，生成对应的.obj 文件
`#include <p16f1455.h>`	`I "f:\p16ecc/include/pic16e"`
`#pragma acc_save       0`	`I "f:\p16ecc/include/p16f1455"`
`#pragma isr_no_stack`	`P "p16f1455" 1024 8192`
`char func(char n)`	`E _$$ 9200`
`{`	`S CODE2 REL`
`    return n + 1;`	`U func 1`
`}`	`G func`
`void main(void)`	`K func_$data$`
`{`	`W 0x0016 0x0080:func_$data$`
`    char num = func(10);`	`; "; :: t1.c #8: return n + 1;"`
`}`	`W 0x3001 0x0700:func_$data$ 0x00F0 0x0008`
	`S CODE0 ABS 0`

续表

C 语言源程序	经过编译和汇编处理后，生成对应的.obj 文件
	W 0x0000 0x3180|((main>>8)&127) 0x2800|(main&2047)
	S CODEi REL BEG
	G _$init$
	W 0x01FF 0x01FE
	S CODEi REL END
	W 0x0008
	S CODE1 ABS 4 BEG
	W 0x018A
	S CODE1 REL END
	W 0x0009
	S CODE2 REL
	U main 1
	G main
	J main _$init$
	W 0x2000|(_$init$&2047) 0x30F0 0x0086 0x3023 0x0087
	0x300A 0x001D
	J _$init$ func
	W 0x2000|(func&2047) 0x0870
	K main_$data$
	W 0x0080:main_$data$
	J func main
	W 0x0008
	F main func
	F main _$init$

对比编译前后的文件，其中：

第 5～11 行：对应源程序中的 func()函数。

第 15～19 行：RAM 初始化（链）的首/尾片段。

第 20～23 行：中断服务（链）的首/尾片段。

第 23～35 行：对应源程序中的 main()函数。

.obj 文件内容以行为单位，其中的每一行内容都被视为一个记录，行首字符表示该记录行的类型。.obj 文件中"S"记录行（第 5 行、第 12 行、第 14 行、第 17 行、第 19 行、第 21 行、第 23 行）将整个文件划分为若干分段块。

每个记录行除类型符之外，还包含多个数据项，且数据项之间以空格符分隔。

文件中"W"记录行的每一个数据项都对应一条 PIC16Fxxxx 指令。数据项呈表达式形式，包含标识符和运算符号，具体数值将在程序片段定位后生成。

11.1.1　输入文件和数据结构

工程项目路径：/lk_source_1.1。

源程序文件：common.h。

连接器的输入文件（.obj 文件）可依次分解为记录行（line）、数据项（item）、基本数据（data）。

各种数据的具体构成如下。

```
/p16ecc/lk_source_1.1/common.h
7   enum {
8       TYPE_VALUE=1,
9       TYPE_SYMBOL,
10      TYPE_STRING
11  };
12
13  /* /////////////////////////////////////////////////////////////// */
14  typedef union data_ {
15      int   val;
16      char *str;
17  } data_t;
18
19  /* /////////////////////////////////////////////////////////////// */
20  typedef struct item_ {
21      int         type;
22      data_t      data;
23      struct item_ *left;
24      struct item_ *right;
25      struct item_ *next;
26  } item_t;
27
28  /* /////////////////////////////////////////////////////////////// */
29  typedef struct line_ {
30      int         type;       // line type
31      item_t     *items;
32      char       *src;        // source file code
33      int         lineno;     // source file line number
34      char       *fname;      // source file name
35      char        insert;
36      char        retry;      // new in v2.1
37      char        pclath;
38      struct line_ *next;
39  } line_t;
```

与汇编器设计的过程相似，.obj 文件中的各记录行经过解析读入后，将由此数据结构保存。

11.1.2　连接器输入文件的词法解析

工程项目路径：/lk_source_1.1。
源程序文件：lnk.l。

与之前编译器和汇编器的设计相似，连接器的设计同样使用 flex 和 bison 工具，可有效支持对输入文件中数据表达式的解析。相比之下，连接器的词法/语法解析更简单。连接器的词法解析起始部分（宏定义）如下。

```
/p16ecc/lk_source_1.1/lnk.l
1   %{
2
3   #include <string.h>
4   #include <ctype.h>
5   #include "common.h"
6   #include "lnk.h"
7
8   int yyparse ();
9
10  char __yyline[YYLINE_BUF_SIZE];
11  char *__yytext;
12  #ifdef __dj_include_ctype_h_
13  int yylineno;   // DGJPP GCC
14  #endif
15
16  /* --- local functions --- */
17  char *currentFile;
18  line_t *linePtr;
```

```
19
20 int isAnOpcode(char c);
21 void appendStr(void);
22 int  convertNum(char *str);
23
24 %}
25
26 sp                        [ \t\015]
27 symbol                    [_a-zA-Z][_a-zA-Z0-9$]*
28 hex                       [a-fA-F0-9]
29 dec                       [0-9]
30
31 s_char                    ([^"\r\n])
32 s_char_sequence           ({s_char}+)
33 string                    \"{s_char_sequence}?\"
34
35 %x OPERAND
36 %x ESCAPE
37
38 %%
```

- 第 1～23 行：C 语言部分，包括变量和函数的定义。
- 第 26～33 行：词法解析宏定义。
- 第 35～36 行：词法解析状态定义，增加以下两种状态行。
  - ➢ OPERAND：操作数状态，按数据方式解析。
  - ➢ ESCAPE：意外退出状态（无法识别的记录行）。

连接器的词法解析规则/操作如下。

/p16ecc/lk_source_1.1/lnk.l

```
40 ^";"{sp}+.*               { char *p = yytext;
41                             appendStr();
42                             for(p++; *p == ' '; p++);
43                             p[strlen(p)-1] = 0;
44                             yylval.syml = dupStr(p+1);
45                             return COMMENT;
46                           }
47 ^.{sp}+                   { appendStr();
48                             if ( isAnOpcode(yytext[0]) )
49                             {
50                                 BEGIN(OPERAND);
51                                 yylval.value = yytext[0];
52                                 return TYPE;
53                             }
54                             BEGIN(ESCAPE);
55                           }
56 <ESCAPE>.*                { /*ignore the line */ }
57 <ESCAPE>\n                { appendStr();
58                             BEGIN(INITIAL);
59                           }
60 <OPERAND>{symbol}         { appendStr();
61                             yylval.syml = dupStr(yytext);
62                             return SYMBOL;
63                           }
64 <OPERAND>{string}         { int len = strlen(yytext);
65                             appendStr();
66                             yytext[len-1] = 0;
67                             yylval.syml = dupStr(yytext+1);
68                             return STRING;
69                           }
70 <OPERAND>0[xX]{hex}+      |
71 <OPERAND>{dec}+           { appendStr();
72                             yylval.value = convertNum((char *)yytext);
73                             return NUMBER;
74                           }
75 <OPERAND>">>"             { appendStr(); return RSHIFT; }
76 <OPERAND>"<<"             { appendStr(); return LSHIFT; }
77 <OPERAND>[-+%^:&|()*/~.]  { appendStr();
78                             return yytext[0];
79                           }
80 <OPERAND>{sp}+            { appendStr(); }
81 <OPERAND>\n               { appendStr();
82                             BEGIN(INITIAL);
83                             return yytext[0];
84                           }
85 {sp}+                     { appendStr(); }
86 \n                        { appendStr();
87                             BEGIN INITIAL;
88                             return yytext[0];
89                           }
90 .                         { appendStr();
91                             yyerror("unknown character!");
92                           }
93 %%
```

连接器的词法解析如下。

- 第 40~46 行：注释行的识别。
- 第 47~55 行：行首字符的识别。若行首字符为合法类型，则进入识别数据项状态（第 50 行）；否则舍弃该行内容（第 56~59 行）。
- 第 60~74 行：对终结数据项的识别。
- 第 75~79 行：对数据项中运算符的识别。

（1）与汇编器的词法解析设计相同，行终结符 "\n" 将作为特殊符号输出（第 83 行和第 88 行）。

（2）词法解析的输出有 3 类：行类型符（第 51~52 行）、基本数据项（第 62 行、第 68 行、第 73 行）、运算符（第 75~78 行）。

（3）"." 作为特殊操作项（当前地址的符号），用来识别输出（第 77 行）。

11.1.3 连接器输入文件的语法解析

工程项目路径：/lk_source_1.1。

源程序文件：lnk.y。

语法解析器文本的起始部分。C 语言嵌入部分及终节点/中间节点的命名枚举、各节点的数据类型定义，以及解析器起始状态设定如下。

```
/p16ecc/lk_source_1.1/lnk.y
1   %{
2   #include <stdio.h>
3   #include "common.h"
4   extern int yylineno;
5   %}
6
7   %union {
8       int     value;
9       char    *syml;
10      line_t  *line;
11      item_t  *item;
12  }
13
14  %token <value> TYPE RSHIFT LSHIFT NUMBER
15  %token <syml> SYMBOL COMMENT STRING
16
17  %left '-' '+'
18  %left '*' '/' '%' RSHIFT LSHIFT
19  %left '&' '|' '^' '~'
20
21  %type <line>  prog lines line obj_code
22  %type <item>  items item
23  %type <item>  multiplicative_expr additive_expr shift_expr and_expr
24  %type <item>  exclusive_or_expr inclusive_or_expr primary_expr
25
26  %%
```

- 第 7~12 行：解析节点的数据类型，由 common.h 文件定义。

在语法解析器文本中，对.obj 文件输入行的解析/归纳如下。

```
/p16ecc/lk_source_1.1/lnk.y
27  prog
28      :   lines                               {   linePtr = $1; }
29      ;
30  lines
31      :   line                                {   $$ = $1; }
32      |   lines line                          {   $$ = $1;
33                                                  appendLine(&$1, $2);
34                                              }
35      ;
36  line
37      :   '\n'                                {   $$ = newLine(0, NULL);
38                                                  $$->src = dupStr(__yyline);
39                                                  $$->lineno = yylineno;
40                                              }
41      |   obj_code '\n'                       {   $$ = $1;
42                                                  $$->src = dupStr(__yyline);
43                                                  $$->lineno = yylineno;
44                                              }
45      |   COMMENT '\n'                        {   $$ = newLine(';', strItem($1));
46                                                  free($1);
47                                                  $$->src = dupStr(__yyline);
48                                                  $$->lineno = yylineno;
49                                              }
50      ;
51  obj_code
52      :   TYPE items                          {   $$ = newLine($1, $2); }
53      |   TYPE                                {   $$ = newLine($1, NULL); }
54      ;
55  items
56      :   item                                {   $$ = $1; }
57      |   items item                          {   $$ = appendItem($1, $2); }
58      ;
```

- 第 27～49 行：对 .obj 文件中各记录行进行解析识别，最终归纳生成 line_t 数据结构的行序列（表），由 linePtr 指示。
- 第 51～54 行：对 .obj 文件记录行进行解析识别。
- 第 55～58 行：对记录行中的数据项序列进行解析识别。

对输入文件行基本数据项及其表达式的解析/归纳，具体如下。

```
/p16ecc/lk_source_1.1/lnk.y
59  item
60      :   inclusive_or_expr                   {   $$ = $1; }
61      |   NUMBER ':' inclusive_or_expr        {   $$ = newItem(':');
62                                                  $$->left = valItem($1);
63                                                  $$->right = $3;
64                                              }
65      ;
66  primary_expr
67      : '(' inclusive_or_expr ')'             {   $$ = $2; }
68      | '~' primary_expr                      {   $$ = newItem('~');
69                                                  $$->left = $2;
70                                              }
71      |   SYMBOL                              {   $$ = symItem($1); free($1); }
72      |   STRING                              {   $$ = strItem($1); free($1); }
73      |   NUMBER                              {   $$ = valItem($1);  }
74      |   '.'                                 {   $$ = newItem('.'); }
75      ;
76  multiplicative_expr
77      : primary_expr                          {   $$ = $1; }
78      | multiplicative_expr '*'
79          primary_expr                        {   $$ = newItem('*');
80                                                  $$->left  = $1;
81                                                  $$->right = $3;
82                                              }
83      | multiplicative_expr '/'
84          primary_expr                        {   $$ = newItem('/');
85                                                  $$->left  = $1;
86                                                  $$->right = $3;
87                                              }
88
89      | multiplicative_expr '%'
90          primary_expr                        {   $$ = newItem('%');
91                                                  $$->left  = $1;
92                                                  $$->right = $3;
93                                              }
```

```
94          ;
95  additive_expr
96          : multiplicative_expr                 {   $$ = $1; }
97          | additive_expr '+'
98            multiplicative_expr                 {   $$ = newItem('+');
99                                                     $$->left  = $1;
100                                                    $$->right = $3;
101                                                }
102         | additive_expr '-'
103           multiplicative_expr                 {   $$ = newItem('-');
104                                                    $$->left  = $1;
105                                                    $$->right = $3;
106                                                }
107         ;
108  shift_expr
109         : additive_expr                        {   $$ = $1; }
110         | shift_expr LSHIFT
111           additive_expr                        {   $$ = newItem(LSHIFT);
112                                                    $$->left  = $1;
113                                                    $$->right = $3;
114                                                }
115         | shift_expr RSHIFT
116           additive_expr                        {   $$ = newItem(RSHIFT);
117                                                    $$->left  = $1;
118                                                    $$->right = $3;
119                                                }
120         ;
121  and_expr
122         : shift_expr                           {   $$ = $1; }
123         | and_expr '&' shift_expr              {   $$ = newItem('&');
124                                                    $$->left  = $1;
125                                                    $$->right = $3;
126                                                }
127         ;
128  exclusive_or_expr
129         : and_expr                             {   $$ = $1; }
130         | exclusive_or_expr '^' and_expr       {   $$ = newItem('^');
131                                                    $$->left  = $1;
132                                                    $$->right = $3;
133                                                }
134         ;
135  inclusive_or_expr
136         : exclusive_or_expr
137         | inclusive_or_expr '|'
138           exclusive_or_expr                    {   $$ = newItem('|');
139                                                    $$->left  = $1;
140                                                    $$->right = $3;
141                                                }
142         ;
```

- 第 67~68 行：复杂（表达式）数据项的解析识别。
- 第 71~74 行：基本（终结）数据项的解析识别。
- 第 76~142 行：表达式的解析识别。

解析识别规则的设计确定了运算符优先法则。

11.2 分段类型及其数据结构

连接器对各.obj 文件进行读取解析后，按 CODE_SEGMENT、DATA_SEGMENT、CONST_SEGMENT、FUSE_SEGMENT、MISC_SEGMENT 分段类型重组为分段序列（组）。

segment.h 文件用来定义分段数据结构，具体如下。

/p16ecc/lk_source_1.1/segment.h

```
4   enum {
5       CODE_SEGMENT,
6       DATA_SEGMENT,
7       CONST_SEGMENT,
8       FUSE_SEGMENT,
9       MISC_SEGMENT
10  };
11
12  class Segment {
13      public:
```

```
14          line_t  *lines;          // line pointer
15
16          char    *fileName;        // file name
17          bool    isLIB;            // lib code
18          int     isBEG:  1;        // begin of segment link
19          int     isEND:  1;        // end of segment link
20          int     isREL:  1;        // relocatable segment
21          int     isABS:  1;        // absolute address seg.
22          int     isUsed: 1;        // code will be used
23          int     memAddr;          // assigned memory address
24          int     dataSize;         // function data size (local)
25
26          Segment *next;
27
28      public:
29          Segment(char *file_name);
30          ~Segment();
31          void init(void);
32          void addLine(line_t *lp);
33          int  lineCount(void);
34          int  type(void);          // segment type
35          int  size(void);          // segment size
36          char *name(void);         // segment name
37          void print(void);
38          bool isName(const char *_name) { return strcmp(name(), _name) == 0; }
39      };
40
41  extern Segment  *libSegGroup;
42  extern Segment  *codeSegGroup;
43  extern Segment  *dataSegGroup;
44  extern Segment  *fuseSegGroup;
45  extern Segment  *miscSegGroup;
46
47  void addSegment(Segment *seg);
48  void deleteSegments(Segment *list);
49  void printfSegments(Segment *list);
```

- 第 14 行：该分段中的记录行序列（指针）。
- 第 26 行：连接各分段的链接指针。

11.3　连接器起始和运行模式

工程项目路径：/lk_source_1.1。

源程序文件：main.cpp。

启动连接器的连接操作从 main()函数开始，包括全局变量的初始化，以及对连接器运行选项的识别/处理，具体如下。

连接器运行选项有以下两个。

（1）输出.hex 文件的文件名。

（2）超强型 PIC16Fxxxx 处理器（指令）支持提示。

/p16ecc/lk_source_1.1/main.cpp

```
11  Segment *codeSegGroup= NULL;
12  Segment *dataSegGroup= NULL;
13  Segment *fuseSegGroup= NULL;
14  Segment *miscSegGroup= NULL;
15
16  #define VERSION       "v0.1.1"
17
18  static char *outputFile  = (char*)"_OUTPUT_";
19  static void link0(char *filename, bool lib_f=false);
20  static void cleanup(void);
21
22  int     useBSR6  = 0;
23  char    *libPath;
24
25  ////////////////////////////////////////////////////////////////////////
```

```
26  int main(int argc, char *argv[], char *env[])
27  {
28      int start_parsing = 0;
29      Path path(env);
30      libPath = path.get();
31
32      printf ("PIC16E linker, %s\n", VERSION);
33
34      for (int i = 1; i < argc; i++)
35      {
36          if ( argv[i][0] == '-' )
37          {   // assign the output file name
38              if ( strcmp(argv[i], "-o") == 0 )
39              {
40                  if ( ++i < argc )
41                      outputFile = argv[i];
42              }
43              else if ( strcmp(argv[i], "-X") == 0 )
44              {
45                  useBSR6 = 1;
46              }
47              continue;
48          }
49
50          if ( !start_parsing )
51          {
52              start_parsing++;
53          }
54
55          link0(argv[i]);    // parse source file
56      }
57
58      if ( start_parsing )
59      {
60          cleanup();
61      }
```

- 第 11~14 行：定义 4 个分段序列（指针），以收集不同类型的分段。
- 第 36~48 行：对可选项参数的处理，包括输出文件名（.hex/.map）的识别（第 38~42 行），以及支持超强型 PIC16Fxxxx 处理器（第 43~46 行）。
- 第 50~55 行：对.obj 文件序列的逐一识别，以及读入、解析处理（第 50~53 行），由 link0()函数完成。
- 第 58~61 行：待连接过程结束，释放动态生成的各种变量（此刻所有.obj 文件均已读入，本节尚未涉及具体的连接操作）。

link0()函数对输入文件进行读入、解析，随后将文件记录行按分段类型重组/归类，具体如下。

/p16ecc/lk_source_1.1/main.cpp

```
72  static void link0(char *filename, bool lib_f)
73  {
74      curFile = filename;
75
76      printf("linking '%s' ...\n", filename);
77
78      // using Lex and Bison to parse the source
79      errorCnt = 0;
80      line_t *lp = _main(filename);
81      if ( errorCnt > 0 ) exit(1);
82
83      Segment *seg = NULL;
84      while ( lp )
85      {
86          bool save_line = false;
87          bool add_seg   = false;
88
89          switch ( lp->type ) // input line type?
90          {
91              case 'P':    // processor
92              case 'I':    // include lib file
93              case 'N':    // RAM blank
94              case 'M':    // ROM blank
95              case 0:      // null line
96                  break;
```

```
97          case 'S':    // SEGMENT line
98              seg = NULL;
99          default:
100             if ( seg == NULL )
101             {   // create a segment...
102                 seg = new Segment(filename);
103                 seg->isLIB = lib_f;
104                 add_seg = true;
105             }
106             save_line = true;
107             break;
108         }
109
110     line_t *next = lp->next;
111     lp->next = NULL;
112
113     if ( save_line )
114     {
115         seg->addLine(lp);         // add the line into segment
116         if ( add_seg )            // new segment, add the segment
117         {
118             seg->init();
119             addSegment(seg);
120         }
121     }
122     else
123         freeLine(lp);
124
125     lp = next;
126 }
127 }
```

- 第 80 行：启动对 .obj 输入文件的解析，得到输入文件记录行序列（指针）。
- 第 84～127 行：对记录行序列进行逐一识别、处理，具体如下。
  - ➢ 虽对记录行（"P""I""N""M"）进行处理，但不归入任何的分段组（第 91～96 行），具体操作将在下一节阐述。
  - ➢ 对于"S"类型的记录行，创建一个分段（第 98～106 行），在经过初始化（第 119 行）后，按其分段类型添加到相应的分段组中（第 117～121 行）。
  - ➢ 对于其他类型的记录行，将其归入当前分段的行序列（第 114～122 行）。

通过上述操作，将输入文件中的记录行序列划分成若干片段，并按分段类型归入各自所属的分段组。

本节只叙述如何读入并解析 .obj 文件序列，并将其重组后按分段方式存储。进一步的连接过程将在后续章节中论述。

11.4　内存类型和模式的建立

本节将围绕着连接器如何将不同的分段在内存（RAM、ROM）中进行定位，为最终的结果（.hex 文件）输出做准备。

工程项目路径：/lk_source_1.2。

增加源程序文件：memory.h/ memory.cpp。

11.4.1　内存类及其相关的服务函数

内存管理的主要目的在于记录各类内存（本设计中不考虑 EEPROM 的使用）的使用状况，用于分配存储空间。各内存空间的管理由相关的 Memory 类完成，其数据结构及各类成员函数如下。

```
/p16ecc/cc_lk_source_1.2/memory.h
1   #ifndef _MEM_H
2   #define _MEM_H
3
4   typedef enum {DATA_MEMORY, CODE_MEMORY} MEMORY_TYPE;
5
6   #define GENERAL_MEMORY(a)  ((a&0x7f) >= 32 && (a&0x7f) < 0x70)
7   #define TO_LINEAR_ADDR(a)  (0x2000 + (a>>7)*80 + (a&0x7f) - 32)
8   #define TO_BANKED_ADDR(a)  ((((a&0x1fff)/80)<<7) + (a&0x1fff)%80 + 32)
9
10  #define FIXED_ADDR_FLAG    0x01
11  #define LINEAR_DATA_FLAG   0x02
12  #define PAGE_CHECK_FLAG    0x04
13
14  class Memory {
15      public:
16          Memory(MEMORY_TYPE type);
17          ~Memory();
18          void resize(int size);
19          void init(void);
20          void reset(void);
21          void blank(int start, int length);
22          bool getSpace(int init_addr, int *act_addr, int req_size, int flags=0);
23          int  memUsed(int *total);
24          void printSpace(FILE *);
25          void display(int);
26
27          MEMORY_TYPE type;
28      private:
29          char *mem;
30          int  maxSize;
31          int  memSize;
32
33          int  maxAddr(void);
34          void fillSpace(int start, int size, char val);
35  };
36
37  #endif
```

- 第 4 行：定义 DATA_MEMORY 和 CODE_MEMORY 两种内存类型。
- 第 30 行：用于记录内存分配状况的（一维记录）数组，长度与目标表处理的内存规模相同。数组单元的值表示相应内存单元的使用状态，即已使用（= 1）、未使用（= 0），禁止使用（= -1）。

在 Memory 类的建构函数中确定最大内存长度，即记录数组 mem[] 的长度，具体如下。

```
/p16ecc/cc_lk_source_1.2/memory.cpp
9   Memory :: Memory(MEMORY_TYPE _type)
10  {
11      switch ( type = _type )
12      {
13          case DATA_MEMORY: maxSize = (useBSR6? 64:32)*80+16; break;  // max RAM size
14          case CODE_MEMORY: maxSize = 1024*32;                break;  // max ROM size
15      }
16
17      memSize = maxSize;
18      mem = new char[maxAddr()];
19      init();
20  }
```

注：RAM 的空间是指 12/13 位地址的传统空间（0x0000～0x0FFF/0x0000～0x1FFF），包括寄存器占用的空间。

Memory 类的初始化服务函数 init() 将 RAM 中寄存器和通用空间设为禁用区，具体如下。

/p16ecc/cc_lk_source_1.2/memory.cpp

```
27  void Memory :: resize(int _size)
28  {
29      if ( _size <= maxSize )
30      {
31          memSize = _size;
32          init();
33      }
34  }
35
36  void Memory :: init(void)
37  {
38      if ( type == DATA_MEMORY )
39          for (int a = 0; a < maxAddr(); a++)
40              mem[a] = GENERAL_MEMORY(a)? 0: -1;
41      else
42          memset(mem, 0, memSize);
43  }
```

- 第 38～40 行：RAM 空间初始操作，各个区块中仅 0x20～0x6F 地址空间允许分配。

11.4.2　内存空间分配函数和内存地址空间转换选择

在 PIC16Fxxxx 处理器中，RAM 和 ROM 的地址空间独立，均有各自的寻址空间（传统空间），均可映射至同一个空间（线性空间）。

RAM 线性空间：0x2000～0x3FFF。

ROM 线性空间：0x8000～0xFFFF（指令的低位字节）。

getSpace()函数用于（为某一个分段）搜索、分配内存空间。其中，入口参数包括以下 4 个。

int init_addr：搜索起始地址。

int *act_addr：实际分配地址的指针（返回实际分配到的起始地址）。

int req_size：请求分配空间的长度。

int flag：分配操作标志。

分段的内存分配要求有多种类型，除 ROM 和 RAM 的类型区别之外，还包括指定地址和浮动地址等要求。

/p16ecc/cc_lk_source_1.2/memory.cpp

```
64  bool Memory :: getSpace(int init_addr, int *act_addr, int req_size, int flag)
65  {
66      int org_addr = init_addr;
67
68      if ( type == DATA_MEMORY )  // RAM momery
69      {
70          if ( init_addr >= 0x2000 ) init_addr = TO_BANKED_ADDR(init_addr);
71      }
72      else                        // ROM momery
73          init_addr &= 0x7fff;
```

- 第 66 行：保留原始起始地址。
- 第 68～73 行：将起始地址转换成对应的传统方式。

/p16ecc/cc_lk_source_1.2/memory.cpp

```
75      if ( !(type == DATA_MEMORY && (flag & FIXED_ADDR_FLAG)) )
76      {
77          int addr = init_addr;
78          for (int reqsize = req_size; reqsize > 0;)
79          {
80              bool restart = false;
81
82              if ( addr >= maxAddr() )
83                  return false;   // out of space
84
85              if ( mem[addr] )
```

```
86    {
87        if ( flag & FIXED_ADDR_FLAG ) return false; // can't fit in space
88        restart = true;
89    }
90    else if ( reqsize < req_size )
91    {
92        if ( type == DATA_MEMORY && (addr & 0x7f) == 32 && !(flag & LINEAR_DATA_FLAG) )
93            restart = true; // memory across bank
94
95        if ( type == CODE_MEMORY && (addr & 2047) == 0 && (flag & PAGE_CHECK_FLAG) )
96            restart = true; // memory across page
97    }
98
99    reqsize--;
100   addr++;
101   if ( restart )
102   {
103       reqsize = req_size; // re-start over
104       addr = ++init_addr; // try next address
105   }
106   else if ( type == DATA_MEMORY && (addr & 0x7f) >= 0x70 )
107   {
108       // go to next bank general space
109       addr = ((addr + 128) & ~0x7f) | 0x20;
110   }
111   }
112   }
113
114   fillSpace(init_addr, req_size, 1);
115   if ( type == DATA_MEMORY )  // RAM memory
116       *act_addr = ((flag & FIXED_ADDR_FLAG) &&
117                   org_addr < 0x2000 && !GENERAL_MEMORY(org_addr) )? org_addr:
118                                                    TO_LINEAR_ADDR(init_addr);
119   else                        // ROM memory
120       *act_addr = init_addr | 0x8000;
121
122   return true;
123 }
```

- 第 82～83 行：地址超出内存空间，分配失败。
- 第 85～89 行：当前地址已被占用或禁止使用，将重新开始搜索（考虑从下一单元重新开始扫描）。
- 第 90～97 行：RAM 空间跨区块或 ROM 空间跨页面时的考虑。
- 第 101～105 行：重新开始空间扫描。
- 第 106～110 行：从 RAM 空间检测至区块末端，并切换至下一区块的首地址。
- 第 114 行：分配（成功）完成，将所分配的内存区间设置标记。
- 第 115～120 行：返回实际分配空间的起始地址（线性空间地址）。

11.5 符号数据结构

连接器在运行过程中将处理各类符号（标识符），包括函数名、变量名及文件名。为了对各类符号进行有效的登录、索引和搜索，本节设计了合适的数据结构和相应的服务函数。

工程项目路径：/lk_source_1.3。
增加源程序文件：symbol.h、symbol.cpp。

11.5.1 Symbol 类的数据结构和启用

Symbol 类用于各类符号的存储、检索操作，数据结构及相关的服务函数如下。

/p16ecc/cc_lk_source_1.3/symbol.h

```
1   #ifndef SYMBOL_H
2   #define SYMBOL_H
3   #include "segment.h"
4
5   class Symbol {
6       public:
7           int         type;
8           char        *name;
9           Segment     *segment;
10          int         value;  // value of the symbol
11          Symbol      *next;
12
13      public:
14          Symbol(char *sname);
15          Symbol(char *sname, int stype, Segment *seg);
16          ~Symbol();
17  };
18
19  void    addSymbol(Symbol **slist, Symbol *sp);
20  void    addSymbol(Symbol **slist, Symbol *sp, int value);
21  void    deleteSymbols(Symbol **slist);
22  Symbol *searchSymbol(Symbol *slist, char *str, Segment *seg=NULL);
23  Symbol *logSymbol(Symbol **slist, int type, char *name, Segment *, int val);
24  void    printSymbol(Symbol *slist);
25
26  #endif
```

- 第 7 行：定义类型。
- 第 8 行：符号名。
- 第 9 行：所属的分段。
- 第 10 行：符号的数值。
- 第 19～24 行：处理符号数据的服务函数。

注：每个 Symbol 的实例记录一个标识符（符号）的内容。使用服务函数可以构成符号表链，以供查找。

Symbol 类提供两种建立符号的（同名）构建函数，供不同场合使用，具体如下。

/p16ecc/cc_lk_source_1.3/symbol.cpp

```
12  Symbol :: Symbol(char *sname)
13  {
14      memset(this, 0, sizeof(Symbol));
15      name = dupStr(sname);
16  }
17
18  Symbol :: Symbol(char *sname, int stype, Segment *seg)
19  {
20      memset(this, 0, sizeof(Symbol));
21      type = stype;
22      name = dupStr(sname);
23      segment = seg;
24  }
25
26  Symbol :: ~Symbol()
27  {
28      free(name);
29  }
```

11.5.2　Memory 和 Symbol 类在连接中的应用

main()函数在正式启动连接操作前，需要先建立供内存及输入文件管理的机制，具体如下。

/p16ecc/cc_lk_source_1.3/main.cpp

```
20  Memory  *dataMem = NULL;
21  Memory  *codeMem = NULL;
22  Symbol  *fileList= NULL;
23
24  static char *outputFile = (char*)"_OUTPUT_";
25  static Symbol *libList  = NULL; // list of .lib files
26  static void link0(char *filename, bool lib_f=false);
```

```
27  static char *getLibFile(char *libfile);
28  static void cleanup(void);
29
30  int    useBSR6 = 0;
31  char   *libPath;
32
33  ////////////////////////////////////////////////////////////////
34  int main(int argc, char *argv[], char *env[])
35  {
36      int start_parsing = 0;
37      Path path(env);
38      libPath = path.get();
39
40      printf ("PIC16E linker, %s\n", VERSION);
41
42      for (int i = 1; i < argc; i++)
43      {
44          if ( argv[i][0] == '-' )
45          {   // assign the output file name
46              if ( strcmp(argv[i], "-o") == 0 )
47              {
48                  if ( ++i < argc )
49                      outputFile = argv[i];
50              }
51              else if ( strcmp(argv[i], "-X") == 0 )
52              {
53                  useBSR6 = 1;
54              }
55              continue;
56          }
57
58          if ( !start_parsing )
59          {
60              dataMem = new Memory(DATA_MEMORY);
61              codeMem = new Memory(CODE_MEMORY);
62              libList = new Symbol((char*)"crt0");
63              start_parsing++;
64          }
65
66          link0(argv[i]);   // parse source file
67      }
68
69      if ( start_parsing )
70      {
71          for (Symbol *sp = libList; sp; sp = sp->next)
72          {
73              char *ssp = getLibFile(sp->name);
74              if ( ssp ) link0(ssp, 1);
75          }
76
77          cleanup();
78      }
79      return errorCnt;
80  }
```

- 第 20～21 行：定义 Memory 类的两个指针 dataMem 和 codeMem。
- 第 22 行：定义输入（.obj）文件的 Symbol 类指针 fileList（输入文件列表）。
- 第 25 行：定义库文件的 Symbol 类指针 libList（库文件列表）。
- 第 60～61 行：（正式启动运行前）创建用于内存的 Memory 类。
- 第 62 行：登录基本库函数文件 crt0（默认必需的库文件，它对应于 crt0.c 文件及最后被连接使用的 crt0.lib 文件）。
- 第 71～75 行：对库文件列表中的文件依次进行编译（这些文件的连接代码将根据编译模式而定）。

注：与用于加强型和超强型 PIC16Fxxxx 处理器的库文件源代码（.c 和.h 文件）相同，不同的是生成的连接代码将在编译时受运行选项控制。

在 link0()函数中，检查（用户）.obj 文件是否重复，具体如下。

```
/p16ecc/cc_lk_source_1.3/main.cpp
88    static void link0(char *filename, bool lib_f)
89  ={
90        if ( searchSymbol(fileList, filename) )
91            return;
92
93        addSymbol(&fileList, new Symbol(filename));
94        curFile = filename;
```

- 第 90～93 行：在读入/扫描前，对输入文件（名）进行确认和登录（防止重复）。

下面增加对除代码记录之外其他类型记录行的具体处理。

```
/p16ecc/cc_lk_source_1.3/main.cpp
110        switch ( lp->type ) // input line type?
111  =    {
112        case 'P':    // processor
113            ip0 = itemPtr(lp->items, 1);      // ram size
114            ip1 = itemPtr(lp->items, 2);      // rom size
115            if ( ip0 && ip0->type == TYPE_VALUE ) dataMem->resize(ip0->data.val);
116            if ( ip1 && ip1->type == TYPE_VALUE ) codeMem->resize(ip1->data.val);
117            break;
118        case 'I':    // include lib file
119            ip0 = itemPtr(lp->items, 0);
120            if ( ip0 && ip0->type == TYPE_STRING )
121  =        {
122                std::string str = ip0->data.str;
123                int pos = str.find_last_of("/");
124                if ( pos == std::string::npos ) pos = str.find_last_of("\\");
125                if ( pos != std::string::npos ) str = str.substr(pos+1);
126
127                pos = str.find(".");
128                if ( pos != std::string::npos ) str = str.substr(0, pos);
129
130                if ( !searchSymbol(libList, (char*)str.c_str()) )
131                    addSymbol(&libList, new Symbol((char*)str.c_str()));
132            }
133            break;
134        case 'N':    // RAM blank
135        case 'M':    // ROM blank
136            ip0 = itemPtr(lp->items, 0);    // start address
137            ip1 = itemPtr(lp->items, 1);    // length
138  =        if ( ip0 && ip0->type == TYPE_VALUE &&
139                 ip1 && ip1->type == TYPE_VALUE )
140  =        {
141                if ( lp->type == 'N' ) codeMem->blank(ip0->data.val, ip1->data.val);
142                if ( lp->type == 'M' ) dataMem->blank(ip0->data.val, ip1->data.val);
143            }
144            break;
```

- 第 112～117 行：读取 "P" 记录中关于目标处理器的 ROM/RAM 长度值，并以此对 Memory 类进行重新初始化。
- 第 118～132 行：登录系统文件库。
- 第 134～144 行：设置目标处理器 ROM/RAM 禁止区域。

11.6　连接操作

上述几个小节所叙述的内容只是为实际的连接操作奠定了基础，而真正的连接操作将由一个类（P16link）完成。连接操作可分为以下几个步骤。

（1）舍弃未被使用的分段（包括 RAM 和 ROM 的分段）。比如，系统库函数中很可能有未被使用的代码分段。

（2）扫描各个分段，为各分段分配地址，同时登记标识符及其分配的（地址）值。

（3）审查 "J" "K" 记录行是否需代入相应的 MOVLB 和 MOVLP 指令，最终确定各分段的地址分配，以及标识符（符号）赋值。（"J" "K" 记录行指令代入的取舍将影响各分段

的地址分配）

（4）输出.hex 和.map 文件。

11.6.1　连接类 P16link

工程项目路径：/cc_lk_source_1.4。

增加源程序文件：p16link.h/ p16link.cpp。

P16link 类的定义（包括成员函数）如下。

```
/p16ecc/cc_lk_source_1.4/p16link.h
 4   enum {
 5       RAM_LOC_ABS,
 6       RAM_LOC_LINEAR,
 7       RAM_LOC_FLOAT,
 8       ROM_LOC_ABS,
 9       ROM_LOC_FLOAT,
10   };
11
12   class P16link {
13
14       private:
15           Memory  *codeMem;
16           Memory  *dataMem;
17           Symbol  *symbList;
18           FILE    *fout;
19       public:
20           int     errorCount;
21
22       public:
23           P16link(Memory *ram, Memory *rom);
24           ~P16link();
25
26           bool scanInclusion(void);
27           void assignSegmentsAddress(void);
28           void outputHex(char *filename);
29           void outputMap(char *filename, Memory *);
30
31       private:
32           // p16link.cpp
33           void searchUsedSegment(Symbol *slist);
34           bool searchUsedSegment(Segment *segp, item_t *ip, Symbol *slist);
35           void removeUnusedSegment(Segment **segp);
36
37           // p16link1.cpp
38           void scanFuncLocalData(void);
39           void logSegmentSymbols(Segment *seglist, Symbol **symlist, bool incl_func_name=false);
40           void assignFuncLocalData(Symbol **symlist);
41
42           void assignSegmentMem(Segment *sp, int flag);
43           void assignSegmentAddr(Memory *mem, Segment *seg, int addr, int flag);
44           bool confirmSegmentMem(void);
45   };
```

11.6.2　连接类 P16link 的启用

在 main()函数中，启用 P16link 类的时机如下。当所有.obj 文件（包括库函数文件）均被读入后，开始连接操作。

```
/p16ecc/cc_lk_source_1.4/main.cpp
70       if ( start_parsing )
71       {
72           for (Symbol *sp = libList; sp; sp = sp->next)
73           {
74               char *ssp = getLibFile(sp->name);
75               if ( ssp ) link0(ssp, 1);
76           }
77
78           P16link p16link(dataMem, codeMem);
79           p16link.scanInclusion();
```

```
80
81
82      cleanup();
83
```

- 第 78 行：启用连接类 P16link。
- 第 79 行：扫描各分段链，开始连接操作，并舍弃未被使用的分段。

11.6.3　搜索被使用的分段并舍弃未被使用的分段

P16link 类中 scanInclusion()函数的功能包括以下两点。

（1）收集各分段中的标识符。

（2）从基本分段开始搜索、识别、标注各分段是否被使用。所谓基本分段，是指必须使用的分段，如复位起始分段 CODE0。基本算法是，若分段 i 被使用，分段 i 中包含属于分段 j 中的函数名或变量名标识符，则分段 j 也将被标注为"已使用"状态。通过不断地延伸搜索，最终识别所有被使用的分段，而舍弃未被使用的分段（程序代码和数据变量）。

/p16ecc/cc_lk_source_1.4/p16link.cpp
```
25   bool P16link :: scanInclusion(void)
26   {
27       Symbol *sym_list = NULL;
28
29       logSegmentSymbols(codeSegGroup, &sym_list, true);
30       logSegmentSymbols(dataSegGroup, &sym_list);
31       logSegmentSymbols(miscSegGroup, &sym_list);
32
33       // remove unused segments (code & data)
34       searchUsedSegment(sym_list);
35       removeUnusedSegment(&codeSegGroup);
36       removeUnusedSegment(&dataSegGroup);
37
38       deleteSymbols(&sym_list);
39       return (errorCount == 0);
40   }
```

- 第 29～31 行：收集分段中的标识符。
- 第 34 行：扫描、标注被使用的分段。
- 第 35 行：删除未被使用的 ROM 分段。
- 第 36 行：删除未被使用的 RAM 分段。

P16link 类中有两个同名的 serachUsedSegment()函数，用于搜索被使用的分段，具体如下。分段类型为"CODE0"和"CODE1"，分别表示系统复位和中断服务的代码，需要无条件将其标注为"已使用"状态，并以此为起点进行延伸搜索。

/p16ecc/cc_lk_source_1.4/p16link.cpp
```
102  void P16link :: searchUsedSegment(Symbol *slist)
103  {
104      for (bool done = false; !done;)
105      {
106          done = true;
107          for (Segment *segp = codeSegGroup; segp; segp = segp->next)
108          {
109              // those segments must be included
110              if ( (segp->isName("CODE0") ||
111                    segp->isName("CODE1") ||
112                    segp->isName("CODEi")  ) && !segp->isUsed )
113              {
114                  segp->isUsed = 1;
115                  done = false;
116              }
117
118              if ( segp->isUsed )
119              {
120                  for (line t *lp = segp->lines->next; lp; lp = lp->next)
```

```
121        {
122            if ( lp->type == 'W' )
123                for (item_t *ip = lp->items; ip; ip = ip->next)
124                {
125                    if ( searchUsedSegment(segp, ip, slist) )
126                        done = false;
127                }
128            }
129        }
130    }
131    }
132 }
```

- 第 110～112 行：根部分段类型名的识别（无条件设置为已被使用的分段）。其中，"CODE0"为系统复位向量起始分段（链）；"CODE1"为中断服务分段（链）；"CODEi"为变量初始化分段。
- 第 118～129 行：延伸搜索一旦发现新的分段添入，则 done=false，因而将再度进行搜索。

对（已被使用的）分段中各语句进行延伸搜索（其中包括搜索不断地递归，用以搜索其他被使用的分段），具体如下。

/p16ecc/cc_lk_source_1.4/p16link.cpp

```
134 bool P16link :: searchUsedSegment(Segment *segp, item_t *ip, Symbol *slist)
135 {
136     Symbol *symb;
137     switch ( ip->type )
138     {
139         case TYPE_SYMBOL:
140             symb = searchSymbol(slist, ip->data.str, segp);
141             if ( symb && symb->segment && !symb->segment->isUsed )
142             {
143                 symb->segment->isUsed = 1;
144                 return true;
145             }
146             return false;
147
148         case ':':    case RSHIFT:   case LSHIFT:
149         case '+':    case '-':   case '*':   case '/':   case '%':
150         case '&':    case '|':   case '^':
151             return ( searchUsedSegment(segp, ip->left,  slist) ||
152                      searchUsedSegment(segp, ip->right, slist) );
153
154         case '~':
155             return searchUsedSegment(segp, ip->left,  slist);
156     }
157     return false;
158 }
```

11.6.4 表达式取值函数

增加源程序文件：exp.h/exp.cpp。

记录行中的数据项可以出现运算表达式（包括标识符），但必须将运算表达式转换成对应的数值形式。如果运算表达式中出现标识符，则需要通过查找符号表取得其赋予的具体数值。expValue()函数作为公共函数，可以对数据项 ip（表达式）进行取值，其返回值（char * 类型）反映成功与否（返回 NULL 表示成功），而对操作数的求值，则最终由 expVal()函数完成，具体如下。

/p16ecc/cc_lk_source_1.4/exp.cpp

```
13  static char *expVal(item_t *ip, Segment *seg, Symbol *slist, int addr, int *val);
14  static int   expVal(int v0, int v1, int type);
15
16  /////////////////////////////////////////////////////////////////////////////
17  char *expValue(item_t *ip, Segment *seg, Symbol *slist, int *val, int addr)
18  {
```

```
19    char *lbl0, *lbl1;
20    int  val0, val1;
21
22    if ( ip == NULL ) return NULL;
23
24    switch ( ip->type )
25    {
26        case ':':
27            lbl0 = expVal(ip->left,  seg, slist, addr, &val0);
28            lbl1 = expVal(ip->right, seg, slist, addr, &val1);
29            if ( val1 >= 0x2000 ) val1 = TO_BANKED_ADDR(val1);
30            *val = (val0 & ~0x7f) | (val1 & 0x7f);
31            return lbl0? lbl0: lbl1;
32
33        default:
34            return expVal(ip, seg, slist, addr, val);
35    }
36 }
```

- 第 26~31 行：数据项类型的运算符 "：" 的处理。"：" 是一个特殊的运算符，用来提示其后的操作数是一个 7 位的 RAM 区块地址。
- 第 33~34 行：其他类型的运算符操作项的处理。

注：在 obj 文件类型为 "W" 的记录行中，数据项可以出现特殊的运算符 "："（它表示指令中的低 7 位是 RAM 的区块地址，所以需要将线性地址转换成常规地址），但它不应该参与递归过程。其语法解析为：

```
NUMBER ':' inclusive_or_expr{  $$ = newItem(':');
                               $$->left = valItem($1);
                               $$->right = $3;
                            }
```

/p16ecc/cc_lk_source_1.4/exp.cpp

```
39 static char *expVal(item_t *ip, Segment *seg, Symbol *slist, int addr, int *val)
40 {
41    Symbol *symb;
42    char *lbl0, *lbl1;
43    int  val0, val1;
44
45    *val = 0;
46    if ( ip == NULL ) return NULL;
47
48    switch ( ip->type )
49    {
50        case TYPE_VALUE:
51            *val = ip->data.val;
52            return NULL;
53
54        case TYPE_SYMBOL:
55            symb = searchSymbol(slist, ip->data.str, seg);
56            if ( symb ) *val = symb->value;
57
58            // if 'symbol' not found in the 'slist', report it
59            return symb? NULL: ip->data.str;
60
61        case '.':
62            *val = addr;
63            return NULL;
64
65        case '+':  case '-':  case '*':  case '/':  case '%':
66        case '|':  case '^':  case '&':  case RSHIFT:  case LSHIFT:
67            lbl0 = expVal(ip->left,  seg, slist, addr, &val0);
68            lbl1 = expVal(ip->right, seg, slist, addr, &val1);
69            *val = expVal(val0, val1, ip->type);
70            return lbl0? lbl0: lbl1;
71
72        case '~':
73            return expVal(ip->left,  seg, slist, addr, val);
74    }
75    return NULL;
76 }
```

- 第 50~52 行：常数操作项的处理，用来直接返回常数值。
- 第 54~59 行：标识符操作项的处理，用来搜索符号表，返回符号被定义的值（如果搜索失败，则返回当前程序行的提示）。

- 第 61~63 行：特殊记号 "." 的处理，用来返回当前地址值。
- 第 65~70 行：各类双目算术、逻辑运算的处理，用来继续递归取值。
- 第 72~73 行：单目运算的处理。

11.6.5　对各分段的内存空间进行分配和定位

工程项目路径：/cc_lk_source_1.5。

增加源程序文件：p16link1.cpp、p16link2.cpp。

运行 11.6.3 节中介绍的 scanInclusion() 函数之后，各分段链中的片段将通过 assignSegmentsAddress() 函数进行内存分配、定位。该函数的启动时机如下。

```
/p16ecc/cc_lk_source_1.5/main.cpp
70      if ( start_parsing )
71      {
72          for (Symbol *sp = libList; sp; sp = sp->next)
73          {
74              char *ssp = getLibFile(sp->name);
75              if ( ssp ) link0(ssp, 1);
76          }
77
78          P16link p16link(dataMem, codeMem);
79          p16link.scanInclusion();
80          p16link.assignSegmentsAddress();
81
82          cleanup();
83      }
```

内存分配过程需要多次（反复）进行分配、验证操作；各分段分配完成后，需要将其中的标识符（通常指函数名及变量名）对应的地址登录到符号列表中。此外，每次循环前需要清除内存分配信息及符号列表，具体如下。

在对分段进行（内存）地址分配时，需要按以下顺序（或优先级）进行。

（1）先对数据分段（RAM 空间）进行地址分配，再对代码分段（ROM 空间）进行地址分配。

（2）先对需要绝对地址定位的分段进行地址分配，再对线性空间的分段进行地址分配，最后对可浮动的分段进行地址分配。

在进行地址分配的操作时需要注意以下两点。

（1）绝对地址分配，需要检测有无冲突。

（2）可浮动地址分配，根据分段的长度或定义，从低位（地址）到高位（地址）地搜索未被使用的内存空间片段。

```
/p16ecc/cc_lk_source_1.5/p16link1.cpp
14  void P16link :: assignSegmentsAddress(void)
15  {
16      scanFuncLocalData();
17
18      while ( !errorCount )
19      {
20          codeMem->reset();
21          dataMem->reset();
22          deleteSymbols(&symbList);
23
24          // assign data addresses
25          assignSegmentMem(dataSegGroup, RAM_LOC_ABS);     // assign address for ABS data
26          assignSegmentMem(dataSegGroup, RAM_LOC_LINEAR);  // assign address for linear data
27          assignSegmentMem(dataSegGroup, RAM_LOC_FLOAT);   // assign address for float data
28          logSegmentSymbols(dataSegGroup, &symbList);      // log data symbols
29
```

```
30          assignFuncLocalData(&symbList);              // assign address for func local data
31
32          // assign code addresses
33          assignSegmentMem(codeSegGroup, ROM_LOC_ABS);   // assign address for ABS code
34          assignSegmentMem(codeSegGroup, ROM_LOC_FLOAT); // assign address for float code
35          logSegmentSymbols(codeSegGroup, &symbList);    // log code symbols
36
37          // assign fuse addresses
38          assignSegmentMem(fuseSegGroup, ROM_LOC_ABS);   // log fuse contents
39
40          logSegmentSymbols(miscSegGroup, &symbList);
41
42          if ( confirmSegmentMem() ) break;              // confirm code assignments
43      }
44  /*
45      for (Symbol *sp = symbList; sp; sp = sp->next)
46          printf("%s (%c), value = %d (0x%X)\n", sp->name, sp->type, sp->value, sp->value);
47
48  */
```

- 第 16 行：扫描、收集各个函数分段中的内部变量，即函数内部变量总消耗长度（此刻暂不分配内存）。
- 第 20～22 行：清除内存分配信息及符号列表。
- 第 25 行：对需要绝对地址分配内存的数据分段进行内存分配操作。
- 第 26 行：对需要线性空间分配内存的数据分段进行内存分配操作（数据片段允许跨区块）。
- 第 27 行：对普通数据分段进行内存分配操作。
- 第 28 行：登录所有数据分段中标识符对应的具体数值（地址值）。
- 第 30 行：对函数内部变量进行内存分配操作。
- 第 33 行：对需要绝对地址分配内存的（函数或固化数据）代码分段进行内存分配操作。
- 第 34 行：对普通（函数或固化数据）代码分段进行内存分配操作。
- 第 35 行：登录所有代码分段中标识符对应的具体数值（地址值）。
- 第 42 行：对内存分配的验证，即对"J""K"记录行代码取舍的判定。一旦代码取舍发生变动，就会影响总体的内存定位，因此需要重新进行分配操作。

各分段经过分配后，需要最后验证是否进行调整。其原因是（代码）分段的 2 种记录（"J"和"K"）需要根据实际情况确定是否要生成相应的指令。"J""K"记录行中含有 1～2 个数据项。若只含 1 个数据项（地址项），则无条件插入 MOVLB 或 MOVLP 指令；否则将判断这两个地址是否属于同一页面或区块，并以此决定指令插入与否。注：当"J"和"K"记录行中只有一个操作项时，需要生成指令。关于 confirmSegmentMem()函数对"J"和"K"记录行的处理过程如下。

/p16ecc/cc_lk_source_1.5/p16link2.cpp

```
101  bool P16link :: confirmSegmentMem(void)
102  {
103      bool done = true;
104      For (Segment *seg = codeSegGroup; seg; seg = seg->next)
105      {
106          int addr = seg->memAddr;     // segment start address
107          for (line_t *lp = seg->lines; lp; lp = lp->next)
108          {
109              int ltype  = lp->type;
110              item_t *ip = lp->items;
111              int item_count = itemCount(ip);
112              int v, v0, v1;
113              switch ( ltype )
114              {
```

/p16ecc/cc_lk_source_1.5/p16link2.cpp

```
127                     case 'J':
128                     case 'K':
129                         if ( ip )
130                         {
131                             item_t *ip1 = ip->next;
132                             char *lbl0 = expValue(ip, seg, symbolList, &v0, addr);
133                             char *lbl1 = expValue(ip1, seg, symbolList, &v1, addr);
134                             if ( ip1 && !lbl0 && !lbl1 )
135                             {
136                                 if ( ltype == 'J' ) // 'J' - rom page switch
137                                 {
138                                     int switch_page = (v0 ^ v1) & (0xf << 11);
139                                     if ( switch_page && !lp->insert )
140                                     {
141                                         lp->insert = 1;
142                                         done = false;
143                                     }
144                                     if ( !switch_page && lp->insert && !lp->retry )
145                                     {
146                                         lp->insert = 0;
147                                         done = false;
148                                         lp->retry++;
149                                     }
150                                 }
151                                 else                  // 'K' - ram bank switch
152                                 {
153                                     v0 = (v0 >= 0x2000)? (v0 % 0x2000)/80: v0 >> 7;
154                                     v1 = (v1 >= 0x2000)? (v1 % 0x2000)/80: v1 >> 7;
155                                     if ( v0 != v1 && !lp->insert )
156                                     {
157                                         lp->insert = 1;
158                                         done = false;
159                                     }
160                                 }
161                             }
162
163                             if ( !ip1 || lp->insert )
164                                 addr++;
165                         }
166                         break;
```

（1）MOVLB/MOVLP 指令的插入将影响整体的 RAM/ROM 地址定位。因此，只要改变指令插入与否，就必须重新对全体分段的地址进行分配、定位（第 142 行、第 147 行、第 158 行）。

（2）为防止因反复决定插入与否而导致的死循环，有必要设置终结条件（第 148 行、第 155 行）。

11.6.6　连接后的结果文件输出

工程项目路径：/cc_lk_source_1.6。
增加源程序文件：p16link3.cpp。

根据前文所叙述的操作，我们可以获取所有的连接信息（各分段的内存地址及各种标识符的数值），下面将 ROM 和 FUSE 分段（链）的内容输出到.hex 和.map 文件中。

.hex 和.map 文件的输出操作是一个直接的代码格式的转换过程。其中，.hex 文件格式遵循业内标准，详细内容可参见有关文献。

输出操作将在各分段内存定位完成后进行，具体如下。

/p16ecc/cc_lk_source_1.6/main.cpp

```
70          if ( start_parsing )
71          {
72              for (Symbol *sp = libList; sp; sp = sp->next)
73              {
74                  char *ssp = getLibFile(sp->name);
75                  if ( ssp ) link0(ssp, 1);
76              }
```

```
77
78          P16link p16link(dataMem, codeMem);
79
80          p16link.scanInclusion();
81          p16link.assignSegmentsAddress();
82
83          if ( p16link.errorCount == 0 )
84          {
85              char *output = new char[strlen(outputFile)+10];
86              sprintf(output, "%s.hex", outputFile);
87              p16link.outputHex(output);
88              sprintf(output, "%s.map", outputFile);
89              p16link.outputMap(output);
90              delete [] output;
91
92              int m_used, m_total;
93              m_used = dataMem->memUsed(&m_total);
94              printf("RAM used: %d bytes (%.2f%c)\n", m_used, (float)m_used*100/(float)m_total, '%');
95              m_used = codeMem->memUsed(&m_total);
96              printf("ROM used: %d words (%.2f%c)\n", m_used, (float)m_used*100/(float)m_total, '%');
97          }
98
99          cleanup();
100     }
```

在 P16link 类中增加成员函数 outputHex()和 outputMap()，以及文件输出的类 HexWriter
和 MapWriter，供输出结果使用。

在生成.hex 文件时，只需分别使用代码分段链（codeSegGroup）和处理器镕丝分段链
（fuseSegGroup）中的"W"记录行即可，具体如下。

/p16ecc/cc_lk_source_1.6/p16link3.cpp

```
17  void P16link :: outputHex(char *filename)
18  {
19      HexWriter hexWriter(filename);
20
21      for (Segment *seg = codeSegGroup; seg; seg = seg->next)
22      {
23          int addr = seg->memAddr & 0x7fff;
24          for (line_t *lp = seg->lines; lp; lp = lp->next)
25          {
26              item_t *ip = lp->items;
27              int item_count = itemCount(ip);
28              int w, v0, v1;
29              switch ( lp->type )
30              {
31                  case 'W':
32                      for (; ip; ip = ip->next)
33                      {
34                          expValue(ip, seg, symbList, &w, addr);
35                          hexWriter.outputWord(addr*2, w);
36                          addr++;
37                      }
38                      break;
```

/p16ecc/cc_lk_source_1.6/p16link3.cpp

```
72      for (Segment *seg = fuseSegGroup; seg; seg = seg->next)
73      {
74          int addr = seg->memAddr;
75          for (line_t *lp = seg->lines; lp; lp = lp->next)
76          {
77              item_t *ip = lp->items;
78              int item_count = itemCount(ip);
79              int w;
80              switch ( lp->type )
81              {
82                  case 'W':
83                      for (; ip; ip = ip->next)
84                      {
85                          expValue(ip, seg, symbList, &w, addr);
86                          hexWriter.outputWord(addr*2, w);
87                          addr++;
88                      }
89                      break;
90          }
91      }
92  }
```

.map 文件将包含整个项目的各类信息，如（外部）变量内存分配等，供用户阅读使用。其输出的大致过程如下。

```
/p16ecc/cc_lk_source_1.6/p16link3.cpp
97    void P16link :: outputMap(char *filename)
98    {
99        int usedMemSize, totalMemSize;
100
101       MapWriter mapWriter(filename);
102
103       // output RAM map ...
104       usedMemSize = dataMem->memUsed(&totalMemSize);
105       mapWriter.outputSeg(symbList, usedMemSize, totalMemSize);
106
107       // output data memory map ...
108       dataMem->printSpace(mapWriter.fout);
109
110       // output ROM map ...
111       usedMemSize = codeMem->memUsed(&totalMemSize);
112       mapWriter.outputSeg(codeSegGroup, symbList, usedMemSize, totalMemSize);
113
114       // output calling map ...
115   //  fcallMgr->outputCallPath(mapWriter.fout);
116
117       mapWriter.close();
118   }
```

.hex 文件包含应用程序全部的运行代码和固化数据；另外，还包括熔丝配置字。通过 Microchip 公司提供的专用工具（MPLAB IDE 或新版的 MPLAB X IPE），最终将.hex 文件内容下载至目标芯片中。

至此，连接器的设计完成。

第 12 章 PIC16Fxxxx 连接器的加强与深入

第 11 章介绍了连接器的基本构造和设计过程。为了提高整个编译器的质量和效率，有必要进行进一步的研究和改进。

12.1 问题的提出和应对

从第 11 章的设计过程中可以看出，PIC16Fxxxx 连接器将各函数的内部变量（或谓局部变量）以静态的方式分配各自专属的 RAM 区域，且互不重叠。

设：

F_1、F_2、…、Fn 为整个应用中的 n 个函数。

M_1、M_2、…、Mn 为整个应用中 n 个函数各自内部变量区。

L_1、L_2、…、Ln 为整个应用中 n 个函数各自内部变量区的长度。

显然，整个应用中各函数内部变量所消耗的内存 RAM 总量为 $\sum L_i$。

函数内部变量包括以下 3 个方面。

（1）函数的入口参数。

（2）函数的内部变量（不包括静态变量）。

（3）由编译器生成的临时变量（不包括返回地址存放区域）。

综上所述，若将函数内部变量安置在各自专属的 RAM 内存区间中，则相对于小型处理器来说，所消耗的内存 RAM 总量可能非常可观。

简单来说，函数的运行状态可以分为活跃状态（运行状态）和闲置状态（非运行状态）两种。函数被调用时，即进入活跃状态直至运行终结退出。由于函数之间的调用及中断情况的发生，因此同一时刻整个系统可能有多个函数处于活跃状态。在通常情况下，函数因调用而被启用，编译系统并不对该函数的内部变量进行清零初始化（不考虑静态变量）；而当函数处于闲置状态时，其内部变量（内存空间）是无意义的。这一概念对多任务、多进程系统

（如使用 RTOS）的情形同样适用。事实上，几乎所有的（嵌入式）应用均属于多进程形式，即主进程（前台进程）与中断服务进程之间的切换。

在支持 C 语言的理想环境中，函数的内部变量（静态变量除外）空间将借助堆栈的运作，动态地获取和释放，即当启用函数时从堆栈顶部获得空间，随着函数运行的终止而被释放。堆栈内仅保留当前处于活跃状态的函数内部变量。所以，堆栈的应用本身即是理想的函数内部变量管理手段，高效、简单且安全。在多任务、多进程的 RTOS 系统中，每个任务（task）均拥有各自的堆栈，RTOS 管理运行的关键之一就是对堆栈（指针）的切换。由此可见，堆栈使用的长（深）度就是系统中处于活跃状态的函数（或函数调用总长度）所需的最大内存规模。也就是说，所有函数的内部变量共享堆栈内的内存空间。

由于 PIC16Fxxxx 处理器的特殊性，如果编译器将函数的内部变量安排在由 FSR1 所指示的（软件）堆栈内，虽然理论上可行，但是会造成生成的代码运行效率（极其）低下。这是因为 PIC16Fxxxx 处理器的算术、逻辑运算指令不支持寄存器偏址寻址（register offset addressing）。

是否能借助上述堆栈操作的概念，使得以静态方式分配在 RAM 中的函数内部变量空间也能彼此共享（多个函数的内部变量空间（区）重叠，从而减少 RAM 的总消耗）？答案是肯定的。对于函数 F_i 和 F_j，当两者的活跃状态为互斥关系（必要条件）时，则 M_i 和 M_j 的空间便可重叠，即 $M_{i,j}$ 的长度 $L_{i,j} = \max(L_i, L_j)$。此结论可以被推广至多个函数内部变量的共享存储空间中。

12.2 函数活跃状态的判断原则

12.2.1 基本判断原则

如图 12-1（a）所示，函数 F_1、F_2 及 F_3 的调用关系（调用链图）为：

$F_1 \rightarrow \quad F_2 \rightarrow \quad F_3$

F_2 和 F_3 同处于 F_1 的调用链中。当 F_3 处于活跃状态时，F_1 和 F_2 也处于活跃状态，因此 F_1、F_2 及 F_3 三者之间无法实现内部变量空间的共享或重叠。

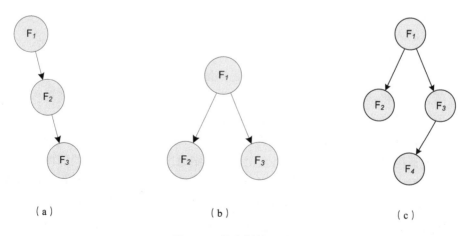

（a）　　　　　　　　　（b）　　　　　　　　　（c）

图 12-1　基本判断原则

如图 12-1（b）所示，函数 F_1、F_2 及 F_3 的调用关系（调用链图）为：

$F_1 \rightarrow F_2$

$F_1 \rightarrow F_3$

F_2 和 F_3 虽同受 F_1 调用，但两者互不（间接或直接）调用，不会同时处于活跃状态。因此，F_2 和 F_3 可以实现函数内部变量空间的共享，可以将其称为共享函数群（以下简称共享群）。

如图 12-1（c）所示，函数 F_1、F_2 及 F_3 的调用关系（调用链图）为：

$F_1 \rightarrow F_2$

$F_1 \rightarrow F_3 \rightarrow F_4$

其中，F_2 与 F_3，以及 F_2 与 F_4 之间均不存在相互（直接或间接）调用关系，因此 F_2 与 F_3 或 F_2 与 F_4 可以成为共享群。但是，F_2 只能与 F_3 或 F_4 其中之一成为共享群，即 F_3 与 F_4 不能同时出现在同一个共享群中。此外，选择不同的共享群会得到不同的结果。例如，设 $L_2 = 3$，$L_3 = 2$，$L_4 = 4$。

若三者不共享函数内部变量空间，则总内存消耗为 $3 + 2 + 4 = 9$；

若 F_2 与 F_3 成为共享群，则 $L_{2,3} = \max(L_2, L_3) = 3$，$L_{2,3} + L_4 = 3 + 4 = 7$；

若 F_2 与 F_4 成为共享群，则 $L_{2,4} = \max(L_2, L_4) = 4$，$L_{2,4} + L_3 = 4 + 2 = 6$；

结论：

（1）函数 F_i 与 F_j 是否能共享函数内部变量空间的必要条件是相互之间不存在（直接或间接的）调用关系。

（2）任何函数只能出现在一个共享群中。

（3）选择不同的共享群会产生不同的结果。

（4）若函数 F_i 不具有内部变量，即 $L_i = 0$，则不必考虑共享。

12.2.2　进程类型互斥原则

基本上所有嵌入式系统都属于多进程运行。

（1）前台的主进程是由 main() 函数为主导的进程。

（2）各个中断服务函数是由中断事件所生成的进程。

除此之外，还有一类使用函数指针启动运行的函数，如图 12-2 所示。为了简便起见，可以将此称为另类的进程。

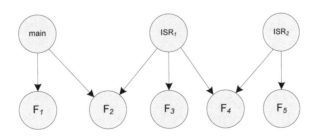

图 12-2　进程类型互斥原则

从图 12-2 中可知，除了主进程（前台进程）main，另有两个中断服务进程 ISR_1 和 ISR_2。

在函数 $F_1 \sim F_5$ 中，F_2 不仅出现在主进程的调用链中，还受中断服务进程 ISR_1 的调用。由于前、后台进程之间分别独立运行，两者可能同时处于活跃状态，因此 F_2 不能与 F_1 共享内部变量空间；正因为 F_2 的此特征，所以也不能与 F_3、F_4、F_5 中任意一个函数共享内部变量空间。由于 PIC16Fxxxx 处理器的特殊性，中断服务没有优先级判断和裁定，不需考虑中断嵌套，因此各中断服务进程之间的运行呈互斥关系。因此，$F_3 \sim F_5$ 可以共享内部变量空间。

需要指出的是，在 PIC16Fxxxx 处理器的应用设计中应该避免出现受不同类型进程调用的函数（没有内部变量的函数除外）。

结论：

（1）若函数受不同类型的进程调用，则不能与其他函数共享内部变量空间。

（2）各中断服务函数呈并列关系，且互不关联，因此它们可以共享内部变量空间。

12.3 函数内部变量空间共享的实现和设计

实现函数内部变量空间共享需要得到函数之间的调用关系，以及由此而生成的调用链。基于这个原因，编译器在解析源程序，生成汇编语言输出时，附带输出函数调用语句 ".fcall"，并在由汇编转换所输出的.obj 文件中也包含对应的调用记录行（"F"）。

很显然，对于分析、处理函数内部变量空间的操作将基于以下两点。

（1）各函数本身的信息，如内部变量的总消耗量、分段类型等。

（2）函数之间的调用关系，包括直接、间接的调用关系。

在连接器中，本节添加相关的 FcallMgr 类，旨在实现上述的处理和算法；同时，对 Plink16 类进行相应的扩充，使得连接器在第 11 章的基础上，增加更多、更强的功能。

工程项目路径：/cc_lk_source_1.7。

增加源程序文件：fcall.h、fcall1.cpp。

fcall.h 文件给出支持函数内部变量空间共享的数据结构，具体如下。

```
/p16ecc/cc_lk_source_1.7/fcall.h
 4    enum {MAIN_FUNC=1, ISR_FUNC, SUB_FUNC, NULL_FUNC};
 5
 6    #define BNODE(i,j)      (basicVectorMatrix[i][j])
 7    #define ENODE(i,j)      (extendVectorMatrix[i][j])
 8
 9    typedef enum {IS_CALLER, IS_CALLEE} FUNC_MODE;
10
11    typedef struct _Fcall {
12        char    *fileName;
13        char    *caller;
14        char    *callee;
15        struct _Fcall *next;
16    } Fcall;
17
18    typedef struct _FuncAttr {
19        char    *fileName;  // file name
20        char    *funcName;  // function name
21        int     dataSize;   // function local data size
22        int     funcIndex;  // internal index
23        bool    global;
24        Segment *segment;
25        char    *rootList;
26        int     funcType;
27        bool    standalone;
28        struct _FuncAttr *next;
29    } FuncAttr;
```

- 第 4 行：函数的 4 种类型划分，其中 SUB_FUNC 为受其他函数直接调用的函数类型；NULL_FUNC 为由函数指针调用的函数类型。
- 第 6 行：直接关系矩阵存取的宏定义。
- 第 7 行：间接关系矩阵（也被称为扩展关系矩阵）存取的宏定义。
- 第 11～16 行：记录函数调用的数据结构。
- 第 18～29 行：记录函数各种特征信息的数据结构。

```
/p16ecc/cc_lk_source_1.7/fcall.h
31   class FcallMgr {
32
33       private:
34           FuncAttr *funcList;
35           char      **basicVectorMatrix;
36           char      **extendVectorMatrix;
37
38       public:
39           Fcall    *fcallList;
40           int       funcCount;
41
42       public:
43           FcallMgr();
44           ~FcallMgr();
45
46           void addFcallName(line_t *lp, Segment *seg);
47           void addFcallLink(line_t *lp);
48           void setGlobal(line_t *lp, char *func);
49
50           void createBasicMatrix(void);
51           void createExtendMatrix(void);
52
53           FuncAttr *getFunc(int f_idex);
54           FuncAttr *getFunc(char *file, char *func, FUNC_MODE mode);
55
56           // fcall1.cpp
57           int  funcType(int f_index);
58           void findRoot(int f_index, char *trace_list, char *root_list);
59           int  funcDataSize(int f_index);
60           bool joinInGroup(int *group, int length, int f_index);
61
62           void outputCallPath(FILE *fout=NULL);
63           void outputCallPath(FILE *fout, int *queue, int length);
64
65       private:
66           Fcall *searchFcall(char *fname, char *caller, char *callee);
67           void validation(int f_index);
68   };
```

- 第 31～68 行：FcallMgr 类的定义。

由于本节中涉及的改进仅限于对函数内部变量的定位和内存分配，因此设计中连接器的总体基本结构仍保持不变。

12.3.1　功能的嵌入

新增功能只需修改分段（链）内存分配环节，即在 assignSegmentAddress() 函数中，增加收集需要连接的各文件全部函数信息的操作，这里为 scanFcall() 函数；改变为通过函数内部变量来分配内存算法。

```
/p16ecc/cc_lk_source_1.7/p16link1.cpp
14   void P16link :: assignSegmentsAddress(void)
15   {
16       scanFuncLocalData();
17       scanFcall(codeSegGroup);
18
19       while ( !errorCount )
20       {
21           codeMem->reset();
22           dataMem->reset();
```

```
23              deleteSymbols(&symbList);
24
25              // assign data addresses
26              assignSegmentMem(dataSegGroup, RAM_LOC_ABS);     // assign address for ABS data
27              assignSegmentMem(dataSegGroup, RAM_LOC_LINEAR);  // assign address for linear data
28              assignSegmentMem(dataSegGroup, RAM_LOC_FLOAT);   // assign address for float data
29              logSegmentSymbols(dataSegGroup, &symbList);      // log data symbols
30
31              assignFuncLocalData(&symbList);                  // assign address for func local data
32
33              // assign code addresses
34              assignSegmentMem(codeSegGroup, ROM_LOC_ABS);     // assign address for ABS code
35              assignSegmentMem(codeSegGroup, ROM_LOC_FLOAT);   // assign address for float code
36              logSegmentSymbols(codeSegGroup, &symbList);      // log code symbols
37
38              // assign fuse addresses
39              assignSegmentMem(fuseSegGroup, ROM_LOC_ABS);     // log fuse contents
40
41              logSegmentSymbols(miscSegGroup, &symbList);
42
43              if ( confirmSegmentMem() ) break;                // confirm code assignments
44          }
45      /*
46          for (Symbol *sp = symbList; sp; sp = sp->next)
47              printf("%s (%c), value = %d (0x%X)\n", sp->name, sp->type, sp->value, sp->value);
48      */
49      }
```

- 第 17 行：增加对所有函数分段进行扫描的 scanFcall()函数，收集 "F" 记录行。
- 第 31 行：改写对内部变量分配存储空间的 assignFuncLocalData()函数。

12.3.2 算法的实现

在 scanFcall()函数中，只对各文件中的 3 种记录进行分析，并收集函数间调用信息（设共有 N 个函数需要分配各自的内部变量区）。在此基础上，根据各函数间的调用关系生成 2 个均为 $N \times N$ 的二维单向关系矩阵，具体如下。

（1）基本关系矩阵（basicVectorMatrix），用来记录函数直接调用关系。 若函数 F_i 调用函数 F_j，则矩阵元素[i,j] = 1。

（2）延伸/扩展关系矩阵（extendVectorMatrix），用来记录函数间接调用关系。若函数 F_i 调用函数 F_j，且函数 F_j 调用函数 F_k，则矩阵元素 [i,k] = 2。

/p16ecc/cc_lk_source_1.7/p16link4.cpp

```
16  void P16link :: scanFcall(Segment *segp)
17  {
18      fcallMgr = new FcallMgr();
19
20      for (; segp; segp = segp->next)
21      {
22          if ( segp->type() != CODE_SEGMENT ) continue;
23
24          bool add_list = false;
25          for (line_t *lp = segp->lines; lp; lp = lp->next)
26              switch ( lp->type )
27              {
28                  case 'U':   // segment data specifier
29                      fcallMgr->addFcallName(lp, segp);
30                      add_list = true;
31                      break;
32
33                  case 'F':   // function call
34                      if ( add_list )
35                          fcallMgr->addFcallLink(lp);
36                      break;
37
38                  case 'G':   // global label
39                      if ( add_list )
40                          fcallMgr->setGlobal(lp, lp->items->data.str);
41                      break;
42              }
43      }
44
```

```
45     fcallMgr->createBasicMatrix();
46     fcallMgr->createExtendMatrix();
47  }
```

- 第 20~43 行：收集所有 CODE_SEGMENT 分段中关于函数调用的信息。
- 第 45 行：生成函数调用基本关系矩阵（提示函数之间的直接调用）。
- 第 46 行：生成函数调用扩展关系矩阵（提示函数之间的间接调用）。

函数调用基本关系矩阵的生成过程如下。

/p16ecc/cc_lk_source_1.7/fcall.cpp

```
117  void FcallMgr :: createBasicMatrix(void)
118  {
119      basicVectorMatrix = new char *[funcCount];
120      for (int i = 0; i < funcCount; i++)
121      {
122          basicVectorMatrix[i] = new char[funcCount];
123          memset(basicVectorMatrix[i], 0, funcCount);
124      }
125
126      // build up the basic calling chain
127      for (Fcall *fp = fcallList; fp; fp = fp->next)
128      {
129          FuncAttr *fp1 = getFunc(fp->fileName, fp->caller, IS_CALLER);
130          FuncAttr *fp2 = getFunc(fp->fileName, fp->callee, IS_CALLEE);
131
132          if ( fp1 && fp2 && fp1->funcIndex != fp2->funcIndex )
133              BNODE(fp1->funcIndex, fp2->funcIndex) = 1;
134      }
135  }
```

- 第 119 行：创建矩阵的指针数组。
- 第 120~124 行：创建矩阵的单维数组，并依次对应各个函数。
- 第 127~134 行：基于函数调用基本信息列表，对函数调用基本关系矩阵进行填注。

函数调用扩展关系矩阵的生成过程如下。

/p16ecc/cc_lk_source_1.7/fcall.cpp

```
137  void FcallMgr :: createExtendMatrix(void)
138  {
139      extendVectorMatrix = new char *[funcCount];
140      for (int i = 0; i < funcCount; i++)
141      {
142          extendVectorMatrix[i] = new char[funcCount];
143          memcpy(extendVectorMatrix[i], basicVectorMatrix[i], funcCount);
144      }
145
146      // extending the calling relationship
147      //   if N(i,j) and N(j,k), then N(i,k) = 2 which means it's extended link
148      for (bool done = false; !done;)
149      {
150          done = true;
151          for (int i = 0; i < funcCount; i++)
152          for (int j = 0; j < funcCount; j++)
153          {
154              if ( ENODE(i, j) )
155                  for (int k = 0; k < funcCount; k++)
156                      if ( ENODE(j, k) && !ENODE(i, k) && i != k )
157                      {
158                          ENODE(i, k) = 2;
159                          done = false;
160                      }
161          }
162      }
163
164      for (int i = 0; i < funcCount; i++)
165      {
166          FuncAttr *fp = getFunc(i);
167          fp->funcType = FuncType(i);
168          fp->rootList = new char[funcCount];
169          memset(fp->rootList, 0, funcCount);
170
171          char trace_list[funcCount];
172          memset(trace_list, 0, funcCount);
173
174          findRoot(i, trace_list, fp->rootList);
175          validation(i);
176      }
177  }
```

- 第 139～144 行：矩阵的数组创建（与函数调用基本关系矩阵的生成过程相同）。
- 第 148～162 行：扩充关系的填注。
- 第 164～176 行：最后，取得各函数的属性，具体如下。
  - ➤ 第 167 行：函数的类型{MAIN_FUNC,ISR_FUNC,SUB_FUNC,NULL_FUNC}。
  - ➤ 第 168～174 行：函数的根类型（拥有者）。对于 SUB_FUNC 类型的函数来说，需要确定其根函数{MAIN_FUNC,ISR_FUNC,NULL_FUNC}。注：若函数受多线程调用，则有多个根函数。为了防止陷入无穷的搜索，引入 trace_list，用来记录已被搜索过的函数。
  - ➤ 第 175 行：对函数特征进行最后的标识。若函数的根类型含有 ISR_FUNC，并且整个应用中含有多个中断服务，则需要将全部中断服务函数标注在 rootList 内。

通过上述的算法处理，只需对函数的 rootList 属性进行检测和比较，即可确定函数之间是否能共享内部变量空间。

12.3.3　函数内部变量共享群的生成

最后，assignFuncLocalData()函数中将根据上述生成的 2 个关系矩阵来判断函数间的内部变量的共享，即共享群的生成，具体如下。

```
/p16ecc/cc_lk_source_1.7/p16link4.cpp
50    void P16link :: assignFuncLocalData(Symbol **symlist)
51    {
52        char func_list[fcallMgr->funcCount];
53        int  call_list[fcallMgr->funcCount];
54        memset(func_list, 0, fcallMgr->funcCount);
55
56        for (bool done = false; !done;)
57        {
58            int addr, length = 0;
59            int max_size = 0;
60
61            for (int i = 0; i < fcallMgr->funcCount; i++)
62            {
63                FuncAttr *fp1 = fcallMgr->getFunc(i);
64                if ( !func_list[i] && fp1->dataSize )
65                {
66                    if ( fcallMgr->joinInGroup(call_list, length, i) )
67                    {
68                        call_list[length++] = i;
69                        func_list[i] = 1;
70                        if ( max_size < fp1->dataSize ) max_size = fp1->dataSize;
71                    }
72                }
73            }
74
75            if ( max_size && dataMem->getSpace(0, &addr, max_size) )
76            {
77                for (int i = 0; i < length; i++)
78                {
79                    FuncAttr *fp = fcallMgr->getFunc(call_list[i]);
80                    std::string f_name = fp->FuncName;  f_name += "_$data$";
81                    logSymbol(symlist, 'U', (char*)f_name.c_str(), fp->segment, addr);
82                }
83            }
84            done = (max_size == 0);
85        }
86    }
```

- 第 52 行：建立全体函数列表数组，并对全部函数依次审视、扫描。
- 第 53 行：建立共享群组的容纳数组。
- 第 58 行：当前共享群的长度清零。
- 第 63～72 行：试图将某函数添加到（当前）共享群中（资格判定），并确定群中最大内存消耗（第 70 行）。

- 第 75～84 行：对共享群中众函数的内部变量分配内存并确定存储地址（均始于同一地址）。

其中，对加入共享群的判断由 joinInGroup()函数完成，具体如下。

```
/p16ecc/cc_lk_source_1.7/fcall1.cpp
68    bool FcallMgr :: joinInGroup(int *group, int length, int f_index)
69    {
70        for (int i = 0; i < length; i++)
71        {
72            FuncAttr *fp1 = getFunc(group[i]);
73            FuncAttr *fp2 = getFunc(f_index);
74
75            if ( fp2->standalone                             ||
76                 CROSS_CALL(group[i], f_index)               ||
77                 fp1->funcType != fp2->funcType              ||
78                 memcmp(fp1->rootList, fp2->rootList, funcCount) ) return false;
79        }
80        return true;
81    }
```

在 joinInGroup()函数的入口参数中，group 为当前的共享群列表，length 为该共享群的长度，f_index 为欲加入的函数的索引号。

- 第 75～78 行：若下述任何一种条件为"真"，则共享不成立。

[1]函数本身是 main()函数或中断服务函数。

[2] F_{f_index} 与群内的其他函数发生互相调用。

[3] F_{f_index} 与群内其他函数类型不一致。

[4] F_{f_index} 的根类型与群内其他函数的不一致。

12.4　本章小结

引入函数内部变量空间共享的手段，可以降低整个应用中对 RAM 内存的消耗。这对于极有限的 RAM 资源且无硬件堆栈支持的微处理器来说，意义是巨大的。实验表明，采用函数内部变量空间共享的手段将往往使得 RAM 的用量降低 20%～30%或更多，且不失安全性。

第13章 PIC16Fxxxx 编译器设计的总结和应用实例

本书只是较粗略地叙述编译器设计的环节和实现实例。由于编译器设计的复杂性，叙述过程主要沿着流程的主线展开，而许多的流程细节被略去。这样做的目的是使读者能更好地理解整体的设计思路，而不被细枝末节分散注意力。

需要强调的是，本书展示的设计属于最基本、最简单的编译器雏形，与商用的正规设计方案在功能上有一定差距，具体的差距总结如下。

（1）本书C语言预处理器（cpp1.exe）的设计不够专业，导致功能不足，无法支持稍微复杂一点的场合。理论上，预处理器的设计应该基于全语法，对源程序进行扫描和处理，而不是仅限于对某些关键字或表达式的识别和处理。

（2）本设计在 struct/union 结构解析中缺少对位域（bit-fields）的支持。需要明白的是，位域功能只有在了解其原理及硬件支持的基础上，才能发挥其最大效益。位域功能使用不当可以明显降低程序的运行效率。然而，位域功能的使用只是给编程带来某些便利，并不会提高目标程序运行时的效率。

（3）本设计中没有包含对浮点数（据）的支持。浮点数的识别语法并不复杂，但对于PIC16F 类型的简单处理器来说，由于没有支持浮点数运算、转换的指令，并且只具备简单的寻址方式，因此浮点数的运算处理将特别低效（空间、时间）。在编译器设计中，增加对浮点数的支持，使 P-代码转换成汇编语言输出环节的复杂性呈指数式增长。

（4）设计中的代码优化环节比较简单、肤浅。事实上，代码优化是一个很值得深入研究的课题。本书提出的优化方案只局限在三元式 P-代码的操作层面，如果扩展优化的层次及范围（扩展至 C 语言语句，甚至模块层次），或者将 P-代码扩展至四元式结构并追加对汇编语言输出的代码进行优化，则会进一步提升优化的结果。值得指出的是，代码优化不仅直接影响输出代码的质量，还有可能使输出代码在某种程度上偏离源代码形态（这意味着将涉及编译器运行安全问题）。

（5）本设计中对数据类型没有进行严格的匹配检验与报警（warning）。理论上讲，编译器应该对所有语义上的疑点给以提示和报警，这在某些情形下是很有益的。但是，想要做到这一点必须在每个运算的处理之前验证类型的匹配及报告，这自然会使设计变得较为复杂。

（6）源代码的截取与输出时的注释插入有某些不足或行号的错误。这些问题发生在语法解析阶段，以及预扫描时失误所致。所幸的是，这不会影响输出的运行代码。作为一个待改善的环节，本书留给读者予以补充、提高。

（7）通过设计编译器的应用实例，可以从更深的层次和视角理解如何使用编译器，以及如何更有效、更准确地使用编程语言。

13.1　应用实例 1：基于 si47xx 模块的收音机

由 Silicon Labs 公司设计开发的 si47xx 系列收音机芯片有多种款式，支持 AM 和 FM 波段的收音功能，以及更先进的数字式收音 DSR 等功能，因性能优越，被广泛用于车载收音机领域。而且，以 si47xx 为基础的收音机模块为业余爱好者提供制作数控收音机的便利。

13.1.1　设计选材

1．采用 si4730 集成模块

（1）si4730 集成模块，价格低廉，支持 AM/FM 波段（全民用广播波段）及 FM 立体声输出，呈"邮票"式 PCB 板体剪裁封装，其引脚如表 13-1 所示。

表 13-1　si4730 集成模块的引脚

引脚号	功能	引脚号	功能
1	FMI，FM 天线输入	7	GPIO2，通用 I/O 引脚
2	GND	8	VDD，3.3V 电源输入
3	AMI，AM 天线输入	9	SDA -（I²C 数据线）
4	RST，复位（低电平触发）	10	GND
5	SEN，灵敏度模式	11	OutR，音频右通道输出
6	SCL -（I²C 时钟线）	12	OutL，音频左通道输出

（2）si4730 集成模块的数字接口与微处理器相接。

RST：复位输入，AM/FM 切换时需要先进行复位。

SEN：高/低灵敏度模式选择，高电平 = 高灵敏度模式（默认设置）。

SCL/SDA：提供 I²C 通信接口，以从模式（slave）方式工作。

2．采用 0.91 英寸 OLED 显示器作为人/机显示界面

显示分辨率为 128×32。提供 I²C 通信接口，设备地址= 0x78（只使用写入操作）。

OLED 显示模块为标准单列 4 引脚，如表 13-2 所示。

表 13-2　OLED 显示模块的引脚

引脚号	功能
1	GND
2	VDD，3.3V 电源输入
3	SCL -（I²C 时钟线）
4	SDA -（I²C 数据线）

3．采用 PIC12F1840 处理器作为控制器件

采用加强型 PIC16Fxxxx 结构，PIC12F1840 处理器的引脚如表 13-3 所示。

FLASH ROM：4096 字（word）。

RAM：256 字节（byte）。

最高运行频率：32MHz。

供电适应范围：2.8V～5V。

表 13-3　PIC12F1840 处理器的引脚

引脚号	功能	引脚号	功能
1	Vss	5	PA2
2	PA5	6	PA1
3	PA4	7	PA0
4	PA3/MCLR	8	Vdd

PIC12F1840 处理器只有 8 个引脚，但常规应用时只有 5 个引脚可用来与其他器件相连，具体如下。

PA0：频率递减按键。

PA4：频率递增按键。

PA5：波段选择按键/收音机模块复位。

PA1/PA2：I^{2}C 接口用来控制显示屏和收音机模块。

系统应用线路图如图 13-1 所示。

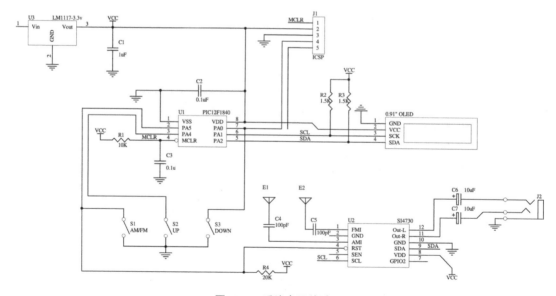

图 13-1　系统应用线路图

13.1.2　应用程序设计

（1）makefile 工程文件如下。

/p16ecc/applications/si4730radio/makefile

```
1  CC=cc16e
2  AS=as16e
3  LK=lk16e
4  RM=rm
5
6  HEX=radio
7
8  OBJ=main.obj timer0.obj i2c.obj font.obj oled.obj key.obj radio.obj si47xx.obj
9
10 $(HEX).hex: $(OBJ) makefile
11     $(LK) $(OBJ) -o $(HEX)
12
13 %.obj: %.asm
14     $(AS) $<
15
16 %.asm: %.c
17     $(CC) $<
18
19 clean:
20     $(RM) $(OBJ)
21     $(RM) *.lst
22     $(RM) *.hex
23     $(RM) *.map
```

整个应用中共有 8 个 C 语言源程序文件（包括显示字体的 C 语言源文件 font.c）。经过编译连接后，生成 radio.hex 文件，供下载至目标芯片中。整体源程序经编译后生成的结果：ROM 总消耗=3424 字；RAM 总消耗=55 字节。

（2）main.c 源程序文件如下。

/p16ecc/applications/si4730radio/main.c

```
1  #include <string.h>
2  #include "includes.h"
3
4  #pragma isr_no_stack
5  #pragma acc_save        1
6
7  #pragma FUSE0    _FOSC_INTOSC & _WDT_DIS
8  #pragma FUSE1    0xffff  // _LVP_HV_ONLY | 0x100
9
10 void main()
11 {
12     OSCCON = 0x70;
13     OSCTUNE = 0x00;
14     BORCON = 0x00;
15     while( !(OSCSTAT & (1 << 6)) );
16
17     GIE = 1;           // enable interrupt
18     ANSELA = 0;        // all inputs are digital
19
20     TMR0_init();
21     I2C_init();
22     OLED_init();
23     KEY_init();
24     RADIO_init();
25
26     for (;;)
27     {
28         RADIO_poll();
29     }
30 }
```

- 第 12～15 行：对系统进行初始化（使用芯片内部的 RC 振荡电路，生成 32MHz 系统时钟）。
- 第 17 行：开启全局中断。
- 第 18 行：禁止模拟信号输入。
- 第 20 行：启用定时器，生成 1000Hz 中断信号。
- 第 21 行：初始化 I^2C 接口功能（运行速度约 200kbit/s）。
- 第 22 行：对显示器进行初始化（现实模式）。
- 第 23 行：对按键输入功能的初始化（每次时钟发生中断时将对按键进行扫描）。

- 第 24 行：对收音机模块的初始化。

  第 28 行：收音机控制控制进程。反复对按键进行输入扫描，并进行相应的显示更新和收音机功能设置。比如，收音模块接收波段的切换，OLED 显示器的显示更新。

（3）编译后输出文件 radio.map（部分）如下。

```
/p16ecc/applications/si4730radio/radio.map
49    |   - CODE MEMORY 3424 words(83.59%) used
50    |   |              (main.obj line#10, 3 words)
51    | 0000: 0000       nop
52    | 0001: 3180       movlp    0x00
53    | 0002: 2812       goto     0x012
54    |   |              (main.obj line#17, 3 words)
55    | 0004: 018A       clrf     PCLATH
56    | 0005: 0870       movf     0x70, W
57    | 0006: 001D       movwi    [--FSR1]
58    |   |              (timer0.obj line#43, 8 words)
59    | 0007: 1D0B       btfss    INTCON, 2
60    | 0008: 280F       goto     0x00F
61    |   |              ; :: timer0.c #23: TMR0 = 6;
62    | 0009: 3006       movlw    0x06
63    | 000A: 0020       movlb    0x00
64    | 000B: 0095       movwf    0x15
65    |   |              ; :: timer0.c #24: TMR0IF = 0;
66    | 000C: 110B       bcf INTCON, 2
67    |   |              ; :: timer0.c #25: tmr0Count++;
68    | 000D: 0AA0       incf     0x20, F
69    |   |              ; :: timer0.c #26: KEY_scan();
70    | 000E: 21DF       call     0x1DF
71    |   |            _$L8:
72    |   |              (main.obj line#19, 3 words)
73    | 000F: 0016       moviw    [FSR1++]
74    | 0010: 00F0       movwf    0x70
75    | 0011: 0009       retfie
76    |   |              (main.obj line#21, 25 words)
77    |   |            main::
78    | 0012: 2673       call     0x673
79    | 0013: 30F0       movlw    0xF0
80    | 0014: 0086       movwf    FSR1L
81    | 0015: 3020       movlw    0x20
82    | 0016: 0087       movwf    FSR1H
83    |   |              ; :: main.c #12: OSCCON = 0x70;
84    | 0017: 3070       movlw    0x70
85    | 0018: 0021       movlb    0x01
86    | 0019: 0099       movwf    0x19
87    |   |              ; :: main.c #13: OSCTUNE = 0x00;
88    | 001A: 0198       clrf     0x18
89    |   |              ; :: main.c #14: BORCON = 0x00;
90    | 001B: 0022       movlb    0x02
91    | 001C: 0196       clrf     0x16
92    |   |            _$L2:
```

 小结

（1）整个设计使用 si47xx 收音机模块的最小系统。FM 收音音质好，接收灵敏度较高，立体声效果明显。

使用 2 米拖线作为接收天线，能接收本地及周边邻近地区的电台，总体表现不俗。

（2）由于 AM 波段没有采用磁棒及线圈回路，因此灵敏度、信噪比会受到明显影响。

（3）收音机功能单一、简单，程序运行基本消耗在对显示的更新中。由于没有其他任务竞争 CPU 资源，因此使用软件方式实现 I²C 接口的收发操作。

（4）si4730 芯片的音频回路输出阻抗很高，无法直接推动低阻耳机，需要接至具备高输入阻抗的音频放大设备。

（5）按键电路部分可以用一个机械式旋转编码器（如 EC11）代替，使用手感会更佳。

13.2　应用实例 2：USB/UART 转接器

USB/UART 转接器（USB/UART adapter）是电子工程师常用的工具之一。转接器有多种实现方案，目前国内非常常见且廉价的方案是采用专用芯片（如 CH340）为其核心。本应用实例采用 PIC16F 微处理器作为控制芯片，虽然此方案的成本略高于前者，但是由于使用软件编程的方式控制 USB 与串行口 UART 之间的数据传递，因此具有更大的灵活性。在此基础上稍加变动，即可派生出其他的应用。

13.2.1　设计选材

PIC16F1455（也可使用 PIC16F1454）处理器的特点如下。

（1）加强型 PIC16Fxxxx 结构，有 14 个引脚。

（2）FLASH ROM：8192 字（word）。

（3）RAM：1024 字节（byte）。其中，包含 512 字节双端口 RAM（dual-port RAM）。

（4）可以省略外部晶振电路，因为芯片本身具有自动频率校正功能。

13.2.2　设计考虑

整个程序是从某网站中下载的一个由 MPLAB X IDE 环境生成的源代码，并在此基础上经过必要的改动而成。USB 收发操作由芯片中的 SIE 硬件完成，而转发的过程涉及对 RAM 中缓冲区（buffer）的存取。USB 的收发缓冲（区），以及若干控制 USB 运行的端点数据控制块必须安置在双端口 RAM 内存区间中；其中端点控制块（寄存器组）必须设置在特定地址的 RAM 区域中。

整个程序没有采用中断方式处理发送任务，而是简单地反复查询各个中断标志。其原因是 PIC16F1455 处理器仅有 16 级深度的子程序调用返回栈，而（前台）主程序结构的调用深度已达 11 级，如果加上中断处理的调用深度，则很可能造成堆栈溢出。尽管 USB 在运行中没有采用中断服务（关闭总体中断允许标志位），但是程序中仍使用所有 USB 中断标志及中断触发标志作为识别事件的发生和应对（仅关闭处理器的全局中断开关）。

由于受 PIC16F1455 处理器的串行口硬件的限制，转接器的串行口数据格式受到一定限制。

（1）波特率为 110～921600。

（2）支持的数据格式包括 8/N/1、8/N/2、8/E/1、8/O/1。

（3）最大数据包长度为 64 字节。

PIC16F1455 处理器中的串行口实际上是一个多功能串行数据收发模块（MSSP）。它整合了多种串行数据收发功能，如 SPI、I²C、UART 等，由用户选择其中之一使用。正因如此，UART 的功能受到某种限制。

系统应用线路图如图 13-2 所示。

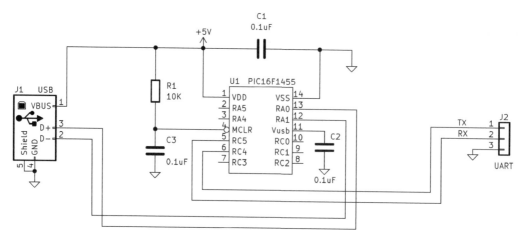

图 13-2　系统应用线路图

由于设计简化，本电路只能支持 5V 的 TTL 电平连接。如果希望能支持较低电压的 TTL 电平串行口，则需要在 TX 接口增加电压转换（如分压）和保护；也可以使用 3.3V 的稳压器件对整个电路供电。

主程序 main()函数的结构如下。

```
/p16ecc/applications/USB2uart/main.c
29  /***********************************************************
30   * Function:        void main(void)
31   * PreCondition:    None
32   * Input:           None
33   * Output:          None
34   * Side Effects:    None
35   * Overview:        Main program entry point.
36   * Note:            None
37   ***********************************************************/
38  void main(void)
39  {
40      WPUA  = 0xff;
41      TRISA = 0xff;
42      WPUEN = 0;        // enable weak pull-up
43
44      InitializeSystem();
45
46      for (UART_init();;)
47      {
48          USBDeviceTasks();
49          UART_task();
50      }
51  }
```

串行口的格式设定的函数处理如下。

```
/p16ecc/applications/USB2uart/main.c
134  void mySetLineCodingHandler(void)
135  {
136      unsigned short baud;
137
138      baud = cdc_notice.GetLineCoding.info.dwDTERate;
139
140      //If the request is not in a valid range
141      if ( baud >= 110 )
142      {
143          //Update the baudrate info in the CDC driver
```

```
144        CDCSetBaudRate(baud);
145
146        if ( baud >= 200 )
147        {
148            //Update the baudrate of the UART
149            baud = (48000000/4)/baud - 1;
150            BRGH = 1;
151        }
152        else
153        {
154            //Update the baudrate of the UART
155            baud = (48000000/16)/baud - 1;
156            BRGH = 0;
157        }
158        SPBRGL = baud;
159        SPBRGH = baud >> 8;
160
161        TX9  = 0;
162        uartFormat = 0;
163        if ( cdc_notice.GetLineCoding.info.bCharFormat )     // stop > 1-bit
164        {
165            uartFormat = 3;
166            TX9  = 1;
167            TX9D = 1;   // extra STOP bit = 1
168        }
169
170        if ( cdc_notice.GetLineCoding.info.bParityType &&
171             cdc_notice.GetLineCoding.info.bParityType < 3 )
172        {
173            uartFormat = cdc_notice.GetLineCoding.info.bParityType;
174            TX9 = 1;
175        }
176    }
177 }
```

部分 USB 控制变量和数据缓冲区的定位。其中，数据缓冲区需要安置在具有双端口的 RAM 区域中。

/p16ecc/applications/USB2uart/usb_hal_pic16f1.h

```
111  //----- Defintions for BDT address -----------------------------------
112  #define BDT_ENTRY_SIZE         4
113  #define BDT_BASE_ADDR          0x2000
114  #define CTRL_TRF_SETUP_ADDR    (BDT_BASE_ADDR + BDT_ENTRY_SIZE*BDT_NUM_ENTRIES)
115  #define CTRL_TRF_DATA_ADDR     (CTRL_TRF_SETUP_ADDR + USB_EP0_BUFF_SIZE)
```

/p16ecc/applications/USB2uart/usb_device.c

```
42  volatile BDT_ENTRY BDT[BDT_NUM_ENTRIES]      @ BDT_BASE_ADDR;
43  volatile CTRL_TRF_SETUP SetupPkt             @ CTRL_TRF_SETUP_ADDR;
44  volatile BYTE CtrlTrfData[USB_EP0_BUFF_SIZE] @ CTRL_TRF_DATA_ADDR;
```

/p16ecc/applications/USB2uart/usb_function_cdc.h

```
474  /** E X T E R N S ****************************************************/
475  #define IN_DATA_BUFFER_ADDRESS      0x2040
476  #define OUT_DATA_BUFFER_ADDRESS     (IN_DATA_BUFFER_ADDRESS + CDC_DATA_OUT_EP_SIZE)
477  #define LINE_CODING_ADDRESS         (OUT_DATA_BUFFER_ADDRESS + CDC_DATA_OUT_EP_SIZE)
478  #define NOTICE_ADDRESS              (LINE_CODING_ADDRESS + LINE_CODING_LENGTH)
```

/p16ecc/applications/USB2uart/usb_function_cdc.c

```
10  /** V A R I A B L E S **********************************************/
11  unsigned char cdc_data_tx[CDC_DATA_IN_EP_SIZE] @ IN_DATA_BUFFER_ADDRESS;
12  unsigned char cdc_data_rx[CDC_DATA_OUT_EP_SIZE] @ OUT_DATA_BUFFER_ADDRESS;
13
14  LINE_CODING line_coding @ LINE_CODING_ADDRESS;     // Buffer to store line coding information
15  CDC_NOTICE cdc_notice   @ NOTICE_ADDRESS;
```

串行口收发任务处理的初始化和变量设置，具体如下。

/p16ecc/applications/USB2uart/uart.c

```
1  #include <p16f1455.h>
2  #include "GenericTypeDefs.h"
3  #include "usb_hal_pic16f1.h"
4  #include "usb_device.h"
5  #include "usb_function_cdc.h"
6  #include "uart.h"
7
```

```
 8   const BYTE parityTable[256] = {
 9       0,1,1,0,1,0,0,1,1,0,0,1,0,1,1,0,1,0,0,1,0,1,1,0,0,1,1,0,1,0,0,1,
10       1,0,0,1,0,1,1,0,0,1,1,0,1,0,0,1,0,1,1,0,1,0,0,1,1,0,0,1,0,1,1,0,
11       1,0,0,1,0,1,1,0,0,1,1,0,1,0,0,1,0,1,1,0,1,0,0,1,1,0,0,1,0,1,1,0,
12       0,1,1,0,1,0,0,1,1,0,0,1,0,1,1,0,1,0,0,1,0,1,1,0,0,1,1,0,1,0,0,1,
13       1,0,0,1,0,1,1,0,0,1,1,0,1,0,0,1,0,1,1,0,1,0,0,1,1,0,0,1,0,1,1,0,
14       0,1,1,0,1,0,0,1,1,0,0,1,0,1,1,0,1,0,0,1,0,1,1,0,0,1,1,0,1,0,0,1,
15       0,1,1,0,1,0,0,1,1,0,0,1,0,1,1,0,1,0,0,1,0,1,1,0,0,1,1,0,1,0,0,1,
16       1,0,0,1,0,1,1,0,0,1,1,0,1,0,0,1,0,1,1,0,1,0,0,1,1,0,0,1,0,1,1,0,
17   };
18
19   unsigned char uartRxLen;      // USB -> UART
20   unsigned char uartRxPos;
21   unsigned char uartTxHead;     // USB <- UART
22   unsigned char uartTxTail;
23   char          uartFormat;
24
25   #define UART_BUFFER_SIZE   64
26   _linear_ char uartRxBuffer[UART_BUFFER_SIZE];   // USB -> UART
27   _linear_ char uartTxBuffer[UART_BUFFER_SIZE];   // USB <- UART
28
29   void UART_init(void)
30   {
31       TRISC   |=  (1 << 3);
32       TRISC   |=  (1 << 5);     //    UART_TRISRx=1;            // RX
33       TRISC   &= ~(1 << 4);     //    UART_TRISTx=0;            // TX
34       TXSTA   = 0x24;           // TX enable BRGH=1
35       RCSTA   = 0x90;           // Single Character RX
36       SPBRGL  = 0x71;
37       SPBRGH  = 0x02;           // 0x0271 for 48MHz -> 19200 baud
38       BAUDCON = 0x08;           // BRG16 = 1
39       WREG = RCREG;             // read (clear RCIF)
40       CDCSetBaudRate(19200);    // baud = (48000000/4)/baud - 1
41
42       uartRxPos  = 0;
43       uartRxLen  = 0;
44       uartTxHead = 0;
45       uartTxTail = 0;
46       uartFormat = 0;
47   }
```

- 第 8～17 行：生成奇偶校验模式的查询表。由于 PIC16F1455 处理器在奇/偶校验编码方面缺乏硬件的直接支持，因此采用查询表的方式可以取得快捷的效果。

由 USB 接收串行口发送的数据，具体如下。

/p16ecc/applications/USB2uart/uart.c

```
49   void UART_task(void)
50   {
51       if ( USBDeviceState < CONFIGURED_STATE || USBSuspendControl == 1 )
52           return;
53
54       if ( (uartRxPos < uartRxLen) && (TXIF || TRMT) )    // anything to send to UART
55       {
56           BYTE c = uartRxBuffer[uartRxPos];
57           BYTE parity = parityTable[c];
58           uartRxPos++;
59
60           switch ( uartFormat )
61           {
62               case 1: // Odd
63                   TX9D = 1;         // TXSTA |= 1
64                   if ( parity ) TX9D = 0;
65                   break;
66
67               case 2: // Even
68                   TX9D = 0;         // TXSTA &= 0xfe
69                   if ( parity ) TX9D = 1;
70                   break;
71           }
72
73           TXREG = c;
74       }
```

- 第 54 行：检测 USB 缓冲区中是否有接收到的数据，并检测串行口的发送寄存器是否空闲。
- 第 60～71 行：对于需要添加奇/偶位的处理，设置奇/偶位 TX9D。
- 第 73 行：将需要发送的字节加载至串行口 TXREG 的发送（移位）寄存器中。

通过 USB 输出串行口接收后数据的操作，具体如下。

```
/p16ecc/applications/USB2uart/uart.c
76      if ( RCIF )
77      {
78          BYTE tail = (uartTxTail + 1) & (UART_BUFFER_SIZE - 1);
79          if ( tail != uartTxHead )
80          {
81              uartTxBuffer[uartTxTail] = RCREG;
82              uartTxTail = tail;
83          }
84      }
85
86      if ( uartRxPos >= uartRxLen )
87      {
88          uartRxPos = uartRxLen = 0;
89
90          // anything from USB(PC host)?
91          uartRxLen = getUSBData(uartRxBuffer, UART_BUFFER_SIZE);
92      }
93
94      // anything to USB(PC host)?
95      if ( USBUSARTIsTxTrfReady() && uartTxTail != uartTxHead )
96      {
97          BYTE len = UART_BUFFER_SIZE;
98          if ( uartTxTail > uartTxHead ) len = uartTxTail;
99          len -= uartTxHead;
100
101         putUSBUSART(&uartTxBuffer[uartTxHead], len);
102         uartTxHead += len;
103         uartTxHead &= (UART_BUFFER_SIZE - 1);
104     }
105
106     CDCTxService();
107 }
```

- 第 76～84 行：在串行口的缓冲中发送数据，准备接收下一个字符。
- 第 86～92 行：将串行口缓冲中先前接收到的数据从 USB 中输出，只有全部发送完成后，才允许进行下一轮的 USB 输入发送。
- 第 94～104 行：将串行口缓冲中先前接收到的数据从 USB 中输出。

整个项目经编译后，程序代码长度为 3984 字（word），RAM 消耗 472 字节（byte）。注：由于 PIC16F1455 处理器的 USB 控制引擎最多只能支持 64 字节的数据包长度，因此可能导致无法支持某些特殊应用场合。

【本书的全部源代码可以在 GitHub 网站中下载，搜索关键字：p16ecc】